DB-Fachbuch

Herausgegeben vom Bahn Fachverlag

BAHN
FACHVERLAG

Prof. Dr. Nils Nießen und Prof. Dr. Andreas Oetting (Hrsg.)

Ana Cosovic, Dr. Ruben Diemo Etzold, Dirk Menne,
Jasmin Schüttler, Dr. Uwe Steinborn, Dr. Wolfgang Weinhold,
Achim Wolters, Prof. Frank Zwanziger

Planungs- und Betriebsmanagement für das System Bahn

1. Auflage

BFV ELog

Inklusive Online-Version
Der Inhalt des Buches steht online auf der Plattform BFV ELog zur Verfügung (Freischaltcode und Registrierung erforderlich). Weitere Informationen zu Freischaltcode und Registrierung auf www.bfv-elog.de.

Bibliografische Information der Deutschen Nationalbibliothek
Die Deutsche Nationalbibliothek verzeichnet diese Publikation in der Deutschen Nationalbibliografie; detaillierte bibliografische Daten sind im Internet über http://dnb.d-nb.de abrufbar.

Prof. Dr. Nils Nießen und Prof. Dr. Andreas Oetting (Hrsg.)
Ana Cosovic, Dr. Ruben Diemo Etzold, Dirk Menne, Jasmin Schüttler, Dr. Uwe Steinborn, Dr. Wolfgang Weinhold, Achim Wolters, Prof. Frank Zwanziger

Planungs- und Betriebsmanagement für das System Bahn
DB-Fachbuch

1. Auflage – Bahn Fachverlag GmbH, Berlin 2023

Bahn Fachverlag GmbH in Kooperation mit DB Training, Learning & Consulting

Redaktioneller Hinweis: In diesem Buch werden aus Gründen der besseren Lesbarkeit die generisch maskulinen Berufsbezeichnungen verwendet. Damit sind ausdrücklich stets alle Leser jeden Geschlechts angesprochen.

Foto auf dem Titel: DB AG

Abbildungen ohne Quelle: Autor

Umschlaggestaltung und Satz: DB AG; CRUFF, Berlin

Druck und buchbinderische Verarbeitung: Laub GmbH & Co. KG, Elztal-Dallau

Printed in Germany

ISBN 978-3-943214-29-1

Inhalt

Anhang

Vorwort

Ein DB-Fachbuch zum Thema „Planungs- und Betriebsmanagement für das System Bahn" könnte zeitgemäßer nicht sein, ist doch die Erhöhung der Kapazität auf der Schiene unabdingbare Voraussetzung für eine nachhaltige Mobilitätswende und die Bewältigung des prognostizierten Verkehrswachstums. Mehr Verkehr auf der Schiene, dafür stellt das Planungs- und Betriebsmanagement der Eisenbahnen die notwendigen Mittel, Wege und Methoden bereit.

Das Ziel dieses Buches ist es, allen Mitarbeitern, die in der Planung, Steuerung und Durchführung des Bahnbetriebs tätig sind, sowie den Studenten des Verkehrswesens einen Einstieg in die Materie zu bieten und den Fachleuten einen Blick über ihren eigenen Bereich hinaus zu ermöglichen.

Dem Bahn Fachverlag ist es mit diesem Fachbuch erstmals gelungen, das Thema mithilfe eines Autorenteams aus Praxis, Recht und Wissenschaft umfassend darzustellen. Eine solche bereichsübergreifende Zusammenarbeit war bei der Eisenbahn bis vor wenigen Jahren nicht selbstverständlich. Um so mehr gilt unser Dank den beiden – als Autoren und Herausgeber – mitwirkenden Eisenbahn-Professoren wie den Fach- und Führungskräften der Deutschen Bahn, die sich als Autoren die Zeit genommen haben, ihr Wissen in das Werk einfließen zu lassen.

Zum Gelingen dieses Buches haben außerdem Arturo Crespo, Sascha Vielmetter und Norman Weik beigetragen, die an einzelnen Unterkapiteln mitgewirkt und ihre Expertise eingebracht haben. Vielen Dank!

Ein großer Dank gebührt auch den Experten, die mit ihren Hinweisen und Korrekturen einen nicht zu überschätzenden Beitrag zum vorliegenden Werk geleistet haben. Genannt seien Doris Brück, Severin Dünnbier, Anita Hausmann, Thorsten Schaer† und Michael Scheppan. Dank gebührt zudem den Fachlektoren Cedric Steinbach und Salome Vogel von der TU Darmstadt.

Die einzelnen Kapitel sind in den Jahren 2021 und 2022 entstanden. Richtlinien unterliegen regelmäßigen Änderungen, so dass die in den jeweiligen Kapiteln genannten Richtlinien bei der praktischen Anwendung stets in ihrer aktuellen Version hinzuziehen sind.

Berlin, Oktober 2023

Herausgeber und Verlag

1 Einleitung

Für die nächsten Jahre wird ein deutlicher Mehrverkehr für die Eisenbahn prognostiziert. Dies betrifft sowohl den Personen- als auch den Güterverkehr. Um den Herausforderungen der steigenden Nachfrage gerecht zu werden, muss das System Bahn ertüchtigt werden. Hierzu zählen zum einen Neu- und Ausbauten der Infrastruktur, welche aber erst mittel- und langfristig umgesetzt werden können, andererseits aber auch eine effektive Nutzung des vorhandenen Netzes. In diesem Zuge kommt der Betriebsplanung und -durchführung eine immer wichtigere Rolle zu. Bei einem stark belasteten Netz muss der Eisenbahnbetrieb robust geplant und anschließend zuverlässig durchgeführt werden. Andernfalls sind eine schlechte Betriebsqualität mit geringeren Pünktlichkeitswerten sowie unzufriedene Kunden die Konsequenz.

Das vorliegende Fachbuch „Planung- und Betriebsmanagement für das System Bahn" widmet sich den Fragestellungen der Betriebsabwicklung im Eisenbahnwesen, indem es einerseits die Prozesse bei der Betriebsplanung und -durchführung im Eisenbahnwesen grundsätzlich beschreibt, andererseits aber auch auf die Algorithmen für bisherige und zukünftige (Teil-)Automatisierungen dieser Prozesse eingeht. Dadurch lassen sich Potentiale für eine zukünftige Digitalisierung bei der Planung und Durchführung des Eisenbahnbetriebs erkennen. Neben der Beschreibung der Prozesse und Methoden wird darüber hinaus auf die rechtlichen Rahmenbedingungen eingegangen.

Das Fachbuch eignet sich damit sowohl für die praxisbezogene Anwendung für Mitarbeitende bei z.B. Eisenbahninfrastruktur- oder Eisenbahnverkehrsunternehmen als auch für Weiterbildungen, Schulungen oder den Einsatz in der Lehre. Durch die chronologische Beschreibung der relevanten Prozesse wird ein gesamthafter Überblick der Betriebsplanung und Betriebsdurchführung im Eisenbahnwesen gegeben – die Zusammenhänge untereinander werden dadurch anschaulich aufgezeigt. Somit stellt das Fachbuch ein umfassendes Bahnsystemwissen in den Bereichen Planung und Betrieb zur Verfügung.

Die drei Themenschwerpunkte (Prozesse, Methoden und Recht) bestimmen die Struktur des Buches und die Zusammensetzung des Autorenteams. Ziel ist es, in den Kapiteln 2 bis 4 dem Leser einen gesamthaften Überblick über die Planungs- und Betriebsabläufe bei Eisenbahninfrastruktur- und Eisenbahnverkehrsunternehmen zu geben. Daher werden u.a. sowohl Belegungs- und Verfügbarkeitskonflikte als auch Anschluss- und Umlaufkonflikte eingehend behandelt.

Kapitel 2 beschreibt die grundsätzlichen Abläufe in der Praxis. Es behandelt das Themenfeld von der Angebotsplanung über die Betriebsdurchführung, die Besonderheiten beim Fahren und Bauen bis hin zu eisenbahnbetrieblichen Untersuchungen. Es beschreibt somit chronologisch den Ablauf von der Planung bis zur Durchführung des Eisenbahnbetriebs. Die Darstellung der genannten Konflikte in der Disposition und die Erläuterung, wie die Sicherheit im Bahnbetrieb gewährleistet wird, sind weitere Themen des zweiten Kapitels. Dabei steht die grundlegende, praxisorientierte Vorgehensweise im Fokus. Die einzelnen Abschnitte dieses Kapitels sind von Fachexperten der Deutschen Bahn verfasst und stellen einen hohen Anwendungsbezug dar. Es ist somit insbesondere für Praktiker von hohem Nutzen.

In Kapitel 3 werden anschließend aus wissenschaftlicher Sicht die zum Prozess gehörenden Algorithmen beschrieben. Diese reichen von der Modellierung von Zugfahrten und Infrastruktur, der Trassenkonstruktion und dem Kapazitätsmanagement bis hin zu den Methoden für eisenbahnbetriebswissenschaftliche Untersuchungen. Um die Kongruenz der Ergebnisse über alle in Kapitel 2 dargestellten Prozesse zu erzielen, sollten die in Kapitel 3 vorgestellten Algorithmen für mehrere der Prozesse anwendbar sein. Daher sind die Algorithmen nicht anhand der Prozesse, sondern chronologisch anhand des Berechnungsablaufs dargestellt. Dieses Kapitel wurde von Eisenbahnprofessoren der RWTH Aachen und der TU Darmstadt verfasst. Es vermittelt Hintergrundwissen und eignet sich insbesondere auch für Weiterbildungen und die Lehre.

In Kapitel 4 werden schließlich die rechtlichen Rahmenbedingungen für das Planungs- und Betriebsmanagement aufgezeigt. Es stellt überblicksartig die wesentlichen Bezüge zum Verwaltungsrecht, zum Umweltrecht sowie zum Eisenbahnregulierungsgesetz her. Hier wird u.a. der rechtliche Rahmen für den Netzzugang, das Zulassungsverfahren für Betriebsanlagen einer Eisenbahn, von der Planfeststellung bis zur Plangenehmigung erläutert. Auf das Thema der Betriebssicherheit aus rechtlicher Perspektive wird hier ebenfalls eingegangen. Die Autoren sind Fachjuristen der DB Netz AG.

2 Grundlagen: Prozesse und Anforderungen

2.1 Angebotsplanung

Das System Eisenbahn ermöglicht die Beförderungen vieler Menschen und den Transport großer Gütermengen. Gegenüber anderen Verkehrsträgern zeichnet es sich durch hohe Effizienz und einen vergleichsweise geringen Flächen- und Energieverbrauch aus.

Ausschlaggebend für den Erfolg des Systems Bahn im Vergleich zu konkurrierenden Verkehrsträgern sind auf der einen Seite die Attraktivität des Angebots sowie die im Marktumfeld erzielbaren Preise und auf der anderen Seite die Kosten, die für die Herstellung des Angebots anfallen. In diesem Kapitel wird vornehmlich die Gestaltung des Angebots inklusive der vom Kunden wahrgenommenen Qualität vertieft. Die Frage der Preisgestaltung im Markt sowie die Betrachtung der Herstellkosten inklusive der Berücksichtigungen von Folgekosten würden den Umfang dieses Buches sprengen.

Nach welchen Kriterien die Bewertung von Angebotsoptionen im Verkehrsmarkt durch die Marktteilnehmer vorgenommen wird, ist Gegenstand vieler Studien. Wie der Kunde harte Fakten der Reise- bzw. Transportzeit, Frequenz oder Pünktlichkeit bewertet, hängt dabei massiv von dessen Erfahrungshorizont und seinen persönlichen Werten ab. In der Marktbearbeitung ist bekannt, dass Erfahrungswerte nur selten aktiv überprüft werden: Personen treffen nach einem Umzug innerhalb weniger Wochen ihre Entscheidung über die Wahl des im Alltag präferierten Verkehrsmodus. Die Entscheidung für die Wahl des Verkehrsmittels wird in der Folge oft nur durch äußere Parameter wie deutlich veränderte Preisgestaltung, Reisezeitveränderungen oder Zuverlässigkeit, die beispielsweise infolge von Baustellen zeitweise entstehen können, nochmals infrage gestellt.

Für weiterführende Literatur seien zum Komplex der Verkehrswirtschaft, der in der Angebotsgestaltung verwendeten Modelle und der aktuellen Weiterentwicklung beispielhaft folgende Quellen genannt:

- M. Dorsch: Verkehrswirtschaft: Eine Einführung mit Fallstudien. München: UVK, 2021.
- G. Maier und P. Weiss: Modelle diskreter Entscheidungen: Theorie und Anwendung in den Sozial- und Wirtschaftswissenschaften. Wien, New York: Springer, 1990.
- D. Hofmann: Förderung einer umweltfreundlichen Verkehrsmittelwahl durch die Emotionalisierung angebotsseitiger Infrastruktur. Darmstadt: TU Darmstadt, 2019.

Kern dieses Kapitels ist die Gestaltung des Angebots, die Umsetzung des Angebots in die betriebliche Planung und die Interaktion zwischen Verkehrs- und Infrastrukturunternehmen im Rahmen der Trassenplanung.

Es ist unstrittig, dass das Gros der Parameter, die über den Erfolg des Systems Eisenbahn entscheiden, bereits in der gemeinsamen Planung von Angebot und Infrastruktur gelegt werden. Im Verlauf des Kapitels wird ausgeführt, welche Muster sich in der Angebotsplanung in der Praxis in Mitteleuropa mit Beginn der 2000er-Jahre durchgesetzt haben und welche

Anforderungen sich hieraus auch an die Gestaltung der Infrastruktur in Form von Strecken, Zugangspunkten zum System in Form von Bahnhöfen für den Personenverkehr und Terminals/Railports für den Güterverkehr sowie weiteren betrieblich notwendigen Anlagen beispielsweise zur Wartung der Fahrzeuge ergeben. Kernfragen des Kapitels sind somit:

- Wie können im Schienenpersonenverkehr die Reisezeit, die Anzahl von Fahrmöglichkeiten und der Reisekomfort so attraktiv gestaltet werden, dass Kunden im Nah- wie im Fernverkehr das Angebot auf der Schiene gegenüber dem Auto, dem Bus oder dem Flugzeug bevorzugen?
- Wie kann im Schienengüterverkehr der Transport von Gütern so attraktiv gestaltet werden, dass die Verlässlichkeit höher und/oder die Kosten niedriger als die bei der Nutzung des Lkws, der Binnenschifffahrt oder der Luftfracht sind?

Im Kapitel 2.1.1 wird die Frage der Gestaltung des Angebots aus einer Marktperspektive behandelt. Wie die Umsetzung des Angebots im Rahmen der nachfolgenden betrieblichen Planungen erfolgt, ist dann Gegenstand des Kapitels 2.1.2. Kapitel 2.1.3 fokussiert schließlich auf die Fahrplanung.

2.1.1 Entwicklung und Planung des Angebots

In der Angebotsplanung des Schienenpersonenverkehrs (SPV) und des Schienengüterverkehrs (SGV) gilt es – analog zu allen anderen Branchen – die erwartete Nachfrage und das Angebot möglichst zur Deckung zu bringen. Die Nachfrageseite sind hierbei die erwarteten Beförderungen von Personen (SPV) oder Transporte von Gütern (SGV), das Angebot ist der gegenüber den Kunden kommunizierbare Fahrplan. Die Angebotsplanung findet auf der durch die Eisenbahninfrastrukturunternehmen (EIU) zur Verfügung stehenden Infrastruktur statt.

Ökonomische Modelle

a. Schienenpersonenfernverkehr (SPFV)

Der SPFV wird in den meisten europäischen Ländern eigenwirtschaftlich betrieben. Die im Markt aktiven und konkurrierenden Unternehmen vereinnahmen die Erlöse der Tickets, denen die Kosten für Personal, Material, Energie und die Nutzungsentgelte der Eisenbahninfrastruktur gegenüberstehen. Es ist der politische Wille in Europa, dass mehrere Unternehmen im Markt auf einer Relation als Konkurrenten agieren und so dem Kunden die Wahl zwischen mehreren Anbietern ermöglicht wird. Auch Jahrzehnte nach den wesentlichen Reformen des Eisenbahnsektors in Europa ist zu konstatieren, dass sich nur auf wenigen Relationen im SPFV in Europa eine stabile Wettbewerbssituation mit mehreren Marktteilnehmern eingestellt hat.

Der überwiegende Teil der Märkte wird nur von einem Anbieter bedient. Dieser Anbieter ist in aller Regel der juristische Nachfolger der ursprünglichen Staatsbahn. Der Grund liegt einerseits im hohen Einsatz gebundenen Kapitals für die Fahrzeuge und in deren spezifischen Anforderungen zum Einsatz auf bestimmten Infrastrukturen und andererseits in den niedrigen Gewinnmargen, die in der Branche erzielt werden. Anders als in der Flugindustrie lässt sich in den meisten Ländern noch keine Differenzierung der Geschäftsmodelle beispielsweise durch preisaggressive Low-Cost-Bahnanbieter beobachten. Mit einem klassischen Low-Cost-Ansatz arbeiten derzeit beispielsweise OUIGO in Frankreich, Flixtrain in Deutschland und RegioJet in Tschechien und der Slowakei.

b. Schienenpersonennahverkehr (SPNV)

Es ist die verkehrspolitische Zielsetzung, im SPNV ein sehr attraktives und hochfrequentes Nahverkehrsangebot zu etablieren. Da angesichts der Forderung nach Angeboten auch außerhalb gut nachgefragter Zeiten im SPNV die Eisenbahnverkehrsunternehmen (EVU) ihre Kosten nicht durch die Einnahmen aus Ticketverkäufen decken können, hat sich in Europa eine angepasste Wirtschaftsordnung im Nahverkehrssektor etabliert. Aufgabenträger übernehmen im Auftrag der Staaten die Bestellung der Nahverkehrsleistungen. Neben den Fahrgelderlösen werden seitens der Aufgabenträger Zuschüsse ausgelobt, die dem Verkehrsunternehmen, das mit der Erbringung der Verkehre auf einer bestimmten Strecke beauftragt wird, zufließen. Auf die Zuschüsse bewerben sich in der Regel mehrere Unternehmen im Rahmen einer sogenannten Ausschreibung.

Die Ausschreibung enthält in der Regel Vorgaben zum Angebot, den Fahrzeugen und dem Personaleinsatz. Das EVU, das die Vorgaben am besten erfüllt, erhält dann den Zuschlag für die Erbringung der Leistungen für einen definierten Zeitraum. Man spricht daher auch von einem Wettbewerb um den Marktzugang, verkürzt oft auch von einem Wettbewerb um den Markt.

In der Bundesrepublik Deutschland werden die notwendigen Finanzmittel seitens der Bundesregierung aus Steuermitteln bereitgestellt und an die Bundesländer als sogenannte Regionalisierungsmittel vergeben, die dort dann den sogenannten Aufgabenträgern oder Bestellern zukommen.

c. Schienengüterverkehr (SGV)

Der SGV ist analog dem SPFV eigenwirtschaftlich organisiert: Mehrere Unternehmen konkurrieren im Markt. Zwischen den Kunden, die den Transport von Gütern anfragen, und den EVU, die den Transport von Gütern auf der Schiene anbieten, wird ein direktes oder oft über Verlader indirektes Vertragsverhältnis ausgehandelt. Dabei kommt es in der Praxis sowohl zu Rahmenverträgen über den regelmäßigen Transport von großen Gütermengen als auch Einzelverträgen über den Transport einzelner Züge oder gar einzelner Wagen. Ein kritischer Blick auf die Branche zeigt aktuell, dass nahezu alle im SGV aktiven Unternehmungen dem Konzernverbund ehemaliger Staatsbahnen zuzuordnen sind.

Anders als im SPFV, wo die Rechtsnachfolger der ehemaligen Staatsbahnen vornehmlich auf dem Territorium ihres Eigentümers aktiv sind (beispielsweise SNCF in SPFV vornehmlich in Frankreich, CD in SPFV vornehmlich in Tschechien etc.), sind die im SGV aktiven Unternehmen grenzüberschreitend tätig und agieren im direkten Wettbewerb. Dies reflektiert die Tatsache, dass der größere Teil der auf der Schiene transportierten Güter deutlich über 1.000 km zurücklegt und damit nationale Grenzen überwindet.

Verkehrsnachfragemodellierung

Um in der Angebotsplanung Angebot und Nachfrage möglichst gut zur Deckung zu bringen, ist ein gutes Verständnis der Nachfrage und ihre Wechselwirkung mit der Angebotsgestaltung notwendig. Dies ist im Folgenden meist am Beispiel des SPV erläutert. Die Methoden lassen sich analog auch auf den SGV übertragen. Zur methodischen Unterstützung der Angebotsplanung haben sich seit den 1990er-Jahren sogenannte Verkehrsnachfragemodelle etabliert. Die Modelle betrachten zunächst die Fragestellung, wo Verkehr entsteht (Quelle) und wo dieser endet (Ziel). Im Personenverkehr ist konkret die Frage, von wo nach wo Menschen reisen wollen oder müssen. Diese Daten werden in Quelle-Ziel-Beziehungen abgebildet. Die Modelle verwenden in der Regel historische Daten und ergänzen diese um Prognosen für die Zukunft.

Das einfachste Modell zur Abschätzung der Nachfrage im Personenverkehr ist das sogenannte Gravitationsmodell, welches die Verkehrsnachfrage (V_{ij}) zwischen zwei Orten i und j als Produkt der Einwohnerzahlen der Orte (E_i, E_j) geteilt durch das Quadrat der Entfernung zwischen den beiden Orten R_{ij} abschätzt:

$$V_{ij} = \frac{E_i \, E_j}{R_{ij}^2}$$

Das Modell bezieht seinen Namen aus der Analogie zur klassischen Mechanik: Dort folgt die Gravitationskraft, die zwischen zwei Massen wirkt, einer analogen Gesetzmäßigkeit. Das Modell ist in seiner Einfachheit auf die Modellierung von Privatreisen beschränkt und berücksichtigt keinerlei Besonderheiten aufgrund kultureller, geschichtlicher oder geografischer Situationen. So bestehen beispielsweise in der Folge des Kosovokrieges und der daraus resultierenden Migration zwischen Deutschland und Ex-Jugoslawien seit der Jahrtausendwende intensive Verkehre, die das Gravitationsmodell massiv unterschätzt. In der Praxis spricht man bei dieser Art von Verkehren von ethnischen Verkehren. Daher werden inzwischen anstelle der Entfernung im Nenner oft Reisezeiten und -kosten bzw. ein gemischtes Mittel aus beidem verwendet. Auch weitere Angebotsmerkmale, wie die Frequenz des Angebots, lassen sich berücksichtigen.

Liegen Daten zur Nachfrage entweder auf Basis historischer Daten oder als Ergebnis eines Prognosemodells in Form einer Quelle-Ziel-Matrix vor, wird im nächsten Schritt die Nachfrage je Relation auf die verschiedenen Verkehrsträger (zu Fuß, Rad, Auto, Zug, Bus, Flug) verteilt. Dieser Teil der Verkehrsmodellierung wird Verkehrsaufteilung genannt. Dazu müssen je Verkehrsmodus (Auto, Zug, Bus, Flug) zunächst sinnvolle Routen entsprechend der zur Verfügung stehenden Infrastruktur und des Angebots gebildet werden. Betrachtet man beispielsweise im Fernverkehr die Relation Hamburg–Kopenhagen, so bestehen zwei relevante Routen: eine über das Festland via Flensburg/Fünen und eine über die Fehmarnbeltquerung. Die Routenwahl wird ungleich komplexer, wenn Verkehrsbeziehungen innerhalb von Städten betrachtet werden, denn hier liegt eine Vielzahl äquivalenter Routenoptionen hinsichtlich Distanz oder Reisezeit vor.

Ob ein Angebot seitens der Kunden gewählt wird, hängt von objektiven Eigenschaften des Angebots wie der Reisezeit, der zeitlichen Verfügbarkeit des Angebots, des Reisekomforts, der Zuverlässigkeit, der Stabilität und des Preises ab. Im Kontext Reisezeit ist offensichtlich, dass Angebote mit kürzerer Reisezeit Alternativen mit längeren Reisezeiten vorgezogen werden. Reisezeiten bezeichnet hier zunächst die Gesamtdauer der Reise, also die Summe der Wegezeiten zu und von einem Auto, Bahnhof oder Flughafen und der Beförderungszeit. Die Beförderungszeit ergibt sich aus der Summe der Fahrzeiten und der Haltezeiten. Deren Berechnung ist in den Kapiteln 3.2.2.8 und 3.2.2.11 dargestellt.

Zudem ist die zeitliche Verfügbarkeit des Angebots relevant, da Kunden in aller Regel nicht zeitlich flexibel sind, sondern zu einem bestimmten Zeitpunkt abfahren oder ankommen wollen. In der Praxis sind Reisen mit mehreren Umstiegen deutlich weniger nachgefragt, auch wenn diese gleiche Reisezeiten oder z. T. niedrigere Preise wie direkte Verbindungen aufweisen. Insbesondere Pendler reagieren zudem sehr sensitiv auf die Stabilität des Angebots. Im Markt erfolgreiche Eisenbahnsysteme weisen in aller Regel eine sehr hohe Stabilität gegenüber Verspätungen auf.

Last but not least hat der Preis einen hohen Einfluss auf die Frage, ob das Angebot von den Kunden gewählt wird oder nicht. Es greift daher zu kurz, die Modelle auf rein rationalen Entscheidungsgrundlagen aufzubauen. In der Verfeinerung der Modelle werden bestimmten Kundengruppen oder Reiseanlässen, die für diese Kundengruppen typisch sind, Verhaltensmuster zugeordnet: Studierende sind in alle Regel bereit, für einen günstigeren Preis längere und ggf. unkomfortablere Angebote zu wählen, während bei Geschäftsreisenden die Reisezeit und der Komfort wichtiger als der Preis sind. Die Parameter der im Einsatz befindlichen Modelle werden in aufwendigen Verfahren so gewählt, dass die Modelle die Nachfrage in der Vergangenheit gut wiedergeben. Hierzu wird die Summe der Abweichungen der Modellergebnisse zur Nachfrage in der Vergangenheit minimiert. Dieser Vorgang wird Parametrisierung oder auch Eichung des Verkehrsmodells genannt.

Die so vorbereiteten Modelle eignen sich in der Praxis sehr gut, um verschiedene Gestaltungen des Angebots gegeneinander abzuwägen. Die Verkehrsmodelle kommen dann an ihre Grenzen, wenn massive Veränderungen nicht nur das Verhältnis der Nutzung der verschiedenen Angebote betreffen, sondern auch die Nachfrage insgesamt (Verkehrserzeugung) durch Angebotsparameter verändert wird. Dies ist beispielsweise dann der Fall, wenn schnellere Fahrzeuge und/oder neue Infrastrukturen neue Verkehre entstehen lassen. Dieses Phänomen nennt man induzierte Verkehre. Als prominentes Beispiel für diesen Effekt sei hier die Relation zwischen Paris und Brüssel erwähnt. Nach Einführung der Hochgeschwindigkeitsverkehre mit Reisezeiten von weniger als eineinhalb Stunden ist ein tägliches Pendeln zwischen diesen beiden europäischen Metropolen möglich.

Planungshorizonte und zugehörige Fragestellungen

Kurzfristig liegt der Fokus der Angebotsplanung der EVU in der Regel auf der detaillierten Ausgestaltung des Angebots. Die grundsätzlichen Parameter, die aus der Topografie und Kapazität der Eisenbahninfrastruktur des EIU und aus dem Einsatz der Fahrzeuge des EVU resultieren, sind zu diesem Zeitpunkt weitgehend fixiert. Typische Aufgabenstellungen sind beispielsweise:

- die Planung zusätzlicher Angebote an Wochenenden in touristisch relevante Zielgebiete oder zu Großveranstaltungen,
- die detaillierte Kapazitätsplanung zur Abdeckung von Nachfragespitzen im Berufsverkehr in Abhängigkeit von Schulferien sowie

- die Berücksichtigung eingeschränkter Infrastrukturverfügbarkeit infolge von Instandsetzungsmaßnahmen der Netzinfrastruktur.

Langfristig sind die Freiheitsgrade in der Gestaltung des Angebots in der Regel größer. Typische Aufgabenstellungen sind beispielsweise:

- der Neubau oder die Gestaltung von Infrastrukturausbauten des EIU,
- die daraus resultierende Weiterentwicklung des Linienkonzepts des EVU oder
- die Dimensionierung und Gestaltung der Fahrzeugflotte und der zugehörigen betriebsnahen Instandsetzungswerkstätten der EVU.

Den Rahmen für den Neu- bzw. Ausbau der Verkehrsinfrastruktur bildet in der Bundesrepublik Deutschland der Bundesverkehrswegeplan (BVWP). Im BVWP sind die wesentlichen Entwicklungsmaßnahmen und deren Zusammenwirken beschrieben[1].

Im Idealfall richtet sich die Gestaltung der Infrastruktur einerseits an der prognostizierten Nachfrage der Kunden (Neu- und Ausbau von Infrastruktur) und andererseits an der Nachfrage durch die marktteilnehmenden EVU (Kapazität und Leistungsfähigkeit) aus. Angesichts begrenzter Mittel und politisch übergeordneter Zielstellungen fließen auch weitere Kriterien in die Auswahl der Infrastrukturausbauten ein. So kam beispielsweise nach der Wiedervereinigung den Verkehrsprojekten Deutsche Einheit (VDE) ein hoher Stellenwert zu, um beide Teile der Republik schneller zusammenwachsen zu lassen und dort jeweils vergleichbare Angebote herzustellen. Ähnliche Phänomene lassen sich bei der bewussten Gestaltung von Ansiedlungen im Umfeld von Metropolen oder der Stärkung ländlicher Räume beobachten.

In den letzten Jahren werden vermehrt auch wieder Ausbaumaßnahmen realisiert, die die Angebotsparameter zunächst nicht verbessern, jedoch die Kapazität des Netzes und damit die Stabilität des von Kunden wahrgenommenen Angebots erhöhen. Auf die Fragestellung, wie Kapazitäten der Infrastruktur berechnet werden, wird in Kapitel 2.5 und 3.4 eingegangen.

Planungsphilosophien: Nachfrageorientierung versus Angebotsorientierung

Grundsätzlich lassen sich zwei Philosophien in der Gestaltung des Angebots unterscheiden: nachfrageorientierte versus angebotsorientierte Fahrpläne.

Nachfrageorientierte Fahrpläne bilden die spezifischen Nachfragemuster direkt im Angebot ab. Typische Beispiele hierfür sind Ganzzüge im SGV, die nur dann verkehren, wenn entsprechende Transportmengen angefragt sind, oder das Nachfragemuster im SPFV am Freitagabend, wo beispielsweise gegen 21 Uhr noch eine große Anzahl Reisender in Richtung der Metropolen unterwegs ist, aber nur noch wenige Reisende die Metropolen verlassen. Aufgrund der Nachfragestruktur lassen sich mit Zugfahrten, die beispielsweise Berlin freitags gegen 22 Uhr erreichen, Gewinne erziele. Züge, die um diese Uhrzeit Berlin verlassen, weisen wesentlich geringere Einnahmen als die mit der Zugfahrt verbundenen spezifischen

1 https://www.bmvi.de/DE/Themen/Mobilitaet/Infrastrukturplanung-Investitionen/Bundesverkehrswegeplan-2030/bundesverkehrswegeplan-2030.html

Kosten auf und werden daher in geringerer Frequenz oder gar nicht im Markt angeboten. Angebotsorientierte Fahrpläne enthalten im Gegensatz zu nachfrageorientierten Fahrplänen Fahrten auch dann, wenn die spezifischen Kosten die Erlöse der Fahrt übersteigen. Kernthese angebotsorientierter Fahrpläne ist, dass nur mit einem durchgängig verfügbaren Angebot die Attraktivität des Schienenverkehrs gegenüber dem Auto, welches per se immer verfügbar ist, gewährleistet werden kann.

In der Praxis haben sich angebotsorientierte Konzepte weitgehend durchgesetzt. Grund hierfür sind verkehrspolitische Forderungen nach einer Steigerung der Attraktivität des Angebots auf der Schiene.

Bei der Planung des Angebots im SPV werden zunächst Linienverläufe und deren Frequenz festgelegt. Diese Linien werden so gestaltet, dass entlang der Linie möglichst viele Reisen ohne Umstieg erfolgen können. Linien werden dann in Knoten nach Möglichkeit so verknüpft, dass systematische Umsteigemöglichkeiten entstehen. Steht der Angebotsrahmen aus Linienverläufen und deren Verknüpfung in den Knoten, wird zu den Betriebszeiten festgelegt: Wann findet morgens die erste, wann abends/nachts die letzte Fahrt statt? Im nächsten Schritt werden Kapazitäten überprüft: Welche Tagesabschnitte erfordern unter Umständen größere Transportkapazitäten oder höhere Frequenzen? Oder gibt es abweichende Fahrtverläufe, um beispielsweise morgens und abends für Pendler oder am Wochenende für Touristen einzelne direkte Verbindungen anbieten zu können? Abweichende Fahrtverläufe können auch aus Belangen der Produktion heraus entstehen, um Fahrzeuge der Instandhaltung zuführen zu können. Dieser Aspekt wird in Kapitel 2.1.2 vertieft.

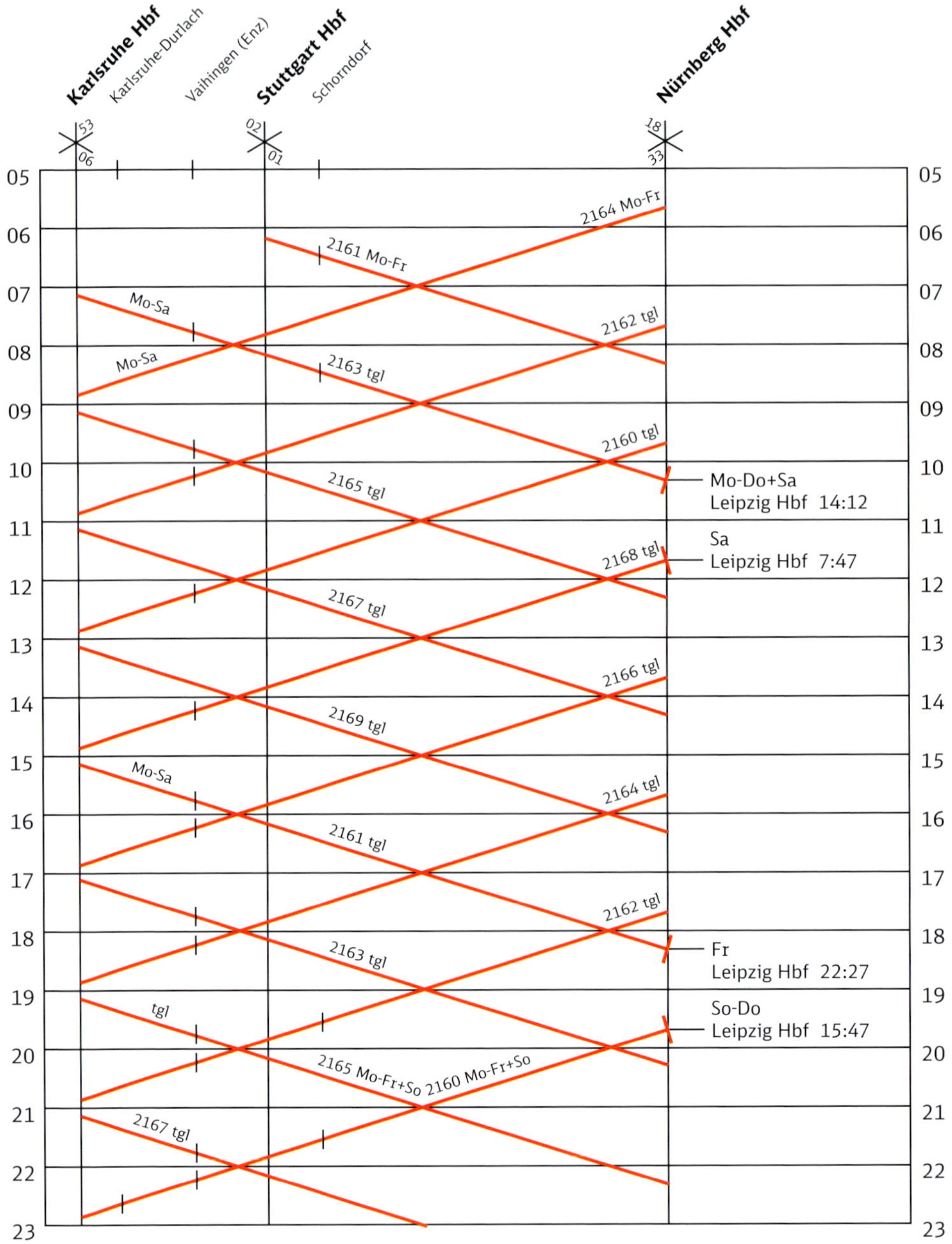

Abb. 2-1: Angebotsstruktur, dargestellt als Zeit-Wege-Diagramm am Beispiel der Fernverkehrslinie 61 Karlsruhe-Nürnberg im Jahr 2018

Abbildung: BFV/Wolfgang Weinhold

Angebotsplaner arbeiten in der Praxis mit unterschiedlichen grafischen Darstellungen. Für Probleme mit geringer Komplexität werden sehr oft Darstellungen in Tabellenform verwendet. Für größere Systeme werden grafische Darstellung in Form von Zeit-Wege-Diagrammen oder Zeit-Wege-Linien (ZWL) angewendet. Abbildung 2–1 zeigt das Angebot der DB Fernverkehr AG im Jahr 2018 auf der Linie Karlsruhe–Nürnberg. Im deutschen Sprachraum ist es üblich, die Zeit vertikal und die Strecke horizontal aufzutragen. Im anglo- und im frankofonen Sprachraum ist die aus der Physik bekannte Darstellung mit der Zeit in der Horizontalen und der Strecke in der Vertikalen gebräuchlicher.

Die in Abbildung 2–1 gezeigte Linie ist ein klassisches Beispiel einer Zwei-Stunden-Takt-Linie im Fernverkehr. Zwischen Karlsruhe und Stuttgart bildet diese Linie mit der um eine Stunde versetzten Linie 60 Karlsruhe–München (nicht in der Abbildung gezeigt) einen Stundentakt.

Konstruktionsprinzipien: Takte und Symmetrien

Angebotsorientierte Fahrpläne lassen sich anhand klarer Takte erkennen. Fahrten in eine bestimmte Richtung werden in Stunden-, Halbstunden-, Viertelstunden-, 10- oder auch 5-Minuten-Takten angeboten. Vorteil dieser Takte sind einerseits, dass sich Takte von Kunden sehr gut merken lassen, und andererseits, dass an Knotenpunkten im Netz systematische und wiederkehrende Verknüpfungen zwischen Zugfahrten entstehen.

Beispiel hierfür ist im Fahrplan 2020 im Nahverkehr die Verknüpfung im Bahnhof Darmstadt Hbf einer Ost-West-Linie Mainz–Darmstadt–Aschaffenburg mit der Nord-Süd-Linie Frankfurt–Darmstadt–Heidelberg: In West-Ost-Richtung erreicht der Zug aus Mainz um 10:21 Uhr Darmstadt und fährt um 10:32 Uhr von dort weiter nach Aschaffenburg. In der Gegenrichtung erreicht der Zug um 10:27 Uhr Darmstadt und fährt um 10:38 Uhr Richtung Mainz. In Nord-Süd-Richtung erreicht der Zug aus Frankfurt um 10:28 Uhr Darmstadt und fährt um 10:30 Uhr weiter nach Heidelberg, während in der Gegenrichtung der Zug aus Heidelberg ebenfalls um 10:28 Uhr Darmstadt erreicht und 10:32 Uhr weiter nach Frankfurt fährt. Diese Verknüpfung ist in der sogenannten Taktuhr für den Knoten Darmstadt in der Abbildung 2–2 gezeigt.

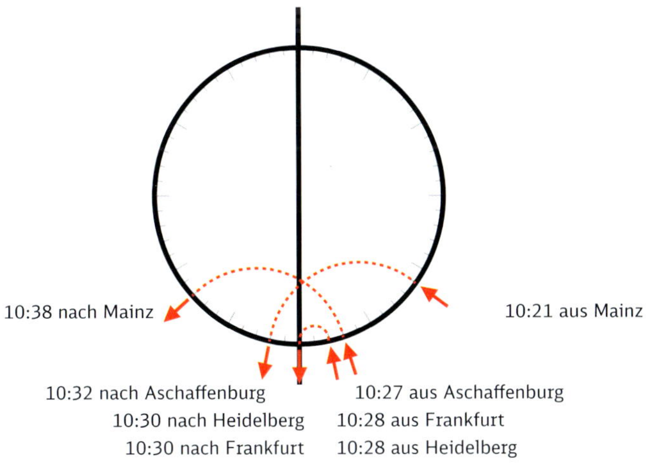

Abb. 2-2: Taktuhr Halbknoten Nahverkehr Darmstadt

Abbildung: BFV/Wolfgang Weinhold

Das hier gezeigte Beispiel ist typisch für einen sogenannten Halbknoten; d. h. alle Züge treffen sich immer um die Minute 30 und damit zur halben Stunde in einem Bahnhof. Die Angebotsplaner sprechen in diesem Fall von korrespondierenden Zügen, da Umstiege zwischen den Linien in beide Richtungen möglich sind. Vorteil dieser Angebotskonstruktion ist, dass neben den direkten Verbindungen, die durch die Zugfahrten einer Linie abgebildet werden, auch Umsteigeverbindungen mit sehr kurzen Umsteigezeiten entstehen: Reisende aus Richtung Frankfurt oder Heidelberg können in Darmstadt auf die Züge nach Mainz oder Aschaffenburg, Reisende aus Richtung Mainz oder aus Richtung Aschaffenburg können in Darmstadt in Richtung Frankfurt und in Richtung Heidelberg umsteigen. Idealerweise haben die Züge mit dem höheren Reisendenaufkommen (dies ist im Fall von Darmstadt die Relation Frankfurt–Heidelberg) in den Knoten eine kürzere Aufenthaltszeit als die Züge mit dem geringeren Reisendenaufkommen. Hierdurch werden der Mehrzahl der Reisenden unnötige Wartezeiten erspart und trotzdem systematische und attraktive Umsteigeverbindungen ermöglicht.

Der Vorteil aus Sicht der Kunden bedeutet einen Nachteil für die Infrastruktur – durch hohe Anforderungen und damit hohe Kosten: Im Zeitraum von 10:20 Uhr bis 10:40 Uhr werden vier Gleise (die Fahrplaner sprechen technisch von Bahnsteigkanten) benötigt, die für die dann folgenden 40 Minuten (von 10:40 bis 11:20 Uhr) z. T. nicht belegt sind. Angebotsorientierte Fahrpläne stellen – wie an diesem Beispiel gezeigt – hohe Anforderungen an die gleichzeitig verfügbare Kapazität in Knoten. In der Infrastrukturplanung versucht man daher, Kreuzungen von Zügen in den Knoten zu minimieren, um physikalisch unabhängige Ein- und Ausfahrten zu ermöglichen.

Ein zweites Merkmal von Taktfahrplänen lässt sich am obigen Beispiel ebenfalls beobachten: Taktfahrpläne sind in der Regel symmetrisch, d. h., die Abfahrts- und Ankunftszeiten einer Richtung determinieren die Abfahrts- und Ankunftszeiten der Gegenrichtung, indem man die Uhr an der Null/Zwölf spiegelt: Abfahrt in Nord-Süd-Richtung zur Minute 20’ bedeutet Ankunft in Süd-Nord-Richtung zur Minute 40’. Dies ist in Abbildung 2–3 am Beispiel der Fernverkehrslinie 62 Frankfurt–München–Klagenfurt im Bahnhof Frankfurt verdeutlicht. Symmetrische Fahrpläne haben den großen Vorteil, dass Verknüpfungen in einer Richtung analog auch in der Gegenrichtung funktionieren; eine Anforderung, die Kunden – die in der Regel auf dem gleichen Weg hin- und herreisen – implizit erwarten.

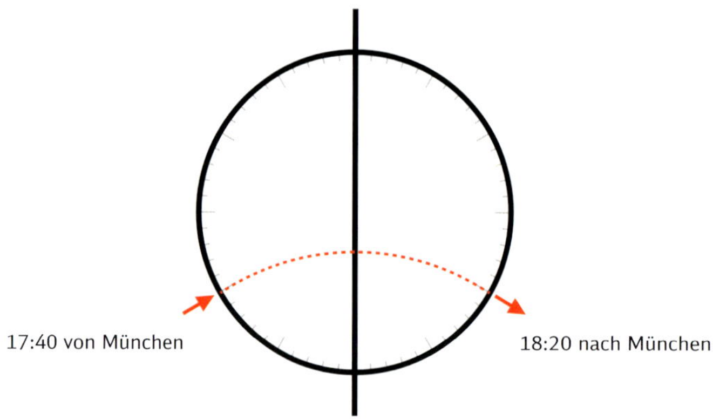

Abb. 2–3: Nullsymmetrie – Beispiel Frankfurt EC-Linie 62 Abbildung: BFV/Wolfgang Weinhold

In der Praxis lassen sich leichte Abweichungen von der Symmetrie oft nicht vermeiden. Diese haben in aller Regel ihren Ursprung darin, dass infolge infrastruktureller Situationen sich leichte Fahrzeitunterschiede je Richtung ergeben. Aufgrund des Erfolgs angebotsorientierter Fahrpläne werden vermehrt Infrastrukturen so ausgebaut, dass Asymmetrien vermieden werden können.

Ein weiterer Nachteil symmetrischer Fahrpläne ist, dass unter Umständen lange Wendezeiten zwischen Zügen der Hin- und Rückrichtung an Endpunkten der Linie entstehen können: Kommt eine Fahrt beispielsweise zur Minute 6 an, fährt die Gegenrichtung im Fall einer Stundentaktlinie erst zur Minute 54 wieder ab; das Fahrzeug oder oft auch das Fahrpersonal haben dann eine Unterbrechung ihres Einsatzes von 48 Minuten. Hieraus resultiert dann auch eine Minderung der möglichen Laufleistung der Fahrzeuge. Kurze Wendezeiten haben wiederum den betrieblichen Nachteil, dass Verspätungen, die auf dem vorherigen Streckenabschnitt entstanden sind, im Knoten nicht vermindert werden können und so auch auf weitere Streckenabschnitte im Netz übertragen werden.

In der Praxis haben sich in den letzten Jahrzehnten angebotsorientierte Taktfahrpläne trotz der Nachteile auf der Kostenseite gegenüber nachfrageorientierten Fahrplänen durchgesetzt. Dies liegt zum einen an der höheren Akzeptanz durch die Kunden und zum anderen an dem verkehrspolitischen Ziel eines durchgängig verfügbaren Angebots im SPNV.

Zusammenspiel von Infrastruktur- und Fahrplanung: integraler Taktfahrplan

Wird die oben dargestellte Logik der Takte durchgängig auf ein Verkehrssystem angewandt, so spricht man von integralen Taktfahrplänen, kurz ITF. Vorreiter zur Etablierung dieser Extremform angebotsorientierter Fahrpläne war in den frühen 1990er-Jahren die Schweiz. Dort wurde im Rahmen des Konzepts „Bahn 2000" die Infrastruktur so ausgebaut, dass das gesamte Zugangebot im Land und in der Folge auch das Postbusangebot vertaktet wurden. Dazu wurde jeder Netzknoten systematisch als Null-, Viertel- oder Halbknoten klassifiziert, und es wurden entsprechende Kapazitäten in den Knotenpunkten für miteinander korrespondierende Züge geschaffen. Für die Bundesrepublik Deutschland wurde in den vergangenen Jahren mit dem Deutschlandtakt[2] ein vergleichbares ITF-Konzept entwickelt. Zur Umsetzung dieses – im Detail noch in der Weiterentwicklung befindlichen – Konzepts bedarf es weiterer Infrastrukturausbauten, die derzeit noch nicht im BVWP enthalten sind.

In voller Konsequenz führt ein ITF dazu, dass die Fahrzeiten auf der Kante (die sogenannten Kantenzeiten) zwischen Netzknoten immer einige Minuten unter 15 Minuten bzw. ein Vielfaches von 15 Minuten sein müssen, um z. B. Null-, Viertel- oder Halbknoten zu etablieren. Die verbleibende Zeit wird dann im Knoten als Haltezeit benötigt, um den Zu- oder Ausstieg von Kunden zu ermöglichen.

Bei der Bewertung von Infrastrukturmaßnahmen geht es somit nicht mehr nur singulär um eine möglichst kurze Fahrzeit auf einer Strecke, sondern um den Nutzen und die Kosten, die aus einer veränderten Fahrzeit auf einer Strecke (man spricht von der Kantenzeit) im gesamten Angebot netzweit resultieren. Zur Bewertung des Nutzens werden die Reisezeiten der Reisenden, die die durchgängigen Züge nutzen, und derjenigen Reisenden, die in den

2 https://www.deutschlandtakt.de/

Knoten umsteigen, berücksichtigt. Im Gegensatz zum Effekt entlang einer durchgängigen Linie (Linieneffekt) bezeichnet man die Effekte, die aus veränderten Umstiegen entstehen, als Netzeffekte. Die lange Zeit führende linienspezifische Betrachtung wurde damit in den vergangenen Jahrzehnten nach und nach durch eine systematische Netzbetrachtung ersetzt. Die netzweite Betrachtung findet nun auch in der Bundesrepublik im Rahmen der Planung des BVWP Anwendung und ergänzt die kapazitätsorientierte Netzplanung sinnvoll.

Die Netzgrafik

In der Angebotsplanung hat sich für angebotsorientierte Systeme eine Darstellung des Netzes mit den entsprechenden An- und Abfahrtsminuten in den Knoten etabliert; man spricht von der Netzgrafik. Abbildung 2-4 zeigt einen Auszug aus der Netzgrafik für die Schweiz rund um Bern.

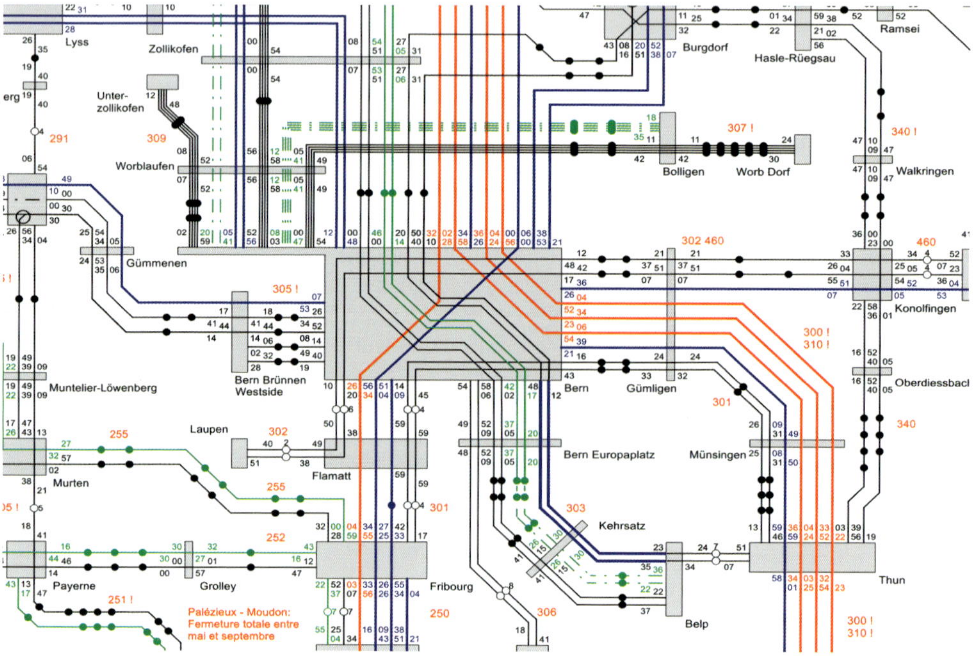

Abb. 2-4: Netzgrafik Schweiz, Ausschnitt Bern

Quelle: www.sma-partner.com

Anwendungsbeispiel: Verknüpfungen von ICE-/IC-Linien in Dortmund, Köln und Mannheim (Fernverkehr)

Ein Beispiel im Angebot der DB Fernverkehr ist in Abbildung 2-5 gezeigt. In der einen Stunde ist die ICE-Linie 42 von Dortmund über Köln und Mannheim nach München in Dortmund mit der IC-Linie 31 aus Hamburg nach Köln (und weiter nach Mainz, Frankfurt, Nürnberg und Passau) verknüpft. Während die Züge der ICE-Linie 42 alle zwei Stunden über die sogenannte Ruhrstrecke (über Duisburg-Düsseldorf) fahren, fahren die Züge der IC-Linie 31 alle zwei Stunden über die Wupperstrecke (über Hagen-Wuppertal). Beide Linien korrespondieren erstmals in Dortmund und dann nochmals in Köln und ermöglichen so Umstiege zwischen der Wupperstrecke auf die Schnellfahrstrecke Köln-Rhein/Main oder von der Ruhrstrecke ins Rheintal. Die Züge der Linie 42 sind dann in Mannheim mit den Zügen der Linie 12 von Berlin nach Basel und weiter nach Interlaken verknüpft. In der anderen Stunde ist die IC-Linie 30 von Hamburg nach Köln (und weiter nach Mainz, Mannheim und Stuttgart) und mit der ICE-Linie 43 von Dortmund über Köln nach Mannheim und weiter nach Basel in Dortmund und Köln verknüpft. In dieser Stunde verkehrt dann die IC-Linie 30 über die Ruhrstrecke, während die ICE-Linie 43 über die Wupperstrecke geführt wird. Die ICE-Linie 43 ist dann wiederum in Mannheim mit der ICE-Linie 11 von Berlin über Stuttgart nach München verknüpft.

Durch die Überlagerung von zwei Zweistundentaktsystemen entstehen somit für den Kunden stündliche Verbindungen. Ist der Kunde zeitlich flexibel, kann er durch Wahl der Abfahrtszeit Umstiege vermeiden.

In der Praxis zeigt sich im Fernverkehr, dass auf Relationen, in denen in der einen Stunde eine direkte Verbindung, in der anderen Stunde eine Umsteigeverbindung angeboten wird, zwei Drittel der Reisenden die Direktverbindung wählen.

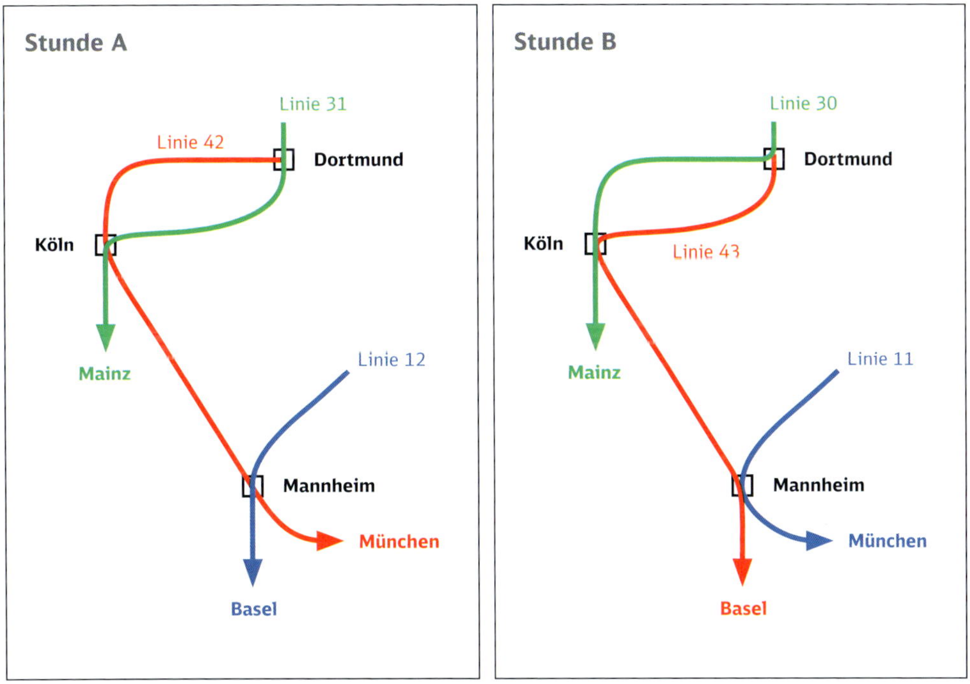

Abb. 2-5: Liniensystematik und Korrespondenzanschlüsse im Fernverkehr in der Relation Dortmund-Köln-Mannheim

Abbildung: BFV/Wolfgang Weinhold

Anforderungen an betriebliche Stabilität in integralen Taktfahrplänen

Diese Art der angebotsorientierten Optimierung der Eisenbahnsysteme in Form integraler Taktfahrpläne stellt – wie bereits dargelegt – hohe Anforderungen an die Infrastruktur. Durch die vielen Verknüpfungen kommen im Betrieb weitere Anforderungen an die betriebliche Stabilität hinzu. Das Verfehlen einer Verknüpfung wegen einer betrieblichen Verzögerung eines Zuges von wenigen Minuten führt in der Regel für eine Vielzahl von Kunden zu massiven Verspätungen, da Umsteigeverbindungen in den Knoten nicht mehr erreicht werden. Durch die Verspätung eines Zuges kann das gesamte, eng miteinander verwobene System wortwörtlich außer Takt geraten. Auf die Frage, wie die negativen Auswirkungen minimiert werden können, wird im Kapitel 2.1.3 eingegangen.

Besonderheiten im Schienengüterverkehr: gerichtete Nachfrage und geringe Vertaktung

Reisende, die den SPV nutzen, fahren in der Regel zwischen den beiden Punkten einer Relation hin und her; sei es im SPNV morgens der Weg zur Arbeit und abends zurück oder sei es im SPFV beispielsweise beim Besuch eines Geschäftspartners oder dem Besuch von Freunden über das Wochenende. Man spricht von symmetrischen Reisendenströmen, die Quelle-Ziel-Matrix ist über ein längeres Zeitintervall in Summe symmetrisch. In der Praxis wird somit über eine Woche die gleiche Kapazität in der Hin- und Rückrichtung benötigt. Zeitlich jedoch kommt es zu deutlichen Asymmetrien in der Nachfrage, beispielsweise morgens mit hoher Nachfrage aus der Peripherie in die Metropolen und abends zurück oder an Freitagen zur Küste oder in die Berge und sonntags zurück.

Der Güterverkehr weist hingegen in aller Regel keine symmetrische Quelle-Ziel-Nachfrage auf. Während Kohle und Erze zu Stahlwerken transportiert werden, wird fertiger Stahl von dort weitertransportiert; dies geschieht in aller Regel nicht in die Gebiete, aus denen Kohle und Erze stammen, sondern in andere Regionen. Da für Kohle und Erz Güterwagen für Schüttgut und für Stahl besondere Güterwagen je Stahlart benötigt werden, kehren diese in aller Regel leer wieder an den Ausgangsort zurück. In beiden Fällen werden – wegen der großen Mengen und Massen – ganze Züge mit einer Art von Gut bestückt; man spricht von Ganzzügen.

Diese Asymmetrie tritt beim Transport von Containern im sogenannten Kombinierten Verkehr (KV) nicht auf: Beladene Container landen an den Überseehäfen an der Nordsee (Antwerpen, Rotterdam, Bremerhaven, Hamburg etc.) an und werden von dort auf dem Schienenweg in Zentraleuropa verteilt. Zwar werden die Container, die in einem weltweiten Netz eingesetzt werden, nicht per se 1:1 auf dem gleichen Weg zurückbefördert, in der Bilanz jedoch muss die gleiche Menge leerer bzw. anders beladener Container auch wieder mit Güterzügen zu den Überseehäfen transportiert werden.

Im Einzelwagenverkehr werden die Züge aus Einzelwagen oder Wagengruppen mit ähnlichen Destinationen zusammengestellt. Sie verkehren zwischen Rangierbahnhöfen oder zwischen einem Rangierbahnhof und einem Gleisanschluss. Die Zuführung zu und von Rangierbahnhöfen erfolgt mit Bedienfahrten. Für den Einzelwagenverkehr wird immer wieder versucht, die im SPV erfolgreiche Idee eines vertakteten Angebots auch auf den SGV zu übertragen. Ein Beispiel dieses Ansatzes ist die in den 2010er-Jahren verfolgte Idee der Netzwerkbahn bei DB Cargo: Mehrere Güterzüge mit Einzelwagen, die unterschiedliche Destinationen haben, erreichen mit einem Zug eine Zugbildungsanlage. Die neu gebildeten Züge verlassen dann zeitgleich wieder die Anlage. Vorteil dieses Systems, das analog zur Verteilung von Briefen oder Paketen über Brief-/Paketzentren funktioniert, ist eine sehr verlässliche Angebotsstruktur. Spediteure können sich darauf verlassen, dass an bestimmten Tagen und zu bestimmten Uhrzeiten ein Güterzug abfährt bzw. ankommt. Wegen der saisonal deutlich volatileren Nachfrage im Vergleich zum SPV und wegen hoher Vorhaltekosten für Anlagen und Lokomotiven hat sich die vollständige Vertaktung des Systems bis dato noch nicht durchgesetzt. Sollte es jedoch wegen gesetzlicher Auflagen oder steigender Kosten des Landtransports mit dem Lkw zu der politisch gewünschten Verschiebung der Nachfrage von der Straße auf die Schiene kommen, darf davon ausgegangen werden, dass auch im SGV analog zum SPV die Vertaktung steigen wird.[3]

2.1.2 Produktionsplanung der Eisenbahnverkehrsunternehmen

Ist die Festlegung auf ein Angebot erfolgt, wird es im Rahmen der Fahrlagenplanung detailliert. Dies beinhaltet aus Sicht des EVU die geplanten Zugfahrten mit allen gewünschten Halten je Verkehrs- oder je Kalendertag. Diese Daten sind die Basis der Planung der betrieblich notwendigen Ressourcen. Im deutschsprachigen Raum wird in aller Regel der Begriff Produktionsplanung verwendet. Im Gegensatz zu einer klassischen Produktion von Waren bezeichnet der Begriff im Eisenbahnsystem die Planung des Betriebs einer Zugfahrt.

In der Praxis werden die Schritte der Angebots- und Produktionsplanung oft iterativ ausgeführt, d. h., Erkenntnisse aus der Produktionsplanung fließen in die Planung des Angebots zurück, um entweder die Fahrbarkeit mit den vorhandenen Ressourcen sicherzustellen oder um die Qualität zu erhöhen oder die Kosten zu minimieren. Ein typisches Beispiel hierfür ist eine von der Systematik der Linienführung abweichende Planung einzelner Fahrten, um Fahrzeuge den Behandlungsanlagen zuzuführen und so Leerfahrten zu vermeiden.

Kernelemente der Produktionsplanung sind die Planung der Fahrzeuge in der Umlaufplanung und des Fahrpersonals in der Schicht- und Einsatzplanung.

Umlaufplanung

Der Fahrzeugeinsatz wird zunächst in Form von Umläufen geplant. Damit ist die Abfolge von Zugfahrten, für die ein logisches Fahrzeug hintereinander eingesetzt wird, gemeint.

Da aus Sicht des EVU Fahrzeuge die mit Abstand höchste Kapitalbindung erzeugen, ist es geboten, für ein vorgegebenes Angebot möglichst wenig Fahrzeuge einsetzen zu müssen. Der zu einem bestimmten Angebot passende Bedarf an gleichzeitig eingesetzten Fahrzeugen wird Umlaufbedarf genannt. Werden Fahrzeuge nur auf einer Linie (quasi hin und her) eingesetzt, so kann der Umlaufbedarf U als Funktion der Dauer einer Fahrt D in Stunden und der Frequenz der Abfahrten F je Stunde einfach abgeleitet werden:

$$U = 2 \times D \times F$$

3 Vgl. bspw. Agora Verkehrswende, RailMap 2030, Kap 3.7; https://static.agora-verkehrswende.de/fileadmin/Projekte/2017/Bahnpolitische_Weichenstellungen/35_Railmap_lang_WEB.pdf

Zur Durchführung der Planung werden in der Praxis zwei grafische Repräsentationen verwendet: Während ein Teil der Planer Grafiken in Form von Weg-Zeit-Diagrammen einsetzt, plant ein anderer Teil der Planer mit Gantt-Diagrammen. Die beiden Darstellungen sind in Abbildung 2–6 am Beispiel einer Taktlinie zwischen den Orten A und B gezeigt.

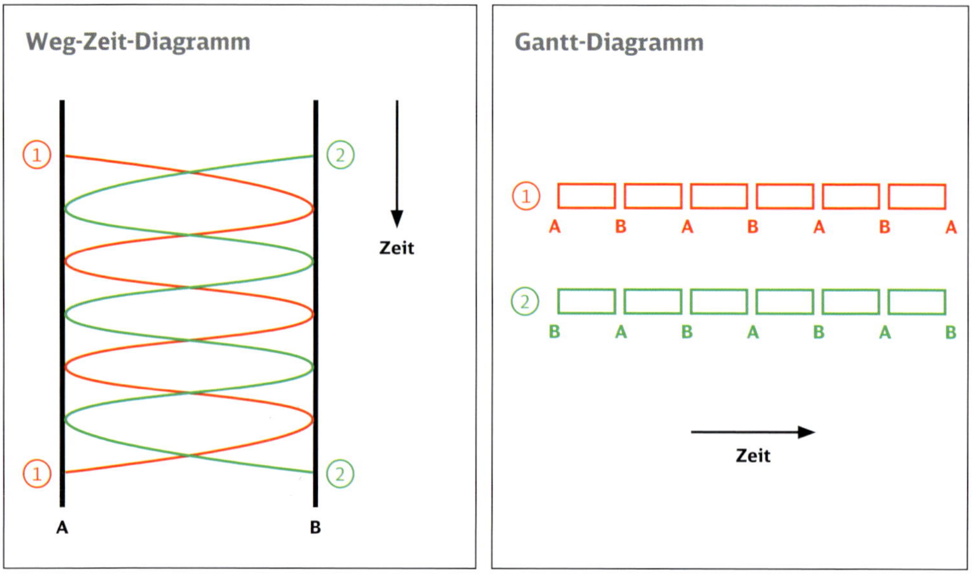

Abb. 2–6: Vergleich Umlaufplanung in Weg-Zeit-Diagramm oder in Gantt-Darstellung Abbildung: BFV/Wolfgang Weinhold

In komplexeren Systemen, in denen mehrere Fahrzeuge in einem Zugverband verkehren und Stärken und Schwächen und/oder Flügeln während der Zugfahrt erfolgen, haben sich in der Planung Gantt-Darstellungen durchgesetzt.

In größeren Systemen wie beispielsweise S-Bahn-Systemen mit 50 oder mehr Fahrzeugen besteht häufig eine Vielzahl äquivalenter Lösungen mit dem gleichen Umlaufbedarf. Während einige EVU linienreine Einsätze der Fahrzeuge bevorzugen, arbeiten andere mit netzübergreifenden Einsätzen. Unter linienreinen Einsätzen versteht man den Einsatz physischer Fahrzeuge nur auf einer bestimmten Linie. Diese Art der Planung hat den Vorteil, dass sich im Betrieb Störungen nicht über den Fahrzeugeinsatz ins Netz ausbreiten und der damit verbundene Dispositionsaufwand minimiert und auf eine Linie beschränkt wird. Nachteil des linienreinen Einsatzes und damit Vorteil eines netzweiten Einsatzes ist, dass die Laufleistung und Belastung der Fahrzeuge gleichartig erfolgt. Dies ist insbesondere in Netzen von Bedeutung, die enge Kurvenradien mit hohen Belastungen der Achsen oder Gebirgsstrecken mit hoher Belastung der Motor- und Bremskomponenten aufweisen.

In der Regel erfolgt die Umlaufplanung für einen typischen Wochentag oder eine Gruppe von Wochentagen mit ähnlichen Nachfragemustern. Die dort gefundene Lösung wird dann auf die anderen Tage kopiert und an veränderte Reisenden- oder Warenströme angepasst.

Wird das Angebot infolge einer baulichen Einschränkung der Infrastruktur verändert, so müssen auch die Umlaufplanung und alle nachgelagerten Schritte der Produktionsplanung angepasst werden. Wichtig ist es dabei, dass im Fall längerer Baumaßnahmen Betriebsanlagen zur Instandsetzung oder zur Betankung auf Umleitungsstrecken erreicht werden können. Bei Streckensperrungen kann es aber auch vorkommen, dass Fahrzeuge für eine gewisse Zeit auf vorübergehenden Inselabschnitten „eingeschlossen" werden. In diesem besonderen Fall müssen aufwendige Ersatzkonzepte zur Betankung und Instandhaltung etabliert werden oder es muss ganz auf den Einsatz von Schienenfahrzeugen auf dem Netzabschnitt verzichtet werden.

Bereitstellungsplanungs-/Ortsdienstplanung

An die Umlaufplanung schließt sich die Planung der Bereitstellung an: Vor der ersten Fahrt müssen die Fahrzeuge aus Abstellanlagen geholt, nach der letzten Fahrt wieder zu diesen zurückgebracht oder (tagsüber) ggf. einer Werkstatt oder einer Außenreinigungsanlage zugeführt werden. Die entsprechenden Aktivitäten werden im Umlaufplan ergänzt. Hierbei sind die Spezifika der Anlagen wie Gleislänge, mit Oberleitung überspannte Abschnittslänge der Abstellgleise oder auch die Lage von Hydranten etc. zu beachten.

Traditionell werden dabei Rangierfahrten zunächst nur grob eingeplant, es erfolgt keine detaillierte Konstruktion der Rangierfahrten in den Knoten. Innerhalb der Abstellanlagen oder innerhalb von Werken gelten wegen der geringen Geschwindigkeit der dort bewegten Züge besondere betriebliche Regelungen. Da die Mehrzahl der Bereitstellungstätigkeiten an einem Ort geschieht, wird bisweilen auch der Begriff der Ortsdienste verwendet.

Schicht- und Einsatzplanung

Liegen die Fahrpläne inklusive aller Halte und die zugehörigen Umlaufpläne der Fahrzeuge inklusive der Ortsdienste vor, erfolgt die Einsatzplanung des Zugpersonals. Der Einsatz des Personals wird ausgehend von der Jahres- über die Monats- und Wochenplanung- bis zum tagesgenauen Schichtenplan aller zugehörigen Mitarbeiter sukzessive detailliert. Zur Sicherstellung, dass die Vielzahl der zu berücksichtigenden Parameter sowie tarifvertragliche Gegebenheiten regelkonform verbunden werden, werden zur Personaleinsatzplanung Datenverarbeitungssysteme eingesetzt. Traditionell wurde hierzu lange ein dreistufiges Verfahren verwendet. Zunächst wurden die von einem Mitarbeiter zu erbringenden Einzelleistungen in Form von Schichten zusammengefasst (Schritt 1), aus diesen Schichten sodann Dienstpläne mit einer zyklischen Abfolge von Schichten geformt (Schritt 2) und abschließend Mitarbeiter diesen Dienstplänen zugeordnet (Schritt 3). Daraus wird dann der notwendige Personalbedarf ermittelt.

Mit Blick auf die Robustheit des Systems gegenüber kleinen Störungen werden in der Praxis in der Schichtplanung Mindestübergangszeiten zwischen zwei aufeinanderfolgenden Fahrleistungen beachtet. Hierdurch soll verhindert werden, dass sich eine kleine Verspätung eines Zuges über den Wechsel eines Triebfahrzeugführers auf einen anderen Zug auswirkt.

Angesichts steigender Individualisierung der Arbeitszeitmodelle und durch den Einsatz leistungsfähigerer Planungssysteme verzichten die meisten EVU mittlerweile auf den Schritt der Dienstplanung (Schritt 2). Nach der Planung der Schichten (Schritt 1) gehen diese Unternehmen dazu über, die Schichten direkt in individuelle Einsatzpläne zu ordnen. Hierbei können auch besondere Kenntnisse der Mitarbeiter (Baureihenkenntnis oder Streckenkunde), spezifische Arbeitszeitmodelle der Mitarbeiter, die Urlaubs- und Ruhetagspläne explizit berücksichtigt werden (vgl. Weinhold 2004).

In der kurzfristigen Planung werden die Mitarbeiter zu den einzelnen Schichten zugeteilt. Hier geht man in aller Regel von vorher festgelegten Einsatzstellen und einer bestimmten Anzahl dort einsetzbarer Mitarbeiter mit spezifischen Qualifikationsprofilen aus. Die Optimierung von Einsatzstellen bzw. die Qualifizierung der von dort aus eingesetzten Mitarbeiter erfolgt in der Regel im Rahmen der Jahresplanung.

Größere Einsatzstellen haben in der Regel den Vorteil, dass dort innerhalb kürzerer Zeit mehrere Dienste beginnen. Verspätet sich ein Mitarbeiter zum Dienst oder fällt dieser kurzfristig krankheitsbedingt aus, können Kollegen, deren Dienst etwas später beginnt, mit wenig Aufwand auf den offenen Dienst disponiert werden. Somit wird Zeit gewonnen, um einen zusätzlichen Kollegen zum Dienst zu rufen. Nachteil großer Einsatzstellen ist, dass viele Mitarbeiter längere Anfahrtszeiten benötigen und eine geringere soziale Bindung der Mitarbeiter vorliegt. In der Praxis ist die Abwägung zwischen diesen Kriterien – auch mit Blick auf die Entwicklung am Arbeitsmarkt – immer wieder neu und spezifisch vor Ort zu bewerten.

Seit mehreren Jahrzehnten stehen Planungsalgorithmen zur Verfügung, mithilfe derer fachlich vergleichbare Lösungen zur manuellen Planung in deutlich kürzerer Zeit erreicht werden können. Es darf davon ausgegangen werden, dass mit steigender Rechenleistung und Einsatz neuer Algorithmen aus dem Umfeld künstlicher Intelligenz (KI) die Umlaufplanung in den kommenden Jahren weitgehend automatisiert werden kann (vgl. Beulen et al. 2020).

Zuordnung des Fahrzeugs auf den Umlauf

Um den Mitarbeitern trotz Schichtdienst eine gute Planung des Privatlebens zu ermöglichen, erhalten die Mitarbeiter ihren Einsatzplan Tage oder Wochen im Voraus. Diese Regelungen sind Gegenstand der Tarifvereinbarungen zwischen Arbeitgebern und Gewerkschaften und werden regelmäßig neu verhandelt. Im Gegensatz zur Zuordnung von Schichten zu Mitarbeitenden bedarf es bei der Zuordnung des physischen Fahrzeugs auf einen logischen Umlauf/Umlauftag keines besonderen Vorlaufs. In der Praxis geschieht dies erst einige Tage vor der Zugfahrt. Hierdurch kann auf die Notwendigkeit der Zuführung von physischen Fahrzeugen nach Erreichen bestimmter Laufleistungen oder zeitlicher Fristen zum Werk Rücksicht genommen werden. In komplexeren Netzen ist zudem nicht jede Linie direkt an ein Werk angebunden, sodass dispositiv der Einsatz der Fahrzeuge verändert wird, um ein Fahrzeug gezielt der Instandsetzung zuzuführen.

Zusammenspiel Fahrzeugeinsatz- mit Werkstattplanung

Fahrzeuge werden entsprechend den Vorgaben des Instandhaltungsregelwerks regelmäßig inspiziert und vorsorglich Komponenten getauscht, um einen sicheren Eisenbahnbetrieb zu ermöglichen und Störungen im Betrieb zu vermeiden. Diese Fristen sind in der Regel in den Umlaufplänen berücksichtigt und müssen beim Einsatz der Fahrzeuge im Betrieb durch das EVU überwacht werden. Da in der Regel die mit der Instandhaltung betraute Werkstatt eine Kapazität hat, die nur leicht oberhalb des mittleren Bedarfs der notwendigen Instandhaltungsmaßnahmen der Fahrzeuge liegt, muss das Wechselspiel zwischen Verfügbarkeit von Gleisständen im Werk und geschulten Mitarbeitern einerseits (Werkekapazität) und Spitzen des Bedarfs an Instandsetzungsarbeiten einer Flotte andererseits ständig austariert werden. Insbesondere bei besonderen Ereignissen, wie Frostschäden im Winter oder hoher Belastung von Klimageräten im Sommer, kann es ungewollt zu einer Häufung kurzfristig notwendiger Zuführungen von Fahrzeugen zur Instandsetzung kommen. Hierdurch wird das Gleichgewicht aus Nachfrage und Angebot an Instandsetzungskapazität gestört, sodass es bisweilen zu Einschränkungen der Fahrzeugverfügbarkeit im Betrieb kommt.

Die Feinplanung der Ressourcen erfolgt in der Regel zeitlich parallel oder nachgelagert zur Trassenanmeldung oder gar nach Eingang des finalen Trassenangebots durch das EIU.

2.1.3 Fahrplanung

Nach der Festlegung des EVU auf das Angebot und einer groben Produktionsplanung werden die entsprechenden Trassen beim EIU bestellt.

Eine Trasse ist hierbei die Berechtigung,

- einen bestimmten Streckenabschnitt oder Knoten
- während einer bestimmten Zeit
- mit bestimmten Zwischenhalten und
- auf bestimmten Fahrwegen
- mit einem bestimmten und definierten Zug mit festgelegten Fahreigenschaften
- und vorgegebener Geschwindigkeit zu befahren.

Eine Trasse hat nur Gültigkeit für Züge, die die für die Konstruktion unterstellten Parameter wie Gewicht, Länge, Beschleunigungs- und Bremseigenschaften erfüllen. Unterschiedliche Trassenprodukte, z. B. Express, Takt, ..., die besondere Anforderungen an die Trassenkonstruktion stellen, werden daher auch differenziert bepreist (vgl. Kapitel 4.6). Trassen können für einen oder mehrere Verkehrstage (z. B. Werktage außer samstags) bestellt werden. Auf die Konstruktion von Trassen und die Berechnung von Fahrzeiten wird in Kapitel 3.2. detailliert eingegangen.

Netzfahrplan

Um ein zur Angebotsstruktur passendes Betriebsprogramm zu etablieren und um nicht täglich neu planen zu müssen, hat es sich in der Praxis bewährt, systematische Veränderungen zu einem vereinbarten Stichtag – dem Fahrplanwechsel – einmal im Jahr durchzuführen. Um ausreichend Planungsvorlauf für alle Beteiligten zu haben, müssen die EVU ihre Trassen für den dann folgenden Zeitraum eines Jahres kalendertagsspezifisch beim EIU anmelden.

Im Vorfeld zur Trassenanmeldung für den Jahresfahrplan stellt das EIU die für den Fahrplan gültigen Infrastrukturdaten (Verzeichnis zulässiger Geschwindigkeiten [VzG]) und die für das

Befahren der Infrastruktur einzuhaltenden Regeln (netzzugangsrelevantes Regelwerk) zur Verfügung und gibt mögliche Einschränkungen der Verfügbarkeit der Infrastruktur bekannt. Größere zu diesem Zeitpunkt bereits bekannte Instandsetzungsmaßnahmen im Netz und deren Auswirkung auf Kapazität oder weitere für die Trassenkonstruktion relevanten Parameter können somit bereits in die konkrete Angebotsplanung des Folgejahres einfließen. Alternativ oder ergänzend hierzu werden systematische Instandhaltungsfenster vorgegeben, die durch Trassenanfragen der EVU nicht belegt werden können. In den frankofonen Ländern werden beispielsweise auch auf Hauptstrecken tägliche „Instandhaltungsfenster", sogenannte „plans traveaux" vorgehalten, um kurzfristig und ohne Eingriff in den Fahrplan kleinere Wartungs- oder Instandsetzungsarbeiten ausführen zu können.

Für die Trassenanmeldung durch Zugangsberechtigte sind die Schienennetz-Benutzungsbedingungen (SNB) des EIU, die mindestens jährlich zu aktualisieren sind, und bei der DB Netz AG die Richtlinie 402.0202 relevant. Die SNB der DB Netz AG listen in einem Terminplan die einzelnen Phasen der Trassenbestellung auf, die vor dem europäisch festgelegten Fahrplanwechsel am zweiten Sonntag im Dezember durchzuführen sind. Anmeldeschluss für Trassenbestellungen zum Jahresfahrplan ist in der Regel acht Monate vor dem Fahrplanwechsel und damit jeweils um den 10. bis 15. April. Unterjährig können aber immer Änderungen oder kurzfristig verkehrende Züge mit kürzerem Vorlauf bestellt werden (s. u.).

Die Trassen werden bei der DB Netz AG über das „Trassenportal Netz" (TPN) angemeldet. Die entsprechende Nutzung des elektronischen Bestellverfahrens wird zwischen der DB Netz AG und dem Kunden vereinbart, womit die Kunden den notwendigen Zugang zum TPN erhalten. Als Rückfallebene werden auf der Homepage des Unternehmens Anmeldeformulare zur Verfügung gestellt. Trassenanmeldeformulare sind vorhanden für den Netzfahrplan, den Gelegenheitsverkehr mit mehr als zehn Verkehrstagen, den Gelegenheitsverkehr für Einzeltrassen, für selbstfahrende Baumaschinen und sonstige Nebenfahrzeuge sowie für außergewöhnliche Transporte.

Für die Trassenanmeldung sind alle für die angefragte(n) Zugfahrt(en) relevanten Daten wie Zug-/Verkehrsart, notwendige (betriebliche) Eigenschaften bzw. Angaben der Züge bzw. Fahrzeuge, Zuglauf, vorgesehene Halte, Haltezeiten, Takte etc. anzugeben. Das sind damit alle zur Konstruktion einer Trasse notwendigen betrieblich-technischen Informationen.

Diese Daten werden im TPN eingegeben und müssen gemäß dem Zeitplan dem EIU termingerecht übermittelt werden. Aus den Anmeldungen aller Zugangsberechtigten erfolgt dann die Erarbeitung des Netzfahrplanentwurfs.

Andere EIU sind terminlich ebenfalls an die Zeitkette gebunden. Dort erfolgt die Bestellung aufgrund der wesentlich kleineren Netze bzw. kürzeren Strecken aber in der Regel über den Versand von Bestellschreiben und excelbasierten Fahrplantabellen.

Konfliktprüfung

Das EIU legt nach Anmeldung der Trassen aller EVU für den Netzfahrplan sodann die Trassenanfragen übereinander und prüft diese auf mögliche Konflikte in der Infrastrukturnutzung (Belegungskonflikte). In der Regel werden in den Jahresfahrplänen die bekannten Angebotsstrukturen aus den Vorjahren fortgeschrieben, sodass selten eine vollständige Neukonstruktion von Trassen erforderlich ist. Vielmehr müssen zahlreiche kleine Änderungen (beispielsweise zusätzliche Halte im SPNV, saisonale touristische Verkehre im SPFV, neue oder geänderte Linienläufe oder Fahrzeugeinsätze oder Nutzung veränderter Zugkonfigurationen mit abweichenden Geschwindigkeitsprofilen sowie zeitlich befristeter Veränderungen infolge von Baustellen etc.) berücksichtigt werden. Es kann jedoch vorkommen, dass wissentlich oder unwissentlich konkurrierende Trassenbelegungen angemeldet werden. Für diesen Fall sieht das mit den Aufsichtsbehörden abgestimmte Regelwerk vor, dass das EIU zunächst Spielräume in der Trassenkonstruktion nutzt. Auf diese wird in Kapitel 3.3 näher eingegangen.

Sollte der Konflikt nicht im Rahmen der Spielräume lösbar sein, so führt das EIU mit allen an dem Konflikt beteiligten EVU Gespräche zur Lösung der Trassenkonflikte. Der Konflikt soll dabei diskriminierungsfrei gelöst werden.

Bei der DB Netz AG erfolgt die Fahrplankonstruktion mithilfe des Tools RUT (Rechnerunterstützte Trassenkonstruktion), in welchem die Fahr- und Belegungszeiten der Zugfahrten automatisch berechnet und dem Fahrplankonstrukteur angezeigt werden. Aufgabe des Konstrukteurs ist es, einen konfliktfreien Fahrplan zu erstellen.

In der Praxis gelingt in der Mehrzahl der Fälle die Lösung der Trassenkonflikte. Sollte eine einvernehmliche Lösung der am Trassenkonflikt beteiligten EVU nicht möglich sein, so sieht das Regelwerk eine Vergabe der konfliktären Trasse im Rahmen einer Versteigerung an den dann Höchstbietenden vor. Zuletzt haben sich insbesondere die Unternehmungen im SPV in Deutschland in einem sogenannten Code of conduct verständigt, freiwillig Vorabstimmungen vorzunehmen und mögliche Konflikte im Vorfeld der Trassenanmeldung auszuräumen.

Sollte die Nachfrage auf dem Netz weiter steigen und sollte sich in der Folge die gefundene Marktordnung im SPFV mit einem dominanten Anbieter und im SPNV mit einer Konkurrenz um den Markt in Form von Ausschreibungen verändern, kann es jedoch vermehrt zu – ggf. auch bewusst herbeigeführten – konfliktären Trassenanmeldungen kommen. Ein Beispiel hierfür sind zwei Unternehmen im Autozugverkehr zwischen dem Festland und der Insel Sylt, die im Markt und um den Infrastrukturzugang konkurrieren

Das Ergebnis dieses Prozessschritts nennt man Netzfahrplan. Die diesem Vorgehen und den genannten Anforderungen entsprechenden Algorithmen sind in Kapitel 3.2 und 3.3 dargestellt.

Systemtrassen

Um nicht jede einzelne Trasse neu konstruieren zu müssen, greifen EIU vermehrt auf Systemtrassen zurück. Ziel der EIU ist es dabei, den Bearbeitungsaufwand zu minimieren und grundsätzliche Anforderungen an die Stabilität über die Konstruktion der Systemtrassen zu gewährleisten. Der Vorgang lässt sich gut mit dem Schritt anderer Industrien vergleichen: weg von der Manufaktur einer einzelnen Trasse hin zur industriellen Bearbeitung vieler Trassen. Die Logik der Systematisierung zeigt sich schließlich auch in der Planung: Während in Deutschland für jede Zugfahrt aktuell noch eine spezifische Trasse konstruiert und diese über eine Zugnummer identifiziert wird, setzt sich in der Schweiz eine Zugfahrt aus der Belegung von Systemtrassen (Katalogtrassen) zusammen.

Das zeitliche Ordnen von Systemtrassen auf den Strecken ist insbesondere dann von hoher Relevanz, wenn Züge mit deutlich unterschiedlichen Beschleunigungs- und Geschwindigkeitsprofilen die gleiche Infrastruktur nutzen. Um Überholungen auf der Strecke zu vermeiden oder zu minimieren, ist es angezeigt, dass zunächst die schnellen Züge des SPFV, gefolgt vom SPNV und schließlich dem langsameren SGV, den Knoten verlassen und auf die Strecke gehen. Dies ist in Abbildung 2-7 grafisch in Form eines Zeit-Wege-Diagramms gezeigt.

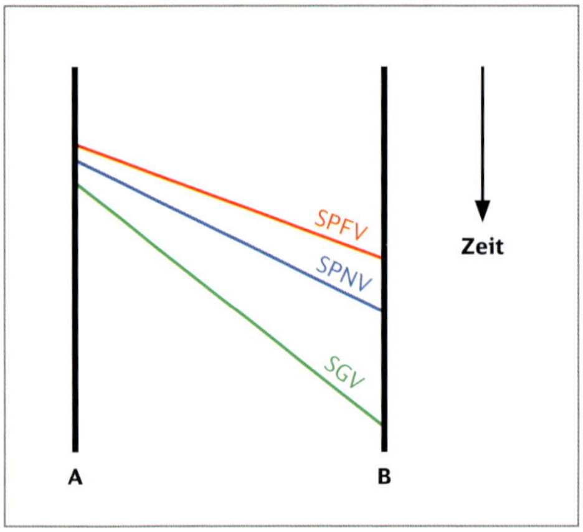

Abb. 2-7:
Trassensystematik auf einer Mischstrecke
Abbildung: BFV/Wolfgang Weinhold

Unterjährige Trassenanmeldung

Neben der Anmeldung des Jahresfahrplans im April für den folgenden Jahresfahrplan gibt es das Erfordernis für Bestelländerungen oder weitere Bestellungen im Laufe des Fahrplanjahres (s. o.). Im SGV sowie bei besonderen Einzelzügen im SPV erfolgt das Gros der Anmeldungen unterjährig. In diesem Fall stehen nur noch die Kapazitäten zur Verfügung, die nicht im Jahresfahrplan vergeben wurden. Um jedoch – insbesondere mit Blick auf den SGV – die Durchlässigkeit durch das Netz zu gewährleisten, werden bisweilen Kapazitäten vorgehalten, die nur unterjährig abgerufen werden können und somit der Jahresplanung nicht zur Verfügung stehen. Für spontan durchzuführende Fahrten steht bei der DB Netz AG „Click&Ride" zur Verfügung.

Um ein System von Zügen betrieblich stabil zu betreiben, muss dieses robust gegen kleinere, von außen in das System getragene oder aus dem System entstehende Störungen sein. Äußere Störungen können beispielsweise Eingriffe Dritter in den Bahnbetrieb sein, sodass kurzzeitig die Geschwindigkeit auf einem Netzabschnitt herabgesetzt werden muss. Ein weiteres Beispiel wäre eine sehr hohe Nachfrage im SPV, welche in einem Bahnhof zur Überschreitung der geplanten Haltezeit führt.

Störungen innerhalb des Systems entstehen durch fehlerhafte Systemelemente. Dies kann die Störung einer Signalanlage oder Weichenkomponente sein, aber auch eine fahrzeugseitige Störung der Türschließanlage oder die Nichtverfügbarkeit einzelner Antriebe oder Bremskomponenten.

Fahrzeitzuschläge

In der Praxis haben sich diverse Zuschläge auf die physikalisch errechnete Fahrzeit etabliert, die in Richtlinien des EIU fixiert sind. Zu nennen wären hier beispielsweise die Richtlinien 402 und 405 der DB Netz AG. Dort wird zunächst die reine Fahrzeit berechnet, die um einen sogenannten Regelzuschlag (Werte s. Kapitel 3.2.5) ergänzt wird. Das Ergebnis wird Mindestfahrzeit genannt. Um Instandsetzungsmaßnahmen und größere Baumaßnahmen im Netz ohne Umplanung ausführen zu können, werden Zeitzuschläge für Baumaßnahmen (Bauzuschläge) in der Trassenkonstruktion berücksichtigt (vgl. Kapitel 2.4). Die Summe aus Mindestfahrzeit und Bauzuschlägen wird Regelfahrzeit genannt.

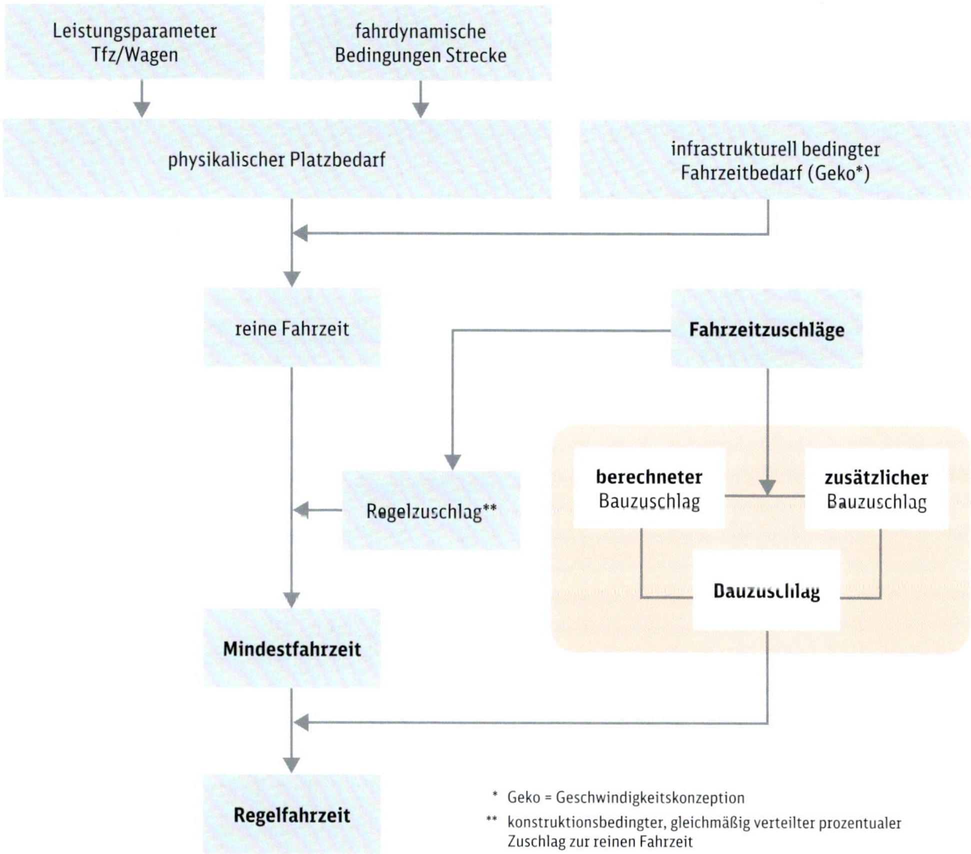

Abb. 2-8: Bestandteile der Regelfahrzeit

Quelle: DB Netz AG, Ril 406.11

Haltezeit

Als Haltezeit wird im Gegensatz zur Fahrzeit die Zeit bezeichnet, in der ein Zug sich nicht bewegt. Unterschieden wird hierbei in Verkehrshalte für den Fahrgastwechsel und Betriebshalte zur Regelung der Zugreihenfolge, zum Wechsel des Triebfahrzeugs oder der Fahrtrichtung.

Bei der Betrachtung einer einzelnen Zugfahrt wird die Zeit, die zum Halten benötigt wird, als Mindesthaltezeit bezeichnet. Analog zur Bezeichnung bei Fahrzeiten ergeben sich die bei Fahrplanerstellung einzuhaltenden Regelhaltezeiten aus der Summe der Mindesthaltezeit und einem festgelegten Haltezeitzuschlag.

Für die Bestimmung der Mindesthaltezeit kann entweder die Dauer für betriebliche (Überholungen, Ausstellen von Befehlen) oder verkehrliche Prozesse (Öffnen der Türen und Ein-/Ausstieg der Fahrgäste) maßgeblich sein. Hieran schließt sich die Zeit für die Abfertigung des Zuges an. Diese umfasst mindestens das Schließen der Türen, das Prüfen, ob alle Türen ordnungsgemäß geschlossen sind, sowie die Reaktionszeit des Triebfahrzeugführers bis zum Anfahren des Zuges.

In der Tabelle (siehe Abb. 2–9) sind Näherungswerte für Verkehrshaltezeit und Abfertigungszeit angegeben. Je nach Abfertigungsverfahren und verwendeter Türsteuerung können die Zeitanteile, die für die genannten Prozesse anfallen, und die Abfertigungszeit stark variieren. Grund hierfür ist neben der Anzahl der ein- und aussteigenden Personen auch die Anzahl der zur Verfügung stehenden Türen, die beispielsweise im S-Bahn-Verkehr eine wesentlich höhere Anzahl an Ein- und Aussteigern bei kürzerer Haltezeit vorsehen, als das im Regional- oder Fernverkehr der Fall ist. Diese Bedürfnisse spielen neben der Geometrie der Fahrzeuge auch in der der Stationen wieder eine Rolle.

	Verkehrshaltezeit	Abfertigungszeit
Fernverkehr	0,8 - 2,2 Min.	0,4 - 1,0 Min.
Nahverkehr	0,3 - 1,0 Min.	0,2 - 0,6 Min.
S-Bahn	0,25 - 0,5 Min.	0,2 - 0,3 Min.

Abb. 2-9: Näherungswerte für Verkehrshaltezeit und Abfertigungszeit für verschiedene Zugarten ohne Berücksichtigung von Wartezeiten in größeren Bahnhöfen
Abbildung: Wolfgang Weinhold

Bei der Planung von Haltezeiten im Trassengefüge sind die Abhängigkeiten zu anderen Zügen zu berücksichtigen. Diese äußern sich in Form von:

- Übergangs(-puffer-)zeiten, die den Übergang von Fahrgästen, Personal oder Fahrzeugen ermöglichen,
- Synchronisationszeitanteilen, um einen gewünschten Fahrplantakt zu erreichen,
- Wartezeitanteilen, die das Einfädeln oder Überholen anderer Züge berücksichtigen (siehe Abb. 2–10).

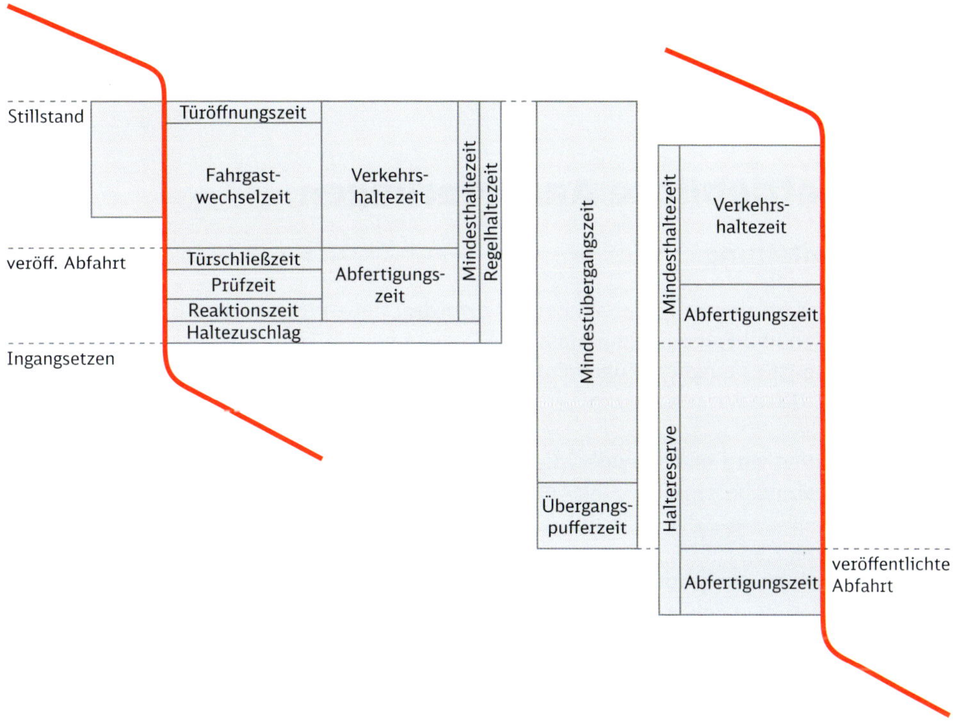

Abb. 2-10: Zeitanteile eines Zughalts

Abbildung: BFV/Wolfgang Weinhold (nach Ril 405)

Planmäßige Haltezeiten können daher deutlich größer sein als die eigentlich notwendigen Mindesthaltezeiten. Dies ist insbesondere, wie in Kapitel 2.1.1 bereits betrachtet, in vertakteten Systemen der Fall. Die Differenz aus planmäßiger Haltezeit und Mindesthaltezeit wird auch als Haltezeitreserve bezeichnet und kann zum Verspätungsabbau genutzt werden.

Ausblick

In der Praxis zeigt sich insbesondere in hoch vertakteten Systemen, dass es nach Eintritt von Störungen nicht mehr zur Erholung des Gesamtsystems kommt. Als Indikator kann der zeitliche Verlauf der Netzpünktlichkeit im SPFV herangezogen werden.

Die Netzpünktlichkeit fällt in aller Regel systematisch über den Tag und nur in bestimmten Fällen gelingt nach einer eingetretenen Störung eine Besserung über den Tag. Die Ursache dessen liegt in Zwangspunkten in Knoten und zwischen zwei Knoten oder der massiven Nachfrage auf kritischen Netzabschnitten. Um deren störenden Einfluss auf hoch belastete Infrastruktur zu begrenzen, kann das Trassenpreissystem kapazitätssteuernd wirken. Außerdem werden sogenannte überlastete Schienenwege aktuell mit besonderen Dispositionsregeln belegt und die Planung von Maßnahmen zur Kapazitätssteigerung durchgeführt.

Die beteiligten Parteien, EVU und EIU, sind sich zunehmend einig, dass angesichts steigender Nachfrage auf der Infrastruktur nur robust konstruierte Angebote langfristig zum

Erfolg des Systems Eisenbahn beitragen werden. Vor diesem Hintergrund kommt dem Verständnis der Wechselwirkungen aus Angebotsgestaltung, betrieblicher Planung und der Durchführung in den kommenden Jahren ein hoher Stellenwert zu.

2.2 Betriebliche Anforderungen

2.2.1 Einleitung

Ein sicherer und effizienter Eisenbahnbetrieb erfordert neben technischen Einrichtungen an Gleisen, Signalen und Fahrzeugen umfassende Regelungen für seine Steuerung und Durchführung. Nur so ist es möglich, Züge mit hohen Geschwindigkeiten in dichter Folge sicher zu fahren und auf diese Weise auch die Anforderungen der Angebotsplanung zu erfüllen.

Aus diesem Grund wird im Folgenden die Umsetzung des im vorangegangenen Kapitel 2.1 geplanten Angebots beschrieben, die mithilfe von Eisenbahnbetriebsverfahren gewährleistet wird.

Unabhängig von der Ausgestaltung der dafür erforderlichen Maßnahmen liegen dem Eisenbahnbetrieb dieselben Schutzziele zugrunde. Nach der Einführung der für das Verständnis des Kapitels erforderlichen Fachtermini (siehe Definitionen) werden deshalb in Kapitel 2.2.2 zunächst diese universellen Schutzziele beschrieben und danach in Kapitel 2.2.3 die darauf aufbauenden Betriebsverfahren dargestellt. Welche Anforderungen und betrieblichen Regelungen sich daraus für das Personal im Eisenbahnbetrieb ergeben, ist in Kapitel 2.2.4 beschrieben. Im Anschluss daran werden in den Kapiteln 2.2.5 und 2.2.6 die für die Sicherheit des Eisenbahnbetriebs zentralen Themen Sicherheitsmanagement und Notfallmanagement dargestellt.

Das Ziel dieses Kapitels ist es, ein grundsätzliches Verständnis des Eisenbahnbetriebs und der zugrunde liegenden Logik seiner Betriebsverfahren zu vermitteln.

Dazu werden bestimmte Fachbegriffe verwendet, die im Folgenden definiert werden.

Erläuterungen
Zunächst soll eine Definition gegeben werden, was Eisenbahnbetrieb ist:
Die Fahrdienstvorschrift der DB Netz AG definiert: „Eisenbahnbetrieb ist das Bewegen von Schienenfahrzeugen. Zum Bahnbetrieb gehört das Fahren von Zügen und das Rangieren“.
Das Glossar des Eisenbahnwesens von Herrn Professor Jörn Pachl versteht unter Bahnbetrieb „die Gesamtheit aller Tätigkeiten zur Koordination, Regelung und Sicherung von Fahrten mit Eisenbahnfahrzeugen auf Eisenbahninfrastruktur“.

Das Zulassen von Fahrten auf den zugewiesenen Fahrwegen erfolgt durch den Fahrdienstleiter (Fdl) – bzw. im Zugleitbetrieb durch den Zugleiter – von einer betriebsführenden Stelle aus, die den entsprechenden Überblick haben muss. Nur bei einfachsten Verhältnissen kann der Triebfahrzeugführer gleichzeitig auch diese Funktion wahrnehmen, z. B. beim Ein-Zug-Betrieb nach der Fahrdienstvorschrift für nichtbundeseigene Eisenbahnen (FV NE).

Definitionen von Strecke und Bahnhof: Der Bahnhof ist eine Betriebsstelle mit mindestens einer Weiche, an der Züge beginnen, enden, wenden und überholen können. Er ist in der Regel durch die Einfahrsignale bzw. Einfahrsignalfunktion begrenzt. Der Abschnitt zwischen den Bahnhöfen wird als Strecke bezeichnet.

Bis zur Einführung von Fernsteuerungen waren die Betriebsstellen der Eisenbahn in der Regel mit Personal örtlich besetzt (Fdl). So konnten diese den Fahrweg im Bahnhof durch Hinsehen auf Freisein prüfen (Fahrwegprüfung). Die Strecke zwischen den Bahnhöfen war hingegen nicht zu überblicken. Hier musste geprüft werden, dass der zuletzt gefahrene Zug vollständig (Beobachtung des Zugschlusssignals!) im nächsten Bahnhof angekommen war und das Hauptsignal hinter diesem auf Halt stand, um damit die Räumungsprüfung sicherzustellen.

Der Fdl prüft die Gleise und Weichen auf Freisein und bringt die Fahrwegelemente (Weichen, Gleissperren, Sperrsignale) einschließlich jener, die den Flankenschutz gewähren, in die benötigte Stellung. Er prüft die Stellung und sichert die Fahrstraße. Erst dann kann das zugehörige Signal in Fahrtstellung kommen. Solange der Zug die Fahrstraße befährt, sind alle Elemente dieser Fahrstraße gegen Umstellen gesichert. Erst nachdem der Zug die Fahrstraße vollständig befahren hat, kann diese aufgelöst und die Fahrwegelemente können wieder umgestellt werden.

Als Sicherheitseinrichtung werden hinter den Zwischen- und Ausfahrsignalen in den Bahnhöfen Durchrutschwege eingerichtet. Ein Durchrutschweg soll eine Gefährdung im Falle eines „Verbremsens“ bei schlechtem Haftwert oder einer Zwangsbremsung durch die Punktförmige Zugbeeinflussung (PZB) beherrschen. Der Durchrutschweg beträgt im Regelfall 200 Meter, bei Gefälle im Abschnitt zuvor kann er auf bis zu 400 m verlängert werden. Dieser Durchrutschweg ist Bestandteil der Fahrstraße und muss frei sein, wenn eine Fahrstraße auf das betreffende Signal eingestellt werden soll. Kommt der Zug an diesem Signal zum Halten, so kann der Durchrutschweg aufgelöst und die Weichen des Durchrutschwegs können für andere Fahrten in Anspruch genommen werden. Damit wird zusammen mit der PZB (siehe unten) die Gefährdung bei unzulässiger Vorbeifahrt am Haltbegriff in den meisten Fällen beherrscht.

Bei Blocksignalen wird statt eines Durchrutschwegs ein Gefahrpunktabstand frei gehalten. Dieser beträgt 50 m und berücksichtigt, dass hinter dem Blocksignal in der Regel keine Weichen liegen.

Fahrten bei Systemen, bei denen die Fahrten durch ortsfeste Signale zugelassen werden, werden als signalgeführt bezeichnet.

Fahrten bei Systemen, die Informationen über die Zustimmung zu den Fahrten direkt auf die Anzeige im Fahrzeug und somit an den Triebfahrzeugführer übertragen, werden als anzeigegeführt bezeichnet.

Zugbeeinflussungssysteme

PZB

Die Zugbeeinflussungssysteme PZB, LZB (Linienförmige Zugbeeinflussung) und ETCS (European Train Control System) erfüllen die Anforderung der Eisenbahn-Bau- und Betriebsordnung (EBO) § 15, wonach ein Zug selbsttätig zum Halten gebracht werden kann, wenn er unzulässig an einem Signal oder Signalbegriff vorbei- oder gegen diese anfahren sollte. Mit der PZB als Grundausrüstung sind nahezu alle Strecken der regelspurigen Eisenbahnen in Deutschland und als Forderung des Netzzugangs auch alle führenden Fahrzeuge der Züge ausgerüstet.

Die PZB beeinflusst die Zugfahrten über Schwingkreisspulen rechts am Gleis („Gleismagnete“) und stellt damit sicher, dass Zugfahrten selbsttätig zum Halten gebracht werden und – mit der Funktionalität PZB90 – ein unzulässiges Anfahren gegen Halt zeigende Signale überwacht wird. Das System ist bereits seit über 90 Jahren im Einsatz, sukzessive weiterentwickelt worden und für alle Fahrzeuge auf dem Netz der DB Zugangskriterium.

LZB

Strecken, auf denen höhere Geschwindigkeiten als 160 Kilometer pro Stunde (km/h) gefahren werden sollen, oder Strecken mit besonders dichter Zugfolge, sind zudem mit einer Linienförmigen Zugbeeinflussung (LZB) ausgerüstet, mit der das Fahrzeug kontinuierlich überwacht und geführt werden kann. Mit der Einführung des Systems LZB werden die Signalinformationen auf dem Fahrzeug dem Triebfahrzeugführer direkt zur Anzeige gebracht. Dies geschieht bisher überwiegend durch konventionelle Stellwerkstechnik. Dabei waren zunächst die LZB-Haltbegriffe identisch mit den Standorten der Signale. Erst mit dem System LZB CE ist es möglich, zusätzliche „virtuelle“ Blockstellen zwischen den Signalstandorten einzurichten. Pilotstrecke für dieses System war Ende der 1990er-Jahre die Strecke Offenburg–Basel Bad Bf. Beispiel für den Einsatz bei hoher Zugdichte ist die Stammstrecke der S-Bahn München (Hackerbrücke bis Ostbahnhof), wo in der Hauptverkehrszeit alle 2 Minuten ein Zug folgt.

Da europäisch vereinbart ist, bei Neubauten nur noch ETCS zu verwenden, hat die Signalindustrie die Weiterentwicklung der LZB aufgekündigt. Die LZB wird daher bei Neubauten nicht mehr als Zugbeeinflussungssystem verwendet.

ETCS

Das European Train Control System (ETCS) ist ein europaweit einheitliches System der Zugbeeinflussung, das in drei Ausprägungen bzw. „Levels“ zur Anwendung kommt bzw. kommen soll. In Level 1 werden die Informationen vom Fahrweg an die Fahrzeuge durch ortsfeste Balisen übertragen. Die Belegung der Gleise wird über Achszähler erfasst und an das Stellwerk weitergeleitet. In Level 2 besteht eine kontinuierliche Datenfunkverbindung zwischen einem Radio Block Center (Infrastruktur) und dem Fahrzeug, über die die Daten der Fahrprofile an den Zug übertragen werden. Die Gleisfreimeldung erfolgt weiter durch Achszähler. In Level 3 ersetzen die Zugvollständigkeitsmeldung und die Positionsmeldung die Gleisfreimeldeanlagen. Die Blockabschnitte können mit dem Zug wandern (Moving Block). Daraus ergeben sich die optimale Belegung der Strecke und die höchste Kapazität.

Bei der DB Netz AG ist die Ausrüstung mit Level 2 Leitlinie. Dabei wird auf den meisten Strecken auf Lichtsignale verzichtet. Bei einigen NE-Bahnen wird mit Level 1 geplant. Level 3 ist bisher noch auf keiner Strecke im Einsatz.

Systeme mit ortsfesten stellbaren Signalen, bei denen die Information über die Anzeigen der Signalbilder an den Triebfahrzeugführer übertragen wird, werden vom mechanischen Stellwerk bis zum elektronischen Stellwerk (ESTW) angewendet. Bei Systemen mit Übertragung der Information direkt an den Triebfahrzeugführer/Zugführer erfolgt diese Übertragung parallel zu ortsfesten Signalen. Die Information wird aber auch dann übertragen, wenn keine entsprechenden ortsfesten Signale vorhanden sind. In jedem Fall erfolgt die Fahrt auf Basis dieser übertragenen Information und ermöglicht einen sicheren Betrieb auch bei Bremswegen, die größer sind als der Abstand zwischen Vorsignal und Hauptsignal. Damit sind Geschwindigkeiten über 160 km/h möglich. Die Beispiele für derartige Systeme sind insbesondere LZB und ETCS Level 1 bzw. 2 bis hin zu Betriebsführungstechniken, die ohne klassische Gleisfreimeldung auskommen wie z. B. ETCS Level 3.

Aufgrund der langen Bremswege kann die Betriebssteuerung nicht durch Fahren auf Sicht erfolgen. Es ist daher eine zentrale Betriebssteuerung bestehend aus den betrieblichen Prozessen und Regeln erforderlich, die durch die unterschiedlichen Stellwerksformen von mechanischen über elektromechanische bis hin zu elektronischen und digitalen Stellwerken realisiert werden. Die Stellwerkstechnik gewährleistet die Sicherung der Fahrten, indem die Zulassung (über Signale) von der Einstellung und Sicherung des Fahrwegs (Weichen) abhängig gemacht wird. Damit werden die Schutzziele des Eisenbahnbetriebs gewährleistet.

2.2.2 Schutzziele: Grundprinzip und gesetzliche Grundlagen des Systems Eisenbahn

Wie immer auch die Ausgestaltung des Betriebskonzepts und des Betriebsverfahrens aussehen, die universellen Schutzziele des Eisenbahnbetriebs sind in allen Fällen identisch. Dabei sind grundlegende Schutzziele zu beachten, welche in der EBO § 39 (Gegenfahrt, Folgefahrt) und § 14 (Flankenfahrt, Schutz gegen Umstellen der Fahrwegelemente unter dem Zug), § 40 (Fahrgeschwindigkeit) und § 11 (Bahnübergänge) geregelt sind:

- Schutz vor Gegenfahrt
- Schutz vor Folgefahrt
- Schutz gegen Gefährdungen von der Flanke
- Schutz gegen Umstellen der Fahrwegelemente
- Schutz vor Entgleisung
- Schutz vor Gefährdung Dritter

Der Gesetzgeber fordert in der Sicherheitsrichtlinie der (EU) 2016/798 und im Allgemeinen Eisenbahngesetz (AEG) § 4 den sicheren Eisenbahnbetrieb. Da Sicherheit bekanntlich die Abwesenheit eines unzulässigen Risikos ist, stellt sich die Frage nach den Schutzzielen, die zu gewährleisten sind.

Betrachtet man nun zwei (und mehrere) Zugfahrten auf einer Strecke bzw. in einem Bahnhof, so ergibt sich die Anforderung, dass diese sich nicht gegenseitig gefährden bzw. nicht durch andere Faktoren gefährdet werden dürfen.

Schutz vor Gegenfahrt

Abb. 2-11: Von einem zweiten Bahnhof aus wird eine Zugfahrt zugelassen, obwohl die Strecke belegt ist. Abbildung: BFV/Dirk Menne

Auf eingleisigen und auf mehrgleisigen Strecken, die z. B. bei Bauarbeiten auf einem Gleis in beide Richtungen befahren werden, ist der Schutz vor Gegenfahrten das wichtigste Schutzziel. Dabei muss gewährleistet sein, dass die entsprechende Lösung auch dann funktioniert, wenn zwei Züge hintereinander in die gleiche Richtung folgen. Man hat dazu die „Erlaubnis" eingeführt. Diese entspricht einem „Staffelstab", der sicherstellt, dass nur der Zug, der die Erlaubnis hat, signalgeführt in den Streckenabschnitt eingelassen werden kann.

Diese sogenannte Erlaubnis kann aber von einem an den anderen Bahnhof technisch übertragen werden. Mit diesem System ist das Schutzziel erfüllt. Sie bringt als Teil des Streckenblocks die Ausfahrsignale der benachbarten Bahnhöfe in Richtung eines Streckenabschnitts in gegenseitige Abhängigkeit.

Soll ein Gegenzug von der anderen Seite in die Strecke einfahren, muss die Erlaubnis dorthin abgegeben werden. Dies darf selbstverständlich nur unter der Voraussetzung geschehen, dass die eingleisige Strecke frei von Fahrzeugen ist und sich die zuletzt gefahrenen Züge vollständig hinter der Deckung eines Halt zeigenden Hauptsignals befinden.

Auf zweigleisigen Strecken im Richtungsbetrieb wird dieses Schutzziel im Regelbetrieb zunächst trivial gelöst. Aber spätestens dann, wenn ein Gleis in beide Richtungen genutzt werden soll, z. B. bedingt durch Baumaßnahmen, ergibt sich eine den eingleisigen Strecken vergleichbare Aufgabenstellung. Bei diesem Gleiswechselbetrieb sind beide Gleise wie eingleisige Strecken ausgerüstet. Dem Zug wird nur noch angezeigt, über welches Streckengleis er geleitet wird (Gegengleisanzeiger Zs6, wenn das Gegengleis befahren werden soll).

Schutz vor Folgefahrt

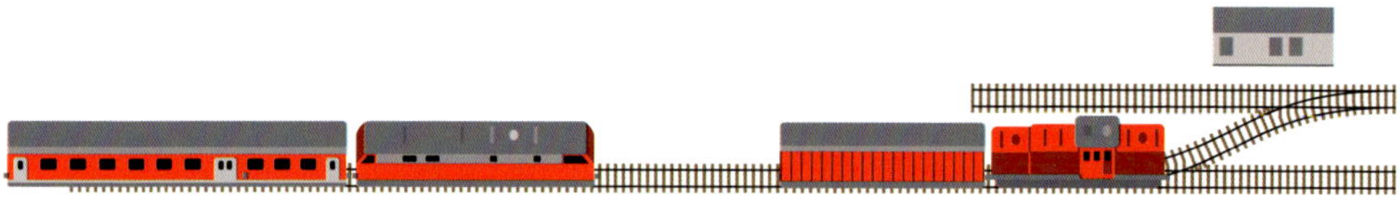

Abb. 2-12: Ein schnellerer Zug folgt einem langsameren oder ein Zug nähert sich einem stehen gebliebenen Zug. Abbildung: BFV/Dirk Menne

Aus der Abbildung geht deutlich hervor, dass ein Zug durch einen nachfolgenden (schnelleren) Zug gefährdet werden kann. Oder wenn ein vorausfahrender Zug z. B. durch einen Schaden liegen geblieben ist, kann auch eine Gefährdung durch den nachfolgenden Zug entstehen. Um dies zu vermeiden, unterteilt man die Strecke in Zugfolgeabschnitte (sogenannte Blöcke):

- Die Einfahrt in eine Blockstrecke wird gesichert (durch tatsächliche oder virtuelle Hauptsignale).
- In einer Blockstrecke darf sich immer nur ein Zug befinden.
- Zwischen zwei Zügen muss sich immer ein Halt zeigendes Signal befinden (oder anders ausgedrückt: Hinter einem Zug muss sich jeweils mindestens ein Haltbegriff befinden).
- Das eine Blockstrecke deckende Hauptsignal darf erst dann auf Fahrt gestellt werden, wenn der folgende Abschnitt einschließlich des zugehörigen Schutzabstands frei von Fahrzeugen ist und das den gefahrenen Zug deckende Signal auf Halt gestellt wurde.
- Zudem muss bei vorhandenem Streckenblock der zuletzt gefahrene Zug vorgeblockt und die vollständige Ankunft durch den Rückblock bestätigt worden sein.

Diese Forderungen müssen durch die Stellwerkstechnik oder das entsprechende Betriebsverfahren erfüllt werden (Streckenblock bzw. technische Zugvollständigkeitsmeldung bei Stellwerken im Zugmeldebetrieb, Ankunftsmeldung bei Zugleitbetrieb).

Schutz gegen Gefährdungen von der Flanke

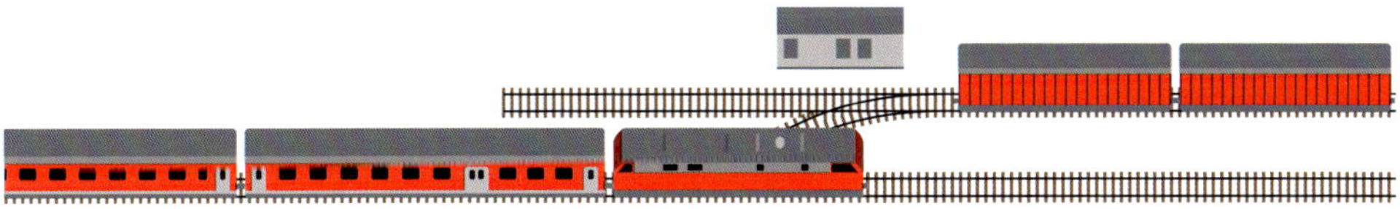

Abb. 2-13: Die Flankenschutzweiche (oben im Bild) stellt sicher, dass die Güterwagen die Fahrt des Reisezuges nicht gefährden können.
Abbildung: BFV/Dirk Menne

Bei der Gefährdung von der Seite handelt es sich um mögliche Flankenfahrten, d. h. Zug- oder Rangierfahrten, die über Weichenverbindungen seitlich in andere Züge hineinfahren könnten. Um einen solchen Fall zu vermeiden, definiert man eine Fahrstraße für einen Zug und stellt folgende Forderungen auf:

- Eine Fahrstraße ist ein gesicherter Fahrweg.
- Eine Fahrstraße darf erst dann eingestellt, verriegelt und gesichert werden können, wenn alle hierfür notwendigen Vorbedingungen erfüllt sind, d. h. Weichen, Gleissperren, Riegel und (Rangier-)Signale in die richtige Lage gebracht worden sind.
- Weichen und Gleissperren, die einem anderen Zug (einer anderen Rangierfahrt) ermöglichen würden, den Fahrweg zu gefährden, müssen in abweisender Stellung verschlossen sein, um eine Gefährdung zu vermeiden.

- Für den Flankenschutz erforderliche Signale müssen in „Halt"-Stellung sein bzw. geforderte Rangierverbote müssen gelten.

Entsprechendes gilt für die Zulassung von Fahrten. Die Voraussetzung, damit wie in Abb. 2-13 gezeigt die Zugfahrt des Reisezuges stattfinden kann, ist die verschlossene Rechtslage der Flankenschutz gewährenden Weiche (vor den Güterwagen).

Damit kann die Zugfahrt des Personenzugs weder durch Rangierfahrten noch durch Zugfahrten gefährdet werden.

Bei baulich beengten Situationen kann statt einer Flankenschutzweiche auch eine Gleissperre zum Einsatz kommen. Sind die Gefährdungen geringer, so kann statt des „zwingenden Flankenschutzes" (also Weiche bzw. Gleissperre) auch ein „nicht zwingender Flankenschutz" kommen. Dies geschieht entweder über Sperrsignale oder über Rangierverbote.

Schutz gegen Umstellen einer Weiche (oder anderer Fahrwegelemente) unter dem Zug

Während der Zug die für ihn eingestellte und gesicherte Fahrstraße befährt, muss gewährleistet sein, dass alle Fahrwegelemente (also auch die Flankenschutzeinrichtungen) gegen ein Umstellen gesichert sind. Man führte hierzu die Signalabhängigkeit (EBO § 14 Abs. 9) ein. Sie besagt, dass ein Signal nicht auf Fahrt gestellt werden kann, solange die benötigten Fahrwegelemente (Weichen, Riegel, Gleissperren) nicht korrekt gestellt sind und die Weichen so lange verschlossen (gegen Umstellen gesperrt) sind, wie das Signal „Fahrt" zeigt.

Dies allein ist aber noch nicht ausreichend. Man könnte theoretisch, nachdem das Triebfahrzeug das Signal passiert hat, selbiges auf Halt stellen und dann unter dem fahrenden Zug Weichen stellen. Hier kommt ebenfalls wieder die Fahrstraße ins Spiel, die Weichen gegen unzeitiges Umstellen sichert. Nun könnte aber der Bediener versehentlich oder absichtlich die Fahrstraße zu früh auflösen. Daher wird sie nach dem Einstellen elektrisch (beim ESTW) festgelegt. Das Auflösen der elektrischen Festlegung ist nur durch Zugeinwirkung (z. B. Befahren einer isolierten Schiene hinter der letzten Weiche) oder besondere, zähl- und nachweispflichtige Maßnahmen durch den Fdl möglich.

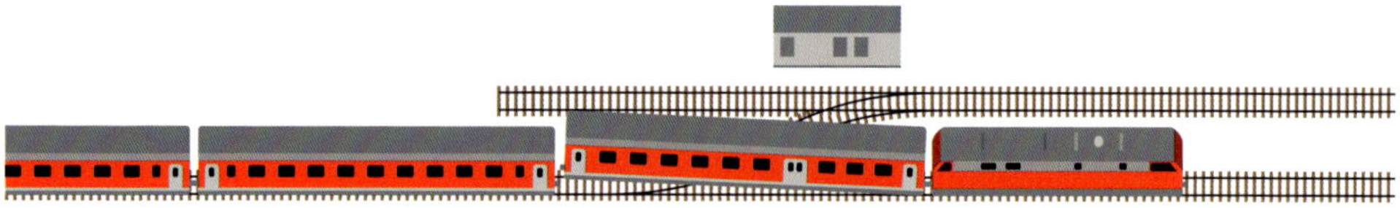

Abb. 2-14: Ein Umstellen von Fahrwegelementen unter Fahrten muss ausgeschlossen werden. Abbildung: BFV/Dirk Menne

Schutz vor Entgleisung

Um den Schutz vor Entgleisung zu gewährleisten, müssen die Geschwindigkeit und der Lauf der Fahrzeuge überwacht werden. Die Geschwindigkeit ist in Gleisbögen durch die nicht kompensierte Seitenbeschleunigung begrenzt (siehe Abb. 2.2.1 – 5).

$$v = \sqrt{\frac{r}{11{,}8} \cdot (u + u_f)}$$

Variablenerklärung:

v	Geschwindigkeit	[v] = km/h
r	Radius	[r] = cm
u	Überhöhung	[u] = mm
u_f	Überhöhungsfehlbetrag	[u_f] = mm

Die EBO begrenzt in § 40 die Geschwindigkeit im Bogen in Abhängigkeit der vorhandenen Überhöhung und des zulässigen Überhöhungsfehlbetrags. Der Überhöhungsfehlbetrag ist ein Maß für die nicht durch Überhöhung kompensierte Seitenbeschleunigung.

Dieses Schutzziel wird z. B. durch Geschwindigkeitsprüfabschnitte an den Stellen sichergestellt, an denen die Geschwindigkeit vor den Bögen vermindert werden muss.

Schutz vor Gefährdungen Dritter

Außer durch den Eisenbahnbetrieb selbst kann eine Gefährdung auch durch Einwirkung Dritter erfolgen. Die folgenreichste Gefährdung durch Dritte besteht erfahrungsgemäß bei der höhengleichen Kreuzung mit anderen Verkehrswegen. Deshalb ist hier der Bahnübergang als sechstes Schutzziel beigefügt.

Nach Straßenverkehrsordnung (StVO) haben Schienenfahrzeuge auf Bahnübergängen mit Andreaskreuz bzw. auf Fuß-, Feld-, Wald- oder Radwegen Vorrang (§ 19). Bei Bahnübergängen muss sichergestellt sein, dass Zug- und Rangierfahrten erst zugelassen werden, wenn der Bahnübergang gesichert ist oder dessen Sicherung durch die Zug- bzw. Rangierfahrt bewirkt wird. Dies geschieht in der Regel durch technische Anlagen, die durch die Zugfahrt eingeschaltet werden und dem Zugpersonal signalisieren, dass der Bahnübergang gesichert wird. Außerdem kann das Zugpersonal beauftragt werden, einen Bahnübergang zu sichern, z. B. durch Halt gebieten des Straßenverkehrs (Schlüsselschalter, Posten mit Flagge usw.).

Weitere Gefährdungen durch Dritte sind beispielsweise Hangrutsche, Muren etc. Gefährdete Abschnitte werden hier z. B. mit baulichem Schutz oder teilweise Sensoren versehen, die herabfallendes Gestein detektieren und davor warnen bzw. Signale vor gefährlichen Bereichen auf Halt stellen.

Abb. 2-15: Im Fahrweg des Zuges befindet sich ein zu sichernder Bahnübergang. Abbildung: BFV/Dirk Menne

2.2.3 Eisenbahnbetriebsverfahren

Eisenbahnbetriebsverfahren haben die Aufgabe, die im vorigen Abschnitt beschriebenen Schutzziele durch Prozesse bzw. „Handlungsregelungen" zu gewährleisten. Unabhängig von den einzelnen Regelungen unterliegen die verschiedenen Betriebsregelwerke gemeinsamen Betriebsverfahren (international als „Concept of operations" bezeichnet).

Abb. 2-16:
Pyramide der verschiedenen Ebenen des Bahnbetriebs – gemein sind allen die zuvor beschriebenen Schutzziele.
Abbildung: BFV/Dirk Menne

Grundlogik im Eisenbahnbetrieb

Die Grundlagen des Eisenbahnbetriebs sind für Deutschland in der EBO vorgeschrieben. Sie beruhen grundsätzlich auf dem Fahren im Raumabstand und der streckenseitigen (Vor-) Signalisierung. Zuständig für das Zulassen von Fahrten zwischen den Betriebsstellen sind die für die jeweiligen Betriebsstellen örtlich zuständigen Fahrdienstleiter bzw. Zugleiter.

Um die im Kapitel zuvor genannten Schutzziele erfüllen zu können, werden verschiedene Prinzipien des Zulassens von Fahrten betrachtet. Hier werden diese anhand der Zulassung der Fahrten unterschieden nach:

- Fahren im Raumabstand (Regelfall),
- Fahren auf Sicht (beim Rangieren und bei Störungen),
- Fahren im Bremswegabstand (möglicherweise Zukunft).

(siehe Abb. 2-17)

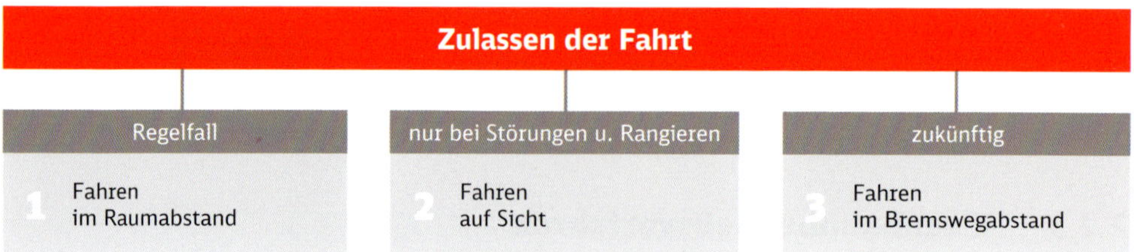

Abb. 2-17: Unterteilung der Betriebskonzepte in den Eisenbahnbetriebsverfahren

Abbildung: BFV/Dirk Menne

Fahren im Raumabstand

Das Fahren im Raumabstand ist das Standard-Betriebskonzept der Eisenbahnen in Mitteleuropa. Züge dürfen nur in einen Abschnitt einfahren, wenn dieser frei ist, also der zuletzt gefahrene Zug diesen Block mit seinem Zugschluss verlassen hat. Das dafür sich am Zugschluss befindende Zugschlusssignal hat die Funktion, die Vollständigkeit des Zuges erkennen zu können. Zwischen zwei Zügen muss sich mindestens ein „Halt" zeigendes Hauptsignal befinden.

Die EBO legt in § 39 Zugfolge das Verfahren („Zugmeldebetrieb") für Hauptbahnen und Nebenbahnen fest, die nicht im Zugleitbetrieb betrieben werden. Alle Stellwerksbauformen arbeiten nach diesem Prinzip.

Raumabstand im Zugmeldebetrieb

Das Eisenbahnsystem in Mitteleuropa beruht auf der Aufteilung und Zuscheidung der Bahnhöfe zu den jeweiligen Fdl. Bei Bedarf wird der Fdl in einem mechanischen Stellwerk durch Weichenwärter unterstützt: Die Wärter bedienen die Fahrwegelemente, die der Fdl in der mechanischen Technik nicht bedienen kann, weil diese zu weit entfernt sind (Stelllänge über Drahtseile bei Weichen bis ca. 700 m, für Signale bis 1.200 m). Außerdem prüft der Weichenwärter die Abschnitte des Fahrwegs, die der Fdl nicht selbst durch Hinsehen prüfen kann. In großen Betriebsstellen kann der Fdl zusätzlich durch Helfer unterstützt werden.

In dieser Betriebslogik des Zugmeldebetriebs regelt der Bahnhof (= Zugmeldestelle) die Reihenfolge der Züge, die Blockstellen (= Zugfolgestellen) regeln die Folge der Züge.

Regelungen zur Betriebsdurchführung kennt die EBO im vierten Abschnitt §§ 34–45. Dabei basieren diese auf Definitionen von Strecke und Bahnhof gemäß der Begriffsbestimmung in § 4. Die Basis für die Betriebsdurchführung, nämlich die Regelung der Zugfolge, wird in § 9 beschrieben.

Im Zugmeldebetrieb regeln die Fdl die Zugfolge in der im Fahrplan angegebenen Reihenfolge. Die Übertragung der Zustimmung zum Triebfahrzeugführer erfolgt in der Regel durch Signale. Die Entscheidung über die Reihenfolge der Zugfahrten, z. B. bei Unregelmäßigkeiten, liegt beim Disponenten. Wenn kein Disponent vorhanden ist, ist dies Aufgabe des Fdl.

Raumabstand im Zugleitbetrieb

Zusätzlich zu diesem beschriebenen Verfahren gibt es noch betriebliche Regelungen bzw. Regelungen der Zugfahrten ausschließlich über mündlich oder fernmündlich übertragene Fahrerlaubnisse (Zugleitbetrieb). Grundprinzip ist der für die Strecke bzw. für Streckenabschnitte verantwortliche Zugleiter.

Findet auf diesen Strecken Personenverkehr mit mehr als einem Zug statt, muss zusätzlich zu diesen betrieblichen Regelungen eine technische Unterstützung vorhanden sein. Der Zugleitbetrieb ist ein grundsätzlich anderes Eisenbahnbetriebsverfahren und ist auf Nebenbahnen beschränkt. Darüber hinaus gibt es noch besondere Betriebskonzepte, z. B. bei den Braunkohlebahnen. Dazu gibt es dann eigene Fahrdienstvorschriften und Signalisierungsregelungen. Neben der Beschreibung des Zugmeldebetriebs erfolgt in § 39 EBO auch die Beschreibung des Zugleitbetriebs.

Eine besondere Form des Zugleitbetriebs stellt der signalisierte Zugleitbetrieb (SZB) dar, dessen Betriebe in der Ril 437 geregelt sind. Mit diesem hatten in den 1980er- und 1990er-Jahren Signalhersteller eine Signaltechnik auf den Markt gebracht, bei der die Sicherheitsverantwortung weiterhin bei der Durchführung des Zugleitbetriebs lag. Der SZB wird neu nicht mehr angewendet.

Hintergrundinfo: Mit dem US Military Railway Service kamen im Ersten Weltkrieg nordamerikanische Betriebstechnologien nach Mitteleuropa. Diese erwiesen sich als für einfache Verhältnisse geeigneter, insbesondere, da nicht jede Betriebsstelle besetzt sein musste und die Anforderungen an die Technik wesentlich geringer waren. In den 1920er-Jahren wurden dann betriebliche Regelungen geschaffen, allerdings erfolgte erst 1967 die Aufnahme in die EBO als Betriebsverfahren für Nebenbahnen.

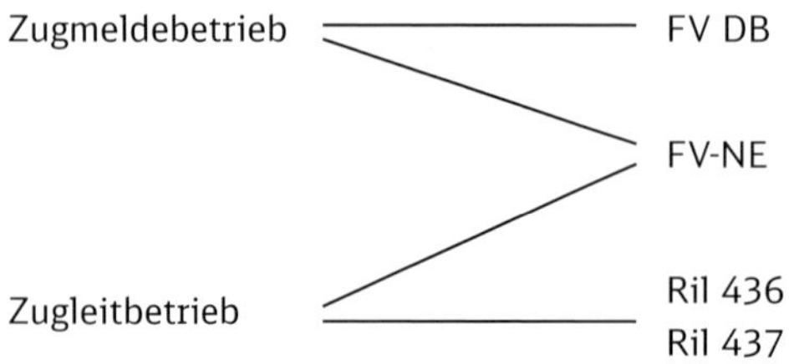

Abb. 2-18:
Struktur Zugmelde- und Zugleitbetrieb in den in Deutschland gebräuchlichen Fahrdienstvorschriften
Abbildung: BFV/Dirk Menne

Fahren auf Sicht

Fahren auf Sicht bedeutet, dass so gefahren werden muss, dass vor „Halt" gebietenden Signalen und Hindernissen angehalten werden kann. Aufgrund der geringen Reibung von Stahl auf Stahl ist die Geschwindigkeit dabei auf höchstens 40 km/h begrenzt. Bei Rangierfahrten als einer Form des Fahrens auf Sicht ist die Geschwindigkeit sogar auf 25 km/h begrenzt. Ausnahmen sind Rangierfahrten mit Ansage des freien Fahrwegs, wenn der Weichenwärter das Freisein des Rangierwegs bekannt gibt. Dann sind 40 km/h zulässig.

Neben den Rangierfahrten kommt das Fahren auf Sicht bei Störungen zur Anwendung, wenn das Freisein des Fahrwegs von Fahrzeugen nicht sichergestellt werden kann oder Hindernisse nicht ausgeschlossen werden können.

Das Fahren auf Sicht als Regelanwendung für Zugfahrten kommt bei den Eisenbahnen des Bundes nicht zum Einsatz.

Selbst bei diesen Randbedingungen ist das Schutzziel „Schutz vor Gegenfahrt" nicht immer ohne weitere Lösungsansätze zu gewährleisten, weil ja im ungünstigsten Fall zwei Fahrten mit dieser Geschwindigkeit aufeinander zufahren würden. Da bei doppelter Geschwindigkeit die Energie bei einem Aufprall viermal so groß ist, kann das Schutzziel „Schutz vor Gegenfahrt" durch das „Fahren auf Sicht" bei Zugfahrten nicht gewährleistet werden.

Fahren im Bremswegabstand

Die effektivste Nutzung der Infrastruktur, d. h. die größte Leistungsfähigkeit, lässt sich – zumindest theoretisch – mit Fahren im Bremswegabstand erreichen. Dazu muss jeder Zug seine

Zugvollständigkeit immer sicher melden und die der Rechnung zugrunde liegende Bremskurve unter allen Umständen gewährleisten und melden.

Um dem Ziel eines „Fahrens im Bremswegabstand“ näher zu kommen, hat man bei der LZB „Blockstellen mit Hauptsignal“ durch „virtuelle Blockstellen“ (Blockkennzeichen ohne Hauptsignal) weiter unterteilt. Diese erlauben einem LZB-geführten Zug, dem vorhergehenden im Abstand dieser „virtuellen Blockstellen“ zu folgen. So wird eine dichtere Zugfolge ermöglicht, da der vorausfahrende Zug nicht den ganzen Abschnitt der „Blockstelle mit Hauptsignal“ geräumt haben muss, sondern nur den Teilblock, also den Abschnitt zur nächsten virtuellen Blockstelle bis zum Blockkennzeichen.

Unter der Bezeichnung „Computer Integrated Railway – Erhöhung der Leistungsfähigkeit im Kernnetz“, kurz CIR-ELKE, kommt diese Technik auf wichtigen, mit LZB ausgerüsteten Hauptstrecken der DB Netz AG und z. B. auch bei der S-Bahn München zum Einsatz. Die „virtuellen Blockstellen“ sind – hinsichtlich der Gleisfreimeldeanlagen – genau so ausgerüstet wie Blockstellen mit Hauptsignal, es wird nur auf die ortsfeste Signalisierung verzichtet.

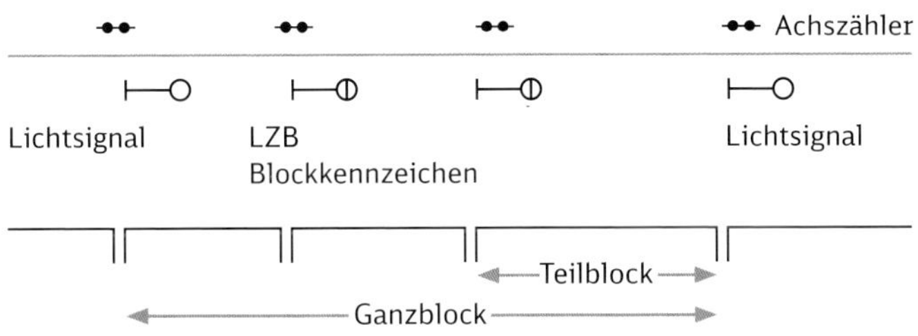

Abb. 2-19:
Unterteilung der Strecke durch Teilblöcke bei LZB
Abbildung: BFV/Dirk Menne

Mit ETCS kann zunächst die gleiche Funktionalität realisiert werden. Es gibt jedoch Konzepte, mit denen sich durch ETCS „virtuelle ETCS-Teilblöcke“ einrichten ließen. Diese müssten nun keine Achszähler mehr haben (Level 3), da ja die Information (Zug hat den „virtuellen ETCS-Teilblock“ vollständig geräumt) aus der Ortsinformation und aus der Zugvollständigkeitsmeldung generiert werden kann.

Einem Zug, der eine „signaltechnisch sichere“ Zugvollständigkeitsmeldung abgeben kann, folgt der nächste bereits im Abstand der virtuellen Teilblöcke. Einem Zug, der keine „signaltechnisch sichere“ Zugvollständigkeitsmeldung abgeben kann, folgt der nächste erst im Abstand der physisch vorhandenen Teilblöcke (Achszähler erforderlich, Außensignalisierung nicht).

Zudem berechnet z. B. ETCS Level 3 kontinuierlich eine Bremskurve mit Sicherheitszuschlag und ermöglicht dem nachfolgenden Zug, dem vorausfahrenden im relativen Bremswegabstand und damit noch dichter zu folgen. Es gibt keine ortsfesten Blöcke mehr. Die permanente „signaltechnisch sichere“ Übertragung der Zugvollständigkeit ist bisher technisch jedoch noch nicht für alle Zugarten gelöst.

Während bei Triebwagen und Triebzügen eine „signaltechnisch sichere“ Zugvollständigkeitsmeldung vermutlich in absehbarer Zeit, z. B. über die Nutzung des Zugbus, eingeführt werden kann, wird das bei Güterzügen vermutlich erst mit einer digitalen automatischen Kupplung erfolgen.

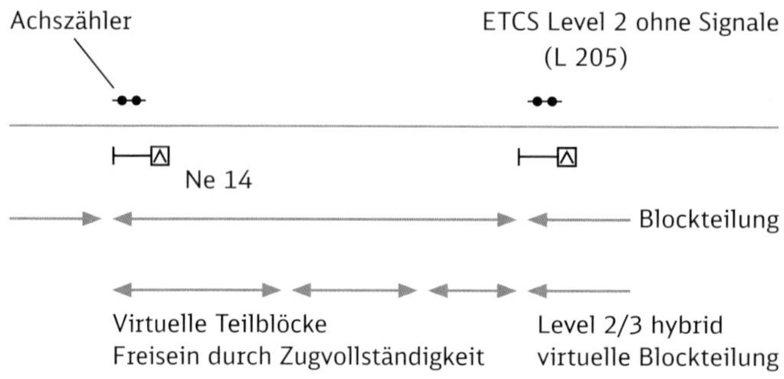

Abb. 2-20:
Weitere Unterteilung der Strecke durch „virtuelle" Teilblöcke bei ETCS
Abbildung: BFV/Dirk Menne

2.2.4 Gestaltung der Regelungen – betriebliche Regelungen für Personal im Bahnbetrieb

Mit den dargestellten Schutzzielen und Eisenbahnbetriebsverfahren ist die Basis für eine sichere Betriebsdurchführung und Betriebsführung geschaffen. Im Verlauf der Entwicklung der Eisenbahnen wurden immer bessere technische Systeme entwickelt und eingeführt.

Entscheidender Faktor für die Weiterentwicklung ist aber das sichere Handeln des Personals. Die Betriebsdurchführung **fällt bei Nichtfunktionieren technischer Systeme vielfach auf manuelle „Hilfsumgehung**en" zurück. In diesen Fällen hängt die Sicherheit direkt vom sicheren Handeln des Personals ab.

Mit der Richtlinie über Eisenbahnsicherheit (EU) 2016/798 vom 11. Mai 2016 wurden erstmals in einer Verwaltungsvorschrift Betrachtungen zum Faktor Mensch in den Mittelpunkt gestellt. Waren dies zuvor meist nur Betrachtungen auf wissenschaftlicher oder Erkenntnisebene, so fordert jetzt Artikel 9 des Sicherheitsmanagementsystems (SMS; siehe Kapitel 2.2.5) in Absatz 2: Das SMS „enthält ein eindeutiges Bekenntnis zur durchgehenden Anwendung von Kenntnissen des Faktors Mensch und von Methoden zum Umgang damit."

Anforderungen an das Personal im Eisenbahnbetrieb

Die EBO beschäftigt sich im fünften Teil mit den Anforderungen an das Personal. Der Verordnungsgeber hat dafür den Begriff der „Betriebsbeamten" geprägt. Er bezeichnet damit den Kreis der Personen, die in erster Linie für die Sicherheit der Eisenbahn verantwortlich sind.

Die Betriebsbeamten gemäß EBO § 47 Abs. 1:

(1) Betriebsbeamte im Sinne dieser Verordnung sind Personen, die tätig sind als

1. Leitende oder Aufsichtführende in der Erhaltung der Bahnanlagen und im Betrieb der Bahn,

2. Betriebskontrolleure und technische Bahnkontrolleure,

3. Fahrdienstleiter, Zugleiter, Aufsichtsbeamte und Zugmelder,

4. Leiter von technischen Dienststellen des äußeren Eisenbahndiensts sowie andere Aufsichtführende im Außendienst dieser Stellen,

5. Weichensteller und Rangierleiter,

6. Wagenuntersuchungs- und Bremsbeamte,

7. Strecken- und Schrankenwärter,

8. Zugbegleiter,

9. Triebfahrzeugführer, einschließlich Bediener von Kleinlokomotiven und Führer von Nebenfahrzeugen,

10. Heizer und Triebfahrzeugbegleiter.

Aber lediglich für die Funktion des Eisenbahnbetriebsleiters und die Funktion des Triebfahrzeugführers hat der Verordnungsgeber weitere detaillierte Regelungen erlassen, die jeweils auch die Prüfung umfassen (Eisenbahnbetriebsleiterverordnung und -prüfungsverordnung (EBV, EBPV), Triebfahrzeugführerscheinverordnung (TfV).

Der Begriff „Personal" der EBO ist weiter gefasst. Sie zählt z. B. auch die Führungsebene im Bahnbetrieb zum Kreis des Personals, welches in besonderem Maße für die Sicherheit verantwortlich ist. Dies wird damit begründet, dass die Mitarbeiter der Führungsebene durch ihr Handeln zumindest mittelbar auf die Sicherheit des Eisenbahnbetriebs einwirken. Zu dieser Kategorie werden auch die Eisenbahnbetriebsleiter gezählt.

Eisenbahnbetriebsleiter

Die Funktion, die Aufgaben des Eisenbahnbetriebsleiters (EBL) und seine Stellung im Unternehmen werden in der EBV geregelt. Die Prüfung zum EBL wird in der EBPV geregelt.

> *„Eisenbahninfrastrukturunternehmen mit Sitz im Inland haben vor der Betriebsaufnahme einen oder mehrere Betriebsleiter zu bestellen, die unbeschadet der Verantwortung des Unternehmers für das sichere Betreiben der Eisenbahninfrastruktur verantwortlich sind." (EBV § 1 Abs. 1)*

> *„Eisenbahnverkehrsunternehmen mit Sitz im Inland, ausgenommen diejenigen, die einer Sicherheitsbescheinigung nach § 7a Abs. 1 des Allgemeinen Eisenbahngesetzes bedürfen, haben vor der Betriebsaufnahme einen oder mehrere Betriebsleiter zu bestellen, die unbeschadet der Verantwortung des Unternehmens für das sichere Erbringen der Eisenbahnverkehrsleistungen verantwortlich sind. Im Übrigen können für Eisenbahnverkehrsunternehmen Betriebsleiter nach Maßgabe dieser Verordnung bestellt werden." (EBV § 1 Abs. 2)*

Fazit: Infrastrukturunternehmen mit Sitz im Inland müssen einen EBL bestellen. Für die meisten Verkehrsunternehmen ist der EBL allerdings optional. Viele haben weiterhin einen EBL bestellt, z. B. um die Verantwortlichkeiten für die Organisation des SMS (siehe Kapitel

2.2.5) klar zu definieren. Insgesamt darf festgestellt werden, dass sich das Konstrukt des EBL offenbar bewährt hat. Trotz der Gründung und des Markteintritts von über 300 Unternehmen in den deutschen Eisenbahnmarkt hat sich die Sicherheitsleistung in den letzten Jahren verbessert (Quelle: Eurostat).

Allerdings ist das Konstrukt des für die Sicherheit verantwortlichen Eisenbahnbetriebsleiters in Europa außer in der Bundesrepublik Deutschland nur in wenigen Staaten bekannt. Vor dem oben dargestellten Hintergrund, dass EVU mit Anforderungen an eine Sicherheitsbescheinigung keinen EBL mehr bestellen müssen, besteht das Risiko einer Reduzierung der EBL-Funktion auf die EIU und damit der Verlust des wichtigen Aspekts der Systemintegration. Der EBL besitzt aufgrund seiner Qualifikation den Blick auf das Gesamtsystem der Eisenbahn, muss er doch in der Prüfung gemäß EBPV sowohl Kenntnisse aus Sicht des EVU als auch aus Sicht des EIU nachweisen.

Triebfahrzeugführer

Für die Triebfahrzeugführer sind die Anforderungen an Voraussetzungen, Qualifikationen und regelmäßige Überprüfungen detailliert in der TfV beschrieben. Mit der EU-Richtlinie 2007/59/EG wurde die Basis auf europäischer Ebene geschaffen.

In Umsetzung dieser Richtlinie trat am 07.05.2011 die TfV als nationale Umsetzung der Richtlinie in Kraft. Diese regelt die Ausstellung des Triebfahrzeugführerscheins. In der TfV sind die Anforderungen an Triebfahrzeugführer sehr detailliert geregelt. Der Verordnungsgeber hat außerdem die Prüfungen für den Triebfahrzeugführerschein und für die Zusatzbescheinigungen geregelt und welche regelmäßigen Überprüfungen der Fähigkeiten und der gesundheitlichen Eignung der Triebfahrzeugführer wann erforderlich sind.

Weitere Betriebsbeamte

Für das übrige Personal, das ebenfalls in besonderem Maße für die Sicherheit verantwortlich ist, hat der Verordnungsgeber keine weiteren Regelungen in dieser Detailtiefe erlassen. Hierfür obliegt es dem Unternehmen, im Rahmen seines SMS entsprechende Regelungen für die Aus- und Fortbildung zu erlassen. Dies geschieht vor dem Hintergrund, dass gerade die Aufgaben der Fdl und Zugleiter in besonderem Maße für die Sicherheit verantwortlich sind.

Deshalb sei hier der Musterausbildungsplan der DB Netz AG für Fahrdienstleiter dargestellt. Gerade bei Störungen oder sonstigen Besonderheiten kommt es darauf an, dass der Fdl den Betrieb sicher und regelgerecht durchführt, da in diesem Fall die technischen Unterstützungen nur eingeschränkt zur Verfügung stehen.

Personal und Soziales	Bildungswesen
Funktionsausbildung zum Fahrdienstleiter Grundsätze	046.2501 Seite 7 von 8

2 Ablauf der Ausbildung

Ausbildungsabschnitt	Ausbildungsgebiet	Unterrichtseinheiten				Tage
		Ausbildungsunterricht (AU)	Praxistraining (PT)	AU+ PT (in U.-Std)	Arbeitsplatz (in Tagen)	
1	Einführung	33		33		
2	Grundbegriffe des Bahnbetriebs	20		20		
3	Betriebsverfahren zur Durchführung von Zugfahrten im Regelbetrieb	22	4	26	5	
4	Stellwerke für Zugfahrten im Regelfall bedienen	27	24	51	7	
5	Betriebsverfahren und Stellwerksbedienung bei Arbeiten, im Störungsfall und sonstigen Besonderheiten	79	87	166	4	
6	Abweichen von der Fahrordnung auf der freien Strecke	24		24		
7	Sperren von Gleisen, Fahrten im gesperrten Gleis	13	48	61	6	
8	Durchführen von geschobenen Zügen, Schneeräumfahrzeugen, außergewöhnlichen Sendungen und Hilfszüge, Nachschieben von Zügen	13		13		
9	Beförderung gefährlicher Güter	3		3		
10	Rangieren	17	6	23		
11	Notfallmanagement	10		10		
12	Abschluss inkl. schriftlicher Prüfung	11	56	67	7	
	Mündliche Prüfung					1
	Zusammen (U.-Std) (Tage)	272/ 34	225/ 28	497 /62	29	92

Gültig ab: 01.04.2020

Abb. 2-21: Musterausbildungsplan für die Funktionsausbildung zum Fahrdienstleiter

Quelle: DB Netz AG, I.NBB 2

Dabei bieten die Fahrdienstvorschriften die Basisregelungen für die Mitarbeiter im Bahnbetrieb, Grundsatz ist dabei stets der Vorrang von Sicherheit und Pünktlichkeit (408.0111 Abschnitt 4):

> *„Vorrang von Sicherheit und Pünktlichkeit: Alle Mitarbeiter müssen in erster Linie für Sicherheit, dann für Pünktlichkeit des Bahnbetriebs sorgen. Dies geht allen anderen Tätigkeiten vor, die ihnen sonst noch übertragen sind."*

Die Fahrdienstvorschrift der Deutschen Bahn hat eine lange Entwicklungsgeschichte. In Ost und West war diese aufgeteilt in die Fahrdienstvorschrift der Deutschen Reichsbahn und in die Fahrdienstvorschrift der Deutschen Bundesbahn. Mit der Vereinigung der beiden deutschen Bahnen wurden auch die beiden Fahrdienstvorschriften sukzessive vereinigt. Parallel zu der Fahrdienstvorschrift der Deutschen Staatsbahnen entstand die Fahrdienstvorschrift für die nichtbundeseigenen Eisenbahnen. Diese beschränkt sich auf die nichtbundeseigenen Nebenbahnen.

Der Verordnungsgeber stellt seit Anbeginn der Eisenbahn besondere Anforderungen an die Eignung und Tauglichkeit, kurzum an die Dienstfähigkeit der Personen, die in erster Linie für die Sicherheit der Eisenbahn verantwortlich sind. So sind regelmäßige medizinische und teilweise psychologische Untersuchungen vorgeschrieben. Dies ist keine deutsche Besonderheit, bei anderen Bahngesellschaften gehen die Regelungen noch weiter, sodass z. B. in Japan der Triebfahrzeugführer (Tf) vor Dienstantritt sich einem Atemalkoholtest unterziehen muss. In Russland gibt es vor dem Dienstbeginn einen medizinischen Check, in dem außer einem Alkoholtest noch Blutdruck gemessen und der gesundheitliche Gesamteindruck bewertet wird. Bei der Transnet Freight Rail in Südafrika müssen alle Mitarbeiter der Bahn bei jedem Dienstantritt bzw. beim Betreten der Dienststandorte sich einem Alkoholtest unterziehen.

2.2.5 Sicherheitsmanagement

Die Eisenbahn ist aufgrund der Spurführung und der Betriebssteuerung das sicherste aller Verkehrsmittel. Dies gilt insbesondere, weil die Eisenbahn ihre Sicherheitstechnik kontinuierlich fortentwickelte. Aber nicht nur technische Lösungen verbessern fortlaufend das System Bahn, sondern auch die Einrichtung und Weiterentwicklung der SMS.

Früher: Aus Erfahrung lernen

Die Sicherheit wird durch betriebliche Regeln und Technik gewährleistet. In der bisherigen Welt der Eisenbahn wurde die Sicherheit stets durch das Einhalten der Vorschriften gewährleistet. So definiert die EBO in § 2 die Sicherheit und sieht sie als dann gegeben, wenn die Regeln dieser Verordnung eingehalten werden oder bei Abweichungen von dieser Verordnung nachgewiesen wird, dass damit mindestens die gleiche Sicherheit gewährleistet wird.

Das Regelwerk der Eisenbahn wurde dabei aus den Ereignissen und Unfällen der Vergangenheit entwickelt. Mit der Untersuchung eines jeden Unfalls wurden Defizite im Bahnsystem vornehmlich durch technische Entwicklungen beseitigt. So ist die hin und wieder aufgestellte Behauptung, das Regelwerk sei mit Blut geschrieben worden, zu erklären.

Die Unfallereignisse führten so zu technischen Entwicklungen, um die Sicherheit zu verbessern, und zu betrieblichen Regeln, um die technischen Lösungen einzusetzen. Wobei die Reihenfolge üblicherweise war, zunächst nach technischen Maßnahmen zu suchen und dann für deren Einsatz betriebliche Regeln zu beschreiben. Beispielhaft dafür seien die Blocksysteme, die fahrstraßenabhängige Signalisierung oder auch die Zugbeeinflussung, der Zugfunk oder die Sicherheitsfahrschaltung genannt.

Sicherheitsmanagement: proaktiv Sicherheit gewähren

Der Ansatz des Sicherheitsmanagements hingegen ist proaktiv. Das bedeutet, dass untersucht wird, welche Fehler auftreten können, bevor diese zu einem Ereignis führen. Für diese Fehler muss das Unternehmen Vorsorge treffen, um diese Fehler durch Organisation eines SMS möglichst zu vermeiden.

Die Analyse des Systems Bahn und die Auswertung führen dazu, Schwachstellen vorab zu erkennen. So hat die Wartung der Eisenbahnfahrzeuge und der Eisenbahninfrastruktur zur Folge, dass Mängel in der Regel erkannt werden, bevor es zu einer Gefährdung kommen kann. Neu eingeführte Prüfverfahren wie das „zerstörungsfreie Prüfen" von Werkstoffen führen zu einem zuverlässigen Management der Sicherheit der Werkstoffe.

Sicherheitsmanagementsystem: systematische Risikobetrachtung

- Mit der Einbeziehung der Wechselwirkungen zwischen den Beteiligten werden geteilte Risiken beherrschbar.

- Mit dem prozessualen Managen der Beschaffungsprozesse wird eine „Eingangskontrolle" auch bei Dienstleistungen verständlich. Die Betrachtung von additiver Wirkung vermag zu erkennen, welche unterschiedlichen Anforderungen von den verschiedenen Bereichen sich an dieselben Mitarbeiter richten oder dieselben Prozesse belasten.

- Mit der Betrachtung des Faktors Mensch – also der Einbeziehung potenziellen Fehlhandelns der Beteiligten – geraten Prozesse und Regelungen in den Fokus, die zuvor kaum beachtet wurden.

- Mit der verpflichtenden Einführung der systematischen Risikobetrachtung bei Änderungen von technischen Systemen, betrieblichen Regelungen und Prozessen oder organisatorischen Veränderungen wird der Erhalt des mindestens gleich hohen Sicherheitsniveaus gewährleistet.

Die Entwicklung vom „Lernen aus Katastrophen und dem Aufstellen von Regeln" hin zu einem proaktiven und damit „vorbeugenden" Sicherheitsmanagement ist kein Spezifikum der Eisenbahn.

Nach Ereignissen in hochkritischen Branchen – wie der Chemie- und Energiewirtschaft – in den 1980er- und 1990er-Jahren wurde die Notwendigkeit erkannt, ein SMS aufzubauen. Das bedeutet, dass Ziele formuliert, Indikatoren festgelegt und Kennzahlen dazu eingeführt werden müssen. Über diese Kennzahlen soll die Sicherheitsleitung im Unternehmen gesteuert werden. Dabei orientierte man sich an der Struktur von Managementsystemen, wie sie für Qualität im Zusammenhang mit der ISO 9001 bereits erstellt wurden.

Anforderungen an das Sicherheitsmanagement

Im Zusammenhang mit dem Umbau des Bahnsystems, mit den Bahnreformen in den EU-Ländern und der Entwicklung zu einem offenen Markt für Eisenbahndienstleistungen wurden dann ab 2004 die Anforderungen an ein Managementsystem auch auf die Eisenbahnsicherheit ausgeweitet. Dies geschah auch, um mit einheitlichen Anforderungen an ein Sicherheitsmanagement zu verhindern, dass die Sicherheitsanforderungen genutzt werden konnten, um einen Netzzugang für Dritte zu erschweren. Die Entscheidung, das SMS einzurichten, erfolgte also aus dem Grund, die Sicherheit systematisch zu gewährleisten, aber vor allem, um durch einheitliche Anforderungen in der EU den Marktzugang für EVU zu erleichtern.

Die Richtlinie 2004/49/EG, abgelöst und erweitert durch die Richtlinie (EU) 2016/798 mit Wirkung vom 11.05.2016, des Europäischen Parlaments und des Rates über Eisenbahnsicherheit in der Gemeinschaft (Richtlinie über die Eisenbahnsicherheit) beschreibt die Anforderungen an die wesentlichen Bestandteile des SMS.

Die Delegierte Verordnung 2018/762 unterscheidet zwischen Anlage I Eisenbahnunternehmen (EVU) und Anhang II Infrastrukturbetreibern (EIU).

Zu den Anforderungen an das SMS regelt die Delegierte Verordnung (EU) 2018/762 der Kommission vom 08.03.2018 in der Anlage I für EVU bzw. Anlage II für EIU die einzelnen Themenfelder. Basis der Betrachtungen hier sind die Anforderungen aus Anhang I für EVU. Die einzelnen Themen und Forderungen für die EIU sind in vielen Punkten deckungsgleich.

Die Bewertungskriterien sind in der Delegierten Verordnung zusammengestellt:

- eine Sicherheitsordnung, die vom Unternehmensleiter genehmigt und dem Personal mitgeteilt wird;
- unternehmensbezogene qualitative und quantitative Ziele im Hinblick auf die Erhaltung und Verbesserung der Sicherheit sowie Pläne für die Erreichung dieser Ziele;
- Verfahren zur Einhaltung bestehender, neuer und geänderter Normen technischer und betrieblicher Art;
- Verfahren für die Durchführung von Risikobewertungen und die Anwendung von Maßnahmen zur Risikokontrolle für den Fall, dass sich aus geänderten Betriebsbedingungen oder neuem Material neue Risiken für die Infrastruktur oder den Betrieb ergeben;
- Schulungsprogramme für das Personal und Verfahren, die sicherstellen, dass die Qualifikation des Personals aufrechterhalten und die Arbeit dementsprechend ausgeführt wird;
- Vorkehrungen für einen ausreichenden Informationsfluss innerhalb der Organisation und gegebenenfalls zwischen Organisationen, die dieselbe Infrastruktur nutzen;
- Verfahren und Formate für die Dokumentierung von Sicherheitsinformationen und die Bestimmung von Kontrollverfahren zur Sicherung der Konfiguration von entscheidenden Sicherheitsinformationen;

- Verfahren, die sicherstellen, dass Unfälle, Störungen, Beinahe-Unfälle und sonstige gefährliche Ereignisse mitgeteilt, untersucht und ausgewertet werden und dass die notwendigen Verhütungsmaßnahmen ergriffen werden;

- Bereitstellung von Einsatz-, Alarm- und Informationsplänen in Absprache mit den zuständigen Behörden;

- Bestimmungen über regelmäßige interne Nachprüfungen des Sicherheitsmanagementsystems.

Die Maßnahmen zum Sicherheitsmanagement werden ergänzt durch die Ermittlung von Sicherheitsindikatoren (Unfallereignisse durch Kollisionen, Zugentgleisungen, Unfälle an Bahnübergängen, Unfälle mit Personenschäden, Suizide, Fahrzeugbrände), Indikatoren in Bezug auf Störungen, Beinahe-Unfälle sowie Indikatoren über die Wirksamkeit des Sicherheitsmanagements (mit Bezug auf die durchgeführten Audits).

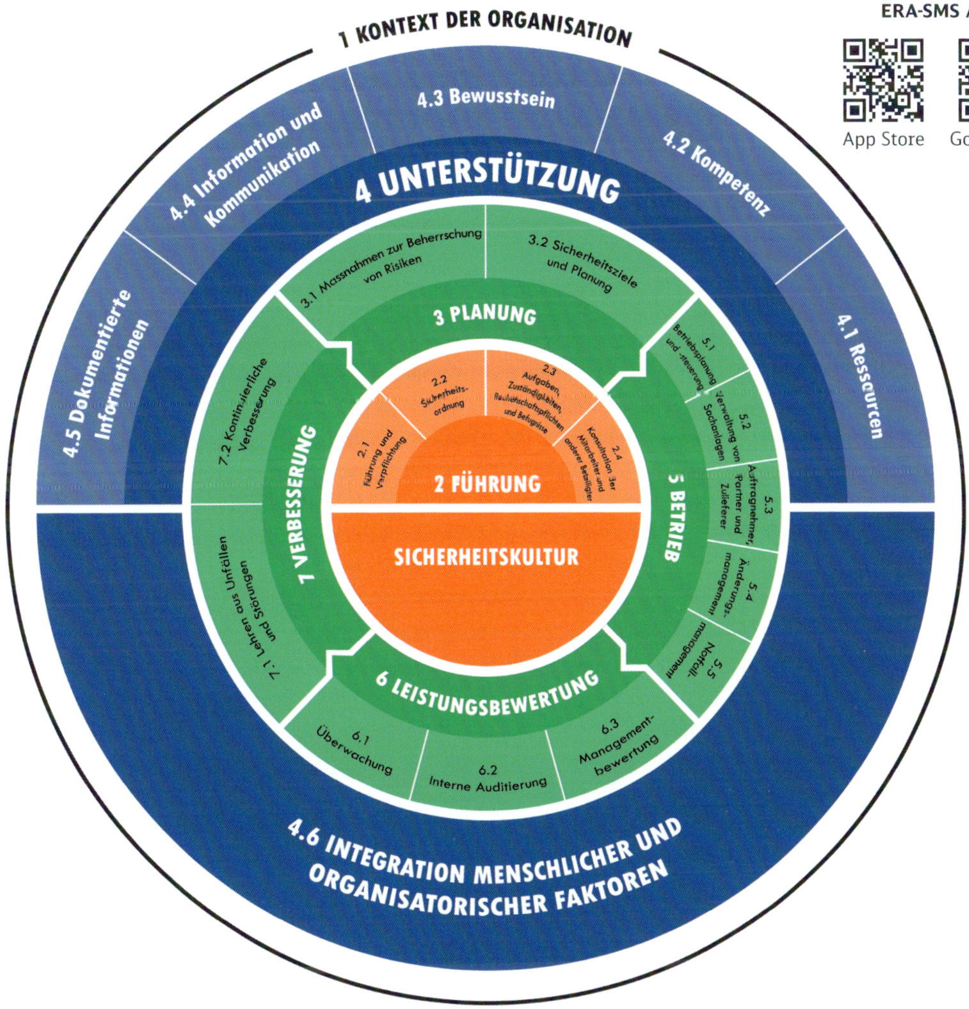

ERA-SMS App

App Store Google Play

Abb. 2-22: SMS wheel. Die Bewertungskriterien für den Reifegrad des Sicherheitsmanagementsystems Quelle: ERA

Sicherheit und menschlicher Faktor

Sicherheitskultur ist einer der Schlüsselbegriffe in der EU-VO 2018/762 (s. o.).

Die Sicherheitskultur spielt eine wesentliche Rolle im SMS. Sicherheitskultur und Sicherheitsmanagement sind sehr nahe verwandt. Trotz dieser Verwandtschaft besteht aber ein wesentlicher Unterschied zwischen den beiden Begriffen. Während Sicherheitskultur selbst nicht direkt beobachtbar und nur an ihren Auswirkungen zu erkennen ist, kann das Sicherheitsmanagement direkt beobachtet und – auf Papier – beschrieben werden. Sicherheitskultur ist der Ausdruck eines funktionierenden Sicherheitsmanagements. „Gemessen" oder beobachtet werden kann diese Sicherheitskultur höchstens an den Auswirkungen.

Beschreibung der Anforderungen gemäß der Darstellung in den folgenden Abbildungen:

Abb. 2-23:
Kontext der Organisation
Abbildung: BFV/Dirk Menne

Hier sind Art und Umfang des Unternehmens zu beschreiben. Zunächst gilt es, die rechtlichen Anforderungen zu ermitteln und den Anwendungsbereich des SMS zu beschreiben. Das Unternehmen muss die Sicherheitsrisiken, die durch seine Aktivität entstehen, ermitteln. Das Unternehmen muss darüber hinaus ermitteln, welche Beteiligten in den Prozessen des Unternehmens eingebunden sind.

Abb. 2-24:
Führung
Abbildung: BFV/Dirk Menne

Unter dem Oberbegriff Führung werden zentrale Anforderungen an das SMS definiert. So muss die Führung ausreichende und geeignete Ressourcen für das SMS zur Verfügung stellen. Das bedeutet: „SMS-Verantwortlicher“ kann nicht nur ein Ehrentitel sein, sondern er muss auch über entsprechende Ressourcen verfügen. Das SMS darf nichts sein, was „nur im Aktenschrank steht“ und nur alle fünf Jahre herausgeholt wird, sondern das SMS muss in die Geschäftsprozesse integriert sein.

- Das Unternehmen muss eine Sicherheitsordnung erstellen, bekannt geben und an alle Mitarbeiter kommunizieren.

- Das Unternehmen muss Sicherheitsziele festlegen und diese messbar gestalten.

- Die Führung muss bei der Umsetzung des SMS präsent sein und sicherstellen, dass alle Ebenen auf die Sicherheit und das SMS verpflichtet werden.

- Bei Konflikten zwischen den Zielen der Sicherheit und anderen Zielen des Unternehmens muss die Führung vermitteln und die Sicherheit stärken.

Einer der wichtigsten Punkte unter dem Thema Führung ist die Aufgabe, eine Sicherheitskultur zu fördern. Dies bedeutet die Voraussetzung zu schaffen, dass im Unternehmen eine Kultur entstehen kann, in der Fehler erkannt und gemeinsam kompensiert werden, also in der jeder bereit ist, den Fehler des anderen zu kompensieren. Eine Kultur, in der die Beschäftigten sich gegenseitig unterstützen, eine Kultur, in der jeder bereit ist, für den Nächsten mitzudenken.

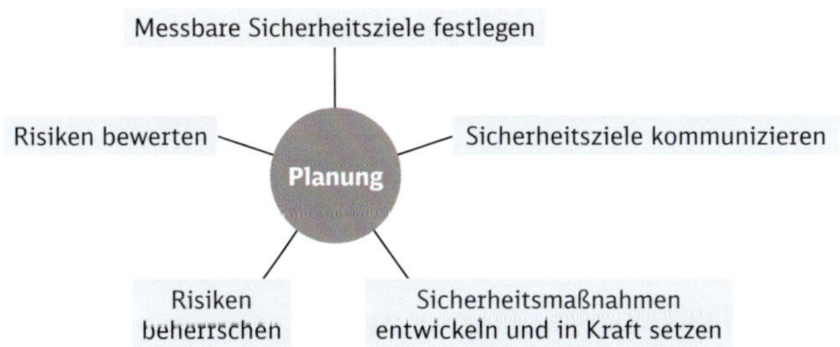

Abb. 2-25: Planung
Abbildung: BFV/Dirk Menne

Um Risiken zu bewerten und zu beherrschen, müssen messbare Sicherheitsziele festgelegt werden. Es ist eben häufig einfach, generelle anonyme Ziele festzulegen, mit der Zuordnung und Messbarkeit ergibt sich eine unmittelbare Verantwortung für das Erreichen. Diese Ziele sind allen Mitarbeitern zu kommunizieren und zu erklären. Um diese Sicherheitsziele zu erreichen, sind Sicherheitsmaßnahmen zu entwickeln und in Kraft zu setzen.

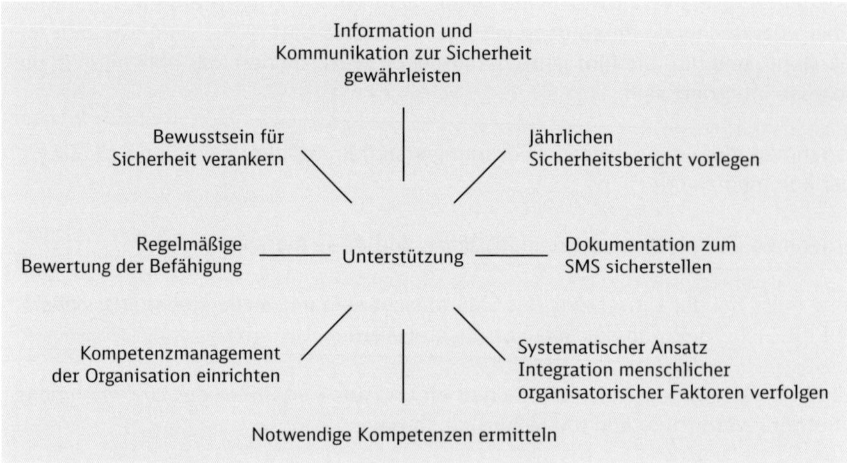

Abb. 2-26: Unterstützung

Abbildung: BFV/Dirk Menne

Die generelle Einigung, ein SMS einzurichten, ist im Unternehmen schnell gefunden. Interessant ist jeweils die Frage, welche Unterstützung die Anstrengungen zum Einrichten und kontinuierlichen Verbessern das SMS erhält. Ein SMS einzurichten bedeutet beispielsweise, für den Personal- und Fachbereich ein Kompetenzmanagement für die Organisation einzurichten und eine regelmäßige Bewertung der Befähigungen durchzuführen.

Es bedeutet aber auch, das Bewusstsein für die Sicherheit und für jeden Einzelnen den jeweiligen Beitrag zur Sicherheit zu verankern. Das Unternehmen muss Informationen zur Sicherheit gewährleisten und die Kommunikation darüber stärken. Es ist der Behörde ein jährlicher Sicherheitsbericht vorzulegen und die Dokumentation zum SMS sicherzustellen. Es muss ein systematischer Ansatz zur Integration menschlicher und organisatorischer Faktoren gewährleistet sein.

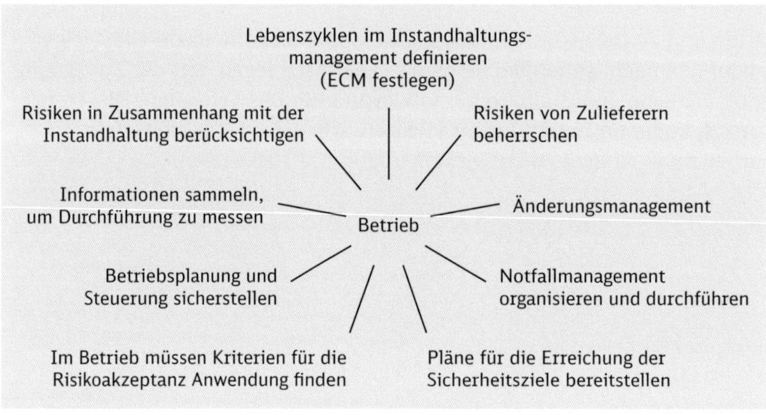

Abb. 2-27: Betrieb

Abbildung: BFV/Dirk Menne

Die Planung und Steuerung des Eisenbahnbetriebs ist im Rahmen des SMS sicherzustellen. Informationen sind zu sammeln, um die Durchführung zu messen. Risiken aus den Prozessen der Instandhaltung müssen beherrscht und berücksichtigt werden (hier sei auf die Prozesse des Instandhaltungsmanagementsystems mit der Einrichtung einer für die Instandhaltung von Schienenfahrzeugen zuständigen Stelle hingewiesen). Lieferantenprozesse müssen beherrscht werden. Es muss ein Management für die Bewertung von Änderungen eingerichtet sein. Es ist ein Notfallmanagement zu organisieren und einzurichten. Es sind Pläne für die Einrichtung der Sicherheitsziele bereitgestellt.

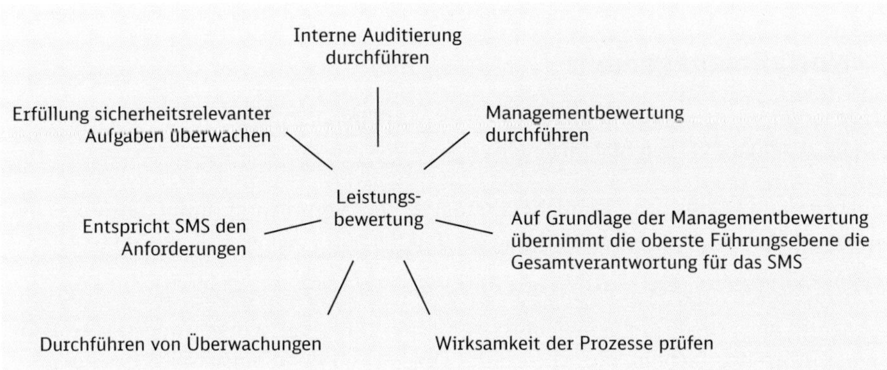

Abb. 2-28: Leistungsbewertung Abbildung: BFV/Dirk Menne

Das SMS muss selbst Prozesse eingerichtet haben, um die Wirksamkeit der Prozesse zu prüfen. Bei Überwachungen wird geprüft, ob das SMS den Anforderungen entspricht. Es ist die Erfüllung sicherheitsrelevanter Aufgaben zu überwachen. Zur eigenen Kontrolle dient die Durchführung interner Audits und der Managementbewertung. Aufgrund dieser Managementbewertung übernimmt die oberste Führungsebene die Gesamtverantwortung für das SMS.

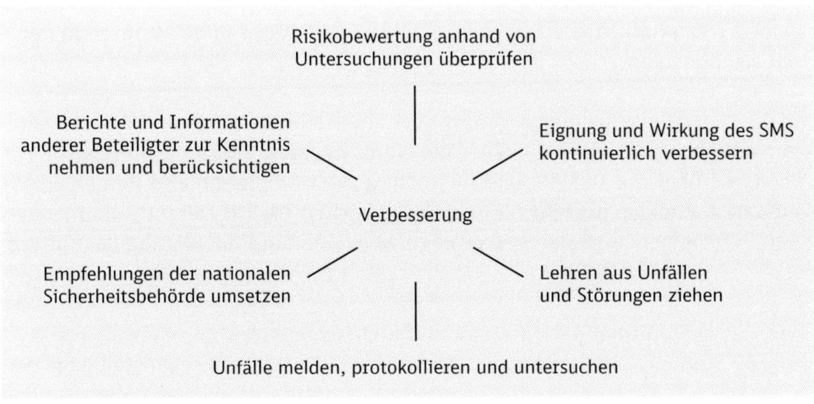

Abb. 2-29: Verbesserung Abbildung: BFV/Dirk Menne

Die kontinuierliche Verbesserung ist einer der Treiber und eines der Wirkprinzipien der Managementsysteme generell. Ausgehend von der Meldung und Protokollierung über die systematische Untersuchung werden Defizite ermittelt. Aus den Störungen und Unfällen sind die nötigen Lehren zu ziehen. Empfehlungen der nationalen Sicherheitsbehörde wie z. B. der Bundesstelle für Eisenbahnunfalluntersuchung (BEU) müssen umgesetzt werden, Berichte und Informationen anderer Beteiligter sind zu berücksichtigen (z. B. wenn ein Kunde einen Mangel meldet). Die Risikobewertung ist anhand von Untersuchungen zu überprüfen, insgesamt ist die Eignung und Wirkung des SMS kontinuierlich zu überprüfen und zu verbessern.

2.2.6 Notfallmanagement

Die gesetzliche Verpflichtung zur Einrichtung eines Notfallmanagements folgt der nationalen Gesetzgebung aus dem AEG § 4 Abs. 3.

Die Eisenbahnen und Halter von Eisenbahnfahrzeugen sind verpflichtet, ihren Betrieb sicher zu führen und an Maßnahmen des Brandschutzes und der technischen Hilfeleistung mitzuwirken.

Konkret bedeutet dies: Die Eisenbahnen müssen für den „Ernstfall" Vorkehrungen getroffen haben – hinsichtlich der Technik, hinsichtlich der Organisation und hinsichtlich des Personals. Konkret muss für den Fall eines Unfalls die Technik vorhanden sein, um die Gefahrenabwehrorganisationen bei der Bergung von Personen zu unterstützen, Sach- und Umweltschäden zu minimieren und die Behinderung des Bahnbetriebs so gering wie möglich zu halten.

Mit der Bahnreform ging die Verantwortung für die nicht polizeiliche Gefahrenabwehr von der Bahn auf die Landes- bzw. Kreisverwaltung über. Das EIU muss dabei ein Notfallmanagement einrichten, mit dem es die öffentliche Hand bei der Wahrnehmung der nicht polizeilichen Gefahrenabwehr unterstützen kann. Zentrale Person des Notfallmanagements ist dabei der Notfallmanager des jeweiligen Infrastrukturunternehmens. Am Ereignisort hat die Feuerwehr die Einsatzleitung. Der Notfallmanager vertritt gegenüber der Feuerwehr als Fachberater alle eisenbahnspezifischen Angelegenheiten. Er hat – bahnseitig – alle Entscheidungsbefugnis. Der Bezirk des Notfallmanagers ist so bemessen, dass vom Geschäftssitz des Notfallmanagers eine Erreichbarkeit der Ereignisstelle als Fachberater in 30 Minuten in der Regel sichergestellt werden kann.

Zur Sicherstellung des Notfallmanagements gehört auch die Bereitstellung von Hebezeugen und Zuggeräten zur Anhebung schwerer Lasten – die Notfalltechnik. Diese besteht zum einen aus Hilfszügen, die über die Technik und Ausrüstung zum Aufgleisen und Bergen von verunfallten Eisenbahnfahrzeugen besteht. Zum anderen verfügt die DB Netz AG über Krane, um die Bergung von Fahrzeugen auch dann zu ermöglichen, wenn die Ausrüstung der Hilfszüge nicht ausreicht.

Die DB Netz AG verfügt derzeit über 49 Hilfszüge und fünf Notfallkrane an netzweit verteilten Standorten. Die Standorte der Hilfszüge sind so gewählt, dass im Ereignisfall eine Verfügbarkeit von 90 bis 120 Minuten vor Ort möglich ist. Andere EIU verfügen über entsprechende Technik, ausgerichtet an der Größe und Struktur des jeweiligen Netzes. Die Bespannung der Hilfs- und Kranzüge erfolgt durch verschiedene EVU am Markt. Im Extremfall ist auch jedes EVU zur Bespannung der Notfalltechnik verpflichtet; was ggf. sogar das Abspannen einer planmäßigen Zugleistung zur Folge haben kann. Die Besetzung der Hilfszüge mit der Aufgleismannschaft erfolgt in der Regel in Gemeinschaftsaufgabe durch die Konzerngesellschaften der DB AG, beispielsweise DB Fahrzeuginstandhaltung sowie die Konzern-EVU.

Durch den Rückzug des SGV aus der Fläche und die Umstellung des Personenverkehrs überwiegend auf Triebwagen und Triebzüge wird die Organisation der Bespannung der Hilfs- und Kranzüge zunehmend erschwert.

Abb. 2-30: Die DB Netz AG unterhält 49 Hilfszüge bundesweit Foto: Klaus Kruse

Die EVU haben ihrerseits Fachberater für die Fahrzeug- bzw. EVU-seitigen Themen vor Ort zu stellen. So muss beispielsweise Fach-Know-how zu etwaigen Gefahrstoffen in den Fahrzeugen oder zu Besonderheiten beim Aufgleisen vorhanden sein. Gemäß den Nutzungsbedingungen der DB Netz AG (NBN) muss dieser Notdienst des EVU spätestens nach 120 Minuten am Ereignisort sein.

Ausblick

Mit der zunehmenden Zentralisierung der Bedienung von Bahnhöfen und ganzen Strecken wird in Deutschland, Österreich und der Schweiz die Logik der Fdl für die einzelnen Betriebsstellen zunehmend durch eine Logik von Streckenfahrdienstleitern zur Bedienung und Steuerung von zentralen Orten aus abgelöst. Unser bisheriges Regelwerk basiert in der Grundkonzeption und Logik vielfach auf dem System einzelner örtlich besetzter Betriebsstellen. Die zentralisierte streckenbezogene Bedienung begünstigt das Zusammenlegen von Dispositionsfunktion und Bedienfunktion und umgekehrt. Die Aufgaben eines Streckenfahrdienstleiters und eines Streckendisponenten (bei der DB Netz AG als Zugdisponent bezeichnet) verschmelzen dabei. Die technische Logik vereinheitlicht die Ansätze für die Strecken- und Bahnhofsbereiche. Damit stellt sich die Frage, ob zukünftige Betriebsregeln dann noch die Unterscheidung zwischen Bahnhof und Strecke benötigen.

Insgesamt ergibt sich daraus die Frage, ob es nicht an der Zeit ist, das betriebliche Konzept fundamental zu überarbeiten und zu vereinfachen. Könnte die Unterscheidung von Fahrten mit Movement Authority (MA; ETCS-Fahrterlaubnis) und ohne MA z. B. die Unterscheidung in Zug- und Rangierfahrt ersetzen? Brauchen wir die Restriktionen, die aus der Unterscheidung zwischen Bahnhof und freier Strecke resultieren?

Bisher ist unser betriebliches Regelwerk durch die Einführung neuer Techniken stets erweitert worden. Da bisher wenige Techniken vollständig ersetzt worden sind, konnten allerdings nur wenige Regelungen entfallen. Die Konsequenz daraus ist, dass der Umfang des Regelwerks bis heute stets zugenommen hat. Mit wachsendem Regelwerksumfang nehmen auch die Komplexität und der Aufwand für die Aus- und Fortbildung stets zu. Mit der technischen Migration von verschiedensten Altsystemen in eine Welt digitaler Stellwerke haben wir die einmalige Chance, das Regelwerk radikal zu vereinfachen und auf die Anforderungen der Zukunft auszurichten.

Hierzu gibt es bereits aus der Fachwelt Ideen und Anstöße für eine neue Regelwerksstruktur für ein digitalisiertes Bahnsystem. Es ist sicher interessant, wenn die verschiedenen Fachbereiche der Eisenbahnen diese Aufgabe gemeinsam angehen.

Dabei kann es sich lohnen, auch „über den Zaun zu schauen" und Ideen und Ansätze anderer Bahnen daraufhin zu prüfen, inwieweit diese bei der Bewältigung dieser Aufgabe unterstützen können. Außerdem müssen die Chancen, die in einer europäischen Harmonisierung der bahnbetrieblichen Regeln liegen, genutzt werden.

2.3 Betriebsmanagement

2.3.1 Disposition

Die Transportleistung wird als ein Verbundprodukt in einer komplexen Prozesslandschaft mit zahlreichen Teilprozessen durch die Zusammenarbeit der EIU und EVU erstellt.

Grundlage ist dabei der durchzuführende Fahrplan, der alle weiteren Pläne (Fahrzeugeinsatz-, Personaleinsatz-, Zugvorbereitungs-, Ver- und Entsorgungspläne u. v. m.) bedingt. Schon die geringste Abweichung, beispielsweise durch eine Streckenstörung, gefährdet die qualitätsgerechte Umsetzung der weiteren Pläne. Je nach Auswirkung müssen abhängige Prozesse nachgesteuert (also disponiert) werden. Höchstes Ziel ist, die Auswirkungen auf die Kunden (Fahrgäste, Ladungsempfänger ...) zu minimieren, wobei in der Praxis zahlreiche Eingriffe tagtäglich für den Kunden unbemerkt bleiben.

„Disposition ist die mengenmäßige Einteilung von Aufträgen mit aktuellen Leistungsanforderungen und die terminierte Zuweisung zu den verfügbaren Ressourcen." (Gudehus 2005)

Für Eisenbahnsysteme angewandt sind für den Teil der Disposition im Prozess „Zugfahrt durchführen" die Aufträge die Zugfahrten, die verfügbaren Ressourcen die Infrastruktur, also Gleise auf Strecken und in Bahnhöfen sowie Fahrzeug- und Personalressourcen.

Die EVU- und EIU-Disponenten beobachten in den Leitstellen ständig den Betriebsablauf und die laufende Produktion aus den zuliefernden Teilprozessen. Schwerpunkt dieses „Monitorings" sind die jeweils eigenen Teilprozesse im Verbund. Darüber hinaus behalten die Disponenten auch ihre Prozesslieferanten im Auge mit dem Ziel, möglichst frühzeitig sich entwickelnde Konflikte zu erkennen und abzustellen oder wenigstens in ihren Auswirkungen zu minimieren. Konflikte können aus z. B. Verspätungen des Zuges oder eingeschränkter Infrastruktur sowie Fahrzeug- oder Personalverfügbarkeit resultieren und Einfluss auf die Produktqualität nehmen.

Die Aufgabe der Disposition „ist das Erkennen und Lösen von Konfliktfällen im Betriebsablauf auf der Grundlage eingetretener oder zu erwartender Ereignisse unter Einschluss aller einwirkenden Randbedingungen und Einflüsse." (Jacobs 2003)

Alle Beteiligten arbeiten zusammen in einem Verbundprozess. In diesem müssen alle Teilprozesse mit hoher Qualität vorbereitet und aufeinander abgestimmt sein. Ein schlechtes Teilprozessergebnis in einer Lieferkette führt zu **Qualitätsverlusten** im Folgeprozess. In einem Prozessnetzwerk verteilt sich schlechte Qualität unkontrolliert weiter.

Hinzu kommen Störungen, die auf das System einwirken. Das beginnt bei geringfügigen Verspätungen, z. B. durch Infrastruktur- oder Fahrzeugmängel, und endet bei großen Störungen in Form von starken Unwettern mit extremen Auswirkungen auf die Netz- und Ressourcenverfügbarkeit.

Auch wenn es rechtliche Vertragsbeziehungen und Zuständigkeiten gibt, ist es von großer Wichtigkeit, dass alle Beteiligten auf die Qualität des Endprodukts und den eigenen Beitrag für das „Ganze" einzahlen.

In diesem Sinne müssen im täglichen Bahnbetrieb Dispositionsmaßnahmen zuverlässig abgestimmt, Informationen ausgetauscht und systemisch gepflegt werden. Von der Rechtzeitigkeit und Vollständigkeit der Informationen profitiert schlussendlich der Kunde, weil Konflikte rechtzeitig erkannt und gelöst werden können.

In der Praxis erfolgt die Disposition immer in der gleichen Prozessroutine:

- Produktion beobachten
- Konflikt erkennen
- Konflikt lösen
  - Maßnahmen entwickeln
  - Maßnahme festlegen
  - Maßnahme kommunizieren und umsetzen
  - Ursache, Maßnahme und Auswirkung dokumentieren

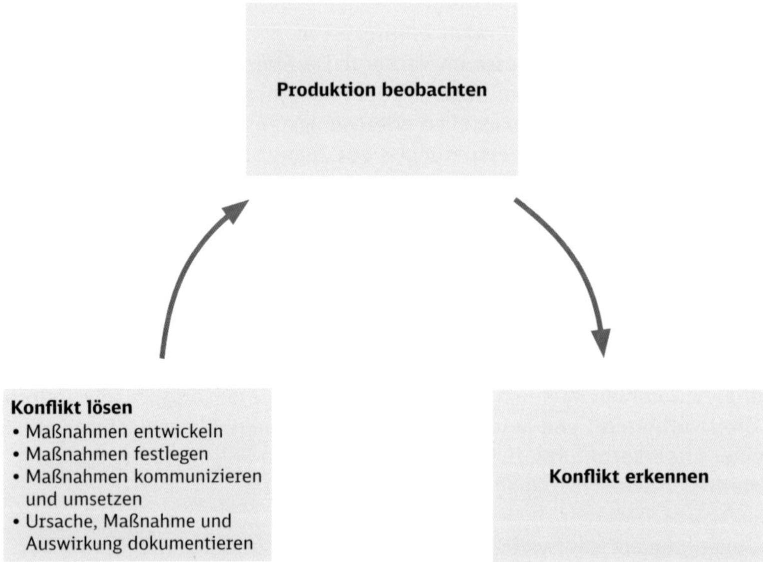

Abb. 2-31: Prozessroutine Disposition

Abbildung: BFV/Achim Wolters

Die Disponenten werden durch unterschiedliche IT-Systeme unterstützt. Je besser die Daten aufbereitet und visualisiert dem Disponenten zur Verfügung gestellt werden, umso besser lässt sich die Funktion der Produktionsbeobachtung wahrnehmen.

Inhaltliche Grundlage für die benutzten Werkzeuge sind immer die hinterlegten Planungen, die mit Echtzeitdaten und hochgerechneten Prognosen zusammengeführt und verglichen sowie visuell aufbereitet werden. Diese Soll-Ist-Darstellung unterstützt den Disponenten bei der Produktionsbeobachtung.

Fehlen dem Disponenten wichtige Informationen, z. B. vorgeplante Abweichungen vom Tagesfahrplan (Bauarbeiten, Gelegenheitsfahrpläne ...) oder nicht dem Tagesfahrplan entsprechende Personaleinsatzpläne, so kann der Disponent bereits an dieser Stelle falsche Rückschlüsse aus der Produktionsbeobachtung ziehen.

2.3.2 Produktion beobachten

Die Disponenten der EIU und EVU nutzen entweder von DB Netz bereitgestellte rechnergestützte Betriebsleitsysteme (RBL) oder/und eigene Dispositionssysteme, die die Datenflut zur Infrastruktur, Fahr- und Betriebsplanung, dem Ist-Betrieb und alle anderen Daten zur Zugfahrt oder geplanten Serviceleistungen aufbereiten und zweckgerichtet verfügbar machen. Zusätzlich erhalten alle Disponenten Informationen weiterer Beteiligter via Telefon oder gemeinsame Kommunikationssysteme. Die zur Verfügung stehenden Informationen können dem Disponenten dabei mithilfe verschiedener Ansichten visualisiert werden.

Zeit-Wege-Linien (ZWL)-Ansicht

Das ZWL-Bild (siehe Abb. 2-32) zeigt auf einem horizontal aufgeführten Streckenabschnitt das Verhältnis (z. B. Abstand der Zugfahrten, Geschwindigkeiten, Haltebahnhöfe, Durchfahrten) von Zugfahrten zueinander. Vertikal verläuft die Zeit von oben nach unten, senkrechte Striche markieren Betriebsstellen. Die horizontale, hier grüne Linie markiert die aktuelle Uhrzeit.

Zugfahrten sind mit farbigen Linien auf Basis von Ist-Daten der Leitsysteme dargestellt, wobei in Weiß die Ist-Daten angezeigt werden, in Farblogik der voraussichtliche Fahrtverlauf.

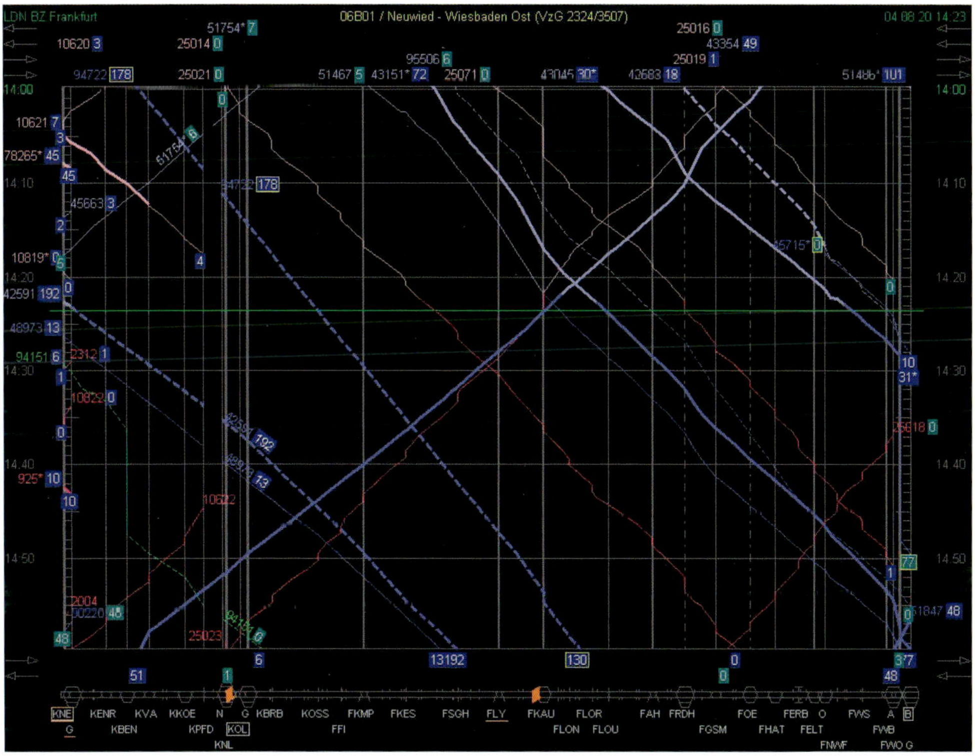

Abb. 2-32: ZWL-Bild

Abbildung: Screen Netzleitzentrale DB Netz

Durch den Bezug zu Strecke und Zeit verlaufen diese Zuglinien diagonal. Je flacher eine Linie verläuft, desto schneller verkehrt der Zug. Zuglinien von links oben nach rechts unten zeigen Zugfahrten von links nach rechts. Rechts oben nach links unten verlaufende Linien Zugfahrten der Gegenrichtung. Senkrechte Linien stellen Halte dar.

Durch Anzeige der Zugnummern sowie die Farben der Linien können Züge einer Verkehrsart zugeordnet werden. Zusätzlich finden sich in unterlegten Feldern die Relativzeiten der Züge, also Verspätungen bzw. auch Vor-Plan-Zeiten.

Ein Streckenband (in der Abbildung am unteren Ende) zeigt dispositive Optionen an (Überholgleis, Wendegleis ...). Mit diesem Bild erhält man schnell einen Überblick über die betriebliche Situation, um z. B. Zugfolgekonflikte durch Kreuzen zweier Linien derselben Fahrtrichtung zu lokalisieren.

Bahnhofsgrafik

Die Bahnhofsgrafik (siehe Abb. 2-33) zeigt oberhalb der waagerechten Linie für die Vergangenheit und unterhalb für die Zukunft die Gleisbelegung einer Betriebsstelle an. Jedes Gleis entspricht einem senkrechten Balken, auf dem die Zeiträume der Belegung durch Züge als senkrechte Farbstriche mit jeweiliger Zugnummer dargestellt sind. Ankünfte und Abfahrten sind als waagrechte Striche von links (an) nach rechts (ab) erkennbar.

Die Ansicht dient überwiegend der schnellen Erkennung von Gleisbelegungen und hilft bei der Disposition von Anschlussbeziehungen der Züge.

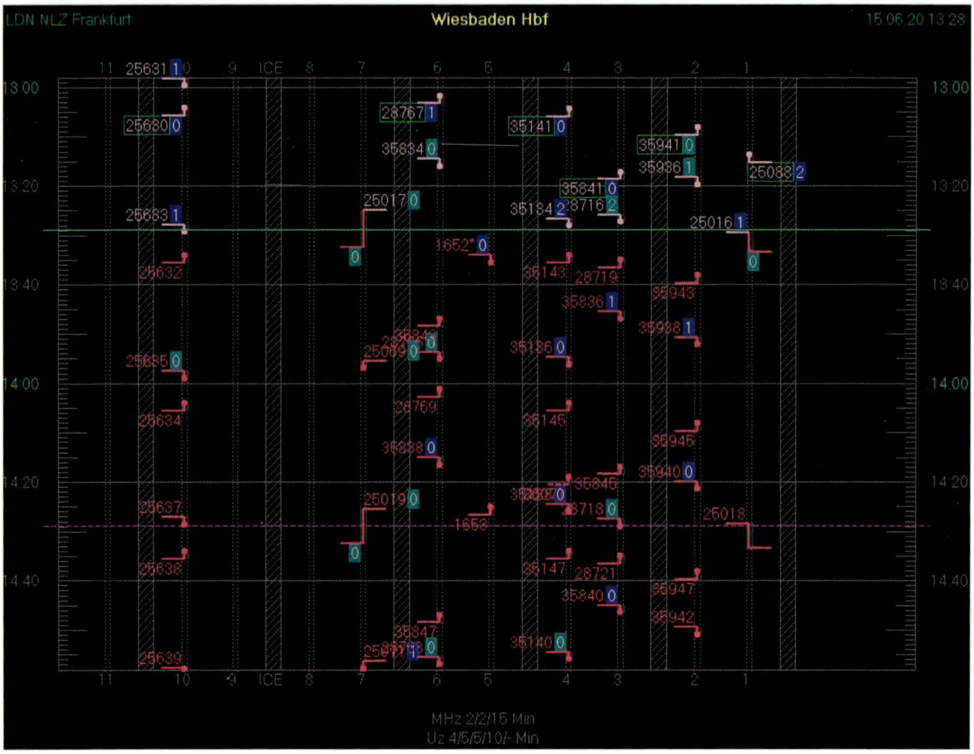

Abb. 2-33: Bahnhofsgrafik Wiesbaden Hbf LeiDis Abbildung: Screen Netzleitzentrale

Streckenspiegel

Der Streckenspiegel (siehe Abb. 2-34) dient der Erkennung von Gleisabschnittsbelegungen von Zügen sowie deren durch den Fahrdienstleiter (Fdl) eingestellten Fahrstraßen auf einem schematischen Gleisbild. Die eingestellten Fahrstraßen sind hier als grüne Linien, Signale an ihrer Dreiecksform (grün = Fahrtstellung) zu erkennen. Zugnummern sind inklusive der Relativzeiten im tatsächlich besetzten Abschnitt dargestellt. Weitere mögliche Darstellungen sind gesperrte Gleisabschnitte.

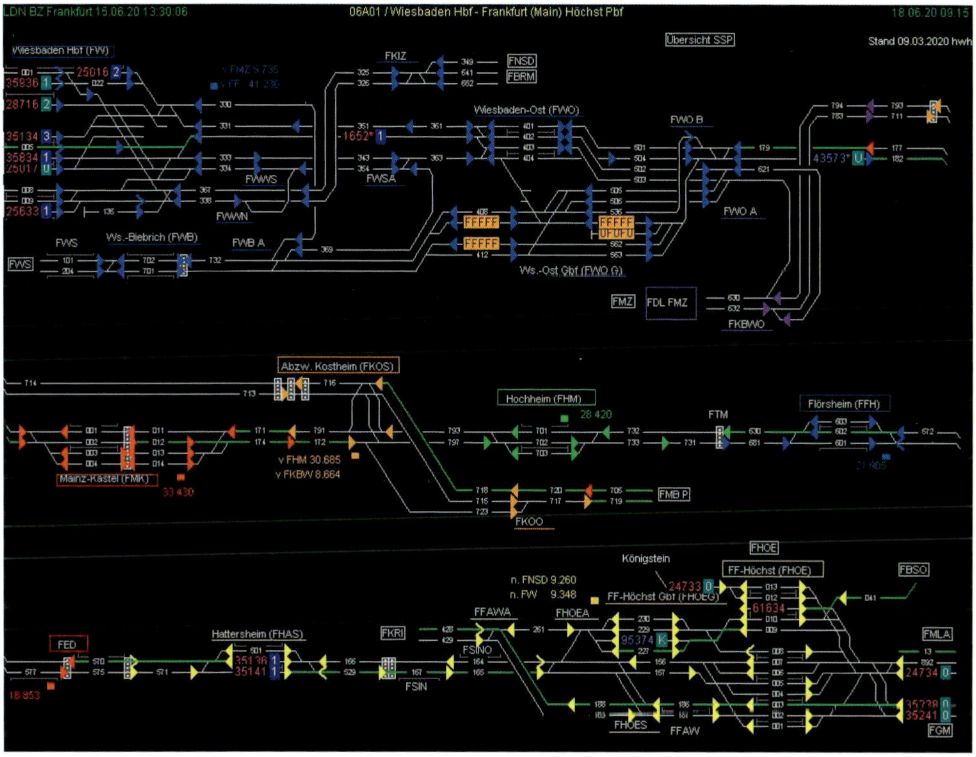

Abb. 2-34: Streckenspiegel u. a. Wiesbaden Hbf

Abbildung: Screen Netzleitzentrale

> *Die Produktionsbeobachtung auf Basis der Umlauf- und Einsatzpläne für Fahrzeuge und Personal ist Aufgabe der EVU-Leitstellen. Hier ist die Verantwortung für Personal und Fahrzeuge angesiedelt.*

Diese Ressourcenpläne zeigen in chronologischer Darstellung die Zugleistungen für eine Fahrzeugbaureihe und Personal. Diese Pläne wurden bereits in Kap. 2.1. erläutert.

2.3.3 Konfliktarten

Im Eisenbahnbetrieb kommt es aufgrund von Abweichungen vom geplanten Betrieb zu Konflikten. Insgesamt gibt es vier grundlegende Konfliktarten: Anschlusskonflikte, Belegungs- und Infrastrukturverfügbarkeitskonflikte sowie die Umlaufkonflikte.

Sofern von einem Konflikt oder dessen Lösung mehrere Akteure (EIU, EVU) betroffen sind, sind diese – soweit Handlungsspielraum vorhanden ist und eine Abstimmung zeitlich möglich ist – aufgrund ihrer teils unterschiedlichen Zielsetzungen einzubinden. Auf diese Weise lassen sich durch frühzeitige und vollständige Erkennung der Konflikte gemeinsame, abgestimmte Lösungen finden.

Anschlusskonflikte

Unter Anschluss ist der planmäßige Übergang von Reisenden von einem Zug zu einem anderen Zug innerhalb einer Reisekette/Reiseverbindung zu verstehen. Ein geplanter oder disponierter Anschluss muss die Voraussetzung einer einzuhaltenden Übergangszeit (ÜZ) erfüllen. Die Übergangszeit stellt einen Zeitraum dar, der für Reisende erforderlich ist, um von einem ankommenden auf einen abbringenden Zug zu wechseln (vgl. Ril 402.0203A02). Berücksichtigt werden in der ÜZ die physikalische Entfernung, spezifische Komponenten, wie z. B. Treppenauf- und -abgänge, sowie zusätzliche Qualitätsparameter (z. B. Zughalt am Bahnsteigende oder Engpässe im Umstiegsweg).

Beim **Anschlusskonflikt** kommt es durch einen verspäteten Zubringerzug zu einer potenziellen Verspätungsübertragung auf den oder die aufnehmenden Züge (Abbringer).

Wird die Reisekette eingehalten, so kann der wartende Zug weitere Konflikte (Gleisbelegung im Bahnhof, Zugfolge auf der Strecke, weitere Anschlusskonflikte) verursachen. Gleichzeitig steigen die Fahrzeit und die Verspätung für die nicht umsteigenden Reisenden im Abbringer.

Fährt hingegen der Abbringer pünktlich ab, so kann es je nach zeitlicher Lage des nächstgeeigneten Abbringers zu erheblichen Folgen für die Fahrgäste oder Güter kommen. Normalerweise bieten die Taktverkehre im Personenverkehr tagsüber adäquate Ersatzverbindungen. In Tagesrandlagen hingegen können abgehängte Anschlüsse zu Reiseunterbrechungen bis hin zum Abbruch der Reise führen, wenn eine Ersatzverbindung erst am Folgetag verfügbar ist, weil des Nachts kein Zug mehr fährt. Solche Randlagen werden daher bei der Anschlussdisposition besonders behandelt, kann es doch zu erheblichem Attraktivitätsverlust und Folgekosten für das EVU durch Wahrung der Fahrgastrechte (Einräumen einer Übernachtung, einer Ersatzverbindung mit einem Taxi oder Bus ...) kommen. Das Abwägen zwischen einer Verspätungsübertragung und einem Bruch der Reisekette ist ein typisches Geschäft der Verkehrsdisposition der EVU und erfordert neben Fingerspitzengefühl auch umfassende Kenntnisse der betrieblichen und verkehrlichen Möglichkeiten.

Vorab geplante Wartebeziehungen und Wartezeitregelungen geben den Disponenten der EVU den Freiraum, ohne Einbindung des EIU schnell über einen Anschluss innerhalb der Wartezeitregeln selbst zu entscheiden (vgl. Wartezeitregelungen erstellen 420.0401A03 der DB Netz AG). In hoch ausgelasteten Knoten, wie beispielsweise in Frankfurt am Main oder Köln Hbf, kann den EVU nur wenig Spielraum für die Anschlussdisposition vorab in einer Wartezeitregelung gegeben werden.

Belegungs- und Infrastrukturverfügbarkeitskonflikte

Belegungskonflikte entstehen, wenn mindestens zwei Züge zur gleichen Zeit dasselbe Infrastrukturelement belegen wollen. Dabei wird zwischen Gleisbelegungskonflikten und Zugfolgekonflikten unterschieden. Infrastrukturverfügbarkeitskonflikte entstehen, wenn Züge ihren Fahrplan zeitlich oder räumlich nicht einhalten können, weil die Verfügbarkeit von Infrastrukturelementen (z. B. Gleis- oder Streckenabschnitte, Weichen, Signale, technisch gesicherte Bahnübergänge etc.) z. B. durch eine Störung oder Sperrung nicht gegeben ist.

Der **Gleisbelegungskonflikt** entsteht bei Verspätung eines Zuges, dessen neue Lage einer anderen Zugfahrt sprichwörtlich „im Weg" steht. Da die Wahl eines anderen Gleises nicht nur technisch (Bahnsteig vorhanden, Bahnsteighöhe passend, Gleislänge ausreichend, Oberleitung vorhanden ...) möglich sein muss, sondern bei einem Verkehrshalt auch innerhalb des Bahnhofs für geänderte Fahrgastströme sorgt und zudem den Fahrgästen auch frühzeitig bekannt gegeben werden muss, kann es sich hierbei durch Zusammentreffen weiterer Konflikte zu einem schnell wachsenden Problem entwickeln. Der Spielraum für eine qualitätsgerechte Anschlussdisposition ist deshalb in hoch ausgelasteten Knoten sehr eingeschränkt, weil Bahnsteige und Gleiswechselmöglichkeiten nicht hinreichend zur Verfügung stehen.

Gleisbelegungskonflikte existieren auch in Verladestationen des Güterverkehrs, in denen Be- oder Entladeeinrichtungen nur begrenzt verfügbar sind und eine Zugverspätung sich auf die pünktliche Durchführung weiterer Zugfahrten übertragen kann. Eine frühzeitige Erkennung des Konflikts und Abhilfe durch geschickte Zulaufsteuerung entschärfen die Situation und verhindern Folgekonflikte, deren Ausmaße zunächst nicht absehbar sind.

Der **Zugfolgekonflikt** entsteht, wenn ein verspäteter Zug auf einer Strecke die Durchführung anderer Zugfahrten behindert.

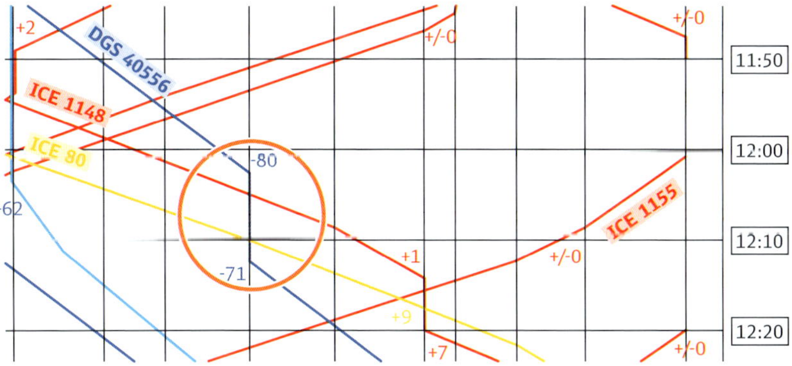

Abb. 2-35: Zugfolgekonflikt mit Lösung am Beispiel Überholung Quelle: interne Schulungsunterlage DB Netz

Ein typisches Beispiel eines gelösten Zugfolgekonflikts zeigt Abbildung 2-35: DGS 40556 fährt mit minus 80 Minuten und wird von zwei schnelleren (flachere Linien) ICE, 1148 und 80, in einem Bahnhof (senkrechter Strich) überholt.

Gerade im Fall unterschiedlicher Beförderungsgeschwindigkeiten muss der Disponent hier unter Umständen den verspäteten Zug „aus dem Weg" räumen, um nachfolgende Zugfahrten nicht mit zu verspäten. Dabei ist Überholen ein gängiger Eingriff in der Streckendisposition, birgt aber ähnlich dem Gleisbelegungskonflikt Tücken aufgrund knapper Gleisressourcen, die zudem ja auch für die Aufnahme des betreffenden Zugs geeignet sein müssen (Länge, Oberleitung ...). Auch ein Ab- bzw. Umleiten von Zügen über parallele Strecken (sofern vorhanden) ist eine gängige Maßnahme, erfordert aber ebenfalls eine genaue Prüfung der Machbarkeit (Streckenkapazität vorhanden, Streckenkenntnis des Triebfahrzeugführers, Zugcharakteristik wie z. B. Tauglichkeit des Fahrzeugs, Lademaßüberschreitungen, Zuglänge, Traktionsart, Last und Grenzlasten usw.).

Bei ähnlich schnellen Zügen kann durch Fahrempfehlung an den nachfahrenden Zug unter Umständen ein Aufschaukeln der Gesamtsituation einer Strecke verhindert werden. Frühzeitiges Erkennen, genaue Kenntnis der Situation und der betreffenden Einflussfaktoren und zeitgerechte Entscheidungsfindung sind hier die hohe Kunst der Streckendisposition.

Weiter verschärft wird die Situation auf eingleisigen Strecken, da sich hier Verspätungen auch durch Kreuzungskonflikte auf die Gegenrichtung übertragen können. Im Extremfall hilft dann nur noch der (Teil-)Ausfall eines (verspäteten) Zuges, um das Gesamtkonstrukt des Fahrplans nicht nachhaltig zu gefährden.

Umlaufkonflikte

Umlaufkonflikte aus Fahrzeugübergängen sind ein typischer EVU-Konflikt: Kurze Wendezeiten an Linienendpunkten sorgen für wirtschaftliche Ausnutzung der eingesetzten Ressource. So gibt es in dichten Taktverkehren (z. B. S-Bahn-Systemen) Fahrzeugübergänge, die nur knapp über der technisch absolut notwendigen und fahrzeugbaureihenspezifischen Mindestzeit (Zeit für Führerstandwechsel, Führerstand in Betrieb nehmen, vereinfachte Bremsprobe usw.) liegen. Jedwede Verspätung in der Ankunft wird so auf die Abfahrt des Folgezugs übertragen. Hier gilt es abzuwägen, ob eine vorzeitige Fahrzeugwende (Ausfall auf dem Restlaufweg inklusive Ausfall der Folgeleistung für diesen Abschnitt) zugunsten der Planmäßigkeit des Gesamtsystems der durchgehenden Verbindung im Interesse der Fahrgäste vorzuziehen ist. Gerade in S-Bahn-Systemen kann es je nach Verkehrsaufkommen und Tageszeit bei ähnlicher Lage zu unterschiedlichen Entscheidungen kommen. Unter Umständen kann durch Einscheren eines zusätzlichen Fahrzeugs für die Folgeleistung der Konflikt entschärft werden. Die Vorhaltung solcher Reserven ist daher an typischen „Brennpunkten" nicht unüblich, allerdings nicht die Regel.

Auch **Umlaufkonflikte aus Personalübergängen** gehören zu den Konfliktfällen der EVU. So wie die Ressource Fahrzeug betriebswirtschaftlich eingesetzt wird, so werden auch Personalübergänge möglichst ohne allzu große Puffer geplant. Allerdings kommen beim Menschen notwendige (und gesetzlich vorgeschriebene) Pausenzeiten hinzu, die auch im Störungsfall, also bei eintretender Verspätung, eingehalten werden müssen.

Die Personalübergänge in S-Bahn-Systemen betreffen meist „nur" den Tf. Dagegen sind Personalübergänge in lang laufenden Fernverkehrszügen wesentlich komplexer. So sind die Wechselorte des Personals oftmals auf dem Laufweg des Zuges verteilt. Wechselt beispielsweise bei einem Zuglauf von Hamburg nach München in Göttingen der Servicemitarbeiter, in Fulda hingegen Tf und Zugchef, in Mannheim dann die gesamte Besatzung, lassen sich im Fall höherer Verspätungen diese Übergangsketten kaum noch transparent vor Augen führen.

Der Verbleib aller Mitarbeiter auf einem Fahrzeug ist im Störungsfall eine oft genutzte dispositive Maßnahme, sorgt aber an den Übergangspunkten für Lücken bei den Folgeleistungen. Generelle und damit planmäßige Besetzung mit einer Besatzung vom Start- bis zum Zielbahnhof eines Zuges lassen die unterschiedlichen Anforderungen an Ruhezeiten für die verschiedenen Arten von Personal oft nicht wirtschaftlich zu.

Weitere Konfliktarten

Ein weiterer EVU-Konflikt kann aufgrund eingeschränkter **Baureihen-Kenntnis** der Tf entstehen. Die hohen Sicherheitsanforderungen im Eisenbahnverkehr betreffen auch das Fahrpersonal, muss doch jeder Tf neben der Kenntnis der befahrenen Strecke auch die der eingesetzten Baureihe nachweisen. Diese wird in der Zusatzbescheinigung seines Triebfahrzeugführerscheins aufgeführt und muss durch regelmäßigen Einsatz erhalten werden. Ändert sich nun durch einen dispositiven Eingriff die Fahrzeugbaureihe oder der eingesetzte Tf, so muss der Disponent sicherstellen, dass die Beziehung Triebfahrzeug – Tf nachweislich zueinander passt.

Und natürlich gibt es auch im **Fahrzeugeinsatz** zahlreiche zu beachtende Restriktionen und damit Konflikte, sobald ein Ersatzfahrzeug anderer Bauart eingeschert werden soll. Ändert sich die Traktion z. B. von Diesel auf elektrisch, muss sichergestellt sein, dass eine Stromversorgung auch durchgehend vorhanden ist. Der umgekehrte Fall klingt zunächst weniger kritisch, doch können auch hier Restriktionen, z. B. durch besondere Abgasvorgaben, eine Ersatzgestellung verhindern (Beispiel Frankfurt Flughafen Regionalbahnhof: Im Tiefbahnhof dürfen nur besonders zugelassene abgasgereinigte Züge verkehren und halten).

Hat das Fahrzeug Abmessungen, die über das sogenannte Regelprofil hinausgehen (z. B. Doppelstockzüge, ICE-BR 401, Lademaßüberschreitung nach oben oder zur Seite), so muss das jeweils befahrene Streckenprofil passen. Auch die Höhe der Fahrzeugeinstiege gegenüber der Höhe der Bahnsteige an den planmäßigen Haltbahnhöfen, besonders zugelassene Bremstechnik (z. B. Wirbelstrombremsen) und in grenzüberschreitenden Verkehren zusätzliche länderspezifische Sicherheitstechnik, Oberleitungsspannung oder gar Notfallausrüstung können bei Fehlen oder Abweichung die ersatzweise Verwendung unmöglich machen.

Selbst bei technischer Eignung des Ersatzfahrzeugs kann eine zu geringe Größe den Einsatz verhindern, weil eine Überbesetzung des Zuges die Folge wäre. Hinzu kommen besondere verkehrsvertragliche Vorgaben, die speziell im Nahverkehr abweichenden Fahrzeugeinsatz erschweren oder untersagen können.

2.3.4 Konflikte erkennen

Bei der Konflikterkennung werden potenzielle Konflikte innerhalb eines bestimmten Zeitraums identifiziert.

Der Zeitraum der Vorschau für die Konflikterkennung ist abhängig von der individuellen Aufgabe/Zuständigkeit des Disponenten (Fahrzeugdisponent, Strecken-/Knotendisponent, Personaldisponent) sowie von den Eingriffsmöglichkeiten und dem Aufwand für die Umsetzung im Verbundprozess. Ziel ist die rechtzeitige Umsetzung und Kommunikation der Maßnahmen. Ein Anschlusskonflikt beispielsweise kann früh erkannt werden, sollte aber ca. 20 Min. vor der Sollankunft des zubringenden Zuges entschieden werden, weil die Kundeninformation für den wartenden Abbringerzug und den Zubringerzug und die damit zusammenhängende

Verspätung noch kommuniziert werden muss. Beim Zusammentreffen mehrerer Konflikte können diese durchaus kulminieren, sich also in ihrer Auswirkung verschärfen, weshalb frühes Eingreifen wichtig ist.

2.3.5 Konflikte lösen und dokumentieren

Dispositionsziele und -regeln

Oberstes Ziel der Betriebsdisposition ist beim „üblichen Verspätungsrauschen" die Einhaltung und Sicherung des Fahrplans.

- „Bei der Durchführung von Zügen gilt als übergeordnetes Ziel die Gewährleistung einer maximalen Betriebsqualität zur Erreichung einer hohen Gesamtplanmäßigkeit." (Ril 420.0201, 1[2]). Ein Zug verkehrt planmäßig, wenn er weniger als eine Minute verspätet ist.
- Im Rahmen der Regeldisposition steht der Erhalt bzw. die Wiederherstellung der Planmäßigkeit aller Züge im Fokus. Für die Störungsdisposition gilt hingegen als Ziel die „maximale Ausnutzung der Kapazität von Strecken und Knoten" sowie die „schnellstmögliche Wiederherstellung des Regelzustands in der Betriebsführung".

Zur Erreichung dieser Ziele und als Unterstützung für die Disponenten wurden darauf aufbauend Regeln formuliert, die den Vorrang von bestimmten Zügen gegenüber anderen beschreiben. Besondere Züge für Hilfeleistungen bei Unfällen haben Vorrang vor allen anderen.

Dringliche Hilfszüge und Züge hoher bzw. sehr hoher Priorität machen nur einen kleinen Teil aller Zugfahrten aus, daher kommt der Dispositionsregel „Bei gleichwertigen Zügen haben schneller fahrende Züge grundsätzlich Vorrang vor langsamer fahrenden Zügen (Reisegeschwindigkeit)" die größte Bedeutung zu.

Während die betriebliche Disposition die Durchführung des Betriebsfahrplans auf der verfügbaren Infrastruktur im Regel- und Störungsfall sicherstellt, stellt das EVU mit der verkehrlichen Disposition die Voraussetzungen für die Durchführung der Zugfahrt (Personal- und Fahrzeugstellung) sicher.

Aufgaben betriebliche Disposition in Betriebsleitstellen (Betriebszentralen)

Grundlage für die Disponenten der Betriebszentralen ist der Betriebsfahrplan, der im Gegensatz zum Kundenfahrplan noch weitere betriebliche und produktionsrelevante Detaillierungen enthält.

Bei eintretenden oder zu erwartenden Fahrplanabweichungen, z. B. durch vorübergehend eingeschränkte Nutzung der Fahrweginfrastruktur, treffen die Disponenten Entscheidungen zur Weiterführung des Bahnbetriebs und setzen diese mit dem betrieblich notwendigen Personal und in Zusammenarbeit mit den Leitstellen der EVU operativ um.

Im Störungsfall gilt es, die betrieblichen und verkehrlichen Auswirkungen zu minimieren sowie auch die Rückkehr in den Regelzustand dispositiv und kommunikativ so qualifiziert wie möglich zu gestalten. Dabei ist auf Robustheit der Maßnahmen zu achten, um eine „Hin-und-Her-Kommunikation" und häufige Maßnahmenkorrekturen im Interesse der Reisenden und aller Prozessbeteiligten möglichst zu unterlassen.

Kernaufgaben der betrieblichen Disposition sind:

- Disposition des Zugverkehrs auf Strecken und Knoten
- Kommunikation von Prognosen für die Störungsphasen
- Bestimmen der Reihenfolge der Züge bei Planabweichungen
- Einleiten dispositiver betrieblicher Maßnahmen bei Störungen
- Erfassen und validieren von Betriebsprozessdaten in der Leittechnik
- Einführen von Betriebsprogrammen bei kurzfristigen Infrastruktureinschränkungen

Auf hochbelasteten Strecken, Knoten oder Korridoren treten vermehrt Konflikte auf. Je vorausschauender ein Konflikt erkannt wird, umso mehr Maßnahmen bestehen zur Konfliktlösung und umso mehr Zeit bleibt für die Durchführung dieser Maßnahmen.

Wird in der Vorschau des ZWL-Bildes (siehe Abb. 2-36) dargestellt, dass zwei Züge in der Prognose gleichzeitig denselben Blockabschnitt einer Fahrstraße belegen werden, handelt es sich um einen Belegungskonflikt.

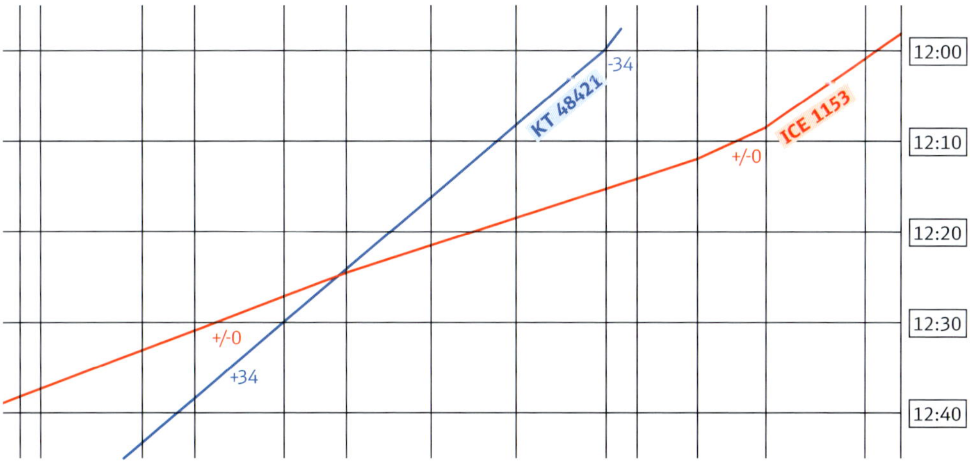

Abb. 2-36: Belegungskonflikt

Quelle: interne Schulungsunterlage DB Netz

Es bestehen bei der Konfliktlösung grundsätzlich mehrere Möglichkeiten, die situations- und anlassbezogen sowohl betrieblich als auch verkehrlich zur Reduzierung der Konfliktauswirkung gewählt werden können.

Folgende Maßnahmen stehen betrieblich zur Verfügung:

- Nachfahren/Biegen und Fahrempfehlung
- Veränderung der Zugreihenfolge
- Umleitung unter erleichterten Bedingungen ohne Haltausfall
- Reduzierung der Haltezeit
- Bahnsteigänderung/Gleiswechsel (z. B. schnellere Einfahrt)
- Durchführung von Überholung an anderer Stelle

Mit Einfluss auf den Kundenfahrplan und deshalb nur in Abstimmung zwischen EIU und EVU kommen noch

- Haltausfall (mit/ohne Ersatzhalt),
- Umleitung mit und ohne Haltausfall,
- Vorzeitige Wende

zur Lösung der Konflikte infrage.

In Zeiten der Digitalisierung der Kundeninformation ist das EIU ein wesentlicher Datenlieferant. Das betrifft die elektronischen Meldungen aus den Zugleitsystemen zum Zugstandort ebenso wie Meldungen zum Wiederanlauf des Betriebs nach Störungen oder Abweichungen vom Kundengleis, weshalb Zuglaufprognosen und Gleiswechselinformationen permanent und dauerhaft auf höchstmöglichem Niveau zu halten sind (vgl. Kap. 2.3.2).

Aufgaben verkehrliche Disposition

Die verkehrliche Disposition betrifft alle Ereignisse, Störungen und Konflikte in der Realisierung der Zugfahrt, die unmittelbar mit dem Produkt zu tun haben. Alle Störungen an Fahrzeugen, in der personellen Ausgestaltung oder auch von der Ladung bzw. vom Fahrgast ausgehend sind Sache des EVU und werden von dort betreut. Dabei ist der Blick immer zunächst auf die Kundenwahrnehmung zu richten, wobei der Kunde nicht zwingend Endkunde, also Fahrgast oder Ladungsempfänger, sondern ggf. auch der Vertragspartner in einem Nahverkehrsnetz (Aufgabenträger eines Landes mit Verkehrsauftrag oder der Spediteur) sein kann.

Typische Dispositionsfälle sind:

- Lösung von Fahrzeugeinsatzkonflikten

- Lösung von Personaleinsatzkonflikten bei Tf, Zugführer (Zf) und ggf. Service-Mitarbeitern
- Lösung von Anschlusskonflikten
- Entwicklung von alternativen Verkehrs- und/oder Ersatzkonzepten mit dem EIU im Störungsfall
- Maßnahmen zur Erfüllung des Verkehrsvertrags
- Beantragen von außerplanmäßigen Halten
- Einsatz von Ersatz-/Zusatzzügen
- Maßnahmen zur Weiterbeförderung von Reisenden bei liegen gebliebenen Zügen.
- Sicherstellen der Kommunikation von Abweichungen (Haltausfall, Verspätungsgrund, Anschluss, Zugausfall, Umleitungen, Zusatz- und Sonderzug, Zugkonfiguration ...)

Die Ziele der verkehrlichen Disposition im Störungsfall sind:

1. Befreiung der Reisenden aus Zwangslagen (z. B. liegen gebliebener Zug)
2. Sicherstellen der (Alternativ-)Beförderung von unmittelbar betroffenen Reisenden, z. B. Einrichten von Busnotverkehr
3. Ressourcensteuerung zur Sicherung der geplanten Zugfahrten, z. B. Personaldisposition eines Ersatz-Tf
4. Sicherung von Reiseketten bei bestmöglicher Aufrechterhaltung der Pünktlichkeit, z. B. durch Anschlussbearbeitung
5. Jederzeit zeitnahe, vollständige Kundeninformation (vgl. Ril 615.0101, Abschnitt 3 Verkehrssteuerung)

Bei den verkehrlichen Maßnahmen ist immer das Fahrgastaufkommen zu beachten. Ein vollausgelasteter ICE kann bis zu 800 und eine S-Bahn bis zu 2.000 Personen an Bord haben.

Bei einer **vorzeitigen Wende** z. B. bedeutet dies, dass alle Fahrgäste am gewählten Wendebahnhof aussteigen müssen. Neben der Dauer der Maßnahme ist hier zu beachten, dass der Bahnsteig/Bahnhof ausreichende Kapazität für die Aufnahme der Fahrgäste besitzt, vor Ort möglichst Betreuung und umfassende Information der Betroffenen möglich ist und nicht zuletzt die Weiterbeförderung der Fahrgäste zügig durchgeführt wird. Ist dieses nicht zeitnah möglich (z. B. Unwetterlagen), so muss ggf. unter Inanspruchnahme externer Hilfskräfte (Feuerwehr, THW, DRK ...) für Betreuung vor Ort gesorgt werden.

2.3.6 Disposition im Regelfall

Belegungsdisposition/Engpassdisposition

Zur Vermeidung von Belegungskonflikten muss der Belegungszeitpunkt disponiert werden. Die Belegungsdisposition soll auftretende Konflikte in der Nutzung der Infrastruktur mildern oder auflösen. Solche Belegungskonflikte entstehen üblicherweise im Mischverkehr und beim Übergang von zwei Strecken in eine oder bei deutlicher Veränderung der Streckenparameter wie zulässige Höchstgeschwindigkeit, Blockabstand oder Gleisanzahl (eingleisig, zwei- oder mehrgleisig). Es können bei Verspätungslagen Zugfolgekonflikte entstehen, bei eingleisigen Strecken auch Kreuzungskonflikte (verspäteter Zug blockiert bzw. verspätet Gegenrichtung).

Häufen sich diese Konflikte regelmäßig, kann auch von einer Engpassstelle gesprochen werden, die dann besonders verspätungssensibel ist, wenn sie (mit wenig Pufferzeiten) bis an die Kapazitätsgrenze ausgeplant ist. Die kleinste Verspätung führt dann zu zahlreichen Belegungskonflikten.

Fahrempfehlung

Der Disponent hat die Möglichkeit, Fahrempfehlungen an die Tf des einen oder auch beider Züge auszusprechen, die durch Anwendung einer reduzierten Geschwindigkeit des hinterherfahrenden Zuges häufige Brems- und Anfahrvorgänge vermeidet. Sie reduziert den Energieverbrauch und kann die Kapazität steigern.

Im Güterverkehr ist zu beachten, dass ein schwerer Güterzug sehr lange braucht, bis er wieder seine maximal zulässige Geschwindigkeit erreicht. Der Anfahrvorgang führt wiederum zu einer längeren Belegungszeit der Blockabschnitte und damit zu weiteren Belegungskonflikten. Die Verspätung aufgrund von Zugfolgen steigt damit an. In diesem Beispielfall kann dem schweren Güterzug die Empfehlung gegeben werden, die Geschwindigkeit auf XY km/h zu reduzieren, und dem anderen Zug zusätzlich noch empfohlen werden, die maximal zulässige Geschwindigkeit zu fahren. So kann sich ein Belegungskonflikt auflösen, ohne dass der Güterzug zum Halten kommt.

Beispiele (Belegungskonflikte)

Folgende Beispiele zeigen verschiedene Konfliktlösungsmöglichkeiten auf:

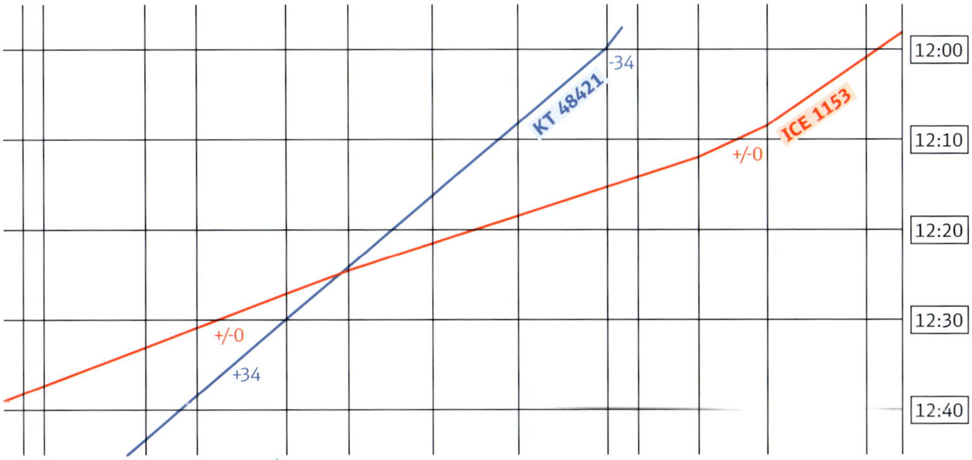

Abb. 2-37: Konfliktererkennung

Quelle: interne Schulungsunterlage DB Netz

In Abbildung 2-37 sind die Zeit-Weg-Linien eines Güterzugs (blau) und eines ICEs (rot) dargestellt. Die Verspätung des Güterzugs (+34 Minuten) verursacht einen Belegungskonflikt.

Der verspätete Zug (blau) ist verglichen mit dem planmäßigen Zug (rot) durch einen wesentlich steileren Verlauf gekennzeichnet, d. h., er benötigt für die gleiche zurückgelegte Distanz mehr Zeit.

Würde die Reihenfolge beibehalten, müsste sich der in Rot dargestellte Zug der Geschwindigkeit des langsameren Zuges anpassen („biegen"), die Fahrzeit des Zuges könnte nicht gehalten werden, Verspätung wäre die Folge. Dieser Fall der Konfliktlösung des Nachfahrens wird in Abbildung 2-38 dargestellt. Da es sich im dargestellten Beispiel um einen langlaufenden Zug handelt, werden durch diesen ggf. noch zahlreiche Strecken und Knoten befahren. Die erworbene Verspätung hat das Potenzial, sich zu vervielfältigen und somit die Gesamtplanmäßigkeit negativ zu beeinflussen. Dies steht den Zielen des Netzbetreibers und des EVU entgegen.

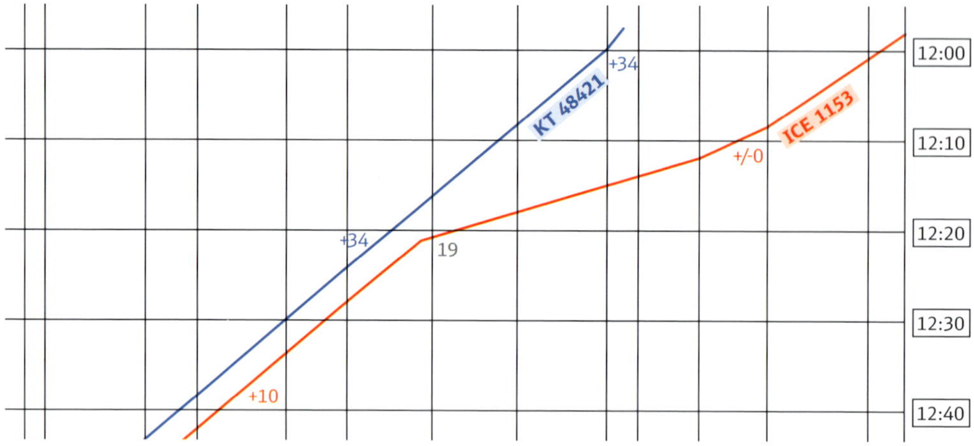

Abb. 2-38: Konfliktlösung Nachfahren

Quelle: interne Schulungsunterlage DB Netz

Alternativ ist ein Wechsel der Reihenfolge dieser Züge durch ein aktives Eingreifen des Disponenten möglich. Auch hierbei kommt es zu Verspätungen, diesmal für den langsameren Zug. Der Verspätungsumfang ist in diesem Falle jedoch ausschließlich auf die Dauer einer Überholung begrenzt, die Summe der verursachten Verspätung ist somit deutlich geringer. Durch einen Wechsel der Reihenfolge bleibt diese Verspätung auf einen Zug beschränkt, eine Vervielfältigung der Verspätung kann somit vermieden werden.

Bei der Umsetzung einer solchen Überholung des langsameren durch einen schnelleren Zug muss sichergestellt sein, dass für den langsameren Zug möglichst wenig und für den überholenden Zug möglichst keine Verspätung entsteht. Der Disponent hat die Aufgabe, die effizienteste Lösung zu finden. Hierbei spielen zahlreiche Faktoren, wie beispielsweise die Verfügbarkeit von geeigneten Gleisen (z. B. Gleis frei, Gleislänge ausreichend, für Traktionsart geeignet, Lademaßprofil ausreichend), Überleitgeschwindigkeiten in ein geeignetes Gleis, Stellzeiten für die Fahrstraßen, Zeiten zur Auflösung von Durchrutschwegen etc. eine zentrale Rolle. Die Expertise des Disponenten umfasst sämtliche dieser Kenntnisse. Darüber hinaus lassen sich benötigte Informationen dem Leitsystem bzw. den am Arbeitsplatz befindlichen Unterlagen entnehmen.

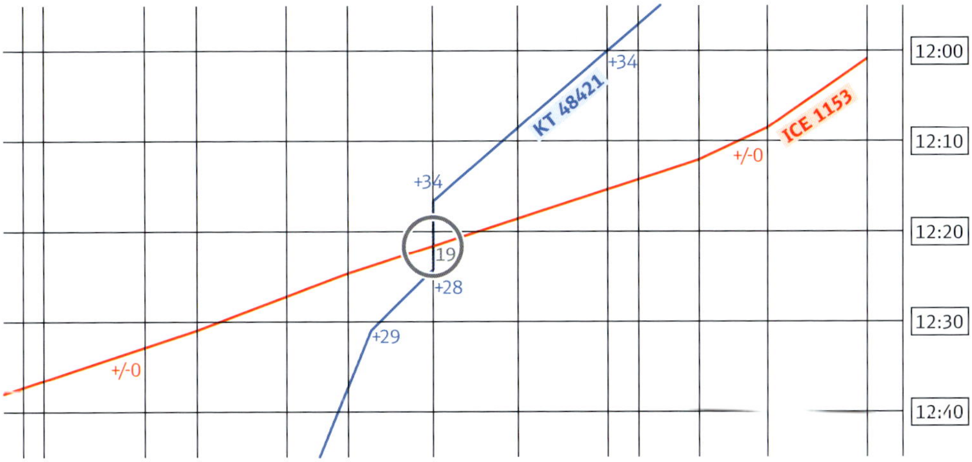

Abb. 2-39: Konfliktlösung Überholen

Quelle: interne Schulungsunterlage DB Netz

Trassenkonflikte können auch auftreten, wenn einer der beteiligten Züge vor der geplanten Zeit verkehrt. Insbesondere im SGV kommen solche Abweichungen vor. In solchen Fällen gilt der Grundsatz, dass der vor Plan verkehrende Zug keine anderen Züge verspäten darf. Somit greift in diesem Falle auch nicht die zuvor beschriebene Dispositionsregel „schnell vor langsam".

Um einen Wechsel der Zugreihenfolge durchzuführen, ist eine frühzeitige Kommunikation des Disponenten mit dem Fdl und den beteiligten Tf erforderlich. Weiterhin ist die Maßnahme durch den Disponenten im Leitsystem einzupflegen. Somit ist die interne Kommunikation über das Leitsystem und auch zu den Kundendispositions- und Informationssystemen sichergestellt.

Dispovereinbarungen

Neben dem betrieblichen Regelwerk, das in den Nutzungsbedingungen Netz der DB Netz AG veröffentlicht und damit allen EVU bekannt ist, können die EVU für ihre verkehrliche Disposition eigene Regeln und Vorgaben formulieren. Diese unterliegen nicht, im Gegensatz zur Netzdisposition, den Vorgaben der Diskriminierungsfreiheit, sondern berücksichtigen meist wirtschaftliche und kundendienstliche Ziele.

Je nach EVU kommen ggf. auch Verkehrsvertragsregelungen hinzu. Deren Vorgaben sind z. T. auch mit Mängelpönalen versehen und können deshalb auch Niederschlag in den Dispositionsregeln der EVU finden. So sind z. B. teilweise abweichende Pünktlichkeitsziele festgeschrieben oder auch Reiseketten definiert, die vom Aufgabenträger als besonders wichtig angesehen werden.

Auch kann der alternative Einsatz von Fahrzeugflotten aufgrund fehlenden Raumangebots oder fehlender Serviceeinrichtungen zu Pönalen führen, was eine besondere Überwachung durch die Disposition notwendig macht.

Das EVU kann in Zusammenarbeit mit dem EIU Regelungen für Konflikte zwischen Verkehrslinien dieses einen EVU im Voraus treffen. Möchten sie in bestimmten betrieblichen Situationen Vorrang haben vor einem anderen EVU, ist die Regel zwischen den beteiligten EVU und dann mit dem EIU abzustimmen und zu vereinbaren. Die vereinbarten Regeln helfen, in den definierten Situationen schnelle Entscheidungen zu treffen und eine einheitliche Vorgehensweise mit Blick auf die Ziele des EVU sicherzustellen.

Vorrang vor allen übrigen Zielsetzungen haben daher die Disporegeln des Infrastrukturbetreibers, dessen Leitstellen Betriebszentrale (BZ) und Netzleitzentrale (NLZ) im Fall konkurrierender Dispositionsansätze auch den Letztentscheid ausüben.

Ursache, Maßnahme und Auswirkung dokumentieren

Geplante dispositive Maßnahmen sind unmittelbar nach der Entscheidungsfindung im Leitsystem abzubilden, womit die Entwicklung für alle Beteiligten mit Zugang zum Leitsystem transparent kommuniziert ist.

Auf dieser Grundlage können nun alle Beteiligten (EVU, auch EIU) ihre Subprozesse an die neuen Gegebenheiten anpassen und zeitgerechte Kommunikation bis hin zum Endkunden betreiben. Dies ist insbesondere auch deshalb notwendig, weil die Komplexität des Bahnbetriebs bei ähnlichen Situationen teils ganz unterschiedliche Entscheidungsfindungen und Maßnahmen erforderlich macht.

Weiterhin dient die Erfassung von Dispositionsmaßnahmen in den Leitsystemen auch der Dokumentation, die sicherstellt, dass alle relevanten Einflüsse und Vorkommnisse im Betriebsgeschehen nachvollziehbar sind. Dies hilft bei Rückfragen, z. B. aufgrund von Ansprüchen aus den Fahrgastrechten, aber auch zur Nachbetrachtung (vgl. Kap. 2.3.2) mit dem Ziel ständiger Verbesserung von Prozessen und Mitarbeitern. Im Sinne eines kontinuierlichen Verbesserungsprozesses können so getroffene Entscheidungen nachträglich auf Eignung und Effizienz überprüft und aus den Erkenntnissen Ableitungen für Schulungen und Trainings getroffen werden.

2.3.7 Disposition im Störungsfall

Unabhängig von der Ursache einer Störung kommt es darauf an, ob die Infrastruktur ganz oder teilweise weiter zur Verfügung steht. Das kann eine Streckenstörung sein, die durch einen liegen gebliebenen Zug oder durch eine Weichenstörung verursacht wurde. Auf der freien Strecke mit entsprechenden Umfahrungsmöglichkeiten kann die Störung besser bewältigt werden als eine Störung an einer Engpassstelle, wie z. B. im Einfahrbereich eines großen Knotens. Der Unterschied ist, dass im letzteren Fall die Anzahl der betroffenen Züge stetig und steiler steigt als bei einer Streckenstörung und damit die Auswirkung für die Gesamtzahl der Kunden spürbarer ist. Die Bewältigung von Störungen erfordert Ansätze, die in der Lage sind, in allen Fällen die gleiche Qualität in der Kundenwahrnehmung zu produzieren.

Prognose der Störungsdauer

Die wesentliche Forderung der EVU und deren Kunden ist, dass Aussagen zur Störungsdauer und den Auswirkungen getroffen werden. Dies gilt gleichermaßen bei der einfachen Signalstörung wie auch bei großen Störfällen, wie die zunehmend häufiger auftretenden Unwetter mit starken Auswirkungen.

EVU und deren Kunden sind erheblich auf belastbare Prognosen angewiesen. Oft müssen im Störungsfall Tf, Zugbegleitpersonal oder Fahrzeuge umdisponiert werden. Im SGV erwarten z. B. Speditionen eine Aussage, wann Güterzüge am Ziel ankommen. Im SPV müssen Reisende abwägen, ob es sich lohnt zu warten oder ob sie alternative Reisemöglichkeiten prüfen sollten. Außerdem ist zu beachten, dass Fahrzeuge regelmäßig zur Reinigung und Wartung müssen und Umlaufpläne hierfür möglicherweise angepasst werden müssen. Die Prognose der Störungsdauer ist hierbei die Basis für alle betrieblichen Planungen sowohl des EIU als auch des EVU. Dies gilt insbesondere für große Störungen im Großstörungsmanagement, aber auch für das tägliche Störgeschehen.

Für das Erarbeiten und Kommunizieren von Prognosen zu Störungsdauern an das EVU ist grundsätzlich das EIU verantwortlich. Jedes EVU hat dabei aber auch die Pflicht, dem EIU Prognosen für die eigenen Ressourcen im Störungsfall mitzuteilen.

Störungen im Bahnbetrieb können vielfältige Ursachen und damit auch verschiedene Erstmelder haben. Zahlreiche Störungen nimmt der Fdl durch automatisierte Meldungen auf seinem Stellwerk wahr, beispielsweise aus Heißläuferortungsanlagen, Tunnelüberwachungen, Brandmeldeanlagen oder Weichenstörungen und angezeigten Rotausleuchtungen von Gleisfreimeldeanlagen und gibt eine entsprechende Meldung selbst ab. Andere Arten von Störungen werden dem Fdl von verschiedenen Beteiligten gemeldet. So meldet sich der Tf beispielsweise, wenn er mit einem Schaden des Triebfahrzeugs zum Halten kommt oder Vegetation (Fahrthindernisse) in seinem oder im Nachbargleis wahrnimmt. Der Berechtigte einer Baustelle meldet die Verlängerung der Baustelle, weil eine Baumaschine ausgefallen ist, oder eine Behörde, z. B. die Bundespolizei, sperrt eine Strecke für Ermittlungsarbeiten.

Nach solchen Erstmeldungen sind Störfallursache, Auswirkung und Gesamtschaden erst einmal unbekannt. Der Erkenntnisgewinn steigt jetzt erst nach und nach in der Lageerkundungsphase.

Zunächst leitet der Fdl sicherheitsrelevante Maßnahmen ein, indem er Signale auf „Halt" stellt oder Züge anhält. Anschließend ermitteln Fdl, Disponenten und EVU die betriebliche Auswirkung und ergreifen erste dispositive Maßnahmen wie das Umleiten, das Zurückhalten oder den Ausfall von Zügen. Auf Basis dieser dispositiven Maßnahmen gibt das EVU erste Zuglaufprognosen in das Reisendeninformationssystem ein.

Die meisten Störungen lassen sich durch die entsprechenden Entstörkräfte zeitnah beheben. Einzelne Störungen können dann aber doch komplizierter sein. Vor allem in Kombination mit anderen Störungen kann die Situation dann leicht unübersichtlich werden. Gerade hier ist es deshalb wichtig, schnell einen Überblick über die Lage zu bekommen.

Wie bereits weiter oben beschrieben, leitet die Erstmeldung die Lageerkundungsphase ein. In dieser Phase sollen ein Überblick des Schadensausmaßes und damit wichtige Informationen für die technischen Dienste zur Berechnung oder Abschätzung der Entstörungsdauer gewonnen werden. In der Regel muss ein Techniker beispielsweise erst zum Störungsort fahren und sich vor Ort anschauen, welche Anlage in welchem Ausmaß defekt ist. Die entsprechende Prognose für EVU und Reisende heißt „Lageerkundung bis mindestens morgen hh:00". Sie sagt aus, dass der Zustand der Strecke aktuell nicht bekannt ist und dessen Ermittlung mindestens bis zum angegebenen Zeitpunkt dauern wird. Für ein EVU heißt „Lageerkundung" also, dass die Infrastruktur nicht zur Verfügung steht. Damit erhält das EVU zunächst einen Zeitrahmen, um seine kurzfristigen logistischen Planungen anzupassen.

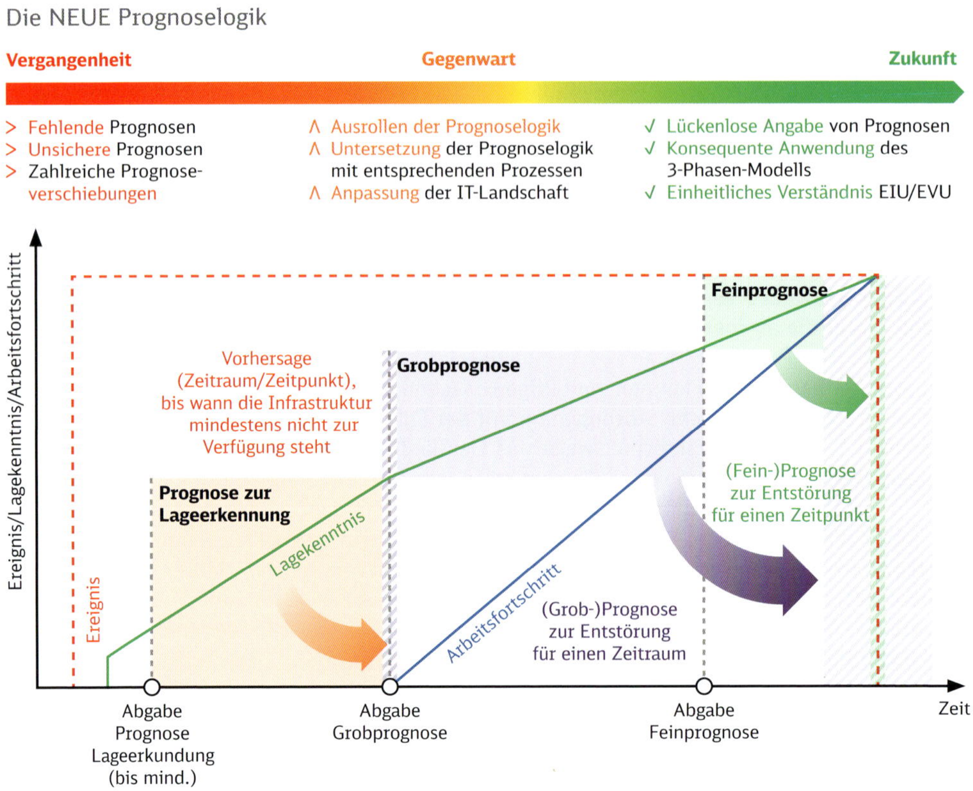

Abb. 2-40: Phasenmodell von der Lageerkundung bis zur Feinprognose

Quelle: interne Arbeitsanweisung zum Großstörungsmanagement DB Netz

Insbesondere bei großen Störfällen oder sogar Großstörungsereignissen kann trotz abgeschlossener Lageerkundung oftmals keine genaue Prognose zur Störungsbeseitigung abgeleitet werden.

In solchen Fällen werden im Anschluss an die Lageerkundungsphase zunächst sogenannte „Grobprognosen" angegeben. Sie grenzen die voraussichtliche Störungsbeseitigung erst einmal auf Tag und Tageszeit, z. B. „abends", ein.

Ein EVU kann seine betrieblichen Prozesse damit zwar nur oberflächlich, dafür aber frühzeitig und risikominimiert planen.

Ist eine genaue Prognose zur Störungsbeseitigung sicher ableitbar, so wird eine Feinprognose bekannt gegeben. Diese enthält dann eine konkrete Uhrzeit (gerundet auf halbe Stunden), zu der die gesperrte Strecke voraussichtlich wieder freigegeben werden kann. Dabei gilt: so früh wie möglich, aber so spät wie nötig. Eine Feinprognose wird erst dann abgegeben, wenn sie auch belastbar ist. Die Feinprognose muss dennoch mit einem ausreichenden Vorlauf bekannt gegeben werden. Ein zu knapp bemessener Vorlauf kann dazu führen, dass die EVU trotz Freigabe der Strecke den Fahrbetrieb erst zum prognostizierten Zeitpunkt wiederaufnehmen, weil z. B. Personal- und Fahrzeugumläufe nicht kurzfristig angepasst werden können.

Die beschriebenen Phasen der Prognose (Lageerkundung, Grob- und Feinprognose) sollen zum einen helfen, ein gemeinsames Vorgehen im Störungsfall sicherzustellen, zum anderen sollen Fehlinterpretationen und fehlerhafte Prognosen vermieden werden.

Störfallprogramme

Im Störungsmanagement arbeiten die Disponenten auf Basis des bestehenden Betriebsprogramms, das situativ durch Dispositionsentscheidungen an Störungen angepasst wird. Hier entscheiden Know-how, Reaktionsschnelligkeit und gute Kommunikation über den Erfolg der getroffenen Maßnahmen.

Für komplexe Betriebsprogramme sowie für größere Störereignisse können vorbereitete Störfallprogramme Verwendung finden.

Diese bezeichnen Handlungskonzepte bzw. vordefinierte Programme für bestimmte Infrastruktureinschränkungen, in denen die Maßnahmen zwischen allen Beteiligten gemeinsam entschieden, abgestimmt und vorbereitet sind, sodass auf ein Stichwort hin alle Beteiligten wissen, wie zu handeln und was zu kommunizieren ist, ohne Zeit für Abstimmungen zu verbrauchen.

Ein Störfallprogramm besteht somit aus einem Betriebskonzept (gegenüber dem Regelfahrplan reduziertes Betriebsprogramm) für die betriebliche Durchführung und Disposition sowie einem Verkehrskonzept mit den Aufgaben aus der verkehrlichen Disposition.

Grundsätzlich sind Störfallprogramme so anzulegen, dass sie robust und notfalls auch länger als einen Tag funktionieren können, um im Fall längerer Störbestehenszeit keine weiteren Eingriffe notwendig zu machen.

Abbildung 2-41 zeigt beispielsweise verschiedene Lösungsoptionen bei einer Sperrung einer Strecke bzw. eines Bahnhofs. In diesem einfachen Beispiel ist das ad hoc und ohne Vorlage eines Betriebskonzepts/Störfallprogramms mit einer Linie leicht zu handhaben. Zwei Linien sind schon komplizierter und aufwendiger abzustimmen und durchzuführen. Ein S-Bahn-Netz mit dichter Taktfolge und mehreren Linien kann bei einer Streckensperrung, insbesondere auf Stammstrecken ad hoc nicht mehr qualitätsgerecht bewältigt werden. Ein Störfallprogramm mit allen Details und Rollenaufgaben in dieser besonderen Betriebssituation ist Voraussetzung für einen professionellen und ganzheitlichen Umgang mit der Störung.

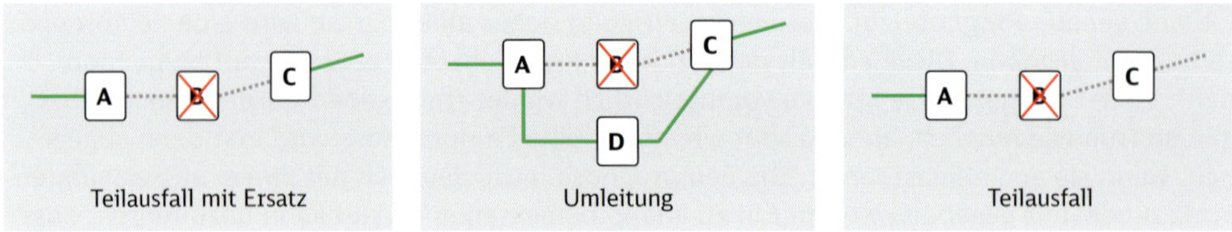

Abb. 2-41: Beispiele für Lösungsoptionen bei einer Streckensperrung Abbildung: BFV/nach Crespo, ETK 2017

Für die Praxis hat sich bewährt, Grundsätze für das Störungsmanagement als allgemeingültige Regeln für die Disponenten und Arbeitsstäbe vorzugeben. Das EIU hat Interesse daran, die eingeschränkte Infrastruktur noch vollständig auszunutzen, und setzt auf ein Betriebsprogramm zur Ausnutzung der Restkapazität. EVU hingegen tragen dafür Sorge, dass der gesamte Prozess der Disposition unter Berücksichtigung der unterschiedlichen Vorlaufzeiten für die Fahrzeug- und Personaldisposition und insbesondere auch die Kundeninformation nachhaltig in ihrem Verkehrskonzept betrachtet wird.

Besonders wichtig ist, dass die Einführung eines Programms schnell entschieden wird. Insbesondere deshalb, weil mit jeder Minute einer ausbleibenden Entscheidung mehr und mehr Züge betroffen sind und die Geschäftsvorfälle für die Disposition und Kundeninformation (Zugausfall, Haltausfall, Anschluss, Sonderzug ...) immer weniger bedient werden können.

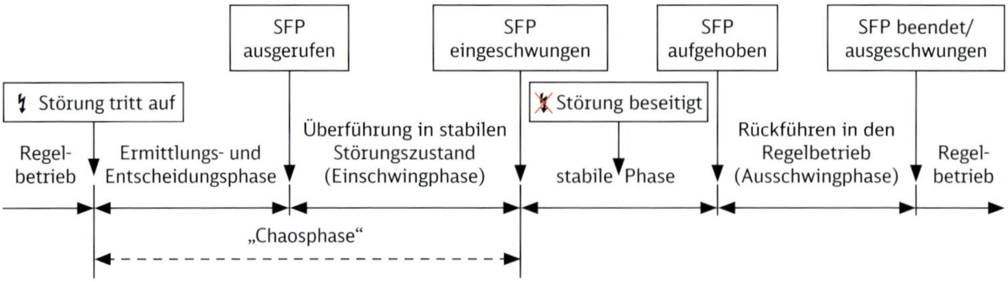

Abb. 2-42: Phasen zur Einführung eines Störfallprogramms (SFP) (F. Chu) Abbildung: BFV/nach F. Chu

2.3.8 Auswertung von Betriebsdaten

Informationen über den Eisenbahnbetrieb werden in Form von Betriebsdaten an zahlreichen Stellen während der Betriebsphase weitgehend automatisch erhoben. Informationen zu selbst kurzfristigen Änderungen in betrieblichen Abläufen können so in kurzer Zeit für betriebliche Zwecke sowohl von den EIU als auch EVU genutzt werden. Sie lassen sich außerdem über weiterverarbeitende Systeme an Reisende oder Speditionen, Umschlagbahnhöfe usw. weitergeben. Dies ist nur möglich, weil im Bahnbetrieb permanent Betriebsdaten erfasst, aufbereitet und allen Verbundprozesspartnern zur Verfügung gestellt werden.

Die gemessenen und erfassten Betriebsdaten, beispielsweise Durchfahrzeiten und berechnete Verspätungen im Fahrtverlauf der Züge, werden als Eingangsgrößen für weitere Berechnungen herangezogen. Hierzu zählen Prognoserechnungen zu Zugläufen im Rahmen einer Fahrzeitrechnung (vgl. Kap. 3.2.2 und 3.4.3) und darüber hinaus auch Kapazitätsberechnungen für Strecken oder Knoten (vgl. Kap. 2.5.3). Hauptsächlich dienen sie als Rückkopplung für die Planungsphase sowie der Disposition des Zugbetriebs zur Abbildung der aktuellen Betriebslage (vgl. Kap. 2.3.1) innerhalb der Betriebsphase. In der sich anschließenden Analysephase können Verspätungsschwerpunkte identifiziert werden. Die aufbereiteten Daten werden als Grundlage für die Bemessung und Kalibrierung von Planungsparametern herangezogen.

Was sind Betriebsdaten?

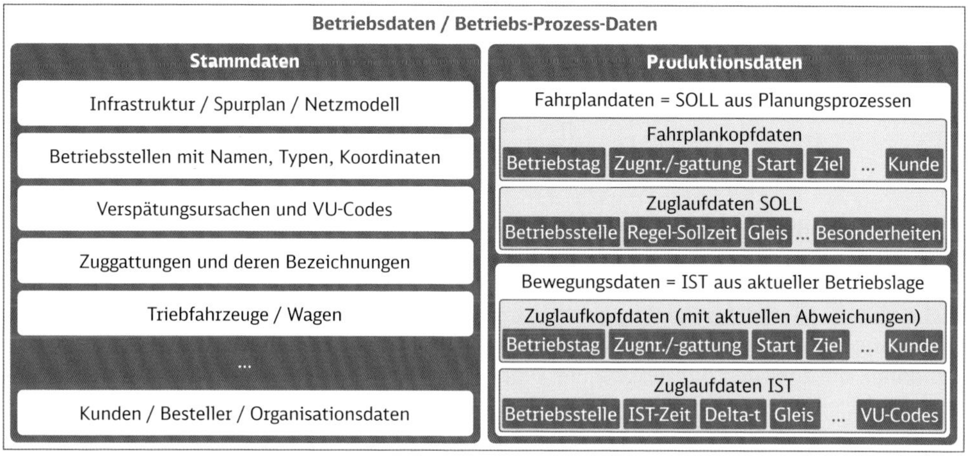

Abb. 2-43: Übersicht und Einteilung Betriebsprozessdaten (Auswahl)

Abbildung: BFV/ Achim Wolters

Im Bahnbetrieb werden Betriebsdaten bzw. Betriebsprozessdaten (hier synonym verwendet) ermittelt. Diese unterteilen sich in zwei Gruppen. Die eine Gruppe umfasst alle Daten, die während des Betriebs in der Regel über einen längeren Zeitraum konstant bleiben können, die sogenannten Stammdaten. Die andere Gruppe enthält alle Produktionsdaten aus den laufenden Betriebsprozessen. Eine für den Bahnbetrieb relevante Übersicht dazu ist in Abbildung 2-43 dargestellt.

Stammdaten

Stammdaten werden in größeren zeitlichen Abständen aktualisiert. Anlässe dazu können regelmäßiger Art sein wie beispielsweise Fahrplanwechsel, Änderungen im Netz nach Bauarbeiten oder geänderte Kundendaten. Hinzu kommen Anlässe, die seltener und unregelmäßig stattfinden, wie z. B. Änderungen von gesetzlichen Grundlagen, Organisationsänderungen oder neue Fahrzeuge.

Einen großen Teil der Stammdaten nehmen die Infrastrukturdaten ein. Dieser sogenannte Spurplan enthält ein modellhaftes digitales Abbild der Netzinfrastruktur, welche für Zugfahrten genutzt werden kann. Hinzu kommen weitere Stammdaten, u. a.:

- alle Betriebsstellen im Netz mit ihren verschiedenen Arten, Bezeichnungen und Namen und weiteren Organisationsdaten, wie Zugehörigkeiten der Betriebsstellen zu Bundesländern oder Regionen der DB Netz AG,
- die verschiedenen Triebfahrzeug-Baureihen und die Gattungsbezeichnungen des Wagenmaterials mit ihren organisatorischen und physikalischen Eigenschaften,
- Kundendaten, die für die Planung, für die Betriebssteuerung, aber auch für Abrechnungszwecke verwendet werden,
- das Zuggattungsverzeichnis, also die Übersicht über die verschiedenen Produkte sowie
- die Übersicht der Verspätungsursachen-Codes.

Diese Stammdaten werden zu jedem Fahrplanwechsel aktualisiert, darüber hinaus auch anlassbezogen, falls neue Daten hinzukommen oder wegfallen.

2.3.8.1 Produktionsdaten/Bewegungsdaten

Die Gruppe der Produktionsdaten unterteilt sich in die Planungsphase und die Betriebsphase (siehe Abb. 2–43). In der Planungsphase werden für alle seitens der EVU angenommenen Trassenangebote die jeweiligen Fahrpläne erstellt. Fahrpläne bestehen aus den Fahrplankopfdaten, die z. B. den Betriebstag, Verkehrstageschlüssel, Zugnummer, Zuggattung, EVU, Start- und Zielbetriebsstelle, das planmäßig eingesetzte Triebfahrzeug bzw. die Eckdaten der Zugzusammenstellung wie Gewicht, Länge und Achszahl beinhalten.

Zu den Fahrplankopfdaten kommt der geplante Zuglauf mit den Sollvorgaben, die also dem planmäßigen Zustand entsprechen, hinzu. Hier sind u. a. folgende Daten für jede zu befahrende Betriebsstelle angegeben:

- in der zu befahrenden Reihenfolge mit
  - den jeweiligen Sollzeiten zu Ankunft, Abfahrt oder Durchfahrt,
  - geplanten Gleisbezeichnungen innerhalb der Betriebsstellen
- zu befahrende Strecke mit Nummer und ggf. Hinweis auf Gegengleisfahrten,
- zulässige Höchstgeschwindigkeiten,
- Halte und Haltearten (Verkehrshalt, Bedarfshalt, Betriebshalt, Halt zu Überholungszwecken),
- Trassenpunkthinweise zu einzelnen Betriebsstellen sowie Beförderungsbesonderheiten.

Diese Angaben stellen die sogenannte Fahrplantrasse dar. Alle Fahrplantrassen zusammen für einen bestimmten Zeitraum ergeben das Betriebsprogramm (Pachl). An einer Betriebsstelle entspricht das den Angaben im Aushangfahrplan. Beispielsweise können Spediteure vorab erkennen, auf welchem Gleis und zu welcher Zeit der Zug planmäßig am Umladebahnhof ankommen soll, um Ladevorgänge für den Weitertransport zum Empfänger zu planen.

Reisende können vorab ermitteln, an welchem Bahnsteig die Ankunft erfolgt bzw. Anschlusszüge abfahren.

Für die Betriebsphase selbst bilden Solldaten (siehe Abb. 2-44) die Grundlage für die Produktion. Für alle geplanten Zugfahrten eines Betriebstages werden Sollfahrpläne jeweils tagesaktuell aus den Trassenkonstruktionssystemen in die Leitsysteme der Betriebsführung übertragen, um daraus die Betriebsfahrpläne zu gewinnen.

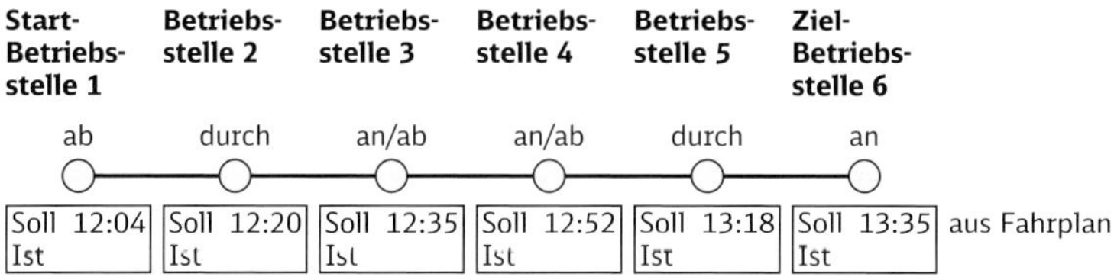

Abb. 2-44: Fahrplan - schematische Darstellung der Sollzeiten des Zuglaufs Abbildung: BFV/ Achim Wolters nach DB Netz AG I.NBB 321 Gü

Alle Betriebsfahrpläne bilden in ihrer Gesamtheit den Produktionsplan für das Netz, der zum Zeitpunkt der Erstellung alle Planungsgrößen beinhaltet. Die Betriebsfahrpläne werden in den Leitsystemen sowohl bei EIU als auch bei EVU zur Vorschau genutzt. Bei aktuellen Änderungen oder Abweichungen aus der Betriebslage kann so koordinierend und disponierend in den Betriebsablauf eingegriffen werden (vgl. Kap. 2.3.1 Disposition).

Welche Daten werden ermittelt?

Tagesaktuelle und unvorhergesehene Ereignisse führen zu Abweichungen im Betriebsgeschehen und damit von den ursprünglich konstruierten Fahrplantrassen. Um den Betriebsleitstellen die Möglichkeit zur Betriebssteuerung zu geben und Reisenden sowie Versendern von Gütern Auskunft zum aktuellen Zuglauf geben zu können, kommt daher eine weitere wichtige Komponente hinzu: die Ermittlung und Erfassung von Istzeiten von Zugläufen, die Berechnung der aktuellen Fahrplanabweichung und im Falle einer Verspätung deren Begründung. Dazu werden weitere aktuelle Daten aus dem laufenden Betriebsgeschehen heraus ermittelt und in den Leitsystemen zusammengefasst. Unmittelbar daraus berechnet werden Verspätungen, ergänzt durch deren Verspätungsursachen-Codes. In weiteren Schritten werden dann auch Kennzahlen wie Verspätungsverteilung und -häufigkeiten, Quoten zu Planmäßigkeiten, Pünktlichkeiten usw. ortsbezogene Daten zu Verfügbarkeitseinschränkungen sowie besondere Störungsereignisse in einer eigenen Dokumentation abgeleitet bzw. erfasst.

2.3.8.2 Ermittlung und Erfassung von Istdaten mit Zugnummernmeldeanlagen

Grundsätzlich müssen die Fdl jeder Zugfahrt ihre Zustimmung erteilen. Das setzt voraus, dass dem zuständigen Fdl die Zugfahrt, der zugestimmt werden soll, mit Zugnummer und Betriebstag bekannt ist. Diese Angaben sind dem Fahrplan zu entnehmen. Auf die konkrete Zugfahrt bezogen werden sogenannte Zugmeldungen zwischen benachbarten Fdl ausgetauscht. Das mündliche Verfahren per Telefon ist dabei im Regelfall bis auf wenige Ausnahmen durch die vollautomatische Benachrichtigung abgelöst. Überwiegend werden hierfür

Zugnummernmeldeanlagen (ZNA) verwendet. Diese nehmen die elektronische Übermittlung der Zugnummern von Start bis Ziel des Zuges entlang der Strecken im Prinzip einer „Eimerkette“ nach folgendem Schema vor (siehe Abb. 2-45):

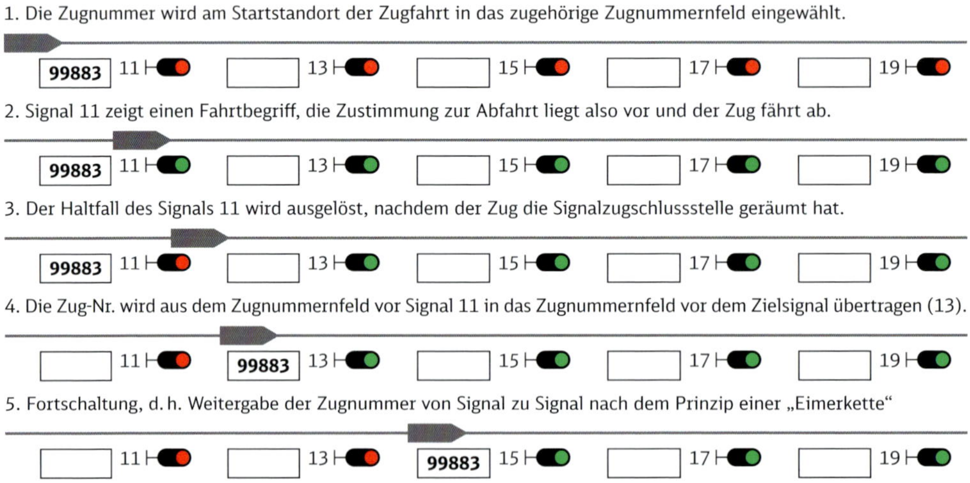

Abb. 2-45: Prinzip der Istzeit-Ermittlung von Durchfahrten mit Auswertung des Signalhaltfalls Abbildung: BFV/Achim Wolters eigene Darstellung

Da davon ausgegangen werden kann, dass sich in jedem Abschnitt immer nur eine Zugfahrt gleichzeitig befinden darf, kann so der Standort des Zuges auf der Strecke im Raster der Block- und Gleisabschnitte jederzeit nachvollzogen werden. Das Zugstandortsystem bereitet alle eingehenden Fortschaltmeldungen dazu auf und kann so jede Zugfahrt im Netz verorten. Alternativen zur geschilderten Ortung von Zugfahrten stellen besondere Kennungsgeber in den Zügen dar, deren Dateninhalte von ortsfesten Leseeinrichtungen (Streckenlesegeräten) ausgelesen oder die fahrzeuggestützte Ortung mittels GPS, GLONASS und GALILEO. Die Ergebnisse können dann ebenfalls an ein Zugstandortsystem weitergegeben werden (Pachl 2008, S. 239 f.). Auf Strecken ohne Ortung werden manuelle Erfassungen der Istzeiten an das Zugstandortsystem übermittelt.

2.3.8.3 Verknüpfung von Zuglauf-Solldaten mit Istdaten im Leitsystem Disposition der Betriebsführung

Die Leitsysteme Disposition der Betriebsführung sind mit den Istmeldungen in der Lage, den bestehenden Zuglauf des Betriebsfahrplans mit dem physischen Zug auf der Strecke zu verknüpfen. Die gemessenen Zeitstempel – Istzeiten – und ggf. abweichende tatsächliche Gleise, Strecken und Fahrtrichtungen werden dabei den Sollzeiten und Sollgleisen des Zuglaufs zugeordnet (siehe Abb. 2-46).

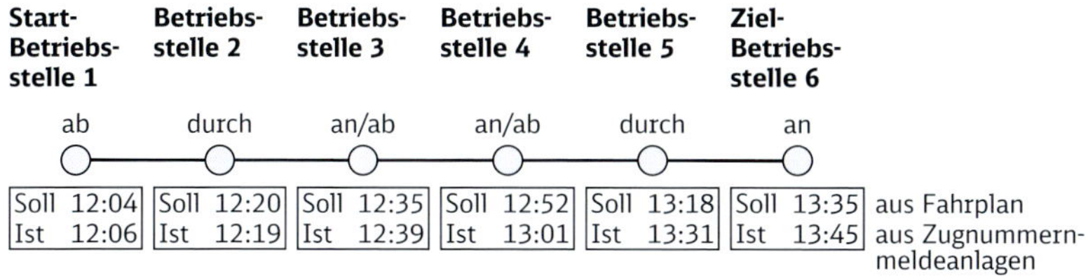

Abb. 2-46: Zuglauf - Prinzip der Ermittlung der Istdaten und Zuordnung zum Soll Abbildung: BFV/Achim Wolters nach DB Netz AG I.NBB 321 Gü

Da sich die angegebenen Sollzeiten auf den Halteplatz der Zugfahrten beziehen und die Standorte der Einfahr- bzw. Ausfahrsignale sich nicht unmittelbar am Halteplatz befinden müssen, werden für die Ankunftszeit bei Halten von Zügen Istzeiten aus dem Haltfall des Signals vor dem Halteplatz mithilfe eines Bremszeitzuschlags extrapoliert. Die Abfahrtszeit wird aus dem Zeitstempel des Haltfalls des nächsten Signals nach dem Halteplatz mithilfe eines Anfahrzeitzuschlags des Zuges zurückgerechnet. Diese Zuschläge berechnen sich aus der Bremskurve bzw. der Beschleunigungskurve der jeweiligen Verkehrsart des Zuges (vgl. Kap. 3.2.2.3). Ausgewählte Meldungen darüber hinaus - wie die Fertigmeldung für den Zug zu Beginn der Zugfahrt durch das Zugpersonal - werden ebenfalls mit aufgenommen.

2.3.8.4 Ermittlung von Abweichungen gegenüber dem Fahrplan

Bei der Zuordnung von Istzeiten zu den Sollzeiten eines Zuglaufs wird ein Soll-Ist-Vergleich durchgeführt (siehe Abb. 2-47):

	Start-Betriebsstelle 1	**Betriebsstelle 2**	**Betriebsstelle 3**	**Betriebsstelle 4**	**Betriebsstelle 5**	**Ziel-Betriebsstelle 6**	
	ab	durch	an/ab	an/ab	durch	an	
	Soll 12:04	Soll 12:20	Soll 12:35	Soll 12:52	Soll 13:18	Soll 13:35	aus Fahrplan
	Ist 12:06	Ist 12:19	Ist 12:39	Ist 13:01	Ist 13:31	Ist 13:45	aus Zugnummernmeldeanlagen
Delta-t (Ist-Soll)	+2 Min	-1 Min	+4 Min	+9 Min	+13 Min	+10 Min	

Abb. 2-47: Zuglauf - Prinzip der Ermittlung des Delta-t Abbildung: BFV/Achim Wolters nach DB Netz AG I.NBB 321 Gü

Dabei wird für diesen Punkt im Zuglauf die Abweichung zwischen dem Fahrplan und dem tatsächlichen Lauf des Zuges bestimmt – das sogenannte Delta-t. Durch Subtraktion der Istzeit von der Sollzeit wird das Ergebnis positiv bei verspätetem und negativ bei zu frühem Fahren gegenüber den Fahrplanvorgaben.

2.3.8.5 Verspätungen ermitteln

Abweichungen im Betriebsgeschehen, bei denen Verspätungen entstehen, müssen nach Möglichkeit abgebaut werden. In diesem Zusammenhang gibt es unterschiedliche Verspätungsbegriffe, die die unterschiedlichen möglichen Verspätungsanteile und -teilmengen repräsentieren. Berechnet werden Verspätungen in sogenannten Fahrzeitmesspunkten. Die Messpunkte sind in der Regel Bahnhöfe, Abzweig- und Überleitstellen sowie ausgewählte Haltepunkte (Ril 420.9001, S. 3 ff.). Die wichtigsten Begriffe werden anhand Abbildung 2-48 verdeutlicht:

	Start-Betriebsstelle 1	**Betriebsstelle 2**	**Betriebsstelle 3**	**Betriebsstelle 4**	**Betriebsstelle 5**	**Ziel-Betriebsstelle 6**	
	ab	durch	an/ab	an/ab	durch	an	
	Soll 12:04	Soll 12:20	Soll 12:35	Soll 12:52	Soll 13:18	Soll 13:35	aus Fahrplan
	Ist 12:06	Ist 12:19	Ist 12:39	Ist 13:01	Ist 13:31	Ist 13:45	aus Zugnummernmeldeanlagen
Delta-t (Ist-Soll)	+2 Min	-1 Min	+4 Min	+9 Min	+13 Min	+10 Min	
Zusatzverspätung	+2 Min	0 Min	+4 Min	+5 Min	+4 Min	0 Min	Summe Zusatzverspätung: +15 Min
Zuwachsverspätung	+2 Min	0 Min	+4 Min	+9 Min	+13 Min	+10 Min	Zuwachsverspätung: +15 Min
Verspätungskürzung		+2 Min				+3 Min	Summe Verspätungskürzungen: +5 Min
Beginnverspätung	**+2 Min**				**Endeverspätung**	**+10 Min**	

Abb. 2-48: Zuglauf - Prinzip der Ermittlung der Verspätungen entlang des Zuglaufs Abbildung: BFV/Achim Wolters nach DB Netz AG I.NBB 321 Gü

- **Delta-t** (Absolutverspätung /-verfrühung)
entspricht der Relativzeit, also dem Delta-t an einer Betriebsstelle. Ein positiver Betrag entspricht einer Verspätung, ein negativer Betrag entspricht einer Fahrt vor der angegebenen Fahrplanzeit. Dies ist für Bahnkunden die wohl interessanteste Verspätungsart – verknüpft mit der Prognose für den weiteren, noch nicht abgefahrenen Zuglauf. Diese Zeiten können z. B. auf Zugzielanzeigern an den Bahnsteigen sowie in den Auskunftsmedien zur Verfügung gestellt werden.

- **Maximalverspätung**
entspricht der betragsmäßig größten aufgetretenen (Absolut-)Verspätung entlang des kompletten, bisher gefahrenen Zuglaufs (siehe Abb. 2–48: +13 Minuten).

- **Zusatzverspätung** (Strecken- und Betriebsstellenverspätung)
entspricht dem Verspätungsanstieg zwischen zwei benachbarten Fahrzeitmesspunkten (Streckenverspätung) oder zwischen Abfahrt und Ankunft im selben Fahrzeitmesspunkt (Betriebsstellenverspätung). Die Zusatzverspätung wird ermittelt, indem der Delta-t-Wert des zeitlich früheren Messpunkts von dem des zeitlich späteren Messpunkts subtrahiert wird.

- **Verspätungsabbau**
entspricht dem Verspätungsabbau zwischen zwei benachbarten Fahrzeitmesspunkten oder zwischen der Abfahrt und der Ankunft im selben Fahrzeitmesspunkt.

- **Zuwachsverspätung**
entspricht dem Verspätungsanteil (also ohne den Abbau von Verfrühungen) des aktuellen Delta-t bis zu einer bestimmten betrachteten Betriebsstelle.

- **Beginn- und Endeverspätung**
entspricht der Abfahrtsverspätung am Zugbeginn bzw. der Ankunftsverspätung am Zugende und ist betragsmäßig identisch mit dem in der jeweiligen Betriebsstelle ausgewiesenen Delta-t-Wert.

- **Übernahme- und Übergabeverspätung**
entspricht dem jeweiligen aktuellen positiven Delta-t bei Einbruch des Zuglaufs in oder Ausbruch aus einem Betrachtungsraum, z. B. einem Streckenabschnitt, einem Netzteilbereich o. Ä.

2.3.8.6 Verspätungsursachen erfassen

Entstehende Zusatzverspätungen mit mindestens 90 Sekunden werden ausgewiesen und müssen in einem abgestuften Verfahren von Fdl und Disponenten der DB Netz AG begründet werden. Hierfür tauschen sich alle an der Betriebsabwicklung Beteiligten zu Ursachen, Hintergründen und Umständen aus. Das ist Voraussetzung, um Verspätungen, die durch eine Störung eines Teilprozesses entstanden sind, einer eindeutigen primären Verspätungsursache zuordnen zu können. Dieser primären Verspätungsursache zugewiesen werden dabei alle Zusatzverspätungen durch verspätetes oder langsameres Fahren, betriebliche Maßnahmen, zusätzliche Halte und abweichende Durchführung von Zugfahrten im Zusammenhang mit der Primärursache infolge von:

- Beeinträchtigungen innerhalb des Störungsortes,
- Staueffekten vor oder am Störungsort,
- Abstellungen vor oder am Störungsort,
- Umleitungen, dann davon die Verspätung am Umleitungsende.

Neben zuglaufbezogenen Abweichungen von der Fahrplantrasse werden auch ortsbezogene Ereignisse erfasst. Auf der einen Seite können das Verfügbarkeitseinschränkungen sein. Hierzu zählen Gleissperrungen, Streckensperrungen, Langsamfahrstellen, Strecken mit ausgeschalteter Oberleitung oder Gleise für Zugfahrten, die aus anderen betrieblichen Gründen nicht zur Verfügung stehen.

Auf der anderen Seite sind dies Störungen mit besonderen Primärursachen, die in allen Prozessen der Planungs- und Betriebsphase auftreten können. Von betrieblichen Situationen wie personellen Ursachen über technische Ursachen an Infrastruktur und Fahrzeugen bis hin zu externen Einflüssen werden diese in einer besonderen Dokumentation systematisch ermittelt und zusammengefasst (Ril 420.9001, S. 5 ff.).

Neben dem Datum des Störungseintritts werden hierzu in sogenannten Störfällen die Betriebsstelle, Zeit und Dauer der Einschränkungen sowie die Verspätungsursache als VU-Code strukturiert erfasst. Ergänzt wird diese Dokumentation mit einer kurzen textlichen Schilderung des Hergangs, soweit dieser sich ermitteln lässt. Daneben werden die getroffenen betrieblichen Maßnahmen und der Stand von Prognosen zur Behebung dieses Kapazitätsengpasses abgebildet (Ril 420.05).

Im Rahmen der Auswertung von Betriebsdaten stellt diese Art der Dokumentation eine erste grobe Aggregation dar. Betriebliche Auswirkungen dieser Störung, die durch das Leitsystem wie oben beschrieben erfasst worden sind, können hier „zugebucht“ werden. Auf diese Weise lassen sich die Verspätungen, die ursächlich dieser Störung zuzuordnen sind, auf einen Blick ermitteln. Dazu werden weitere quantitativ erfassbare Auswirkungen wie Ausfälle, Teilausfälle und Umleitungen von Zügen ebenso transparent gemacht wie möglicherweise zusätzliche Halte von Zügen, Ersatzzüge oder Zurückstauen oder Abstellen von Zügen bei länger andauernden Streckenunterbrechungen.

2.3.8.7 Datenaufbereitung für interne und externe Zwecke

Die hier vorgestellten Daten werden laufend erzeugt und dabei für interne und externe Nutzungszwecke – je nach Berechtigung und Lizenz zur Datenabnahme – zur Verfügung gestellt.

Interne Nutzung für die Disposition

In tabellarischen Anwendungen können insbesondere quantitative Sachverhalte wie Verspätungshöhen und damit Auswirkungen aus dem Störungsgeschehen nach Umfang sortiert ausgegeben und nach beliebigen Fragestellungen gefiltert werden. Anhand der Summe der entstandenen Auswirkungen in einem Kapazitätsengpass infolge von Störungen oder Streckensperrungen kann über weitreichendere Dispositionsmaßnahmen oder Betriebskonzepte wie großräumige Umleitungen entschieden werden. Schwellwerte dazu können dabei in der Anzahl der betroffenen Züge und die entstehenden Verspätungen je Produkt definiert sein.

2.3.8.8 Verteilung der Daten an externe Abnehmersysteme

Die grundsätzliche Unterscheidung zwischen EIU und EVU mit ihren jeweiligen Aufgaben im Verbundprozess führt dazu, dass aktuelle Daten aus dem Betriebsgeschehen nicht innerhalb der Leitsysteme der Betriebsführung allein verbleiben können. Die beteiligten Unternehmen und Funktionsrollen benötigen daher diese Betriebsdaten gleichermaßen. Nur so kann der Produktionsprozess optimal abgewickelt werden. Zudem sollen die aktuellen Daten auch in Anzeigetafeln und Auskunftsmedien allen Bahnkunden zur Verfügung gestellt werden können. Nachfolgende schematische Übersicht zeigt den Datenfluss von der Erfassung bis zur Verteilung der Daten (Abbildung 2-49):

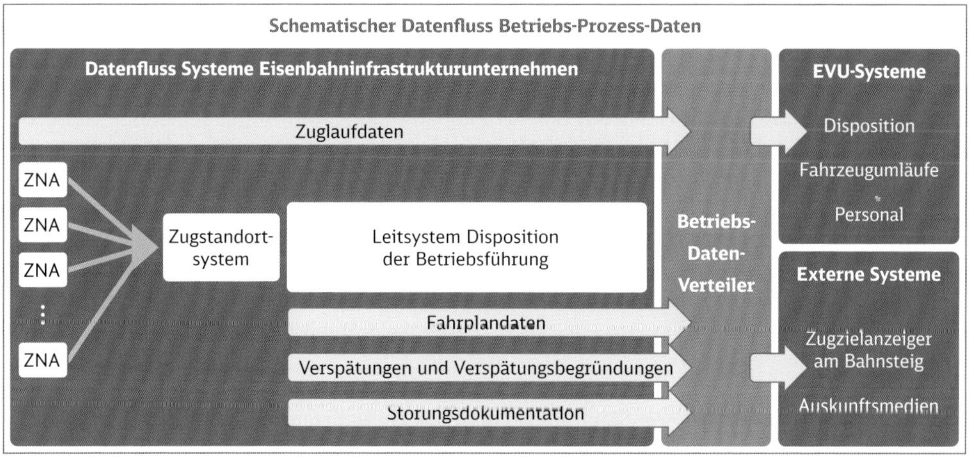

Abb. 2-49: Übersicht Datenfluss - ausgewählte Betriebsprozessdaten bei EIU und EVU Abbildung: BFV/Achim Wolters

Als Basis der Ist-Zeit-Stempel an den Betriebsstellen werden die Telegramme der ZNA herangezogen. Über einen sogenannten Betriebsdatenverteiler werden alle Betriebsprozessdaten aktuell und den Bedürfnissen der Abnehmer entsprechend permanent und mandantenfähig verteilt. Zum Beispiel können damit EVU-eigene RBL-Systeme versorgt werden. Prognosefahrpläne aus dem aktuellen Dispositionsgeschehen bilden zweckgerichtet eine der Eingangsgrößen für weitere Dispositionsentscheidungen bei EVU wie die Überwachung von Korrespondenzen im Reise- und Güterverkehr sowie die Überwachung von Anschlussbeziehungen an den Knotenbahnhöfen. Darüber hinaus kann die EVU-seitige Disposition der Personal- und Umlaufeinsatzplanung unterstützt werden.

Die vom EIU erfassten Verspätungsbegründungen und Störungsdokumentationen werden ebenfalls über den Betriebsdatenverteiler an die EVU-Leitsysteme weitergegeben. Dort werden sie mit weiteren Informationen, die nur durch das jeweilige EVU ermittelbar sind, vertiefend ergänzt. Beispielsweise werden Fahrzeugstörungen um die Fahrzeugnummer und Angaben des störungsbehafteten Zuges ergänzt. Folgeprozesse führen dann zur Vormeldung der Störung an die Werkstätten und zur Disposition des schadhaften Fahrzeugs zur Werkstatt.

Neben EVU können weitere Abnehmersysteme Betriebsdaten erhalten und nutzen. Dazu zählen beispielsweise dynamische Auskunftssysteme an den Bahnsteigen, Auskunftsmedien im Internet oder – mit entsprechender Vereinbarung – Anzeigetafeln zu möglichen Anschlussverbindungen auch in den Fahrzeugen anderer EVU oder weiteren Verkehrsmitteln wie U-Bahn, Straßenbahn und Bus.

2.3.8.9 Verwendung von Betriebsprozessdaten zu Analysezwecken

Bislang wurden alle unmittelbar messbaren Betriebsdaten vorgestellt. Daraus lassen sich nun – je nach Anwendungszweck – weitere Zusammenstellungen, Kennzahlen, Auswertungen und somit Ausgangsdaten für weitere Analysen gewinnen.

Zu Berichtszwecken werden üblicherweise Zusammenstellungen von Verspätungsfällen oder Verspätungsminuten erstellt. Kriterien können sowohl unterschiedliche geografische Betrachtungsräume sein als auch die verschiedenen Produkte auf dem Schienennetz oder alle Zugfahrten eines bestimmten EVU. An die instand haltenden und instand setzenden Gewerke können zu internen Zwecken Berichte geliefert werden, um Schwachstellen lokalisieren und Störungsschwerpunkte erkennen zu können.

In Richtung der EVU werden sie zu Abrechnungszwecken im Rahmen des Trassen- oder Anlagenpreissystems herangezogen. Verspätungshöhen haben zudem unmittelbaren Einfluss auf die Höhe des Trassenentgelts bzw. auf die Höhe von Ausgleichszahlungen zwischen EIU und EVU (auch untereinander). Die Vorgaben dazu bilden das Entgeltminderungsverfahren oder das Anreizsystem.

Den beiden genannten Verfahren liegt ein Qualitätsbestreben zugrunde: Auf der einen Seite soll der Bahnbetrieb auf dem Netz anhand eines vertraglich zugesicherten Qualitätslevels aus Kapazitätssicht (Entgeltminderung) ermöglicht werden. Auf der anderen Seite sollen alle Zugfahrten flüssig und beeinträchtigungsarm gegenüber ihrem Fahrplan-Soll durchgeführt werden (Anreizsystem).

Eine weitere Möglichkeit für statistische Auswertungen stellt die Bildung von Kennzahlen dar. Die Planmäßigkeit und die Pünktlichkeit sind die beiden bekanntesten Kennzahlen aus dem Bahnbetrieb. Obgleich sich viele Diskussionen insbesondere an der zweiten Kennzahl entzünden können, sind die Definitionen dazu – analog den bereits vorgestellten Verspätungsarten – sehr leicht nachzuvollziehen. Die gängigsten davon finden regelmäßig praktische Anwendung:

- **Planmäßigkeit**
  entspricht dem Delta-t an einer Betriebsstelle bei der Ankunft, Abfahrt oder Durchfahrt einer Zugfahrt von größer gleich null bis kleiner als eine Minute (also 0 bis 59 Sekunden). Bei einer planmäßigen Abfahrt am Beginn einer Zugfahrt kann in ausgewählten Betriebsstellen von einem „Planstart“ gesprochen werden.

- **Pünktlichkeit**
  entspricht dem Delta-t an einer Betriebsstelle bei der Ankunft, Abfahrt oder Durchfahrt einer Zugfahrt, wenn es kleiner ist als ein je nach Verkehrsart oder Produkt definierter Schwellenwert. Im Netz der DB AG gilt eine Zugfahrt als pünktlich, wenn im
  - **Reiseverkehr** das Delta-t kleiner ist als 6 Minuten (also max. 5 Min., 59 Sek.)
  - **Güterverkehr** das Delta-t kleiner ist als 16 Minuten (als max. 15 Min., 59 Sek.)

Am Beispiel der Pünktlichkeitskennzahl sollen die verschiedenen Möglichkeiten der Erhebung erläutert werden:

- **Haltepünktlichkeit** (oder einfach nur: die Pünktlichkeit)
  Hierfür wird das Delta-t der Ankunft **am Verkehrshalt** eines Zuges ausgewertet und gezählt. Es ist in der Regel die Kennzahl, die Reisende und Güterversendende am meisten interessiert. Sie wird beispielsweise in Auskunftsmedien genannt und nach Verkehrsarten und Produkten aufgeschlüsselt für Qualitätsaussagen herangezogen.

- **Ankunfts-/Abfahrtpünktlichkeit als Unterwegspünktlichkeit**
  Hierfür wird das Delta-t der Ankunft oder Ab-/Durchfahrt an **jeder Betriebsstelle** ausgewertet und gezählt.

- **Beginn-/Start- und Ende-/Zielpünktlichkeit**
  Hierfür wird das Delta-t der Abfahrt an der **Beginn-/Start-Betriebsstelle** sowie der Ankunft **an der End-/Zielbetriebsstelle** ausgewertet und gezählt. Nicht immer können diese Pünktlichkeiten durch die Betriebsführung der DB Netz AG beeinflusst werden, denn Start und Ziel können auch im Bereich ausländischer oder externer Infrastruktur liegen. Daher gibt es als weiteres Pünktlichkeitsmaß die folgenden Pünktlichkeitstypen:

- **Übernahme- und Übergabepünktlichkeit**
  Hierfür wird das Delta-t der Ab- oder Durchfahrt an definierten Übernahme- oder Übergabebetriebsstellen von und zu benachbarten Infrastrukturbetreibern ausgewertet und gezählt.

Darüber hinaus sind weitere Pünktlichkeitskennzahlen möglich.

Pünktlichkeiten können zu einzelnen Zugfahrten erhoben werden oder typenrein für eine Anzahl beliebiger Zugfahrten – je Anlass nach Verkehrsart, Zuggattung, Produkt oder Produktgruppe – ermittelt werden. Werden mehrere Zugfahrten dabei berücksichtigt, dann werden die als pünktlich gewerteten Ankünfte, Abfahrten und Durchfahrten, ggf. auch nur an Verkehrshalten, ins Verhältnis zur Gesamtzahl in einem bestimmten Zeitraum, beispielsweise eines einzelnen Betriebstages, gesetzt.

Kennzahlen zu Planmäßigkeit oder Pünktlichkeit können zudem auf ein zu analysierendes Teilnetz begrenzt werden, indem nur Betriebsstellen darin ausgewertet werden. Dazu werden Knoten analysiert, Linienverläufe abgebildet und die einzelnen Betriebsstellen zu Gruppen zusammengefasst. Es ist üblich, dass beispielsweise für die definierten Rail Freight Corridors der Europäischen Union oder für die sogenannten Plankorridore separate Pünktlichkeitskennzahlen berechnet werden.

2.3.8.10 Darstellung der Zahlenwelt in Berichten und Analyseinstrumenten

Ziel solcher Auswertungen, Berichte, Dashboards und Analysen ist das Erkennen von Kapazitätsengpässen im Betrieb. Hierzu werden turnusmäßige Berichte und Analysen zu Verspätungsursachen und -häufigkeiten oder zur Pünktlichkeitsentwicklung angefertigt. In Zeitreihen abgelegte Statistiken erlauben dabei einen Blick auf langfristige Entwicklungen.

Je nach Zielgruppe und Auftraggeber werden die gesammelten Zahlen und berechneten Kennzahlen in den verschiedensten Berichten zusammengestellt. Dabei werden beispielsweise dem Bund als Eigentümer des Netzes Berichte zur Entwicklung des Infrastruktur-/Ressourcenzustands oder zu Verfügbarkeitsaussagen in der Regel jährlich zur Verfügung gestellt. Zur Unternehmenssteuerung dienen Produktionsberichte an das Management und Verantwortliche für Anlagen, Personal, Fahrzeuge usw., die in dichterer Taktung angefertigt werden.

Zunehmend gewinnt gegenüber einer bisher vielfach statischen Darstellung der Ergebnisse von Auswertungen und Analysen in Berichtsform die dynamische Zusammenstellung an Bedeutung. In browser- oder anwendungsbasierten Übersichtsseiten können absolute Zahlen mit Kennzahlen und visuellen Darstellungen kombiniert werden.

In den meisten Fällen sind diese grafischen Darstellungsformen einer reinen tabellarischen Übersicht überlegen. Sie machen – ähnlich wie die oben beschriebene grafische Aufbereitung eines ZWL-Bildes im Leitsystem – große Datenmengen für den Anwender leichter erfassbar.

Ein kleines Beispiel dazu soll eine Übersicht der Delta-t (die Relativlage) an den Betriebsstellen in ganz Deutschland zeigen, um mögliche Auffälligkeiten bei Verspätungen geografisch zuordnen zu können. Für ausgewählte Produkte des SPFV sowie des SGV sind jeweils alle Zugfahrten mit den jeweiligen Zuglaufmeldungen eines Zeitraums von 14 Tagen enthalten. Dazu werden alle Zuglaufmeldungen mit ihrem Delta-t aggregiert an den Fahrzeitmesspunkten angetragen.

Die so entstehende Perlenkette zeigt mit einer intuitiven Farbskala (von Grün planmäßig über Gelb nach Rot in der Höhe der Verspätung abgestuft) verspätungsauffällige Streckenabschnitte und Schwerpunkte. Eine vergleichbare Tabelle wäre nicht nur sehr unübersichtlich, bestehende Auffälligkeiten könnten, auch mit farblicher Unterstützung, nur schwer geografisch zugeordnet werden. Die nachfolgende Visualisierung der aggregierten Zuglaufmeldungen auf einer Karte lässt diese kleine Analyseaufgabe gleich wesentlich greifbarer darstellen (siehe Abb. 2–50f.):

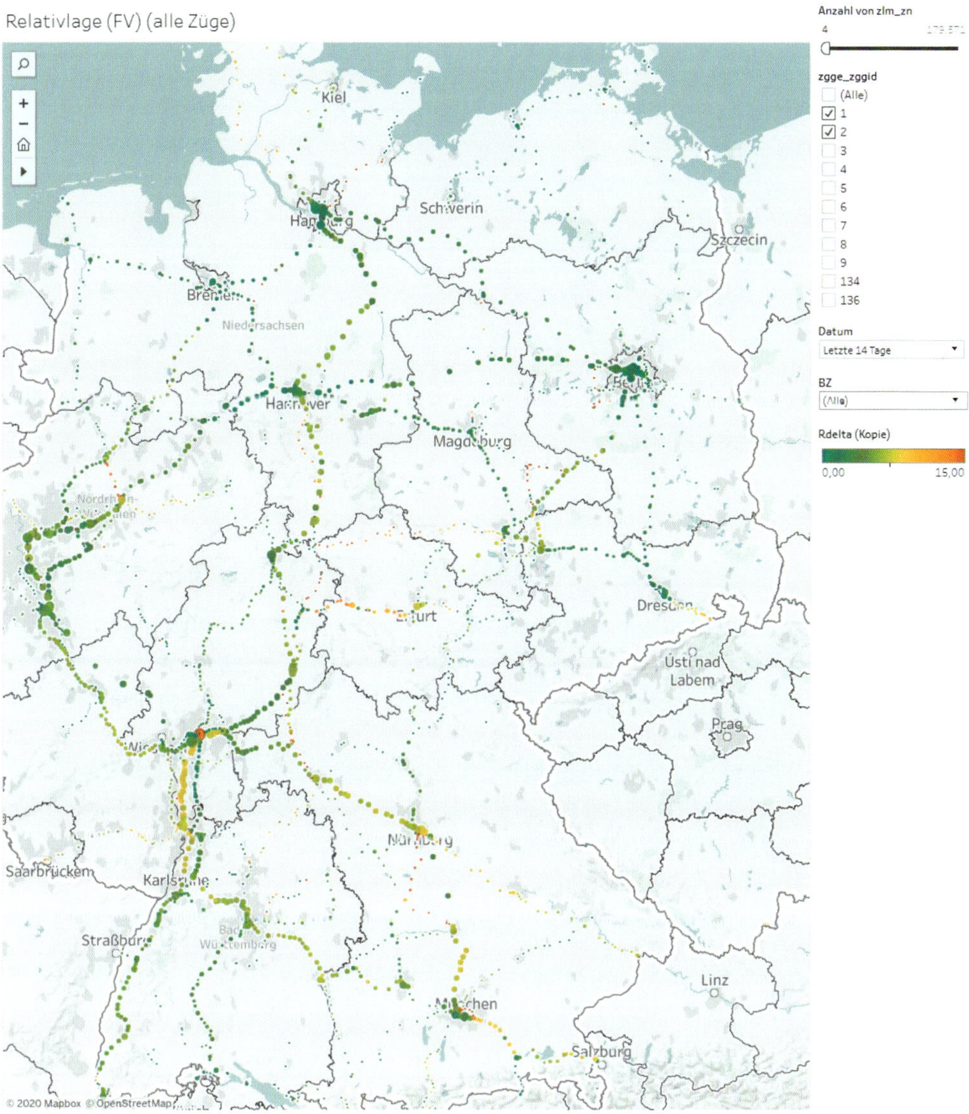

Abb. 2-50: Geografische Visualisierung von Zuglaufdaten – Relativlage SPFV 14 Tage

Quelle: DB Netz AG, Netzleitzentrale

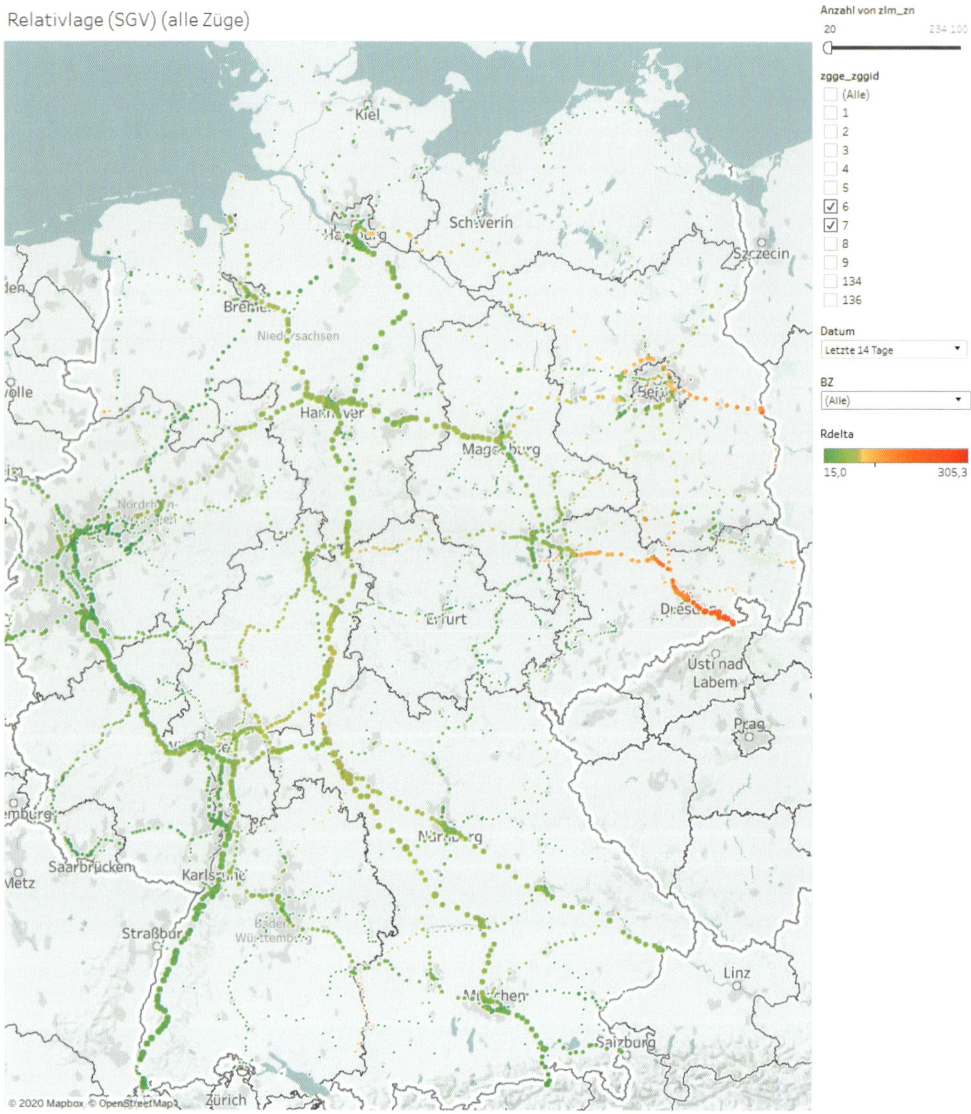

Abb. 2-51: Geografische Visualisierung von Zuglaufdaten – Relativlage SGV 14 Tage

Quelle: DB Netz AG, Netzleitzentrale

Der Vorteil neben einer bedarfsgerechten Auswahl der darzustellenden Daten ist deren Aktualität – sämtliche Prozesse zur Datenversorgung der Übersichtsseite laufen dabei weiter, sodass immer die aktuelle Version einer Auswertung zur Verfügung steht. Eine geografische Visualisierung eignet sich besonders als Grundlage für die Analyse von Teilnetzen und Korridoren. Nicht immer ist dabei die gezeigte reine geografische Darstellung die übersichtlichste. Für streckenbezogene Betrachtungen kann die Auswertung beispielsweise auf eine perlenkettenartige Aneinanderreihung der Betriebsstellen reduziert und so übersichtlicher gehalten werden, wie das Beispiel der linken Rheinstrecke zwischen Köln und Mainz zeigt (Abbildung 2-51):

Zusammenfassung und Ausblick

Informationen über den Eisenbahnbetrieb werden in Form von Betriebsdaten an zahlreichen Stellen während der Betriebsphase weitgehend automatisch erhoben. Sie werden unmittelbar sowohl bei den EIU für die Betriebsphase und die anschließende Analysephase genutzt als auch an weiterverarbeitende Systeme bei EVU und weiteren Infrastrukturbetreibern abgegeben. Diese gemessenen und erfassten Betriebsdaten dienen als Grundlage zur digitalen Abbildung des aktuellen Betriebsgeschehens in den Leitsystemen der Betriebsführung. Darüber hinaus werden Betriebsdaten als Eingangsgrößen für weitere Berechnungen herangezogen.

Auswertungen und Statistiken für das Berichtswesen erfolgen ebenfalls weitgehend automatisiert. Die aufbereiteten Betriebsdaten und Kennzahlen werden verstärkt auch als Rückkopplung in die Planungsphase genutzt. In der Analysephase können Verspätungsschwerpunkte identifiziert und mögliche Kapazitätsengpässe herausgearbeitet werden. Die aufbereiteten Daten werden in der Folge als Grundlage für die Bemessung und Kalibrierung von Planungsparametern herangezogen.

Zunehmend an Bedeutung gewinnt die vollautomatische und aktuelle Berechnung von Kennzahlen aus den zugrunde liegenden großen Datenmengen. Die stetig wachsende Vielschichtigkeit der an die Analyse gerichteten Anforderungen erfordert zudem individuell entwickelte und an der Zielgruppe ausgerichtete Kennzahlen. Diese werden neben den Zusammenstellungen in Zeitreihen und Berichten vor allem auch in Dashboards bereitgestellt, um die direkte transparente Darstellung in die Steuerungsebenen hinein zu ermöglichen.

2.4 Fahren und Bauen

2.4.1 Grundsätze

Die DB Netz AG ist maßgebliche Betreiberin der deutschen Eisenbahninfrastruktur. Ihr Bauvolumen wächst seit Jahren konstant an.

Es liegt in der Natur der Sache, dass Bauwerke, Maschinen, Fahrzeuge, elektrische Anlagen und dergleichen aufgrund ihres zweckgerichteten Einsatzes physikalischen Belastungen ausgesetzt sind. Hinzu kommen Witterungseinflüsse und altersbedingte Materialermüdung. Die Folgen sind Verschleiß, steigende Störanfälligkeit und Defekte. Diesen Gesetzmäßigkeiten kann sich auch die Eisenbahn bei der Nutzung ihrer Anlagen nicht entziehen. Dementsprechend ist die Sicherstellung der Anlagenverfügbarkeit durch Infrastrukturmaßnahmen erforderlich. Im Jahr 2019 fanden etwa 40.000 Infrastrukturmaßnahmen mit in der Spitze 900 Infrastrukturmaßnahmen täglich statt.

Je nach Art und Umfang einer Infrastrukturmaßnahme unterscheidet man zwischen:

- **Arbeiten:** Dies sind alle Tätigkeiten, die ohne Gleissperrung durchgeführt werden können oder für die eine Gleissperrung ausschließlich aus Gründen der Unfallverhütung erforderlich ist.

- **Bauarbeiten:** Dies sind Tätigkeiten im gesperrten Gleis an bautechnischen, leit- und sicherungstechnischen, telekommunikations- und elektrotechnischen Anlagen sowie jene, bei denen der Regellichtraum oder die technische Verfügbarkeit betriebsrelevanter Anlagen eingeschränkt wird.

Die Dauer der Gleissperrung ist die sogenannte Sperrzeit. Dies ist die Zeit, in der ein definierter Teil der Infrastruktur der DB Netz AG geplant nicht verfügbar gesperrt ist, damit Infrastrukturmaßnahmen sach- und fachgerecht durchgeführt werden können.

Weiterhin ist eine Infrastrukturmaßnahme aufgrund ihrer „Herkunft" zu differenzieren. Man unterscheidet zwischen

1. **Neu- und Ausbauten** der Eisenbahninfrastruktur
   Neben dem Ausbauprogramm nach Bundesverkehrswegeplan[4] zur Erweiterung der Leistungsfähigkeit der Schieneninfrastruktur (beispielsweise mehrgleisiger Ausbau) fallen hierunter auch jegliche Neubauten von Bahnanlagen, insbesondere neue Streckenführungen.

2. **Instandhaltung**, diese umfasst
   - die Inspektion, die im Wesentlichen die Begutachtung von Bahnanlagen hinsichtlich deren ordnungsgemäßer Funktionsweise beinhaltet,
   - die Wartung zur Erhaltung der Funktionsfähigkeit einer Bahnanlage,
   - die Instandsetzung, die erforderlich wird, um die nicht mehr gewährleistete ordnungsgemäße Verfügbarkeit wiederherzustellen.

3. **Ersatzinvestitionen** im Bestandsnetz
   Auch bei regelmäßig durchgeführter Instandhaltung unterliegt eine Bahnanlage aufgrund der permanenten Beanspruchung einem gewissen Verschleiß. In der Folge sind die betroffenen Anlagen je nach Abnutzung teilweise (Teilerneuerung) oder insgesamt (Vollerneuerung) durch gleichartige, neuwertige Komponenten zu ersetzen.

4. **Infrastrukturmaßnahmen Dritter**
   Durch Bauarbeiten von Straßenbaulastträgern oder anderen schienenfremden Institutionen kann es zu Auswirkungen auf den Eisenbahnbetrieb kommen.

In direkter Folge dieser Beeinträchtigungen können sich unterschiedliche Arten der Betriebsbeeinflussung ergeben. Neben der teilweisen oder vollständigen Sperrung von Gleisen sind auch Ersatzmaßnahmen für nicht voll funktionsfähige Anlagen, insbesondere Signale, Bahnsteige und Weichen, vorzusehen, welche Auswirkungen auf den Betrieb haben (z. B. Behelfsbahnsteige, Fahren auf dem Gegengleis usw.).

Weitere Auswirkungen von Infrastrukturmaßnahmen sind die Reduzierung von Höchstgeschwindigkeiten vor, nach und während der Durchführung sowie die Ausschaltung der Oberleitung. Hieraus resultierende Fahrplananpassungen können beispielsweise Umleitungen über andere Strecken, den (Teil-)Ausfall oder Haltausfall von Zügen, geänderte Bahnhofsbelegungen, Fahrzeitanpassungen oder weitere Fahrplanänderungen erfordern.

---

4 BMVI: Bundesverkehrswegeplan 2030, unter: https://www.bmvi.de/DE/Themen/Mobilitaet/Infrastrukturplanung-Investitionen/Bundesverkehrswegeplan-2030/bundesverkehrswegeplan-2030.html

All diese Aktivitäten sind jedoch möglichst kapazitätsschonend einzuplanen und zu koordinieren. Gleichzeitig ist auch eine wirtschaftliche Bauabwicklung unter Beachtung sicherheitsrelevanter Vorgaben zu gewährleisten. Es gilt, die Ausgewogenheit zwischen „Fahren“ und „Bauen“ sicherzustellen. Dementsprechend sind im Sinne eines kundenfreundlichen Bauens Sperrzeiten, Bauverfahren und Fahrplankonzepte möglichst homogen und auswirkungsarm auf den Betrieb zu gestalten. Die folgenden vier Grundsätze des Kapazitätsmanagements Fahren und Bauen bilden hierfür die entsprechende Grundlage.

- Es erfolgt eine Segmentierung des Streckennetzes abhängig von der spezifischen Zugbelastung der Strecken. Differenziert wird zwischen hoher und mittlerer Auslastung. Für hochausgelastete Segmente gelten aufgrund anspruchsvollerer erforderlicher Regelungsbedarfe frühzeitigere Kundenkommunikationszeitpunkte sowie strengere Vorgaben an Sperrzeiten und Bauverfahren sowie die Finanzierung von Infrastrukturmaßnahmen.

- Standardisierte, vorkoordinierte Bautakte (siehe Abb. 2-55) gewährleisten eine jahresübergreifende Zusammenfassung von Infrastrukturmaßnahmen aller Gewerke, insbesondere auf hochausgelasteten Segmenten, und werden bereits für einen mehrjährigen Zeitraum (drei bis fünf Jahre im Voraus) definiert. Sie bilden für einen Zeitraum von in der Regel einer Woche baulich bedingte Verkehrseinschränkungen ab. Neue Bedarfe sind zielgerichtet in bereits bestehende Bautakte einzuplanen. Auch auf allen anderen Strecken sollten Bedarfe möglichst frühzeitig in Bündeln zusammengefasst werden. Bedarfe der Instandhaltung sind frühzeitig in Form von Instandhaltungsfenstern standardisiert und gewerkeübergreifend einzuplanen.

- Bauverfahren sollen baubetrieblich optimiert eingeplant werden – also Sperrzeiten mit möglichst geringen Folgen für den Zugverkehr generiert werden.
  Durch den Einsatz von Großmaschinentechnik und möglichst hohe Umbaumengen sollen Infrastrukturmaßnahmen effizient und möglichst innerhalb einer Sperrzeit durchgeführt werden. Die Sperrung selbst ist räumlich (Sperrabschnitt) und zeitlich (Sperrzeit) im Hinblick auf die Restkapazität für den Zugverkehr zu optimieren.

- Für den Endkunden sollen Infrastrukturmaßnahmen zu möglichst wenig Fahrplanwechseln führen, daher ist eine entsprechende Fahrplanhomogenität der Bautakte zu realisieren. Wechselnde Sperrungen sind daher möglichst fahrplanerisch einheitlich auszuregeln.

Die abschließende Festlegung von Bauverfahren und Betriebsweise sowie schlussendlich der konkreten Sperrung wird von zahlreichen Faktoren beeinflusst. Hierbei wird insbesondere die erforderliche Ausgewogenheit zwischen Fahren und Bauen deutlich.

Nachfolgendes Schaubild (Abb. 2-52) verdeutlicht, welche Einflussfaktoren insgesamt auf die baubetriebliche Planung von Infrastrukturmaßnahmen wirken und welche Wechselbeziehungen zu berücksichtigen sind.

Abb. 2-52: Einflussfaktoren baubetriebliche Planung Quelle: DB Netz AG, I.NBF 42

Die baubetrieblichen Rahmenbedingungen sind so zu wählen, dass unter Abwägung der möglichen Ausführungsvarianten ein gesamtwirtschaftliches Optimum erreicht wird.

Wenn Infrastrukturmaßnahmen unter „laufendem Betrieb" durchgeführt werden müssen, so ist zu beachten, dass neben den direkten Kosten **(Planungs-, Bau- und Logistikkosten)** zusätzliche Kosten für die Betriebsführung entstehen **(Betriebserschwerniskosten)**. Außerdem müssen die Pünktlichkeits- und Qualitätseinbußen in ein Verhältnis der zu erwartenden verringerten Nachfrage **(Erlösminderungen)** gesetzt werden. Auch hier können bereits aus vertraglichen Verpflichtungen heraus Zahlungen an die Kunden der DB Netz AG **(Pönale)** erforderlich werden, die ungeachtet der tatsächlich auf Kundenseite auftretenden Erlösminderungen direkten Einfluss auf die Kosten-Nutzen-Situation haben.

Die Rolle der Baubetriebsplanung ist in diesem Kontext die Austarierung im Zielkonflikt Fahren und Bauen. Neben einer sperrzeitoptimierten Planung durch bestmögliche Bündelung von Infrastrukturmaßnahmen steht die bundesweite Koordination der resultierenden Betriebsbeeinflussungen unter Berücksichtigung der jeweiligen Kundenwünsche im Vordergrund. Die Betriebssicherheit bei Ausführung der Infrastrukturmaßnahmen ist dabei jederzeit zu gewährleisten.

Daraus resultieren die folgenden baubetrieblichen Aufgaben:

- Festlegen der Betriebsweise (z. B. Totalsperrung, Gleiswechselbetrieb usw.)
- Festlegung der zeitlichen Lage und Dauer der Sperrungen (baubetriebliche Einordnung)
- Einflussnahme auf die Geschwindigkeiten im Bauabschnitt sowie die Bauzuschläge
- Einflussnahme auf die Auswahl der Bauverfahren

- Anforderung befristeter Infrastrukturergänzungen (z. B. Bauweichen, Hilfsbetriebsstellen)
- Koordination der baubedingten Betriebsbeeinflussungen durch Bau sowohl innerhalb des Netzes der DB als auch in Abstimmung mit anderen EIU (national und Nachbarländer), auch unter Nutzung der Instrumente Fahrplaneinschätzung und Bildliche Übersicht
- Abstimmung und Entscheidung von Ausführungsvarianten, u. a. auf Basis der Auswirkungen und Kosten
- Erstellen von Handlungsanweisungen und Unterlage zur sicheren und behinderungsminimierten Durchführung von Infrastrukturmaßnahmen (La, Kapazitätspläne, Betra)

Sämtliche im Zusammenhang mit baubetrieblicher Arbeit verbundenen Regeln sind in der DB Netz-Richtlinie (Ril) 406 „Fahren und Bauen“ niedergeschrieben. Da aus Gründen der Übersichtlichkeit in diesem Fachbuch nicht alle Punkte umfassend behandelt werden können, wird für Details auf die entsprechende Richtlinie verwiesen.

Im Folgenden soll nun ein Einblick in die wesentlichen baubetrieblichen Instrumente Betriebsweise, Bauzuschlag und Bildliche Übersicht/Fahrplaneinschätzung gegeben werden.

Betriebsweise

Auf dem Schienennetz der DB Netz AG wird in der Regel auf dem rechten Streckengleis zweigleisiger Strecken gefahren. In Bahnhöfen werden die regelmäßigen Fahrwege für die verkehrenden Züge in „Fahrplänen für Zugmeldestellen“ dargestellt. Die Regeln hierzu enthält die Ril 408 „Fahrdienstvorschrift“.

Steht die regelmäßige Infrastruktur aufgrund der Durchführung von Infrastrukturmaßnahmen vorübergehend nicht zur Verfügung, so muss von diesen regelmäßigen Fahrwegen abgewichen werden.

Zu unterscheiden ist für die **freie Strecke** zwischen den „eingleisigen Betriebsweisen“

- Fahren auf dem Gegengleis mit Befehl
- Fahren auf dem Gegengleis mit Signal Zs 8
- Fahren auf dem Gegengleis mit Signal Zs 6 – Gleiswechselbetrieb (GWB) vorübergehend angeordnet oder ständig eingerichtet (siehe Abb. 2-53)

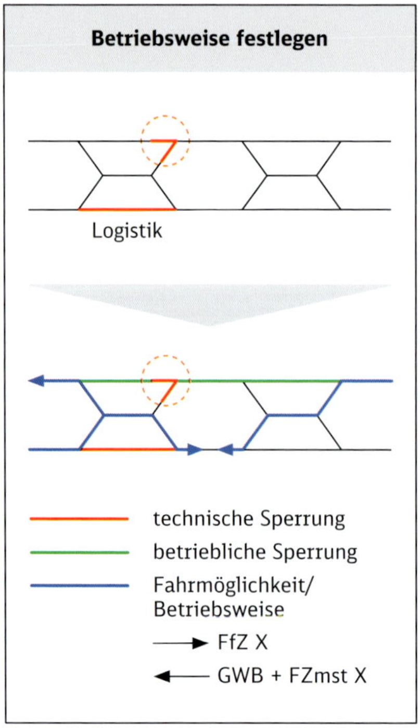

Abb. 2-53:
Festlegung der Betriebsweise zweigleisige Strecke
Quelle: DB Netz AG, I.NBF 42

Dabei wird auf zweigleisigen Strecken bei jeweiliger Sperrung des einen Gleises der Zugbetrieb über das verbleibende andere Streckengleis geführt, wobei sich entsprechend der vorhandenen Signal- und Stellwerkstechnik unterschiedliche betriebliche Handlungen mit unterschiedlich hohen zu erwartenden Fahrzeitverlusten für die betroffenen Züge ableiten lassen. Der Fahrzeitverlust lässt sich anhand der Fahrzeitenrechnung (vgl. Kap. 3.2.2) ermitteln. Hinzu kommen ggf. die Zeit für das Übermitteln des Befehls (ca. 3 min) sowie evtl. Wartezeiten (vgl. Kap. 3.3.2), z. B. aus Kreuzungen.

Innerhalb von **Bahnhöfen** kommt bei baubedingt gesperrten Infrastrukturanlagen das „Abweichen vom Fahrplan für Zugmeldestellen“ als Betriebsweise im Sinne der Ril 406 mit folgenden Varianten in Betracht:

- Abweichen vom Fahrplan für Zugmeldestellen mit Kreuzung des Fahrwegs der Gegenrichtung (Fzmst X) oder
- Abweichen vom Fahrplan für Zugmeldestellen ohne Kreuzung des Fahrwegs der Gegenrichtung (Fzmst).

Hier wird es aufgrund der Nichtverfügbarkeit von Infrastrukturanlagen erforderlich, den Zugbetrieb über andere als die gemäß Fahrplan für Zugmeldestellen regelmäßig vorgesehenen Bahnhofsgleise durchzuführen.

Eine beispielhafte Darstellung:

Im Falle einer vollständigen Sperrung der Infrastruktur sind alle betroffenen Züge umzuleiten oder müssen (teilweise) ausfallen. Hierbei unterscheidet man zwischen einer **Totalsperrung** (zweigleisige Strecke oder Bahnhof) und einer **Streckensperrung** (eingleisige Strecke). Weiterhin gibt es neben den klassischen Betriebsweisen sowie der vollständigen Sperrung weitere Formen baubetrieblicher Regelungen, beispielsweise die Nichtverfügbarkeit eines Bahnsteigs oder die Nichtbedienbarkeit einer Anschlussstelle.

Unabhängig von der Ausprägung der baubetrieblichen Regelung wird diese ergänzt um Sperrabschnitt und Sperrzeit, d. h. um den konkreten örtlichen und zeitlichen Umfang der Infrastrukturmaßnahme.

Bauzuschläge

Die Ril 406.1101 Abschnitt 5 definiert Bauzuschläge wie folgt: „Baubedingte Fahrzeitverluste entstehen infolge der Durchführung von Infrastrukturmaßnahmen, durch vorübergehend eingerichtete Langsamfahrstellen oder Stellen mit besonderer Betriebsregelung. (...) Der Bauzuschlag dient zum Ausgleich der Fahrzeitverluste, die infolge von Infrastrukturmaßnahmen entstehen.“

Bauzuschläge sind somit ein Bestandteil der Regelfahrzeit von Zügen und werden bereits bei der Trassenkonstruktion (vgl. Kap. 2.1.3) entsprechend berücksichtigt. Dabei wird zwischen berechneten und zusätzlichen Bauzuschlägen unterschieden.

Beim **berechneten Bauzuschlag** werden Höhe und Verteilung, auf Basis eines mathematischen Verfahrens, grundsätzlich in Abhängigkeit von örtlich relevanten Infrastrukturdaten ermittelt. Der berechnete Bauzuschlag fließt, ohne Bezug zu einer konkreten Infrastrukturmaßnahme, als konstante Größe in die Fahrplangestaltung ein.

Der **zusätzliche Bauzuschlag** wird für länger andauernde oder sich wiederholende Sperrzeiten (inklusive Langsamfahrstellen) angefordert. Er ist ein örtlich und zeitlich begrenzter variabler Zeitwert, der in Ergänzung zum berechneten Bauzuschlag für den Ausgleich von Fahrzeitverlusten angesetzt wird. Er errechnet sich, gegliedert nach Verkehrsarten, aus der Differenz des ermittelten Fahrzeitverlusts und des berechneten Bauzuschlags. Wegen der Berücksichtigung der Bauzuschläge bei der Ermittlung der Regelfahrzeit (vgl. Kap. 3.2.2.4).

Bildliche Übersichten/Fahrplaneinschätzungen

Die aufgrund der vorgenannten Aspekte den jeweiligen Infrastrukturmaßnahmen zugrunde liegende Parameter (z. B. Betriebsweise, Fahrzeitverluste, Sperrzeit) werden in allen Planungsphasen fahrplanseitig in eine Visualisierung des Zugaufkommens auf dem jeweiligen Streckenabschnitt eingearbeitet. Die Visualisierung erfolgt auf Basis eines Zeit-Wege-Diagramms („Bildliche Übersicht"), welches transparente Aussagen über die fahrplanerischen Folgen ermöglicht. Dazu gehören:

- insbesondere auf eingleisigen Streckenabschnitten weitere Fahrzeitverluste und Abhängigkeiten, die aus den jeweiligen Zugkreuzungs- und -folgesituationen resultieren,
- erforderliche (Teil-)Ausfälle und Haltausfälle,
- erforderliche Umleitungen,
- weitere zugbezogene Regelungen.

Die Zusammenfassung dieser zugscharfen baubedingten Folgen wird als „Fahrplaneinschätzung" bezeichnet. In den Bildlichen Übersichten und Fahrplaneinschätzungen sind die baubedingt auftretenden Verfügbarkeits- und Belegungskonflikte entsprechend Kapitel 3.3.2 gelöst.

Im weiteren Planungsverlauf sind die Auswirkungen von Infrastrukturmaßnahmen auch untereinander abzustimmen und zu koordinieren. Fahrplaneinschätzungen sind hierbei ein unverzichtbarer Bestandteil zur bundesweiten Identifikation miteinander nicht kompatibler Sperrzeiten bzw. baubedingter Fahrplankonzepte. Ebenso erfolgt die Einordnung neu bekannt gewordener Baubedarfe auf Basis dieser bereits bestehenden Planungen mit dem Ziel, abgestimmte Konzepte (bestehend auf Infrastrukturmaßnahme und Fahrplankonzept) möglichst unangetastet zu lassen. Die sperrzeitneutrale Integration neuer Bedarfe in bereits bestehende Bautakte und Bündel ist daher oberste Prämisse.

Bildliche Übersichten (siehe Abb. 2–54) und Fahrplaneinschätzungen dienen somit:

- als Entscheidungshilfe bei der baubetrieblichen Einordnung von Infrastrukturmaßnahmen,
- als Grundlage für die erforderliche Abstimmung mit den betroffenen Kunden sowie zur Erarbeitung der aus ihr resultierenden erforderlichen Fahrplanmaßnahmen und
- den betriebsführenden Stellen als Dispositionshilfe für die Regelung der Durchführung des reduzierten Betriebsprogramms.

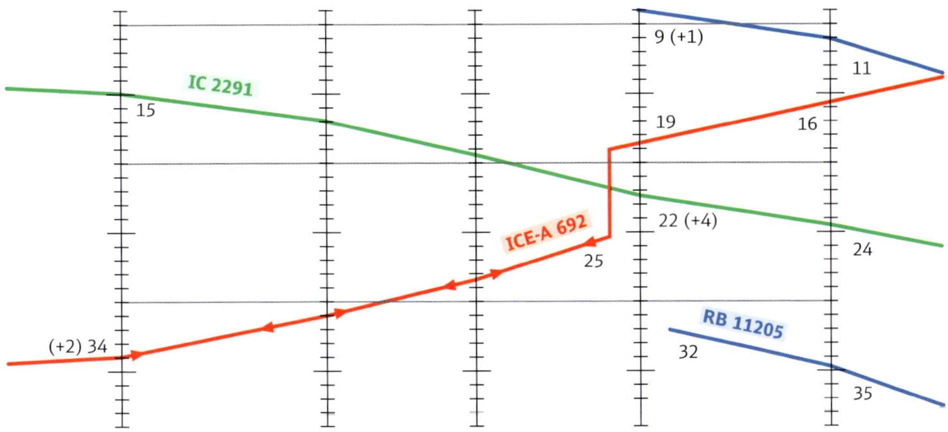

Abb. 2-54: Auszug aus einer Bildlichen Übersicht - Fahrzeitverlust aufgrund einer Kreuzung mit einem Zug der Gegenrichtung

Quelle: DB Netz AG, I.NBF 42

2.4.2 Baubetriebliche Planungsphasen

Aus Infrastrukturmaßnahmen resultierende, sich über einen längeren Zeitraum erstreckende Fahrplanänderungen sollten insbesondere auf den hochausgelasteten Segmenten frühzeitig geplant und kommuniziert werden. Nur so ist eine Berücksichtigung bei der Fahrlagenplanung der EVU und der Netzfahrplanerstellung der DB Netz AG möglich. Auch im weiteren Planungsverlauf sind SNB-relevante Veröffentlichungstermine an die EVU entsprechend zu berücksichtigen (vgl. Kap. 2.1.3). Gleichzeitig benötigen auch die Bauausführenden eine früh- und rechtzeitige Genehmigung, um ihre Planungen entsprechend dem Abstimmungsergebnis fortzuführen und eine pünktliche Bauausführung zu gewährleisten.

Aus diesem Grund läuft der baubetriebliche Planungsprozess nach fest definierten Planungs phasen ab. Allen Planungsphasen gemeinsam ist der erforderliche Input in Form von Detailangaben zu den einzelnen Infrastrukturmaßnahmen, die jeweils zu festen Terminen unter Nutzung vorgegebener IT-Systeme und Formate bei der Baubetriebsplanung der DB Netz AG einzureichen sind.

Wesentlicher Inhalt dieser „Baubetrieblichen Anmeldung“ sind betriebliche und technische Daten zu den einzelnen Verfügbarkeitseinschränkungen, die eine Infrastrukturmaßnahme mit sich bringt. So müssen beispielsweise Details zur betroffenen Strecke, zu den resultierenden Infrastruktureinschränkungen sowie Angaben zur konkreten Sperrzeit und zum geplanten Bauverfahren benannt werden. Der zu einer solchen Anmeldung berechtigte Personenkreis muss über die erforderlichen Fachkenntnisse verfügen und ist daher in der Ril 406.1103 entsprechend definiert.

Die Planungstiefe sowohl der Anmeldung als auch des darauf aufbauenden Koordinationsprozesses nimmt im Verlauf der einzelnen baubetrieblichen Planungsphasen bis hin zum Ausführungszeitpunkt stetig zu.

Im Kapazitätsmanagement Fahren und Bauen der DB Netz AG werden daher die folgenden Prozessphasen unterschieden:

- lang- und mittelfristiges Kapazitätsmanagement – die „Strategische Baubetriebsplanung"
- kurzfristige Baubetriebsplanung – die „Integrierte Bündelung" und das „Baukapazitätsmanagement"
- Kapazitätskonfliktmanagement

Lang und mittelfristiges Kapazitätsmanagement – Strategische Bauplanung

Zielsetzung der Strategischen Bauplanung ist die **jahres- und gewerkeübergreifende Koordination** von Infrastrukturmaßnahmen im Lang- und Mittelfristzeitraum. Basierend auf dem betrachteten Zeitraum gliedert sie sich dementsprechend in zwei wesentliche Betrachtungshorizonte:

- In der langfristigen Betrachtung werden Baubedarfe im Zeitraum zehn bis sechs Jahre vor Bauausführung betrachtet und jahresübergreifend koordiniert. Dabei fließen nur Bedarfe der hochbelasteten Segmente mit herausragender Bedeutung und gravierenden Einschränkungen auf den Bahnbetrieb ein, insbesondere:
  - mehrjährige Neu- und Ausbauprojekte
  - jahresübergreifend gebündelte Ersatzinvestitionen mit in Summe mehrmonatiger Eingleisigkeit oder Totalsperrung
  - weitere Einzelmaßnahmen mit entsprechend lange dauernden Einschränkungen, z. B. eine Tunnelsanierung

  Zielsetzungen sind hierbei neben der Planungssicherheit komplexer Bauprojekte mit langen Planungsvorläufen und der Schaffung eines baulichen Grundgerüsts für das jeweilige Fahrplanjahr die kundenfreundliche Sperrzeitbündelung, um die Betroffenheit für die Verkehre auf ein Minimum zu reduzieren.

- In der mittelfristigen Betrachtung werden auf Basis der langfristig erfolgten Vorkoordination weitere Baubedarfe des hochbelasteten Segments im Vorlauf drei bis fünf Jahre vor Ausführung eingeplant und koordiniert. Neben den Ergebnissen der Langfristplanung fließen insbesondere ein:
  - weitere Aus- und Neubauprojekte
  - Infrastrukturmaßnahmen mit signifikantem Einfluss auf die (wirtschaftliche) Mittelfristplanung oder mit signifikanter Netzwirkung
  - Zeitfenster für Instandhaltungsbedarfe (Instandhaltungsfenster)
  - Kundenwünsche bezüglich der primären Betriebsweise (z. B. Gleiswechselbetrieb statt Totalsperrung)
  - bereits bekannte Großveranstaltungen (Karneval, Oktoberfest usw.) und
  - vordefinierte und standardisierte Koordinationsregeln in Bezug auf das parallele Bauen auf in Zusammenhang stehenden Strecken (kein Bau auf Strecke x wenn Umleitungsstrecke y ebenfalls aufgrund von Infrastrukturmaßnahmen gesperrt)

In beiden Planungsschritten ist die jahres- und gewerkeübergreifende Zusammenfassung und Optimierung von Baubedarfen oberste Prämisse. Die daraus resultierenden Sperrzeiten werden in Form einheitlicher, da wochenweise vergebener Bautakte je Segment festgeschrieben.

Die nachfolgende Abbildung 2-55 zeigt das Grundprinzip der Bildung von Bautakten. Das Prinzip ist analog auf die Bildung von Bündeln übertragbar, welche sich aufgrund des fortgeschrittenen Planungsverlaufs insbesondere in ihrer deutlich höheren Granularität von Bautakten unterscheiden – dies äußerst sich insbesondere in deutlich detaillierteren Angaben zu Vor- und Nacharbeiten oder der Sperrzeitdefinition.

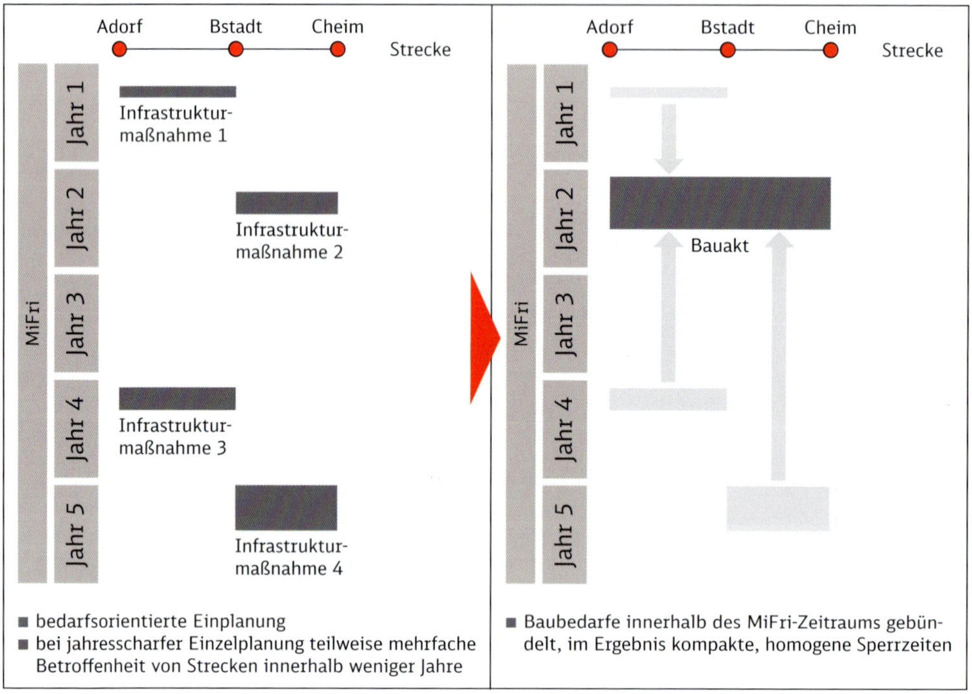

Abb. 2-55: Das Prinzip der lang-/mittelfristigen jahres- und gewerkeübergreifenden Optimierung   Quelle: DB Netz AG, I.NPB 2 (B)

Der Input in die Strategische Bauplanung geschieht in Form einer „Erstanmeldung", welche jeweils zum 28.02. eines jeden Jahres erfolgen muss. Dies ist eine dem frühen Planungsstand der jeweiligen Baubedarfe entsprechende, inhaltlich reduzierte Form der Baubetrieblichen Anmeldung. Auf Basis der Erstanmeldungen erfolgen die baubetriebliche Zusammenfassung von Baubedarfen und die Ableitung der hierfür erforderlichen Bautakte. Basierend auf den resultierenden Fahrplanauswirkungen wird dann das bundesweite strategische Bauprogramm ermittelt. Wechselwirkungen zwischen den einzelnen Bautakten werden bestmöglich aufeinander abgestimmt und Synergieeffekte beispielsweise für langlaufende Verkehrsrelationen optimal genutzt. Dieser Koordinationsprozess der Bautakte wird durch ein Optimierungsmodell unterstützt, welches die Bautakte jahresübergreifend bestmöglich verteilt und hierbei vordefinierte Streckenausschlüsse und voraussichtliche Umleitungskonzepte entsprechend berücksichtigt.

Nach Abschluss der Koordination erhalten die Technischen Anmelder jeweils zum 15. August eines Jahres die Rückmeldung zu den für sie relevanten Bautakten. Diese sind die Grundlage für den nun anschließenden jahresscharfen Koordinationsprozess des ersten Jahres im Betrachtungshorizont (Jahr 3) bzw. für die erneute Koordination der weiteren Planungsjahre zur nächsten Strategischen Bauplanung (Jahre 4 bis 10).

Kurzfristiges Kapazitätsmanagement – Integrierte Bündelung

Etwa zwei Jahre vor Beginn des Fahrplanjahrs, in dem die Infrastrukturmaßnahme stattfinden soll, muss die Anmeldung zur Planungsphase „Integrierte Bündelung" erfolgen. Konkret mit dem Vorlauf x-26,5 (26,5 Monate vor Fahrplanwechsel) startet, basierend auf den Ergebnissen der Strategischen Bauplanung mit der Integrierten Bündelung die jahresspezifische Koordination. Der zweijährige Vorlauf gewährleistet einerseits die Berücksichtigung der koordinierten Sperrzeiten in Form der „Baubedingten Einschränkungen der Infrastruktur" (BbEI) bei der Fahrplankonstruktion und Kundenkommunikation, andererseits die technischen Planungsvorläufe, um die vorhandene Infrastruktur den erforderlichen Bauzuständen anpassen zu können.

Schwerpunkt der Integrierten Bündelung sind neben den hochausgelasteten Segmenten alle Sperrzeiten >6 Wochen auch auf den mittelausgelasteten Segmenten – ab dieser Dauer ist eine Aufnahme der Sperrzeit in den Netzfahrplan möglich.

Anmeldepflichtig sind alle zum Zeitpunkt der Anmeldung bekannten Infrastrukturmaßnahmen – bereits vorkoordinierte Maßnahmen sind gemäß den Abstimmungen der Strategischen Bauplanung anzumelden. Als bündelfähig eingestufte Sperrzeiten werden im nächsten Schritt zu sinnvollen, streckenbezogenen Bündeln zusammengefasst. Die Ril 406.1102 formuliert hierzu treffend: „Die angemeldeten Infrastrukturmaßnahmen werden basierend auf den Ergebnissen der Strategischen Bauplanung zu wirtschaftlich, baubetrieblich und fahrplantechnisch optimierten Bündeln zusammengefasst und in netzweiter Koordination aufeinander abgestimmt."

In der Integrierten Bündelung ist somit die Prämisse maßgebend, dass die Ergebnisse der Strategischen Bauplanung unverändert bleiben. Neu angemeldete Infrastrukturmaßnahmen sind möglichst in bereits vorgeplante Bautakte zu integrieren. Sind neue Sperrzeiten erforderlich, so sind diese verträglich untereinander und zu den bereits bestehenden Bautakten einzuplanen. Alle bündelungsrelevanten Infrastrukturmaßnahmen werden nach Prüfung ihrer zeitlichen, örtlichen und bautechnischen Kombinations- und Koordinationsmöglichkeiten in Bündeln zusammengefasst. Bei der Bündelung erfolgt eine detaillierte Betrachtung aller bündelungsrelevanten Sperrzeiten unter Berücksichtigung:

- der geplanten Bautechnologien einschließlich erforderlicher Vor- und Nacharbeiten,
- der Sperrzeitbedarfe,
- der Logistikkonzepte,
- der Auswirkungen auf Infrastrukturanschlüsse oder Serviceeinrichtungen,
- der voraussichtlichen fahrplantechnischen Auswirkungen sowie
- der Effekte bei Zusammenfassung einzelner Infrastrukturmaßnahmen zu einem Bündel.

Wesentlicher Unterschied der Integrierten Bündelung zur Strategischen Bauplanung ist die deutlich feinere Granularität. Während ein Bautakt eine wochenbezogene, übergeordnete Sperrzeit inklusive der Sperrart definiert, werden in der Integrierten Bündelung alle zu einer Infrastrukturmaßnahme angemeldeten technischen Verfügbarkeitseinschränkungen in stundenscharfen Sperrzeiten verarbeitet. Dies umfasst neben den einzelnen Sperrzeiten der Hauptarbeit auch Vor- und Nacharbeiten ebenso wie Langsamfahrstellen oder Logistiksperrungen.

Für die weitere Koordination werden alle gebündelten Sperrzeiten mit Fahrplaneinschätzungen hinterlegt. Auf Basis dieser Fahrplaneinschätzungen erfolgt, jeweils im März mit einem Vorlauf von x-21, nun eine Information der EVU und Zugangsberechtigten im Rahmen der Bauinformationsdialoge. Weiterhin dienen die Fahrplaneinschätzungen der Koordination der Sperrzeiten und ihrer Auswirkungen zueinander auf Basis identifizierter Konflikte. Folgende Konfliktarten werden unterschieden:

- geografischer Konflikt: Aufgrund einer Infrastrukturmaßnahme werden Züge für eine Umleitung vorgesehen, auf dem geplanten Umleitungsweg befindet sich jedoch eine weitere Infrastrukturmaßnahme. Die Umsetzbarkeit dieser Parallelität ist entsprechend zu prüfen.

- Mehrfachbetroffenheit: mehrere miteinander nicht verträgliche Infrastrukturmaßnahmen auf dem Laufweg einer Linie oder Relation

- Kapazitätskonflikt: Nutzung eines Umleitungswegs durch eine oder mehrere Infrastrukturmaßnahmen und damit einhergehende potenzielle kapazitive Überlastung der Umleitungsstrecke

Abhängig vom konkreten Konfliktfall werden unterschiedliche Lösungsansätze verfolgt (z. B. Anpassung des Fahrplankonzepts, Verschiebung oder Änderung der Maßnahme). Beispielhaft seien genannt:

- die Anpassung des Fahrplankonzepts, beispielsweise Nutzung anderer Umleitungswege

- die Anpassung von Sperrzeit oder -abschnitt

- die Verschiebung der gesamten Infrastrukturmaßnahme in einen anderen Zeitraum oder in ein anderes Planungsjahr

- Änderung der betrieblichen Rahmenbedingungen (z. B. eingleisige Sperrung statt Totalsperrung)

Nach Abschluss der Koordinations- und Kommunikationsphase erfolgt jeweils Anfang April (x-20,5) die Genehmigung der abgestimmten Sperrzeiten je Infrastrukturmaßnahme an den Technischen Anmelder. Dieser kann nun die weitere Planung inklusive erforderlicher Anpassungen vornehmen. Die Rückmeldung nicht gebündelter Sperrzeiten, welche entsprechend nicht bearbeitet und somit auch nicht genehmigt werden, erfolgt bereits Anfang Februar desselben Jahres (x-22,5) – rechtzeitig vor der Anmeldung in der nächsten Prozessphase.

Als Ergebnis der Planungsphase „Integrierte Bündelung“ werden die koordinierten Sperrzeiten in den BbEI zusammengestellt. Hierbei handelt es sich um eine streckenbezogene Darstellung aller Sperrzeiten und Sperrabschnitte mit Hinweisen, inwiefern eine Berücksichtigung im Netzfahrplan erfolgt. Bei einer Grundentlastung wird ein Teil des Verkehrs über den gesamten Sperrzeitraum bereits im Netzfahrplan ausgeregelt, die verbleibenden Trassen werden dann im Rahmen der unterjährigen Bearbeitung spezifisch nachgeregelt. Bei einer Ausregelung hingegen erfolgt eine vollständige fahrplanerische Berücksichtigung der Sperrzeit im Netzfahrplan. Gemeinsam mit einer grafischen Darstellung der definierten Bauzuschläge („Bauzuschlagskarten“) werden die BbEI als Bestandteil der Planungsparameter des jeweiligen Netzfahrplans an die EVU kommuniziert (vgl. Kap. 2.1.3). Daraus resultierende Stellungnahmen der EVU sind, soweit möglich, seitens der DB Netz AG bei der weiteren Planung zu berücksichtigen.

Kurzfristiges Kapazitätsmanagement – Baukapazitätsmanagement

Im Hinblick auf eine zeitgerechte Kundeninformation gemäß den Vorgaben der Bundesnetzagentur und dem erforderlichen Zeitbedarf technischer Planungsvorläufe sind alle zu diesem Zeitpunkt bekannten Infrastrukturmaßnahmen zum 1. Mai eines Jahres mit einem Vorlauf von ca. 1,5 Jahren (x-19,5) vor Beginn des jeweiligen Fahrplanjahrs zum Baukapazitätsmanagement anzumelden. Im Rahmen der Integrierten Bündelung genehmigte Sperrzeiten sind zum gleichen Termin vom Technischen Anmelder zu bestätigen bzw. geänderte Planungsvorgaben umgehend zu kommunizieren.

Auch im Baukapazitätsmanagement gilt die Vorgabe der Stabilität der Ergebnisse der vorherigen Prozessphasen. Die Grundlage für die Einplanung weiterer Infrastrukturmaßnahmen sind somit die in der Integrierten Bündelung koordinierten Sperrzeiten.

Wesentlicher Unterschied zu den vorherigen Planungsphasen ist, dass auf Basis eines erweiterten Kenntnisstands des Marktes die Detailtiefe vergrößert und daher im Rahmen des Baukapazitätsmanagements alle angemeldeten Infrastrukturmaßnahmen baubetrieblich eingeplant und koordiniert werden. Für besonders auswirkungsstarke Infrastrukturmaßnahmen erfolgt auch hier die Erstellung einer Fahrplaneinschätzung zur weiteren Koordination. Der Konfliktlösungsprozess ist im weiteren Verlauf identisch mit dem der Integrierten Bündelung. Er wird begleitet von zwei wesentlichen Kundeninformationen:

- Erstmalig angemeldete und baubetrieblich eingeordnete netzfahrplanrelevante Infrastrukturmaßnahmen werden in die Aktualisierung der BbEI zwölf Monate vor Fahrplanwechsel (x-12) aufgenommen, sodass eine Aufnahme in den Netzfahrplan noch gewährleistet ist (vgl. Kap. 2.1.3)

- Alle mit einer Fahrplaneinschätzung versehenen Sperrzeiten werden mit Detailinformationen zu beispielsweise Sperrabschnitt und Betriebsweise im Entwurf der „Kundeninformation Großbaumaßnahmen“ (KiGbau) kommuniziert. Ebenfalls erhalten sind hier, unter Berücksichtigung potenzieller Änderungen, die Ergebnisse der Integrierten Bündelung. Das Endstück der KiGbau als finaler Abstimmungsstand wird den Kunden nach Abschluss des Baukapazitätsmanagements zu x-5 bereitgestellt.

Die als Rückmeldung auf den Entwurf der KiGbau eingegangenen Kundenwünsche werden auf Umsetzbarkeit geprüft und wenn möglich durch Anpassung der baubetrieblichen oder fahrplanerischen Parameter umgesetzt.

Der Kommunikations- und Koordinationsprozess führt in aller Regel auch zu dem Erfordernis, eine Abstimmung mit den Technischen Anmeldern durchzuführen, um etwaige Änderungswünsche an der Planung der Infrastrukturmaßnahmen abzustimmen. Weiterhin werden bereits bekannte Veranstaltungen konkretisiert und weitere Veranstaltungen aufgenommen (Kölner Lichter, größere Volksfeste usw.), damit eine entsprechende Berücksichtigung bei der Terminierung der Infrastrukturmaßnahmen erfolgen kann.

Im Rahmen des Baukapazitätsmanagements wird somit bereits ein entscheidender Grundstein für die qualitätsgerechte Durchführung von Infrastrukturmaßnahmen gelegt. Das netzweite Gefüge der Infrastrukturmaßnahmen und deren gegenseitige Verträglichkeit werden im Rahmen der Abstimmungsphase geprüft und festgeschrieben. Der Technische Anmelder einer Infrastrukturmaßnahme wird stets angehalten, seine Planungen stabil zu halten und im Falle unvermeidbarer Änderungen alle Beteiligten frühzeitig über Planungsänderungen zu informieren.

Das Kapazitätskonfliktmanagement als unterjährige Baubetriebsplanung A-, B-, C-, F-Maßnahmen

Wie bereits vorab beschrieben, dient die Prozessphase Baukapazitätsmanagement einer ausgewogenen Verteilung der Infrastrukturmaßnahmen sowie einer frühzeitigen Information der Kunden.

Doch auch unterjährig kann es im „Kapazitätskonfliktmanagement" zu Neuanmeldungen von Sperrzeiten kommen. Dies ist erforderlich:

- in Form von Instandhaltungsmaßnahmen, wenn z. B. im Rahmen ständig wiederkehrender Inspektionen der Gleisanlagen das Erfordernis kurzfristiger Bauarbeiten kleineren Umfangs festgestellt wird (z. B. Austausch von Weichenteilen oder Schienenwechsel),

- im Falle weiterer Ersatzinvestitionen, beispielsweise aus der Freigabe von zusätzlichen Finanzmitteln oder aufgrund der Entwicklung des Anlagenzustands.

Oberstes Ziel ist es, alle neuen Sperrzeiten möglichst auswirkungsneutral einzuordnen, also entweder in betriebsschwache Zeiten oder unter Deckung bereits eingeplanter Infrastrukturmaßnahmen. Dies kann jedoch nicht in allen Fällen gewährleistet werden.

Hieraus folgt, dass auch kurzfristig – unterjährig – Infrastrukturmaßnahmen baubetrieblich koordiniert werden müssen. Um einen abschließenden Überblick über Koordinations- und Abstimmungsbedarf aller zeitgleichen Infrastrukturmaßnahmen im Netz gewährleisten zu können, sind neben den oben genannten unterjährig anzumeldenden Infrastrukturmaßnahmen auch die im Baukapazitätsmanagement bereits genehmigten Infrastrukturmaßnahmen zur unterjährigen Baubetriebsplanung als stabil zu bestätigen.

Im Hinblick auf eine angemessene Kundeninformation gibt es, abhängig von den jeweiligen Auswirkungen der Infrastrukturmaßnahmen, eine Klassifizierung in die Kategorien A, B, C und F. Damit verbunden sind unterschiedliche Kundenkommunikationstermine und daraus resultierend auch unterschiedliche Anmeldetermine, welche nachfolgend dargestellt sind. Die Klassifizierung sowie die Termine gelten sowohl für aus den Vorprozessen bereits bekannte als auch für neue Infrastrukturmaßnahmen.

A-Maßnahmen sind die auswirkungsstärksten Infrastrukturmaßnahmen und haben daher mit einem Anmeldezeitpunkt z-31 (= 31 Wochen vor Baubeginn) den größten Vorlauf in der unterjährigen Planung. Die Ril 406.1103 definiert hierzu wie folgt: Als A-Maßnahmen gelten planbare Infrastrukturmaßnahmen, bei denen in Bezug auf ihre Auswirkungen mehr als zehn Prozent des geschätzten Verkehrsaufkommens pro Tag umgeleitet, durch andere Verkehrsträger ersetzt oder ausfallen sollen oder die mindestens eines der nachfolgenden Kriterien erfüllen:

- Veröffentlichte Züge im SPV entfallen (auch auf Teilstrecken)
  - ersatzlos (mindestens ein Zug) oder
  - mit Ersatz (mindestens elf Züge pro Tag).

- Verkehrshalte im SPV entfallen
  - ersatzlos (mindestens ein Verkehrshalt) oder
  - mit Ersatz (mindestens elf Züge pro Tag).
- Reisezüge verkehren vor der veröffentlichten Abfahrtszeit.

- Fahrzeitverlängerungen von mehr als 15 Minuten pro Zug werden im SPFV erwartet.

- Verspätungsübertragungen im SPFV auf andere Regionen werden nach Abzug der vorhandenen Bauzuschläge voraussichtlich mehr als fünf Minuten pro Zug betragen.

- Aufgabe von Anschlüssen im SPFV sind zu erwarten.

- Mehr als zehn Züge pro Tag müssen über Strecken anderer Regionen umgeleitet werden.

- Verspätungen im SGV ab 60 Minuten pro Zug sind zu erwarten.

- Erhebliche Kapazitätseinschränkungen im SGV sind zu erwarten.

- Geschwindigkeitserhaltende und geschwindigkeitserhöhende Infrastrukturmaßnahmen zur Durchsetzung der Geschwindigkeitskonzeption sind erforderlich.

Aufgrund des erforderlichen Vorlaufs bei der Kommunikation der genannten Kundenauswirkungen sind nicht fristgerechte Anmeldungen von A-Maßnahmen grundsätzlich abzulehnen.

Infrastrukturmaßnahmen aus vorherigen Planungsphasen sind unabhängig von ihrer Maßnahmenart im zeitlichen Vorlauf einer A-Maßnahme erneut anzumelden bzw. zu bestätigen.

B-Maßnahmen sind alle planbaren Infrastrukturmaßnahmen, die nicht den Kriterien von A-Maßnahmen entsprechen und nicht als C- oder F-Maßnahme eingeordnet werden dürfen. Sie sind möglichst im Vorlauf einer A-Maßnahme, jedoch spätestens 14 Wochen vor Baubeginn anzumelden.

Bei **C-Maßnahmen** handelt es sich um Infrastrukturmaßnahmen, für die

- kein Eintrag in die La (vgl. Kap. 2.4.3),

- keine Bildliche Übersicht/Zusammenstellung vertrieblicher Folgen bzw. Fahrplananordnungen (Fahrplananpassungen),

- kein zusätzlicher Personaleinsatz und
- keine Abstimmung mit Kunden (Trasse/ Serviceeinrichtungen/Infrastrukturanschlüsse)

erforderlich ist. Die Erarbeitung von Fahrplankonzepten sowie darauf basierender Kundenabstimmungen ist somit nicht erforderlich. Bereits genehmigte Sperrzeiten dürfen durch die Einordnung von C-Maßnahmen dementsprechend nicht beeinträchtigt werden. Die Anmeldung muss sechs Wochen vor Bauausführung erfolgen.

Infrastrukturmaßnahmen zur dringenden Beseitigung von Einzelfehlern am Oberbau dürfen als **F-Maßnahmen** angemeldet werden. Im Hinblick auf die für die Fehlerbeseitigung definierten Fristen haben F-Maßnahmen deutlich kürzere Anmelde- und Bearbeitungsfristen als A- oder B-Maßnahmen. Die Anmeldung muss vier Wochen (28 Tage) vor gewünschtem Ausführungstermin eingereicht werden.

Koordination, Kundenkommunikation und Genehmigung

Gegenüber den Vorprozessphasen, in denen die Anmeldungen immer bezogen auf ein gesamtes Fahrplanjahr zu einem Stichtag eingereicht wurden, erfolgt im Kapazitätskonfliktmanagement nun eine wochenweise Anmeldung und Koordination in Abhängigkeit vom gewünschten Baubeginn. Hierzu werden nach der Anmeldung die Infrastrukturmaßnahmen im Hinblick auf das bereits bestehende Sperrzeitgefüge geprüft und mit folgender Priorität baubetrieblich eingeordnet:

- Priorität 1: sperrzeitneutrale Einordnung, also Ausführung unter Deckung bereits eingeplanter Bauarbeiten
- Priorität 2: Einordnung unter Deckung bereits eingeplanter Bauarbeiten mit umsetzbaren zusätzlichen Auswirkungen auf den Zugverkehr
- Priorität 3: Einordnung als neue Sperrzeit unter Berücksichtigung der Passfähigkeit zu bereits bestehenden Konzepten und ausreichendem Vorlauf zur Kundenkommunikation

Die in der Anmeldung aufgeführten, geplanten Termine des Technischen Anmelders werden soweit erforderlich und möglich entsprechend berücksichtigt. Ebenso wird jedoch mit dem Technischen Anmelder abgestimmt, wenn Verschiebungen oder Anpassungen aufgrund der oben genannten priorisierten Einordnung notwendig sind.

Stellt sich heraus, dass keine geeigneten Sperrzeiten im vorgesehenen Zeitraum zur Verfügung stehen, wird die Anmeldung zurückgewiesen. Es besteht nun die Möglichkeit einer sperrzeitoptimierten Umplanung der Infrastrukturmaßnahmen, um eine Einplanung im vorgesehenen Fahrplanjahr doch noch realisieren zu können. Ist dies beispielsweise aus technischen Gründen nicht möglich, ist die Verschiebung in ein anderes Fahrplanjahr vorzusehen – die vorgeschriebenen Anmeldefristen sind hierbei entsprechend einzuhalten.

Im Falle einer erfolgreichen baubetrieblichen Einordnung startet nun bei A- und B-Maßnahmen der Prozess der Kundenkommunikation (bezüglich der Zeitpunkte siehe Abb. 2–58). Hierzu wird im ersten Schritt eine Bildliche Übersicht erstellt (vgl. Kap. 2.4.1). Daraus resultiert eine zugscharfe Darstellung der voraussichtlichen Auswirkungen und resultierenden

Verspätungen, welche je EVU erstellt und verteilt wird – die „Zusammenstellung der vertrieblichen Folgen“ (ZvF).

Mögliche Auswirkungen von Infrastrukturmaßnahmen beschreibt die Richtlinie 402.0305 in Abschnitt 10, Absatz 1 wie folgt: „Baumaßnahmen können zu Verspätungen, Vorplanfahrten und Haltausfällen auf dem Regellaufweg, Umleitungen oder zu einem (Teil-)Ausfall von Zügen führen. Auch auf Strecken, auf denen zwar nicht gebaut, die jedoch als Umleitungsstrecken benötigt werden, können Umleitungen oder Ausfälle von Trassen erfolgen. Weiter können sich durch Baumaßnahmen Einschränkungen für die Zugcharakteristik (z. B. Länge, Last) ergeben“.

Alle diese Auswirkungen werden in der ZvF in tabellarischer Form, mit Angabe der betroffenen Verkehrstage, entsprechend dargestellt.

Die ZvF dient im weiteren Planungsverlauf als Basis für:

- die Ermittlung der Kundenwünsche. Hierfür wird die ZvF den jeweiligen EVU mit Möglichkeit der Stellungnahme zur Verfügung gestellt. Mögliche Anpassungswünsche können beispielsweise alternative Fahrwege bei Umleitungen oder angepasste Sperrzeiten zur Schonung des Berufsverkehrs sein,

- eine detaillierte Prüfung der Passfähigkeit der jeweiligen Fahrplankonzepte aller eingeplanten Sperrzeiten zueinander. Hierfür erfolgt eine Konfliktprüfung (vgl. Kap. 1.2.2) mit anschließender Ermittlung potenzieller Lösungsmöglichkeiten.

Für Bewertung und Koordination der Infrastrukturmaßnahmen stehen folgende weitere Unterlagen und Werkzeuge zur Verfügung:

- IT-gestützte Darstellung aller zeitgleich stattfindenden Infrastrukturmaßnahmen und deren Fahrplankonzepte

- Strecken- und Bahnhofskarten und weitere grafische Darstellungen verfügbarer Infrastruktur (z. B. Serviceeinrichtungen wie Tankstellen)

- bereits bekannte Kundenpräferenzen und Unterlagen der EVU (z. B. Linienkarten des SPFV)

- aktuelle Fahrplandaten

Sowohl eingegangene Kundenwünsche als auch notwendige Anpassungen zur Konfliktlösung werden auf Umsetzbarkeit geprüft und in die bestehenden Konzepte eingearbeitet. Sofern Änderungen an den Infrastrukturmaßnahmen erforderlich sind, werden diese vorab mit dem Technischen Anmelder abgestimmt.

Nachdem die ermittelten Kundenwünsche und Konfliktlösungen – soweit möglich – durch die Baubetriebsplanung berücksichtigt wurden, erfolgt die netzweite Abstimmung sowie die Genehmigung der Infrastrukturmaßnahmen zur Durchführung an den Technischen Anmelder.

Die Genehmigung und somit terminliche Fixierung des Bautermins 20 bzw. sieben Wochen vor Baubeginn ist erforderlich, um sowohl vergaberechtliche/projektplanungsrelevante

Vorlaufzeiten zu gewährleisten als auch den EVU (bei A-Maßnahmen) eine zeitgerechte Anpassung der Verkaufs- und Buchungssysteme zu ermöglichen. Dem Reisenden kann somit in diesen Fällen bereits bei Buchung eine alternative Reiseverbindung empfohlen werden. Jede Verzögerung des Abstimmungsprozesses führt unweigerlich zu Qualitätseinbußen, die sich zum einen in der nicht zeitgerechten Information der Kunden und zum anderen aber auch bauseitig in Regresskostenforderungen bei Änderungen nach der Vergabe der Bauleistung gegen den Anmelder niederschlagen können.

Sowohl für den Kunden als auch für den Anmelder und letztendlich für die bauausführende Firma sind die genehmigten Daten Grundlage für die weitere Planung. Werden Änderungen der genehmigten Rahmenbedingungen aufgrund von Unregelmäßigkeiten oder Umplanungen erforderlich, erlischt die Genehmigung für die gesamte Infrastrukturmaßnahme. Die Genehmigung muss in diesen Fällen umgehend neu beantragt werden und dies ist entsprechend zu begründen. Die Wahrung dieses Grundsatzes ist wichtig, weil bis zur Genehmigung einer Infrastrukturmaßnahme mitunter umfangreiche Abstimmungsprozesse erforderlich sind, deren Arbeits- und Zeitaufwand je nach betrieblichen Auswirkungen der Maßnahme variieren.

Bei der Einordnung und Genehmigung von C- und F-Maßnahmen sind aufgrund der zu erwartenden geringen Auswirkungen bzw. technischen Rahmenbedingungen verkürzte Vorläufe vorgesehen. Bereits genehmigte Baubetriebsmaßnahmen dürfen durch die Einordnung von C-Maßnahmen nicht beeinträchtigt werden. Da bei C-Maßnahmen keine Auswirkungen auf die Kunden entstehen dürfen, ist dementsprechend auch keine Kundenkommunikation beispielsweise über eine ZvF erforderlich. Die Genehmigung erfolgt, nach finaler Festlegung der erforderlichen Sperrzeit, zu d-35 (35 Tage vor Bauausführung). Bei F-Maßnahmen wird die Genehmigung zeitnah zu d-26 erteilt, damit von technischer Seite ein ausreichender Planungsvorlauf bis zum Ausführungstermin gewährleistet ist.

> *Hinweis: Natürlich besteht jederzeit die Möglichkeit, dass deutlich kurzfristiger als in den bisher genannten Zeitabläufen zu beseitigende Schäden an der Infrastruktur auftreten. Diese unplanbaren Infrastrukturmaßnahmen müssen dispositiv behandelt werden.*

Erstellung der Fahrplanunterlagen

Müssen Züge aufgrund von Infrastrukturmaßnahmen umgeleitet oder vor Plan gefahren werden oder gibt es Änderungen an den geplanten Verkehrshalten (Haltausfälle, Ersatzhalte), ist für diese eine neue Trassenkonstruktion („Baufahrplan“) erforderlich – bei Umleitungen bis zum Erreichen des ursprünglichen Regelwegs. Das Erfordernis der Trassenkonstruktion besteht unabhängig von der vorliegenden Maßnahmenart A, B oder F. Weiterhin werden auch Verspätungen auf Regelweg in ausgewählten Fällen über neue Fahrpläne fixiert und den Endkunden über die Buchungssysteme kommuniziert. Endprodukt dieser Trassenkonstruktion ist die Fahrplananordnung (siehe Abb. 2–56), welche zugscharf die neuen Fahrzeiten und Laufwege sowie zu beachtende Besonderheiten darstellt.

Nicht von dieser Regelung betroffen sind Züge, die von einer bereits in den BbEI (vgl. Abschnitt „Kurzfristiges Kapazitätsmanagement – Integrierte Bündelung“) kommunizierten Infrastrukturmaßnahme betroffen sind und bereits im Rahmen der Netzfahrplanerstellung auf die Sperrzeiten angepasste Fahrpläne erhalten haben.

```
In Anordnung über den
Zugverkehr eingetragen:
________________________________
(Datum)          (Name)
                                                    DB Netz AG
                                                     RB Muster
                                                 Fahrplan-KBBT
                                                 I.NM-M-F (B)
                              (Rufnummer: (0123) 4567-8910)
                                                    12.05.2010


       Fahrplananordnung Nr. Fplo 12345_M__EVU
            - gültig vom 01.06.2010 bis 03.06.2010 -


Baumaßnahme:   Brückenarbeiten Brückensanierung BAB A 3zwischen A..orf und
Bstadt Absw

Kunde: EVU


Zugübersicht
Zugnummer    Verkehrstag              lfd. Nr.
  4711       11.05.2010               2.1


1. Allgemeines

Aus der jeweiligen Betriebslage heraus notwendige Änderungen in
der Zugfolge, Überholungen von/durch und Kreuzungen mit Zügen, Sonderzügen
usw., die im Fahrplan nicht enthalten sind, regeln die Fahrdienstleiter
im Benehmen mit der BZ.
Fplo gilt als Fahrplanmitteilung.
Fahrplanaushändigung regelt EVU.

2. Umleitungen
2.1
Am Mi 02.06.2010 verkehrt

Zug 4711 (12.3)
Dhausen - Ellingen
über Cheim

Kundennr: X1234
ab Dhausen
Tfz 146, Wagenzuglast 293 t, Wagenzuglänge  134 m
HG 160 km/h

Mbr  R+Mg

Bfpl 299, 292, 296

- ab Dhausen
   * LZB vorh.


Dhausen                +15.10 15.13   Bfpl 890 S.200 Sp. 2 Mbr 74
Nhorsten                         34
Cheim                            52
Ellingen                16.07
-----------------------------------------------------

Fplo 12345_M__EVU                                          Seite 1
```

Fplo-Beispiel (Auszug)

Abb. 2-56: beispielhafter Auszug aus einer Fplo

Quelle: DB Netz AG, Ril 402.0305

Gesamtübersicht

Nachfolgend sind alle relevanten Termine je Maßnahmenart des Kapazitätskonfliktmanagements in Abb. 2-57 zusammengefasst:

Maßnahmenart				Termine Kapazitätskonfliktmanagement
A*	B	C	F	
z-31	z-14	d-42	d-28	Baubetriebliche Anmeldung, Beginn baubetriebliche Einordnung
z-29	z-12	-	d-26	Beginn fahrplanerische Bearbeitung und Kundenabstimmung
z-24	z-10	-	-	Erstversand ZvF
z-20	z-7	d-35	d-26	Genehmigung zur Bauausführung
z-15	z-6	-	-	ZvF-Endstück
z-3		-	z-2	Veröffentlichung Fahrplananordnung

*= inklusive Maßnahmen der Prozessphase „Integrierte Bündelung", auch wenn diese den Kriterien B entsprechen
d-a = Anzahl (a) Tage vor Tag des Baubeginns (d)
x-a = Anzahl (a) Monate vor dem Fahrplanwechselmonat (x) (Dezember) des Fahrplanjahrs mit Baubeginn
z-a = Anzahl (a) Wochen vor der Woche des Baubeginns (z)

Abb. 2-57: Übersicht Termine Kapazitätskonfliktmanagement

2.4.3 Von der Planung zur Durchführung der Infrastrukturmaßnahme

Nachdem eine Infrastrukturmaßnahme sowohl hinsichtlich der technischen Planung als auch baubetrieblich alle Hürden erfolgreich genommen hat, nähern wir uns nun dem Ausführungstermin. Bevor jedoch tatsächlich mit der Maßnahme begonnen werden kann, sind noch einige wichtige Unterlagen zu erstellen, die zur betrieblich wie auch baulich sicheren und qualitativ hochwertigen Abwicklung unabdingbar sind.

An der Schnittstelle zwischen Bahnbetrieb und Baudurchführung sind drei Unterlagen zu nennen, die nachfolgend eingehender behandelt werden.

Die Betriebs- und Bauanweisung (Betra)

Bereits der Name dieses Dokuments lässt erkennen, dass es sich um eine Unterlage handelt, die Belange sowohl des Betriebs als auch des Baus berücksichtigt. Die konkreten Inhalte und Vorgehensweisen im Zusammenhang mit einer Betra beschreibt das Richtlinienmodul 406.1201 – Betra erarbeiten. Dort ist in Abschnitt 1 eine Betra wie folgt definiert: „Eine Betriebs- und Bauanweisung (Betra) ist eine schriftliche Anweisung für Bauarbeiten und Arbeiten, die betriebliche, fernmelde-, leit- und sicherungstechnische, oberleitungstechnische und bautechnologische Regelungen enthält. Die Betra beinhaltet auch Zuständigkeiten und Festlegungen für die Bauleitung, die Bauüberwachung sowie für die Sicherung der Beschäftigten und das Notfallmanagement."

Sie beinhaltet somit, wie der Name fälschlicherweise vermuten lassen kann, weder technische Bau*durchführungs*anweisungen noch werden betriebliche Anweisungen wiederholt, welche bereits in anderen Richtlinien detailliert beschrieben sind. Vielmehr ist die Betra eine Unterlage, welche

- Örtlichkeit und auszuführende Maßnahme beschreibt,
- allgemeingültige Regelungen auf die Örtlichkeit und die auszuführenden Arbeiten bezogen zuordnet und ergänzt sowie
- Zuständigkeiten und Verantwortlichkeiten verbindlich regelt.

Ob und welche Regelungen in einer Betra aufgenommen werden müssen, richtet sich neben den Bestimmungen der Ril 406 auch nach den Bestimmungen anderer betrieblicher, bautechnischer und arbeitsschutzspezifischer Richtlinien, in denen dann auf die schriftliche Unterlage (Betra) verwiesen wird (Beispiel: Ril 408 Fahrdienstvorschrift).

Die Erarbeitung einer Betra ist gemäß Modul 406.1201, Abschnitt 1 zwingend erforderlich bei Bauarbeiten/Arbeiten, wenn

- von der Fahrordnung oder den Laufwegen der Züge abgewichen werden muss oder Abweichungen von der planmäßigen Fahrzeit auftreten,
- während der Ausführung von Bauarbeiten der Fahrweg von Hauptgleisen in seiner Funktionsweise beeinträchtigt werden kann,
- die Oberleitung ausgeschaltet werden muss,
- neue Anlagen der Leit- und Sicherungstechnik (LST) in Betrieb genommen werden,
- Bauarbeiten/Arbeiten unterschiedlicher Arbeitsgebiete koordiniert werden müssen,
- während der Ausführung von Bauarbeiten Stellwerke planmäßig nicht besetzt sind und betriebliche Regelungen erforderlich werden oder
- durch Bauarbeiten mehrere EIU betroffen sind.

Nicht alle Tätigkeiten, die zur Erhaltung der Verfügbarkeit der DB Netz-Infrastruktur erforderlich werden, erfüllen die Bedingungen für die Erarbeitung einer Betra. So sind für

- Bauarbeiten in **Nebengleisen** ohne Betriebsbeeinflussung, wenn keine anderen Betra-Gründe vorliegen, und
- Arbeiten ohne Betriebsbeeinflussung aus Gründen der Unfallverhütung

„Betriebliche Anordnungen" gemäß Anhang Ril 406.1201A03 zu erstellen. Da der Regelungsbedarf in diesen Fällen eher als gering einzustufen ist, wird auf eine Vielzahl von für die Betra geforderten Angaben verzichtet bzw. werden diese vereinfacht dargestellt. Sofern auch die genannten Gründe nicht greifen, darf auf die Erarbeitung einer Betra oder „Betrieblichen Anordnung" verzichtet werden. Die erforderlichen Regeln sind entsprechend den fachtechnischen Regelwerken (z. B. im Arbeits- und Störungsbuch des Fdl) zu dokumentieren.

An der Schnittstelle zwischen Bau und Betrieb ist es insbesondere bei der Erstellung einer Betra von besonderer Relevanz, die Auswirkungen baubedingt eingeschränkter Infrastruktur auf die Betriebsdurchführung zu bewerten. Aus diesem Grund wird zwischen Bauarbeiten und Arbeiten unterschieden. Unter **Bauarbeiten** sind gemäß Ril 406 Tätigkeiten zu verstehen, die im gesperrten Gleis an bautechnischen, leit- und sicherungstechnischen, telekommunikations- und elektrotechnischen Anlagen verrichtet werden. Hinzuzuzählen sind außerdem jene Tätigkeiten, bei denen der Regellichtraum oder die technische Verfügbarkeit betriebsrelevanter Anlagen eingeschränkt wird. **Arbeiten** dagegen umfassen alle Tätigkeiten, die ohne Gleissperrung durchgeführt werden können oder für die eine Gleissperrung ausschließlich aus Gründen der Unfallverhütung erforderlich ist. Letztere beschreiben somit die Tätigkeiten, die ihren Regelungsschwerpunkt nicht im Betriebsführungs-, sondern im Arbeitsschutzbereich haben.

Um einheitliche Vorgaben für die Erstellung der Betra zu schaffen, ist die Verwendung eines Vordrucks (Betra-Antrag) zwingend vorgeschrieben. Dieser Betra-Antrag ist als Anhang 1 des Moduls 406.1201 in der Ril 406 abgedruckt. Inhalt und Gliederung sind weitgehend mit den Gliederungsmerkmalen der hiernach zu erstellenden Betra identisch. Damit sind bereits mit der Erarbeitung des Antrags umfangreiche Hilfestellungen hinsichtlich Vollständigkeit und Richtigkeit der erforderlichen Angaben verknüpft.

Für eine korrekte und fristgerechte Betra-Antragstellung ist somit eine fachliche Expertise zwingend erforderlich. Die Berechtigung für die Betra-Antragstellung ist daher begrenzt auf den folgenden Personenkreis:

- der für die Durchführung der Bauarbeiten/Arbeiten Verantwortliche des DB Konzerns mit Befähigung als Bauüberwacher Bahn oder Fachbauüberwacher
- ein durch die DB Netz AG zugelassener Dritter mit Befähigung als Bauüberwacher Bahn oder Fachbauüberwacher
- ein Mitarbeiter des DB-Konzerns mit Befähigung als Betra-Antragsteller

Mit der Erarbeitung des Betra-Antrags ist so rechtzeitig zu beginnen, dass dieser vollständig ausgefüllt und mit allen nach Ril 406 erforderlichen Anlagen im Regelfall **spätestens sechs Wochen** vor Beginn der Bauarbeiten/Arbeiten beim Betra-Bearbeiter vorliegt. Ist lediglich die Erarbeitung einer „Betrieblichen Anordnung“ erforderlich, so kann die Vorlagefrist auf **zwei Wochen** verkürzt werden. Damit den Empfängern (örtlich zuständige Stellen beteiligter EIU, Antragsteller) ausreichend Zeit eingeräumt wird, sich mit den für sie wichtigen Inhalten der Betra zu befassen, muss diese **„spätestens fünf Tage vor dem Inkrafttreten“** dort vorliegen. Dieser Termin ist aufgrund seiner Sicherheitsrelevanz von entsprechender Bedeutung. Wurde eine Betra nicht oder nicht rechtzeitig den Beteiligten zugestellt, kann dies daher die kurzfristige Absage einer Infrastrukturmaßnahme zur Folge haben, da die sichere Durchführung nicht gewährleistet ist.

Neben allgemeinen Informationen am Beginn und am Ende kann jede Betra in folgende Themenbereiche unterteilt werden:

- Beschreibung der Infrastrukturmaßnahme, des Ausführungszeitraums, der Örtlichkeit und der infrastrukturellen Einschränkungen,
- Gesamtverantwortliche für bauliche und betriebliche Abwicklung,
- betriebliche Regelungen,

- Sicherung der auf der Baustelle Beschäftigten,
- fachlich Verantwortliche.

Betra können entsprechend der Komplexität der zu regelnden Sachverhalte sowohl hinsichtlich der Erstellung als auch hinsichtlich der Anwendung sehr anspruchsvoll sein.

Zusammenstellung der vorübergehenden Langsamfahrstellen

Eine weitere betriebswichtige Unterlage, die nicht nur im Zusammenhang mit der Durchführung von Infrastrukturmaßnahmen im Gleisbereich von Relevanz ist, stellt die „Zusammenstellung der vorübergehenden Langsamfahrstellen und anderen Besonderheiten“ – die „La“ – dar. Die Regelungen für das Erarbeiten der La enthält das Modul 406.1202 „La erarbeiten“ der Ril 406.

Mit der La wird das Zugpersonal über vorübergehend eingerichtete Langsamfahrstellen und andere Besonderheiten (Angaben zur Betriebsweise, veränderte Signalstandorte, Hinweise zur Unfallverhütung, Fahren mit gesenktem Stromabnehmer usw.) unterrichtet. Es liegt in der Verantwortung der EVU, allen Triebfahrzeugführern die vollständigen La-Angaben für alle fahrplanseitig vorgesehenen Laufwege zur Verfügung zu stellen. Dies betrifft neben den Regellaufwegen auch beispielsweise baubedingt vorgesehene Umleitungslaufwege.

Die „La" ist entweder als Druckstück per Postversand oder in elektronischer Form (pdf, xml) über eine speziell hierfür vorgesehene Weboberfläche erhältlich. Sie besteht aus dem Titelblatt, den Vorbemerkungen, einer Übersicht der verwendeten Abkürzungen und Symbole, einer Übersichtskarte mit Streckennummern und der Zusammenstellung der vorübergehend eingerichteten Langsamfahrstellen und anderen Besonderheiten.

Für besonders umfangreiche und längerfristige La-Einträge, beispielsweise aufgrund wesentlicher Änderungen an der Strecke und umfangreichen Baubetriebszuständen (z. B. Stellwerksinbetriebnahmen, Inbetriebnahme neuer Strecken) kann eine „Sonder-La" als separates Exemplar herausgegeben werden. Sie gilt nur für die Durchführung einer bestimmten Maßnahme und ist begrenzt auf den hierfür erforderlichen Zeitraum. Damit wird erreicht, dass zum einen das „allgemeine" Druckstück entlastet wird, zum anderen alle Änderungen/Neuerungen, die mit der Maßnahme selbst in Zusammenhang stehen, übersichtlich zusammengefasst dargestellt werden können.

Da auch die La eine entsprechende Sicherheitsrelevanz besitzt, sind Anmeldungen der La-Einträge nur durch folgenden Personenkreis zulässig:

- Betra-Antragsteller gemäß Richtlinie 406.1201 Abschnitt 2 (1) ausschließlich im Zusammenhang mit einem Betra-Antrag
- der Anlagenverantwortliche der DB Netz AG

Exemplarisch in Abb. 2-58 und 2-59 ein La-Eintrag inklusive zugrunde liegendem Spaltenaufbau:

1	2	3	4	5	6	7	8
Lfd. Nr	In Betriebsstelle oder zwischen den Betriebsstellen	Ortsangabe	Geschwindigkeit Besonderheit	Uhrzeit oder betroffene Züge	In Kraft ab	Außer Kraft ab	Gründe und sonstige Angaben

Abb. 2-58: Mustereinträge La - Spaltenaufbau und beschriftung Quelle: DB Netz AG, Ril 406.12

1	Nimmersatt - Bad Seeblick	**130,0-131,2** 1200 m	**60**		06.05. 08 10:00	10.10. 08 10:00	
2	Nimmersatt - Bad Seeblick	**131,2-131,9** 700 m	**70**		12.11. 08 08:00	15.11. 08 17:00	- Lf 1 wiederholt in km 130,8

Abb. 2-59: Mustereinträge La - Lfst allgemein Quelle: DB Netz AG, Ril 406.12

Die Baubetriebskoordination

Bei Vorbereitung und Durchführung von Infrastrukturmaßnahmen kommt der Baubetriebskoordination hinsichtlich der Qualität der Betriebsführung eine besondere Bedeutung zu.

Ril 406.1101 besagt hierzu im Abschnitt 4:

„Die Baubetriebskoordination ist die betriebliche Bewertung und fachübergreifende Abstimmung der Folgen aller in der technischen Planung und Durchführung von Infrastrukturmaßnahmen umzusetzenden betrieblichen Detailplanungen."

Im Fokus der Baubetriebskoordination steht insbesondere die sichere Durchführung des Eisenbahnbetriebs auch bei baubedingten betrieblichen Einschränkungen. Weiterhin sind die folgenden wesentlichen Kriterien zu beachten:

- Einhaltung der Bestimmungen zur Unfallverhütung und zum Arbeitsschutz,
- Einhaltung der Betriebsqualität,
- Erhaltung der Verfügbarkeit des Fahrwegs und
- ergebnisorientierter, wirtschaftlicher Einsatz von Mitteln und Personal unter Abwägung der Beeinträchtigung von Bau und Betrieb.

Die Baubetriebskoordination wird neben der Baubetriebsplanung und dem Betra-Sachbearbeiter maßgeblich von den örtlichen Baubetriebskoordinatoren (BBK) ausgeführt. Sie endet mit dem baulichen Abschluss der Infrastrukturmaßnahme, wobei die Herausgabe der Betra einen wichtigen Meilenstein darstellt. Der BBK darf einzelne Aufgaben auch an zertifizierte Dritte übertragen.

Zu den wichtigsten Aufgaben des BBK im Zusammenhang mit der Abwicklung von Infrastrukturmaßnahmen gehören:

- Mitwirken bei der Erarbeitung Baubetrieblicher Anmeldungen in allen baubetrieblichen Prozessphasen (vgl. Kap. 2.4.2)
- Leitung von Einsatzbesprechungen sowie von Baustellenbegehungen und Bauanlaufberatungen im Vorfeld der Durchführung
- Kontrollieren des Bauablaufs und Abstimmen der Baustellenlogistik mit Bauüberwacher und Baubetriebsdisponent
- Genehmigen von Betra
- Wahrnehmung von Bauüberwachungskoordination (bei mehreren Bauausführenden) und der Sicherungskoordination, Abstimmung der ggf. zu ergreifenden Sicherungsmaßnahmen
- Entscheidung bei Abweichungen vom geplanten Betriebs- und Bauablauf über Weiterführung des Betriebs und Fortsetzung der Infrastrukturmaßnahme oder qualifizierten Abbruch

Außerdem soll er bereits bei Entwurfsplanungen von Projekten, die in seinem Zuständigkeitsbereich realisiert werden, umfassend mitwirken.

Anhand des dargestellten Aufgabengebiets ist ersichtlich, dass die Baubetriebskoordination in ihrem Tätigkeitsfeld direkt an die Baubetriebsplanung anknüpft, und ein wichtiger Garant dafür ist, dass eine lange, teilweise schwierige Vorplanungsphase auch für alle Bereiche erfolgreich abgeschlossen werden kann.

2.5 Eisenbahnbetriebswissenschaftliche Untersuchungen

2.5.1 Allgemeine Anforderungen an das strategische Kapazitätsmanagement

Es gehört zu den Aufgaben jedes Eisenbahninfrastrukturunternehmens (EIU), im Rahmen seiner Angebotsplanung die Infrastruktur so zu dimensionieren, dass die mit dem Eigentümer der Infrastruktur und den Infrastrukturnutzern getroffenen Vereinbarungen sowie die gestellten Anforderungen erfüllt werden können.

Innerhalb von Neu- oder Ausbauprojekten werden Aussagen gefordert:

- ob die geplante Infrastruktur gemäß der verkehrlichen und betrieblichen Anforderungen richtig dimensioniert ist,
- ob das geplante Betriebsprogramm in der Realität stabil fahrbar ist.

Die Dimensionierung, Gestaltung und konzeptionelle Weiterentwicklung der betrieblichen Infrastruktur erfolgen nach den Kriterien Leistungsfähigkeit, Wirtschaftlichkeit und Qualität. Ziel ist dabei die integrierte Optimierung von Strecken, Knoten und Zugbildungsanlagen, wobei die oben genannten drei Kriterien durchaus konträr zueinander wirken (Schaer 2012).

Daraus ergeben sich Anforderungen an Qualitätskriterien und daraus abgeleitet an die Kapazität (Leistungsfähigkeit) der Eisenbahnanlagen. Aussagekräftige Kenngrößen sind wichtige Input-Daten sowohl im Kapazitätsmanagement und der Infrastrukturdimensionierung des EIU als auch bei den Eisenbahnaufsichtsbehörden. Eine Übersicht und Struktur zur Leistungsfähigkeit findet man in der folgenden Übersicht.

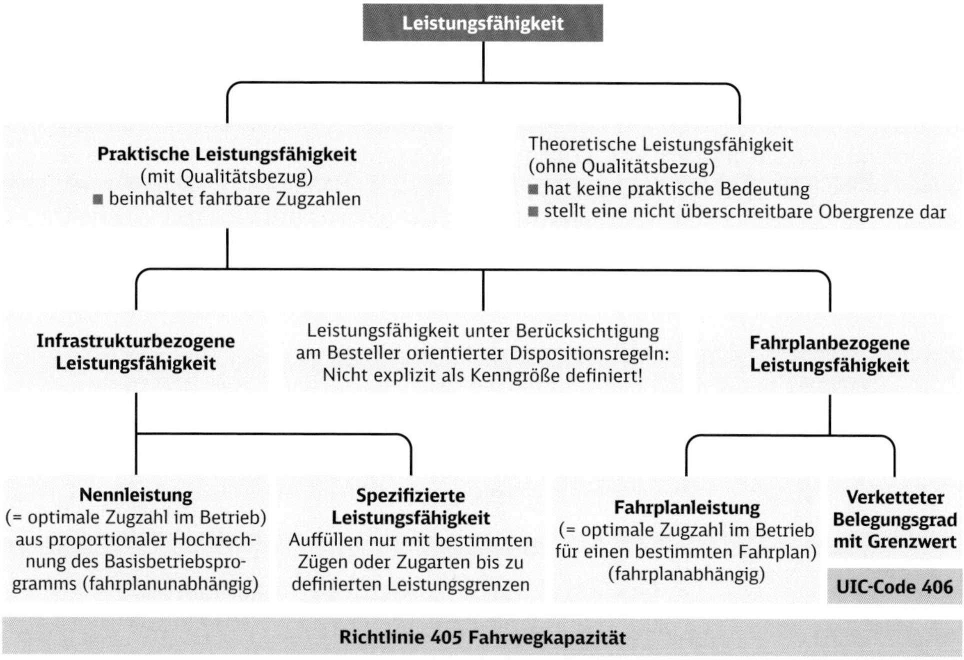

Abb. 2-60: Struktur der Leistungsfähigkeit — Abbildung: BFV/nach DB Netz AG

Dabei ist die Schienenwegkapazität, die auch als Fahrwegkapazität bezeichnet wird, der Ausdruck der „praktischen Leistungsfähigkeit" und somit gemäß Richtlinie (Ril) 405.0102[5] „die unter Einhaltung bestimmter Qualitätsgrenzen ermittelte fahrbare Zuganzahl". Die Nennleistung als besondere Kennzahl liegt innerhalb des Bereichs der optimalen Betriebsqualität, in welchem diese Qualitätsanforderungen realisiert werden. Diese bei einer definierten Qualitätsgrenze (z. B. zulässige Verspätungen) fahrbare Zuganzahl ist dann bei der konkreten Fahrplankonstruktion zu beachten.

Diese Aufgabe wird auch im Eisenbahnregulierungsgesetz (ERegG)[6] für das EIU definiert. Gemäß § 1 Abs. 17 ist dabei die „Schienenwegkapazität (...) die Möglichkeit, für einen Teil des Schienenweges für einen bestimmten Zeitraum Zugtrassen einzuplanen, wobei die praktische Leistungsfähigkeit des Schienenweges zu Grunde zu legen ist", also z. B. nur so viel Züge zu fahren, dass die Verspätungen im realen Betrieb den zulässigen Grenzwert nicht überschreiten.

Betriebsanlagen einer Eisenbahn einschließlich der Bahnfernstromleitungen dürfen nur gebaut oder geändert werden, wenn im Rahmen einer Genehmigungsplanung der Plan vorher festgestellt wurde. Bei einer Planfeststellung sind die von dem Vorhaben berührten öffentlichen und privaten Belange einschließlich der Umweltverträglichkeit im Rahmen der Abwägung zu berücksichtigen (vgl. Kap. 4.3).

5 DB Netz AG: Richtlinie 405 Fahrwegkapazität, Aktualisierung 01.10.2022.

6 Bundesministerium der Justiz und für Verbraucherschutz: Eisenbahnregulierungsgesetz (ERegG); 29.08.2016

Das Eisenbahn-Bundesamt (EBA) muss als Aufsichtsbehörde des Bundes die Planung öffentlich-rechtlich in Bezug auf Finanzierungs- und Planrechtssachverhalte prüfen und zur weiteren Planung und Ausführung freigeben. Werden eisenbahnbetriebswissenschaftliche Untersuchungen (EBWU) im Rahmen von gesetzlichen Verfahren durchgeführt, so muss durch das EIU als Vorhabensträger sichergestellt werden, dass Inhalt, Form und Umfang ausreichend sind, um die gemäß §§ 11 und 18 AEG[7] erforderlichen Nachweise führen zu können (siehe folgende Abbildung sowie Kapitel 4.3). Das EBA gibt die Planung zur weiteren Bearbeitung frei, wenn mit dem entsprechenden Verfahren ein positives Ergebnis erreicht wurde. Damit sind EBWU integraler Bestandteil des Kapazitätsmanagements des EIU und der öffentlich-rechtlichen Planungsverfahren des Bundes.

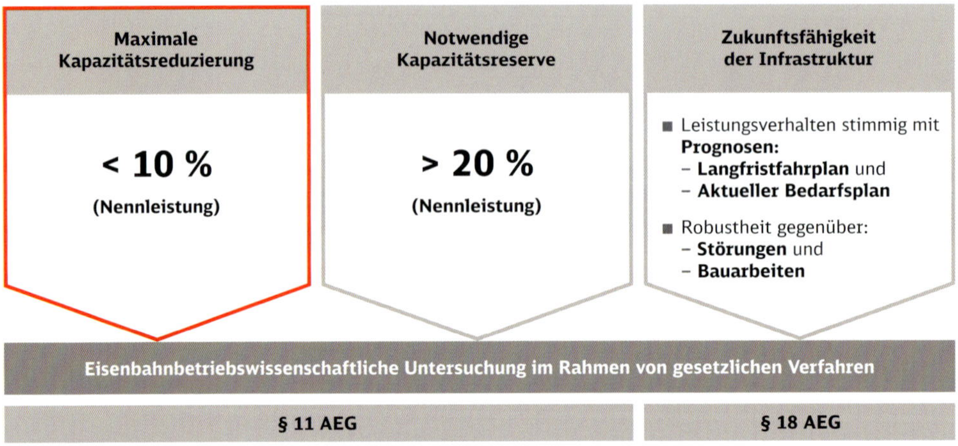

Abb. 2-61: Anforderungen aufgrund §§ 11 und 18 AEG an EBWU Abbildung: BFV/nach DB Netz AG

Seit 2015 können im Fahrplan/Kapazitätsmanagement überlastete bzw. zukünftig überlastete Schienenwege (ÜLS/ZÜLS) nach § 55 ERegG auf Basis der EBA/BNetzA-Verwaltungsrichtlinie u. a. auch mithilfe von EBWU detektiert werden. Ziel von EBWU auf ÜLS/ZÜLS ist die Qualitätssanierung von Strecken mit mangelhafter Betriebsqualität. Dazu muss durch verschiedene Maßnahmen (z. B. Infrastrukturausbau) die Leistungsfähigkeit erhöht und damit die Streckenauslastung reduziert werden, ohne das Angebot für die Kunden negativ zu beeinflussen.

Dabei ist auch durch den Gesetzgeber geregelt, wie EBWU (Tiefe und Ziel) in den betreffenden Leistungsphasen laut Honorarordnung für Architekten und Ingenieure (HOAI)[8], welche die gesetzliche Basis für die Planung und Realisierung von Ingenieurleistungen ist, zu erstellen sind.

- **Leistungsphase 1** (Grundlagenermittlung) – Definition der Infrastrukturrandbedingungen als Vorhabenträger (verkehrliche Aufgabenstellung [VAst], betriebliche Aufgabenstellung [BAst]),

7 Bundesministerium der Justiz und für Verbraucherschutz: Allgemeines Eisenbahngesetz (AEG); 27.12.1993

8 Bundesrat der Bundesrepublik Deutschland: Verordnung über die Honorare für Architekten- und Ingenieurleistungen (HOAI) – in der Fassung von 2021; 12.11.2020

- **Leistungsphase 2** (Vorplanung bzw. Vorentwurfsplanung) – Bestätigung der Infrastrukturrandbedingungen als Vorhabenträger (parallel Planungsbegleitung EBA/BMDV),
- **Leistungsphase 3** (Entwurfsplanung) – Bestätigung der konkreten Infrastruktur als Vorhabenträger (parallel Planungsbegleitung EBA/BMDV),
- **Leistungsphase 4** (Genehmigungsplanung) – Darstellung betriebliche Leistungsfähigkeit bei Auslegung der Planungsunterlagen für die Öffentlichkeit sowie Darstellung im Rahmen der öffentlichen Erörterung (ab hier keine [signifikante] Veränderung mehr möglich).

Um den Nachweis führen zu können, ob vom EBA eine genehmigungsfähige Infrastrukturplanung vorliegt, müssen bei EBWU im Rahmen von gesetzlichen Verfahren mindestens die Leistungskennwerte für den Tages- (06 bis 22 Uhr) und Nachtzeitraum (22 bis 06 Uhr) getrennt berechnet werden. Es sind folgende drei Varianten zu ermitteln:

- Istzustand (Istfahrplan und Istinfrastruktur),
- Ist-Soll-Zustand (Istfahrplan und Sollinfrastruktur),
- Sollzustand (Betriebsprogramm laut Bedarfsplan – aus dem BVWP, ggf. Anforderungen für den „Deutschlandtakt" [ITF] – und Sollinfrastruktur).

Zur Prüfung der Realisierbarkeit und Betriebsqualität von Spitzenbelastungen für den Sollzustand sind im Regelfall der Donnerstag (Güterverkehr, Mischverkehr) oder der Freitag (Personenverkehr) als verkehrsstärkster Tag relevant. Durch den Vergleich der Leistungskennwerte von Istzustand und Sollzustand ist z. B. der Nachweis zu führen, ob eine mehr als geringfügige Kapazitätseinschränkung vorliegt oder nicht. Durch Berechnung des Sollzustands gemäß Bedarfsplan[9] ist der Nachweis zu führen, dass die vorgelegte Infrastrukturplanung „zukunftsfähig" ist, d. h. im Regelfall der optimale Leistungsbereich im Bereich der Nennleistung erreicht wird. Ist dies nicht der Fall, so muss in Abstimmung mit dem EBA entschieden werden, ob der Infrastrukturänderung zugestimmt werden kann oder eine Überarbeitung der Planung gefordert werden muss.

Die Ziele zur Bewertung der Kapazität von Eisenbahnanlagen dienen dabei zur Bestätigung bzw. Veränderung der aktuellen Planung (Fechner und Rothe 2012).

Dabei sind die nachfolgende Reihenfolge und Systematik einzuhalten:

1. Analyse der Infrastruktur
2. Analyse des Betriebsprogramms
3. Ermittlung der betrieblichen Engpässe
4. Ableitung der erforderlichen fahrplanerischen, betriebsplanerischen und infrastrukturellen Maßnahmen

9 Bundesministerium für Verkehr und digitale Infrastruktur: Bundesverkehrswegeplan 2030: https://www.bmvi.de/SharedDocs/DE/Publikationen/G/bundesverkehrswegeplan-2030-gesamtplan.pdf (abgerufen am 29.03.2020).

5. Prüfung der Realisierbarkeit der Maßnahmen und ihres Beitrags zur Stabilität und Robustheit des Eisenbahnbetriebs

6. Ergebnis der Untersuchung: die Planungslösung.

Für Kapazitätsberechnungen im Rahmen von EBWU zur Bemessung und optimalen Nutzung der Infrastruktur gibt es zwei wesentliche Methoden (siehe Abb. 2-62):

- Fahrwegkapazitätsbetrachtungen zur Bemessung der Eisenbahninfrastruktur insbesondere durch analytische Berechnungen

- Fahrplanrobustheitsuntersuchungen zur Prüfung der Robustheit von Fahrplänen und Fahrplankonzepten durch simulative, konstruktive und analytische Methoden

Dabei müssen sowohl Fahrwegkapazitätsbetrachtungen als auch Fahrplanrobustheitsprüfungen die Erfüllung von definierten Qualitätskriterien nachweisen.

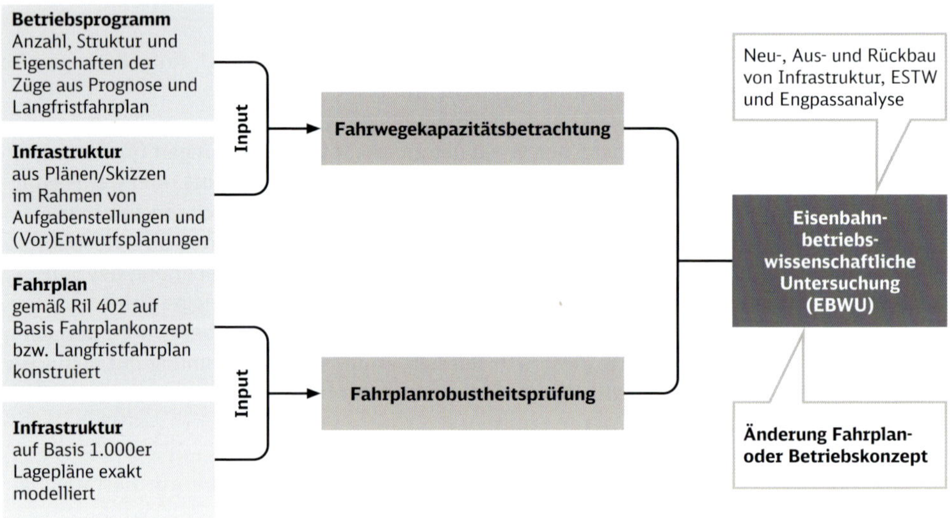

Abb. 2-62: Anlässe für EBWU und der (Mindest-)Informationsbedarf

Abbildung: BFV/nach DB Netz AG

Dabei sind die Kapazitätsbetrachtungen eher für die lang- und mittelfristige Gestaltung der Infrastruktur vorgesehen, während insbesondere Fahrplanrobustheitsprüfungen sowohl für Untersuchungen mit kurz- und mittelfristigem Zeithorizont geeignet sind als auch längerfristig wirken können, wenn zuvor entsprechende Kapazitätsbetrachtungen durchgeführt wurden und ein entsprechend detaillierter Fahrplan vorliegt (siehe Abb. 2-63).

Zwischen Bedarfsanforderung, Planung, Überprüfung der Planung, realem Betrieb inklusive Rückkopplung der Betriebsrealisierung (d. h. Auswertung der Störungen, Abweichungen, Verspätungen ...) und Dispositionsmaßnahmen, deren Erfolgen sowie der Veränderung der Vorgaben/Randbedingungen für Bedarfsanforderung und Planung besteht ein Kreislauf.

Damit besteht das Erfordernis zur ständigen iterativen Steuerung, Auswertung und Verbesserung des Gesamtprozesses.

Abb. 2-63: Zeithorizonte für die Methoden von EBWU   Abbildung: BFV/nach DB Netz AG

Ziel ist ein umfassendes, einheitliches, phasenübergreifendes, integriertes Kapazitätsmanagement zur iterativen Analyse und Gestaltung des Bahnsystems (vgl. Schaer 2015) als Netzmodell, welches durchgängig

- die erforderliche Infrastruktur bestimmt und bemisst,
- den langfristigen Fahrplan aus Trends, Aufkommen und Bedarf ableitet und generiert,
- den Tagesfahrplan inklusive Baumaßnahmen erstellt, vorab prüft, begleitet und bei Abweichungen disponiert,
- die Realisierung des Tagesfahrplans einschließlich der Güte der Dispositionsentscheidungen auswertet bzw. Alternativen und Verbesserungsmöglichkeiten prüft,
- die Ergebnisse als Rückkopplung in den Langfristfahrplan und Tagesfahrplan integriert sowie Vorgaben zur Gestaltung von Infrastruktur, Material- und Personaleinsatz macht.

2.5.2 Fahrplanrobustheitsprüfung

Gegenstand von Fahrplanrobustheitsprüfungen (vgl. Fechner 2014) sind die Bewertung von Fahrplankonzepten im zeitlichen Vorlauf von üblicherweise drei bis zehn Jahren sowie bei kurzfristigen Veränderungen von bzw. Problemen in konkreten Fahrplänen mithilfe von konstruktiven Verfahren bzw. Fahrplananalysen sowie Fahrplan- und Betriebssimulationen im Hinblick auf ihre realisierbare Betriebsqualität.

Ein Fahrplan ist robust, wenn für das Fahrplangefüge trotz Störungen im Umfang eines allgemeinen Grundrauschens eine definierte Betriebsqualität nachweisbar ist, also der Fahrplan Anteile von Störungen und daraus resultierende Wartezeiten kompensieren kann. Damit dürfen sich Verspätungen nicht aufschaukeln, sondern sollen möglichst abgebaut werden oder zumindest gleich bleiben. Grundsätzlich wird in Abhängigkeit von eingestreuten Störungsparametern wie Einbruchs- oder Urverspätungen die sich ergebende Verspätungsveränderung über einen bestimmten Bereich gemessen bzw. ausgewertet.

Für eine Fahrplanrobustheitsprüfung können drei unterschiedliche Methoden genutzt werden:

- konstruktive Verfahren, z. B. nach UIC-Code 406 (vgl. Ende Kap. 2.5.3)
- simulative Verfahren (z. B. Eisenbahnbetriebssimulationen; hiermit sind direkte Fahrplanrobustheitsprüfungen möglich)
- neue analytische Verfahren (Zieger, Weik und Nießen 2018, Gast und Steinborn 2018)

Ziel

Ziel ist die Prüfung der Robustheit von Fahrplänen bzw. Fahrplanstudien bei Infrastrukturveränderungen, aber auch bei veränderten Verkehrsströmen, Anforderungen und Bestellwünschen gegenüber dem aktuellen Netzfahrplan. Basis ist dabei ein prognostiziertes Betriebsprogramm mit Reserven, welches dann in einem oder mehreren alternativen Fahrplänen umgesetzt wird.

Voraussetzung

Voraussetzung für eine Robustheitsuntersuchung ist stets die Feinkonstruktion des Fahrplankonzepts gemäß der Richtlinie (Ril) 402[10] Trassenmanagement der DB Netz AG. Grundbedingung für eine marktgerechte Pünktlichkeit ist, dass die im Fahrplan konstruierten Trassen des Personen- und Güterverkehrs auf realistischen Planungsprämissen beruhen (z. B. „konfliktfreier Fahrplan“).

Dazu werden die Fahrpläne mit induzierten Störungen aus Betriebsdaten und statistischen Auswertungen überlagert (vgl. Kap. 2.3.8). Bei der Prüfung der Fahrpläne auf Robustheit können anhand von auftretenden Verspätungen die Orte, Zeiten und Verkehrslinien detektiert werden, bei denen dort die höchsten Verspätungen sowie auch höchsten Reserven vorhanden sind.

Dabei beeinflussen die Höhe und Verteilung der zeitlichen Abstände zwischen den Zügen, auch als Pufferzeiten zwischen den Sperrzeitentreppen bezeichnet, die Fahrplanstabilität. Bei mehreren Fahrplanvarianten ist der Fahrplan mit den geringsten resultierenden Verspätungen Basis für einen in der Realität umzusetzenden Fahrplan, wobei aus anderen Fahrplänen mit insgesamt höheren Verspätungen auch Komponenten, die zu zeitlich, örtlich und linienmäßig geringeren Verspätungen führten oder hohe Reserven hatten, zur Implementierung in einen Zielfahrplan geprüft werden sollten.

---

10 DB Netz AG: Richtlinie 402 Trassenmanagement, 2016.

Bestandteile

Um auszutesten, ob auf einer Infrastruktur auch ein gegenüber den zu erwartenden Verkehrsanforderungen deutliches höheres Betriebsprogramm bzw. ein deutlich verdichteter Fahrplan mit begrenztem Verspätungsaufbau fahrbar ist, wird dies in einem sogenannten Stresstest (analog zu Stuttgart 21[11] – zum Ablauf siehe Abb. 2-64) geprüft. Zur Realisierung eines stabilen Fahrplans sind dann ggf. Maßnahmen zur Erhöhung der Fahrplanrobustheit und Betriebsqualität abzuleiten.

Dabei sind auch die Größe und Abgrenzung eines Untersuchungsraums für die Gültigkeit eines Ergebnisses wichtig. Je größer ein Untersuchungsraum ist, desto geringer sind die Bedeutung und die Sichtbarkeit von Details, was ggf. deren Detektion erschwert. Damit werden aber auch die Einflüsse der umliegenden Netzelemente, z. B. Zu- und Ablaufstrecken, mit abgebildet. Bei einem sehr kleinen Untersuchungsraum werden andererseits die Einflüsse von Netzauswirkungen von außerhalb nicht mit beachtet, wodurch die Aussagekraft sehr begrenzt ist und ggf. zu optimistische Ergebnisse entstehen.

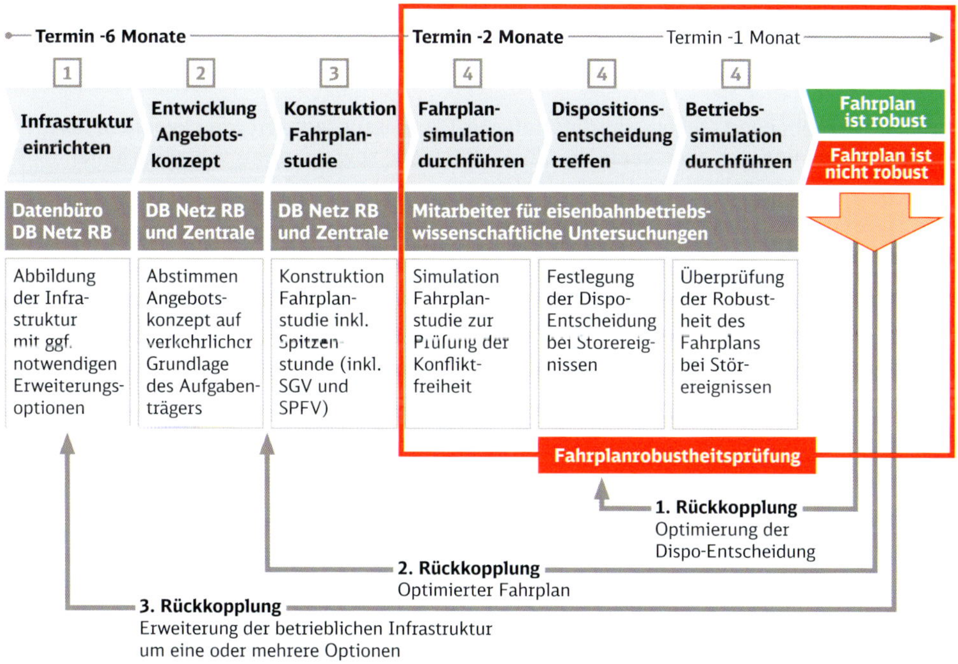

RB: Regionalbereich (Niederlassung) der DB Netz AG

Abb. 2-64: Ablauf und Terminkette einer Fahrplanrobustheitsprüfung

Abbildung: BFV/nach DB Netz AG

Zur Abbildung der Infrastruktur für eine Fahrplanrobustheitsprüfung sind äußerst detaillierte Daten erforderlich. Sie müssen mindestens die folgenden Elemente enthalten:

11 DB Netz AG: Stresstest Stuttgart 21 – finaler Abschlussbericht: http://www.bahnprojekt-stuttgart-ulm.de/uploads/tx_smediamediathek/20110915-Stresstest-Finaler_Abschlussbericht.pdf (abgerufen am 29.03.2020).

- Gleise mit richtungs-/fahrstraßenabhängigen Gleislängen, Neigungen, Bezeichnungen und fahrbaren Geschwindigkeiten
- Bahnsteige mit Lage und Nutzlängen, Bezeichnungen sowie Zuordnungen zu Zugarten
- Weichen und deren fahrbare Geschwindigkeiten mit Lage und Länge
- Signale (Haupt-, Vor-, Rangiersignale, Geschwindigkeits-, H-Tafeln, Balisen, Blockkennzeichen usw.) mit Lage/Art der Signalisierung und Zugbeeinflussung (LZB, PZB; ETCS) sowie der eingesetzten Sicherungstechnik inklusive der Stell- und Auflösezeiten
- Lage der Auflösekontakte/Achszähler für Gefahrpunktabstände/Durchrutschwege, Fahrstraßen- bzw. Signalzugschlussstellen
- mögliche bzw. ausgeschlossene Fahrstraßen bzw. Fahrwege

Dabei ist die vorhandene Infrastruktur der DB Netz AG im System DaViT-Spurplan detailliert abgebildet und kann in verschiedene Softwaretools exportiert werden. Zusätzlich können auch z. B. die im Internet vorhandenen Karten und Luftbilder wegen ihrer hohen Detaillierung und Maßstäblichkeit genutzt werden.

Für künftige Planungen stehen allerdings oft nur Planungsunterlagen wie Lagepläne bzw. Signallagepläne und ggf. auch verzerrte Übersichtspläne sowie (soweit schon vorhanden) Verzeichnisse der zugelassenen Geschwindigkeiten (VzG) zur Verfügung.

Ebenso detailliert müssen Angaben zum Betriebsprogramm vorliegen, die dann in einen konfliktfrei konstruierten Fahrplan münden sollen:

- Tabellen- bzw. Bild-Fahrpläne (mindestens 0,1-minutengenau), Fahrpläne für Zugmeldestellen, Rangierarbeitspläne, jeweils mit detaillierten Zugdaten (Traktionsdaten, Massen, Längen, Geschwindigkeiten),
- Anschlüsse in Bahnhöfen von und zu Zügen mit Angabe der Wichtigkeit,
- besondere zeitliche Randbedingungen, z. B. Takttreffen, ITF o. Ä.

Bei der DB Netz AG liegen die Fahrplandaten im Planungssystem RUT-K vor, aus denen dann entsprechende Ausgaben, Anzeigen und Softwareexporte möglich sind. Bei Planungen ohne vorliegenden Fahrplan muss dieser entsprechend dem Aufkommen, dem Bedarf und den Anforderungen der Besteller fein detailliert konstruiert werden.

Dazu kommen noch die fahrdynamischen Daten der eingesetzten Fahrzeuge wie:

- Triebfahrzeugbauarten mit ihren Kennwerten (Geschwindigkeits-Zugkraft-Diagramm bzw. mögliche Anfahr- und Bremsbeschleunigungen, Höchstgeschwindigkeit, Masse; Länge),
- die zugehörigen Wagendaten (Anzahl, Masse, Länge, Geschwindigkeit) sowie
- Widerstandswerte der Infrastruktur und Fahrzeuge (Luft, Reibung, Weichen, Bogen).

Diese sind einerseits ebenfalls im Planungssystem RUT-K enthalten und exportierbar, können andererseits aber auch bei den entsprechenden Herstellern ermittelt werden. Zu allgemeinen Widerstandswerten können die Angaben aus der entsprechenden Literatur (vgl. Kap. 3.1.2 und 3.2.2) verwendet werden.

Pufferzeiten

Für eine Fahrplanrobustheitsprüfung ist die Wirkung von Reservezeiten (Pufferzeiten sowie Fahr- und Haltezeitzuschläge) zu beachten. Eine ausreichende Dimensionierung und ortsrichtige Anordnung ist somit ein wichtiges Kriterium für die Fahrplanrobustheit. Die Höhe der Pufferzeiten zwischen den einzelnen Zugtrassen (Mindestwerte von 1,0 bis teilweise 2,0 Minuten) wird in Richtlinie 402 definiert. Eine Erhöhung der durchschnittlichen Pufferzeiten (und auch der Zeitzuschläge – siehe unten) reduziert allerdings die konstruierbare Trassenzahl (vgl. Kap. 3.2.5).

Fahr- und Haltezeitzuschläge

Fahr- und Haltezeitzuschläge oberhalb der erforderlichen Regel- und Bauzuschläge ermöglichen es den Zügen, Verspätungen ganz oder teilweise abzubauen. Allerdings erhöhen diese Zuschläge die Beförderungszeiten und vermindern damit die Planungsqualität (ggf. Überschreitung der Grenzen des Beförderungszeitquotienten aus geplanten Beförderungszeiten und Regelbeförderungszeiten gemäß Ril 405), womit der Fahrplan wegen zu langer Beförderungszeiten evtl. nicht mehr marktgerecht ist und die Kunden auf andere Verkehrsmittel umsteigen bzw. die Bahn nicht mehr nutzen).

Ur- und Einbruchsverspätungen

Das Grundrauschen an Störungen und Abweichungen aus dem realen Betrieb kann man über zwei Komponenten abbilden.

Die erste Komponente sind dabei die Einbruchsverspätungen in den Untersuchungsraum, die auf Basis des realen Betriebs differenziert nach Zeitscheiben, z. B. für die Hauptverkehrszeit (HVZ) extra, und Verkehrslinien dimensioniert werden sollen. Bei größeren Untersuchungsräumen muss man als zweite Komponente auch die Veränderungen im Untersuchungsraum selbst ermitteln, um den realen Betrieb realitätsnah abzubilden, wozu die Urverspätungen dienen. Urverspätungen sind z. B. Haltezeitüberschreitungen in Bahnhöfen wegen eines hohen Fahrgastaufkommens, Störungen beim Bedienen der Sicherungstechnik, Störungen an Fahrzeugen und durch Witterungseinflüsse etc., die orts- und zeitgenau genau dort auftreten. Auch hier muss der typische Umfang abgebildet werden, ohne durch Extrema wie besonders lange bzw. seltene Störungen das Bild zu verfälschen.

Konstruktives Modell

Die einfachste Möglichkeit für eine Fahrplanrobustheitsprüfung beruht auf einem konstruktiven Modell. Dabei werden ein oder mehrere Fahrpläne geprüft. Diese Fahrplananalyse beinhaltet zumindest:

- die Prüfung auf Konfliktfreiheit (keine Überschneidung von Sperrzeitentreppen),

- die Überprüfung ausreichender Mindestpufferzeiten zwischen allen Zügen gemäß Richtlinie,
- die Einhaltung von Mindesthalte-, Wende- und Übergangszeiten,
- die Einhaltung der fahrdynamischen Voraussetzungen inklusive Bremshundertstel,
- die Höhe der über den Regelzuschlag bzw. Bauzuschlag vorhandenen Fahr- und Haltezeitzuschläge und der Vergleich mit den Vorgaben (Grenzen) zum Beförderungszeitquotienten gemäß Richtlinie 405.

Nicht lösbare Konflikte geben einen ersten Anhaltspunkt auf eine ungenügende Fahrplanrobustheit. Eine Bestimmung bzw. überschlägliche Dimensionierung inklusive einzuhaltender Grenzwerte der Pufferzeiten kann durch das Verfahren zur Bestimmung verketteter Belegungsgrade gemäß UIC-Code 406 (vgl. Kap. 2.5.3 bzw. 3.4.1 Kompressionsmethode) vorgenommen werden. Ein direkter Nachweis der Robustheit ist so aber nicht möglich.

Simulatives Modell

Die aufwendigeren Modelle für Fahrplanrobustheitsprüfungen bilden den Ablauf eines konkreten Fahrplans auf einer konkreten Infrastruktur bei einer dynamischen Nachbildung des Eisenbahnbetriebs auf simulativer Basis ab. Simulationen bilden die Realität am detailliertesten ab und sind auch für Taktverkehre gut geeignet. Dabei gibt es asynchrone und synchrone Simulationen.

Bei asynchronen Simulationen werden die Züge während der Fahrplanerstellung und im Betrieb jeweils über den gesamten Laufweg gemäß ihrer Rangfolge vollständig eingelegt und gefahren (seriell). Bei diesem Modell könnten insbesondere bei hohen Belastungen niederrangige Züge keine Trasse in ihrer eigentlich gewünschten Fahrplanlage finden, sodass diese dann ganz ans Ende des Simulationszeitraums rutschen würden. Da dies nicht der betrieblichen Realität entspricht, wurden inzwischen einige asynchrone Simulationsmodelle so erweitert, dass der jeweilige Zug nur für einen bestimmten zeitlichen Vorlauf konstruiert wird bzw. dass auch höherrangige Züge nachträglich durch niederrangige um eine bestimmten Zeitanteil in ihrer zeitlichen Lage verschoben werden können. Durch diese Anpassungen der asynchronen Verfahren ist insbesondere bei zweigleisigen Strecken ebenfalls eine gute Aussagekraft und Vergleichbarkeit mit synchronen Simulationen gegeben. Bei Strecken und Teilnetzen mit Eingleisigkeiten ist die Anwendbarkeit asynchroner Simulationen begrenzt, weil durch die spezielle Modellbildung Deadlocks (siehe unten) nicht ermittelt und gelöst werden können, womit ein deutlich höherer zeitlicher Vorschaubereich bei der Betriebssimulation erforderlich wird. Zur Charakteristik von asynchronen Simulationen vgl. Kap. 3.4.2.

Bei synchronen Simulationen wird der praktische Eisenbahnbetrieb mit seiner konkreten zeitlichen und örtlichen Fahrtenfolge sekundengenau nachgebildet und geeicht (siehe Kap. 3.4.2 sowie Abb. 2-65). Die Verfahren, bis wohin jeweils weitergerechnet, sprich parallel simuliert wird, sind das:

- Ereignisverfahren (immer bis zum nächsten Konflikt simulieren),
- Zeitverfahren (immer in gleich kleinen Zeitschritten bis zum nächsten Konflikt),

- Wegeverfahren (immer in gleich kleinen Wegschritten bis zum nächsten Konflikt).

Dabei wird oft eine Kombination der Teilverfahren eingesetzt, z. B. das Ereignisverfahren bis zum nächsten Konflikt mit dem Zeitverfahren, um eine kontinuierliche Zeit-Weg-Linie darstellen zu können.

Da der Betrieb bei synchronen Simulationen im Modell zeitparallel abläuft, können sogenannte Deadlocks entstehen, d. h., die Züge können sich bei Eingleisigkeiten ohne Ausweichmöglichkeit gegenüberstehen, ohne dass auch nur für einen Zug ein weiterer Fahrweg einstellbar wäre. Dies muss in synchronen Simulationen durch Disposition, z. B. ein Verbot bestimmter abhängiger Fahrten, bzw. durch einen Zugzähler ausgeschlossen werden.

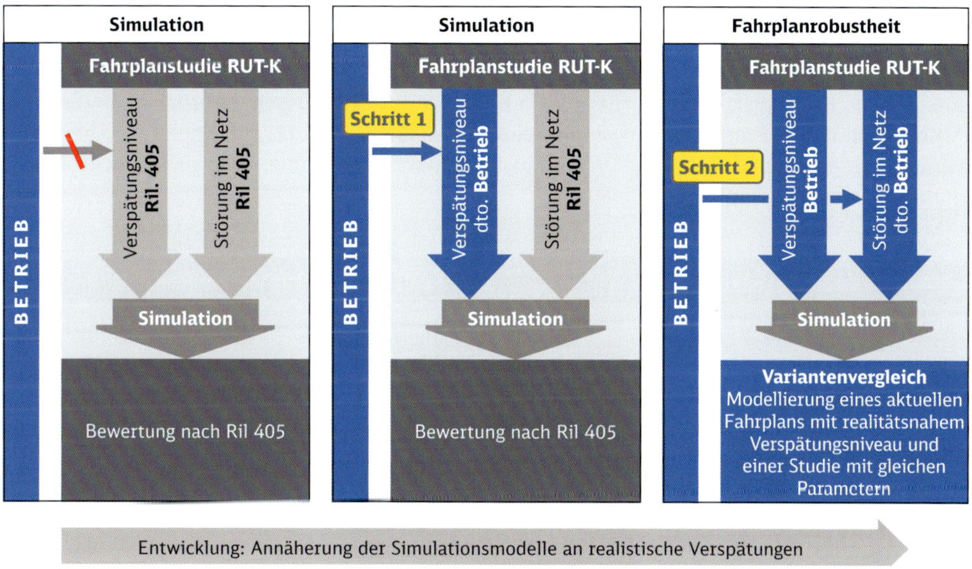

Abb. 2-65: Entwicklung von der Simulation zur Fahrplanrobustheitsprüfung Abbildung: BFV/nach DB Netz AG

Für Fahrplanrobustheitsprüfungen wurde der Ablauf von synchronen Simulationen durch Analysen von Zugzahlen, Zeitanteilen im Fahrplan sowie Betriebsdaten aus dem realen Betrieb (vgl. Kap. 2.3.2) zur Bestimmung des Anteils und Aufkommens an Ur- und Folgeverspätungen für eine Eichung (Kalibrierung) und realitätsnahe Abbildung des Fahrplans in der Simulation erweitert (siehe Abb. 2-65). Die einzelnen Bestandteile der Vorbereitung einer Fahrplanrobustheitsprüfung von der Analyse bis zur Kalibrierung zeigt Abb. 2-66.

Die simulativen Modelle haben aber auch derzeit noch Begrenzungen:

- Es gibt noch keinen automatischen Betriebsprogramm- bzw. Trassenprogrammgenerator, um alle auf der Infrastruktur möglichen Fahrpläne zu erstellen und in der Simulation abzubilden (analog zum Betriebsprogramm der analytischen Fahrwegkapazitätsbetrachtungen).

- Direkte Aussagen aus den Simulationen sind nur Zeiten, Geschwindigkeiten und Beschleunigungen an bestimmten Infrastrukturpunkten, die dann z. B. hinsichtlich der sich ergebenden Verspätungen interpretiert werden müssen.

- Wissenschaftlich bestimmte Kapazitäts-, Leistungs- und Qualitätsmaßstäbe (analog zur analytischen Fahrwegkapazitätsbetrachtung) für quantifizierbare Bewertungen der Simulationsergebnisse sind noch Forschungsgegenstand.

Zuerst wird eine Fahrplansimulation durchgeführt, um die Korrektheit des Fahrplans zu prüfen und einen Ausgangsfahrplan für die Betriebssimulationen zu generieren. Bei der Fahrplansimulation wird davon ausgegangen, dass gegenüber dem zuvor konstruierten Fahrplan nur geringe Anpassungen an einzelnen Zügen durch die Simulation vorgenommen werden müssen (nur wenige Sekunden).

Wenn der Fahrplan korrekt konstruiert wurde, müsste der nach der Fahrplansimulation entstandene Fahrplan exakt der Ausgangsfahrplan sein. Dazu müssen natürlich auch die Pufferzeiten in der Simulation auf die Mindestwerte gemäß Ril 402 (vgl. Kap. 3.2.5) gesetzt werden. Für eine Fahrplansimulation sind insbesondere asynchrone, aber auch synchrone Simulationen ohne Disposition geeignet.

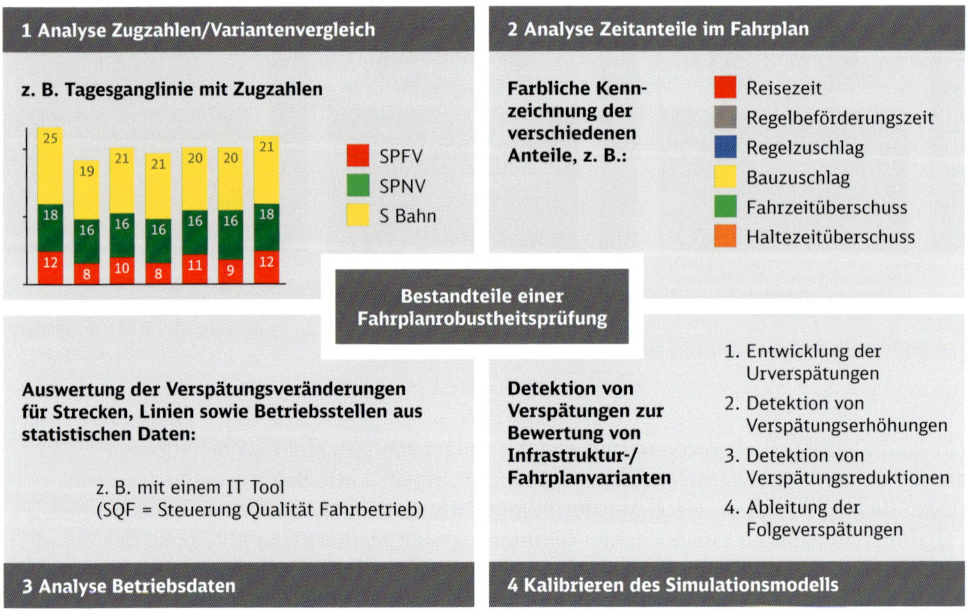

Abb. 2-66: Bestandteile der Vorbereitung einer Fahrplanrobustheitsprüfung Abbildung: BFV/nach DB Netz AG

Für die Betriebssimulationen (Mehrfachsimulationen) wird eine Vielzahl an Fahrplänen durch die „Verunreinigung“ des Fahrplans aus der Fahrplansimulation mit „zufälligen“ Störungen aus Ur- und Einbruchsverspätungen erzeugt. Um den Einfluss eines einzelnen extremen Simulationslaufs auf das Gesamtergebnis zu reduzieren, sollten dies laut Ril 405 mindestens 100 Läufe sein, möglichst sogar mehr. Die Störungen bewirken Folgeverspätungen in der Größenordnung, wie sie auch im realen Betrieb auftreten. Ob diese Verspätungen abgebaut oder größer werden, ist ein Indiz für die Stabilität des Betriebsablaufs und damit für die Robustheit eines Fahrplans.

Um die Realität möglichst wirklichkeitsgetreu abzubilden, müssen die induzierten Verspätungen in Art, Höhe, Ort und Verteilung an der Realität geeicht werden. Dazu werden für Fahrplanvergleiche bzw. Infrastrukturanpassungen die Verspätungen aus realen Dispositionsergebnissen analysiert, um daraus die eigentlichen Urverspätungen zu bestimmen und z. B. als Haltezeitverlängerungen in der Simulation abzubilden (Bezugsfall). Mittels Vorsimulationen kann das Modell mit den entstehenden Folgeverspätungen mit der Realität verglichen und iterativ angepasst werden, bis Höhe und Verlauf in etwa mit den Betriebsergebnissen übereinstimmen und das Simulationsmodell kalibriert ist. Bei Simulationen neuer Infrastrukturprojekte können die Urverspätungsvorgaben der Ril 405 genutzt werden.

Ablauf und Ergebnisse

Bei einer rein konstruktiven Fahrplananalyse und -bewertung müssen die in Kapitel 2.5.2 genannten Komponenten für den konkreten Fahrplan ermittelt und hinsichtlich der Einhaltung der Vorgaben und Regeln ausgewertet werden. Es sind damit nur allgemeine Aussagen möglich, die aber für eine erste Einschätzung der zu erwartenden Robustheit eines Fahrplans oft ausreichen bzw. Rückschlüsse und Anhaltspunkte für Verbesserungen zulassen.

In den Robustheitsprüfungen fahren die Züge dann in ihren „gestörten" Fahrplänen, wobei bei Abweichungen vom Ausgangsfahrplan alle Zuschläge außer dem Regelzuschlag und dem anteiligen Bauzuschlag (50 Prozent) sowie Pufferzeiten und weitere Zuschläge zur Kompensation der Abweichungen aufgebraucht werden können. Direkte Ergebnisse von Fahrplanrobustheitsprüfungen sind immer Zeiten an bestimmten Punkten und Orten, bei Simulationen auch Geschwindigkeiten und Beschleunigungen. An bzw. vor Infrastrukturpunkten wie Signalen oder Halteplätzen können durch Behinderungen durch andere Züge und Urverspätungen dann zusätzliche Wartezeiten entstehen. Wenn man am Infrastrukturelement die Differenz zwischen Sollzeit sowie der simulierten Istzeit für die Züge ermittelt, bleiben am Element nur die behinderungsbedingten Wartezeiten in Abhängigkeit von den Ur- und Einbruchsverspätungen übrig (zum Ablauf siehe Abb. 2-67). Ausgewertet werden können damit dann:

- Orte, wo Folgeverspätungen entstehen, Verspätungen ansteigen bzw. abgebaut werden (durch sogenannte infrastrukturelle Behinderungen),

- Zugläufe, bei denen Verspätungen ansteigen bzw. abgebaut werden.

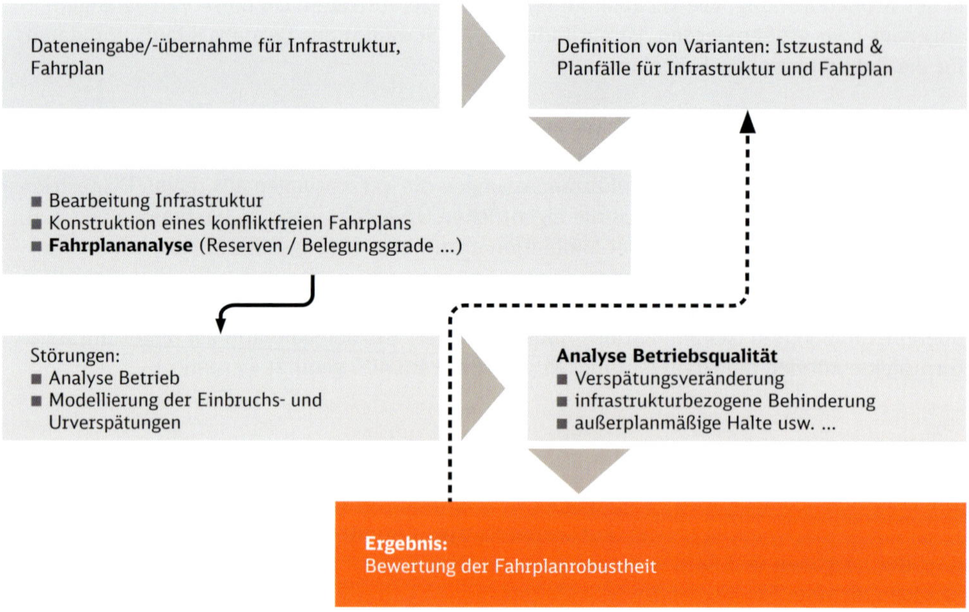

Abb. 2-67: Ablauf einer Fahrplanrobustheitsprüfung mit einer Simulationssoftware

Abbildung: BFV/nach DB Netz AG

Bei der Auswertung ist es dann erforderlich, die Ur- und Einbruchsverspätungen wieder herauszurechnen, um Folgeverspätungen ortsgenau und in der richtigen Höhe im Zuglauf bestimmen zu können. Alle anderen Ergebnisse sind daraus abgeleitete Werte, Aggregationen und Interpretationen. Mit diesen Werten können dann z. B. folgende Ergebnisse erzeugt werden:

- Anzahl der verspäteten Züge sowie Verspätungen pro (verspätetem) Zug,
- Verspätungen der einzelnen Linien über den Laufweg,
- gehaltene/aufgegebene Anschlüsse, soweit vorab definiert,
- Wartezeiten aus Behinderungen pro Infrastrukturelement,
- Anzahl und Dauer außerplanmäßiger Halte an Signalen und Halteplätzen,
- Bestimmung von Ausweich- bzw. alternativen (Bahnsteig-)Gleisen.

Bei der Untersuchung von Bauzuständen können ebenfalls die Auswirkungen von Streckensperrungen, La-Stellen u. Ä. sowie die Wirkung von Gegenmaßnahmen untersucht werden. Weiterhin kann man die Kenntnis der Urverspätungen in Art, Ort und Höhe nutzen, um konkrete Maßnahmen zur Reduzierung zu erstellen und umzusetzen, beispielsweise ausreichende Mindesthaltezeiten, häufig ausfallende Infrastrukturelemente finden etc. Damit können die Infrastrukturelemente ermittelt und besonders herausgestellt werden, welche Engpässe also infrastrukturelle Behinderungen darstellen, um mit Maßnahmen wie etwa

Variantenuntersuchungen diese Engpässe zu entschärfen und die Betriebsqualität zu verbessern. Die Bewertungskenngröße der Betriebsqualität dazu ist die Verspätungsveränderung über einen definierten Streckenabschnitt.

Qualitätsmaßstab

Für Betriebssimulationen gibt es Vorgaben, sprich Qualitätsaussagen, inwieweit ein Verspätungszuwachs erfolgen darf – auch mit einer Grenze zu einer mangelhaften Betriebsqualität.

Bei eng begrenzten Netzausschnitten ist ein gewisser Verspätungszuwachs zu tolerieren, wenn auf anschließenden Strecken Verspätungen mit hoher Wahrscheinlichkeit abgebaut werden können. Dazu gibt es auch in der Ril 405 einige Kennwerte sowie verbale Vorgaben. Maßgebend ist gemäß Richtlinie 405 folgende Forderung: „(...) die Gesamtsumme der Verspätungen über alle Zugläufe bleibt annähernd gleich bzw. ändert sich nicht signifikant".

Das bedeutet weiter, dass typische Urverspätungen ohne Extrema während des Zuglaufs im Untersuchungsraum so weitgehend durch Bau-, Haltezeit- sowie die weiteren Zuschläge im Fahrplan kompensiert werden müssen, dass die Verspätung nicht bzw. nicht signifikant eintritt.

Ein signifikanter Verspätungszuwachs für einen robusten Fahrplan ist dabei als erster Ansatz eine Verspätung für den Kunden, die zeitlich feststellbar unter einer Toleranzgrenze liegt, wobei eine signifikante Verspätung auch für die einzelnen Zugarten (SPFV, SPNV, GV) unterschiedlich dimensioniert werden kann.

Synchrone Betriebssimulation
Qualitätsmaßstäbe gemäß Ril 405.0104

		Leistungsbereich		
Betriebsqualität	**premium**	**optimal**	**risikobehaftet**	**mangelhaft**
Strecke (=Auswertung)	**< 0 Minuten**	**Optimum: 0 Minuten zulässig: 0 bis 1,0 Minuten**		**> 1,0 Minuten**
Bahnhofsköpfe	**< 0 Minuten**	**Optimum: 0 Minuten zulässig: 0 bis 0,5 Minuten**		**> 0,5 Minuten**
Richtlinien- und **Rechtsfolgen**	Fahrplankonzepte in Bezug auf Reisezeit optimierbar? Entscheidung zum **Rückbau** auf Basis von Leistungskennwerten.	Fahrplankonzepte sind positiv zu testieren. Bei **Planfeststellungen** von komplexen Infrastrukturvorhaben sollte ergänzend zu analytischen Berechnungen der Langfristfahrplan (bzw. Angebotskonzepte der Länder) durch **Betriebssimulation** auf das Erreichen des wirtschaftlich optimalen Leistungsbereiches (Robustheit) geprüft werden.		**Fahrplankonzepte** sind bei Aufgabenträgerberatung **abzulehnen.** Entscheidung über **ÜLS** auf Basis von Leistungskennwerten.

Hinweis: Die Qualitätsmaßstäbe gelten ausschließlich für den SPV; für den SGV existiert kein Qualitätsmaßstab. Für kurze Abschnitte bis 45 km und geringe Reisezeiten bis 20 Minuten bitte Werte von 0 bis 0,5/1,0 Minuten interpolieren – siehe Abb. 2-69

Abb. 2-68: Qualitätsmaßstäbe der Ril 405 für Betriebssimulationen

Abbildung: BFV/nach DB Netz AG

Gemäß Ril 405 „als noch akzeptabel gilt eine mittlere Verspätungsveränderung (Zuwachs) von 1,0 [min] im Mittel über alle SPV-Züge auf einer Folge von Netzelementen (Strecke, Teilnetz) ... bzw. 0,5 [min] im Mittel über alle SPV-Züge in Bahnhofsköpfen“ (siehe Abb. 2-68). Diese beiden pauschalen Grenzwerte sind für EBWU dann nicht geeignet, wenn insbesondere sehr kurze Strecken, Knoten oder Teilnetze mit sehr begrenzten räumlichen Ausdehnungen bzw. begrenzten mittleren Beförderungszeiten, ggf. aber auch sehr lange Strecken oder Teilnetze mit sehr großen räumlichen Ausdehnungen bzw. langen mittleren Beförderungszeiten in den EBWU untersucht werden.

Dies bedeutet bei höheren Ur- bzw. Einbruchsverspätungen z. B. geringere zugelassene Folgeverspätungen. Maxima sind spezielle Verspätungsgrenzen bei SPFV, SPNV und SGV, die sich aus der Summe des Verspätungszuwachses infolge von Ur- und Folgeverspätungen sowie dem Verspätungsabbau durch Zuschläge und Puffer zusammensetzen. Dabei ist die Höhe der Zuschläge gemäß Ril 405 durch den zugelassenen Beförderungszeitquotienten (1,05 bis 1,4 je nach Zugart) begrenzt, um einen qualitäts- und marktgerechten Fahrplan mit geringen Beförderungszeiten zu gewährleisten.

Resultierender Qualitätsmaßstab ist ein maximal zugelassener, sprich nicht signifikanter Verspätungszuwachs in Abhängigkeit von der jeweiligen Beförderungszeit (siehe Abb. 2-69). Die oben aufgeführten allgemeinen Randbedingungen sowie die Einhaltung der Grenzen des Beförderungszeitquotienten sind zu beachten. Dieses Maß für die „Verspätung aus Kundensicht“, d. h. die Höhe des zugelassenen Gesamt-Verspätungszuwachses, entspräche dann einer „wirtschaftlich-optimalen“ Betriebsqualität im Bereich der Nennleistung – so wie sie bei der fahrplanunabhängigen Analytik definiert wurde –, woraus die Grenzen für die „risikobehaftete“, „mangelhafte“ und „premium“ Betriebsqualität abzuleiten sind.

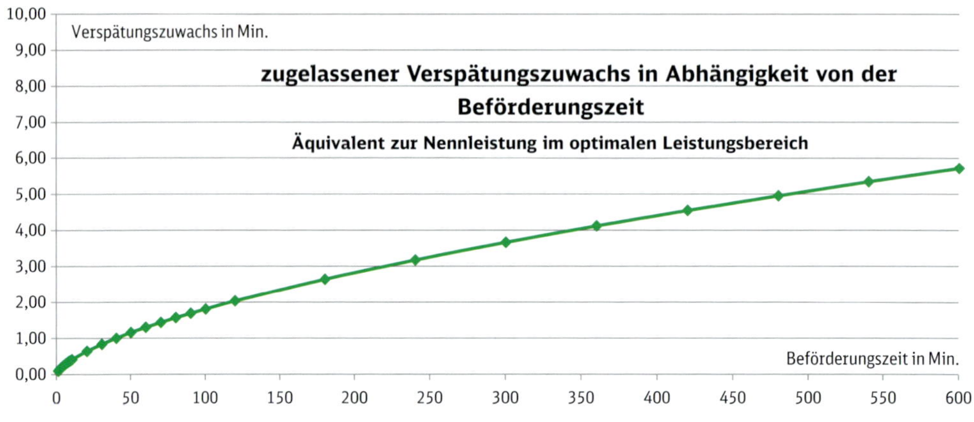

Abb. 2-69: Möglichkeit eines beförderungszeitabhängigen Verspätungszuwachses bei Simulationen Abbildung: BFV/nach DB Netz AG

Damit ist die Bestimmung von objektiven Qualitätsfaktoren bzw. eine Vergleichbarkeit mit der fahrplanabhängigen bzw. der fahrplanunabhängigen Analytik derzeit noch Gegenstand der Forschung und Weiterentwicklung (vgl. Kap. 2.5.4).

2.5.3 Fahrwegkapazität

Zur Ermittlung der Fahrwegkapazität, d. h. einer Anzahl von Zügen, die in einer bestimmten Zeiteinheit in einer definierten Infrastruktur mit einem vorgegebenen Qualitätsniveau fahrbar sind, können zwei unterschiedliche Methoden genutzt werden:

- eine fahrplanunabhängige Ermittlung und
- eine fahrplanabhängige Bestimmung.

Fahrplanunabhängige Verfahren: Ziele

Ziele zur Ermittlung der Fahrwegkapazität sind mittel- bis langfristige Aussagen, ob ein bestimmtes Verkehrsaufkommen, also ein Betriebsprogramm mit Anzahl Zügen pro Zugart und vorgegebenen Häufigkeiten bzw. Takten, mit bestimmten Reserven ohne Aufschaukeln von Verspätungen, in der vorgesehenen Infrastruktur realisierbar ist.

In Deutschland ist insbesondere die fahrplanunabhängige Ermittlung der Fahrwegkapazität typisch, sie wird hier detaillierter betrachtet. Dabei muss die Infrastruktur noch nicht vollständig geplant vorliegen, es genügen wesentliche Grundaussagen zum Ausbau.

Ein stochastischer Ansatz eignet sich dabei dann besonders, wenn wie bei lang- oder mittelfristigen Fahrwegkapazitätsbetrachtungen sämtliche Eingangsgrößen ihre Realisierung erst in der Zukunft finden und damit sehr häufig zum Zeitpunkt der Untersuchung kein konstruierter Fahrplan, z. B. in Form eines Bildfahrplans, zur Verfügung steht. Außerdem schwanken die Modelleingangsgrößen erheblich, z. B. die Einbruchsverspätung von einzelnen Zuggattungen in einen Untersuchungsbereich, sodass eine Beschreibung anhand von stochastischen Größen, z. B. Verteilungsfunktion mit Erwartungswert und Variationskoeffizient, sinnvoll mit geringem Aufwand möglich ist. Dabei werden vier unterschiedliche (Unter-)Methoden (1 bis 4) angewandt, die im Folgenden kurz erklärt werden:

1 Analytik Strecke zur Ermittlung von zu erwartenden Folgeverspätungen im Betrieb und der Ableitung einer empfohlenen Zuganzahl (Nennleistung) mit Qualitätsaussagen,

2 Analytik Knoten zur Ermittlung von zu erwartenden Folgeverspätungen für Teilfahrstraßenknoten im Betrieb sowie Bestimmung des Engpasses und dessen Leistungsfähigkeit mit Qualitätsaussagen,

3 Behinderungsrechnung an bestimmten Infrastrukturelementen zur Ermittlung der Wahrscheinlichkeit und Höhe von Wartezeiten bei der Fahrplanerstellung und Betriebsdurchführung,

4 Gleisgruppenberechnung zur Ermittlung der Wahrscheinlichkeit und Höhe von Wartezeiten im Fahrplan vor Gruppen mehrerer parallel nutzbarer Gleise.

Untersuchungsgegenstand der Methoden

Nutzungsvoraussetzungen für die analytische Streckenuntersuchung (Methode 1) sind:

- längere ein- bzw. zweigleisige Streckenabschnitte,
- Streckenabschnitte ohne größere Unterwegsbetriebsstellen (Knoten),
- kleinere Unterwegsbahnhöfe mit möglichst seitenrichtigen Überholungsgleisen pro Richtung,
- Streckenabschnitte möglichst ohne Ein- und Ausfädelung anderer Strecken.

Dabei ist eine definierte Abarbeitungsreihenfolge erforderlich, um die entsprechenden Eingangsdaten zu erzeugen und daraus die Ergebnisse zu ermitteln.

Zuerst muss für eine analytische Streckenuntersuchung ein Betrachtungsraum bestimmt werden, d. h. die Strecke bzw. der Streckenbereich, für den die Nennleistung berechnet werden soll. Als Grenzen des Betrachtungsraums sind Betriebsstellen auszuwählen, in denen sich die Reihenfolge der Züge relevant ändern kann. Dies ist in großen Überholungsbahnhöfen, in großen Knoten, wo prinzipiell alle Reisezüge halten, wo möglichst auch der Fernverkehr bzw. die schnellste oder zumindest zweitschnellste Zuggruppe hält oder ein- und ausfädelt sowie mit Einschränkungen an Abzweigstellen mit annähernd gleichen Verkehrsströmen in beiden Abzweigen der Fall (siehe Abb. 2-70).

Ein Betrachtungsraum besteht dabei aus einer oder mehreren Kernzonen, d. h. den Bereichen, in denen das Betriebsprogramm in der Infrastruktur weitgehend gleich ist. Sprich: Alle Züge fahren richtungsbezogen über den gesamten Abschnitt. Diese Kernzonen sind erforderlich, denn das zugrunde liegende Bedienungssystem geht von einem einheitlichen gerichteten Strom aus. Nur für jede Kernzone kann die Leistungsfähigkeit im Ist- und Zielzustand (Nennleistung) berechnet werden (Gast 2015).

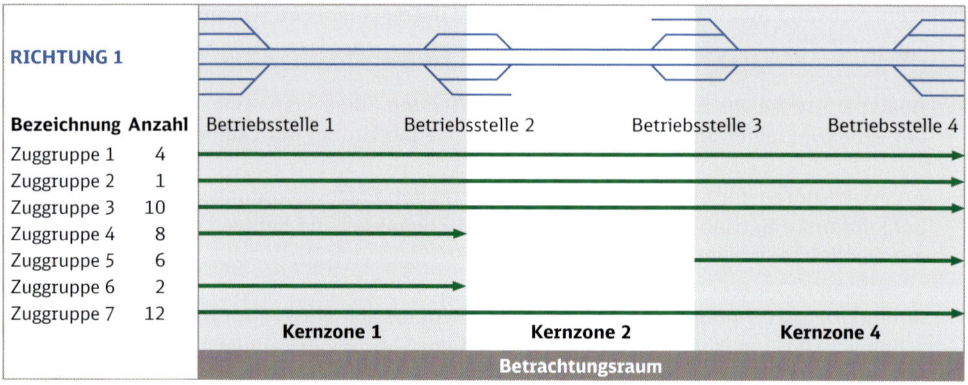

Abb. 2-70: Kernzonen und Betrachtungsraum bei analytischen Streckenuntersuchungen   Abbildung: BFV/nach DB Netz AG

Danach kann die erforderliche Gleisinfrastruktur in einem (Bedienungs-)Modell abgebildet werden. Dafür sind nur verhältnismäßig wenige und zudem grobe Daten mit Längen und Kilometerangaben erforderlich wie:

- Beginn und Ende des Betrachtungsraums,

- Signalstandorte,
- Rückstell- und Auflösekontakte für Signale und (Teil-)Fahrstraßen bei den Gefahrpunktabständen, nach Blocksignalen bzw. in Durchrutschwegen (Zugschlussstellen),
- Lage und Länge der Überholungsgleise (siehe folgende Abb. 2–71).

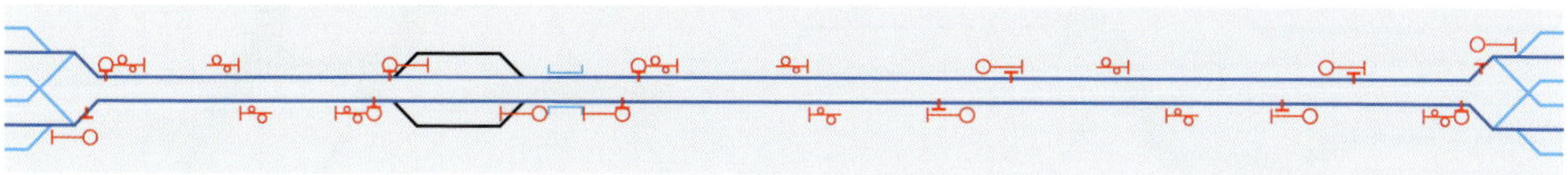

Abb. 2-71: Erforderliche Detaillierung der Infrastruktur für analytische Streckenuntersuchungen

Abbildung: BFV/nach Schutze + Gast Ingenieure, SLS

Ein Eisenbahnknoten bzw. eine Summe von Eisenbahnknoten (Teilnetz, vgl. Kap. 3.4.3) für analytische Untersuchungen von Knoten (Methode 2) besteht aus einem oder mehreren

- (Gesamt-)Fahrstraßenknoten, also Bahnhofsköpfen oder Abzweigstellen,
- Gleisgruppen, das sind Zugfahrgleise (mit Bahnsteigen) in Bahnhöfen oder Abstellgleise, sowie
- Zufuhr-, Abfuhr- und Verbindungsgleisen zu bzw. von oder zwischen Fahrstraßenknoten (siehe Abb. 2–72).

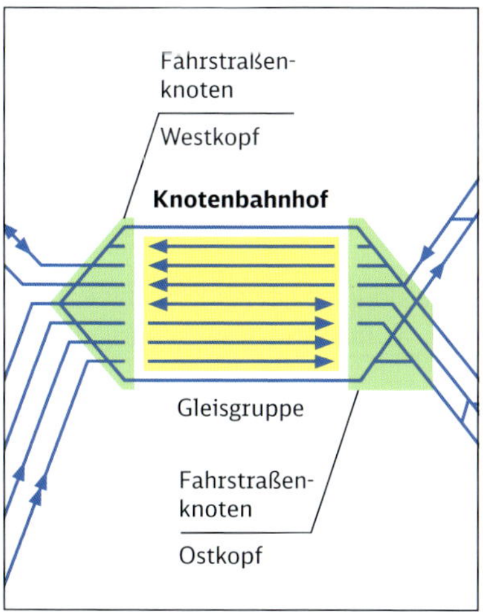

Abb. 2-72: Aufbau eines Eisenbahnknotens

Abbildung: BFV/nach DB Netz AG

Die Fahrstraßenknoten, d. h. in der Regel die jeweiligen Bahnhofsköpfe, werden so in Abschnitte (Teilfahrstraßenknoten, vgl. Kap. 3.4.3) eingeteilt, dass pro Abschnitt nur ein Zug fahren kann, also nicht mehrere zugleich bzw. parallel (siehe nachfolgende Abb. 2–73).

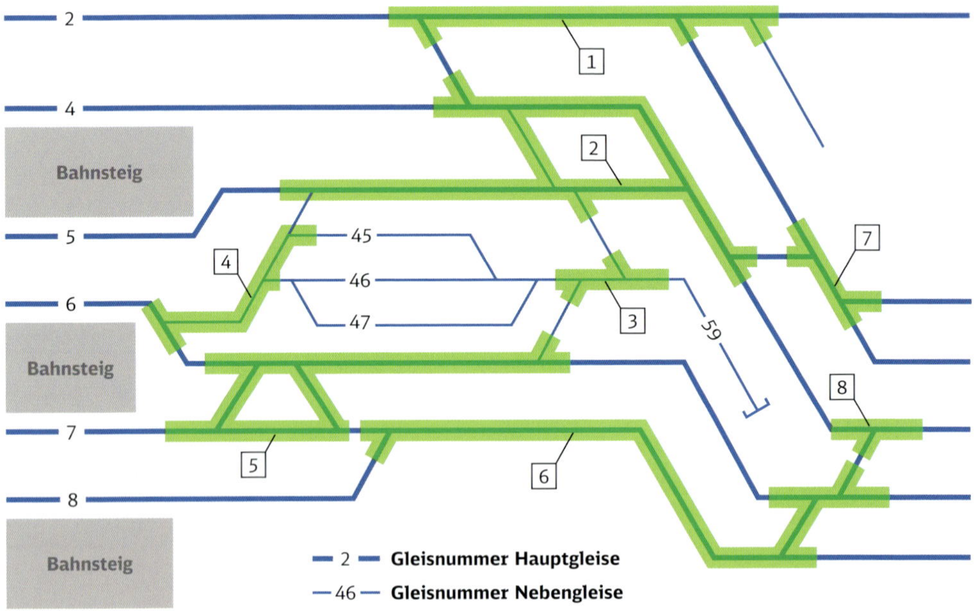

Abb. 2-73: Einteilung eines Fahrstraßenknotens in acht Teilfahrstraßenknoten
Abbildung: BFV/nach DB Netz AG

Die analytische Knotenuntersuchung erfolgt dann insbesondere für diese Teilfahrstraßenknoten bzw. teilweise auch für Fahrstraßenknoten.

Bei der Behinderungsrechnung (Methode 3) werden Infrastruktur- und Modellzugeigenschaften insbesondere als Abbildung der Zugfolgezeiten eingegeben. Zur Bestimmung der Behinderungszeiten müssen die zu betrachtenden Infrastrukturelemente dazu mit ihren entsprechenden Längen definiert werden. Typischerweise sind dies die Zugfolgeabschnitte, also ein oder mehrere Blockabschnitte (vgl. Kap. 3.2.3), über die Züge fahren, folgen, kreuzen, ein- und ausfädeln etc.

Für die Untersuchung von Gleisgruppen (Methode 4) müssen die jeweils zusammengehörenden, parallel liegenden Gleise definiert werden. Dafür gibt es folgende Randbedingungen:

- Alle Gleise müssen zuglang sein. Der längste Zug ist maßgebend.
- Bei Reisezügen mit Verkehrshalt müssen alle Gleise Bahnsteige mit jeweils ausreichender Länge aufweisen. Der längste Reisezug ist maßgebend.
- Alle Gleise müssen von den gleichen Zu- und Ablaufstrecken immer gleich (inklusive der Richtungen) erreichbar sein.
- Ggf. sind weitere gleiche Charakteristika erforderlich.

Voraussetzungen für die einzelnen Methoden, insbesondere Methode 1 und 2

Dazu ist das jeweils entsprechende Betriebsprogramm für den Untersuchungszeitraum (mindestens fünf Stunden für einen Spitzenzeitraum; typischerweise 06 bis 22 Uhr, 22 bis 06 Uhr oder 00 bis 24 Uhr) zu definieren. Dieses beinhaltet zumindest:

- Zugarten (SPFV, SPNV, SGV) mit Anzahl, z. B. über eine Tagesganglinie, und Rängen (Prioritäten),
- Regelbeförderungszeiten der Zugarten durch die Blockabschnitte inklusive der Bahnhöfe oder die Zugeigenschaften (fahrdynamische Daten der Züge) zur Bestimmung der Beförderungszeiten.

Datenquellen zur Bestimmung des Betriebsprogramms sind dabei insbesondere bestehende Konzepte, Fahrplandaten, Prognosen, Angebotskonzepte einzelner EVU und Daten aus dem Betrieb.

Um die Stochastik des Betriebs realitätsnah abzubilden, sind Pünktlichkeitsdaten, d. h. das Verspätungsniveau von Zügen am Beginn des Betrachtungsraums (Einbruchsverspätungen), eine wichtige Eingangsgröße für analytische Untersuchungen zur Fahrwegkapazität, wofür in der Regel die Netzdurchschnittswerte gemäß Richtlinie 405 der DB Netz AG genutzt werden (vgl. Kap. 3.3.1). Diese sind insbesondere bei Untersuchungen zur mittel- bis langfristigen Bestimmung von Leistungsfähigkeiten vorzusehen. Der Mittelwert der Verspätung von verspäteten Güterzügen ist zur Modellierung der Nutzung von freien Trassen durch verspätete Güterzüge im Betrieb auf die Werte für hoch belastete Zulaufstrecken gemäß der Richtlinie 405 zu kürzen.

Modelle für Methode 1 und 2

Um die Stochastik des Eisenbahnbetriebs abzubilden, nutzte man Modelle der Bedienungs- und Wahrscheinlichkeitstheorie aus der Bestimmung der Anzahl von Post- und Bankschaltern (siehe Abb. 2–74). Hier stehen anstatt eines Postschalters nacheinander ein Fahrkarten- und ein Platzkartenschalter mit davor wartenden Personen und Personen, welche die Warteschlange stören bzw. für die Bahn hintereinander zwei Blockabschnitte mit davor ankommenden Zügen, die teilweise in ihrer Ankunft gestört werden.

In der Verkehrsströmungslehre von Potthoff (vgl. Potthoff 1962) wurden betriebliche Vorgänge konsequent als Zufallsgrößen abgebildet, wobei z. B. die Ankunftsabstände in Bahnhöfen „zufällig“, d. h. (negativ) exponentialverteilt sind. Durch Schwanhäußer (vgl. Schwanhäußer 1974) wurde nachgewiesen, dass auch die Verteilung der Pufferzeiten im Betrieb einer negativen Exponentialverteilung entspricht.

Damit wurde für eine Eisenbahnstrecke eine Modellierung als Bedienungsmodell möglich:

- mit den Abfahrten aus dem Bahnhof unten links als Ankunftsstrom, wobei die Abfahrten durch vorherige Einbruchsverspätungen gestört werden (in Abb. 2–74 oben als wartende Personen in zufällig verteilten Abständen und unten durch die in zufälligen Abständen ankommenden Loks, wobei der Zugang zum Schalter bzw. auf die Strecke jeweils gestört wird),

- sowie der Fahrt durch den Blockabschnitt als Bedienung aus Zugfolgezeiten (in Abb. 2-74 unten die Fahrt zum nächsten Blockabschnitt = zum nächsten Signal) mit zufällig verteilten Pufferzeiten zwischen den Zügen (bzw. in Abb. 2-74 oben der Gang zum nächsten Schalter),
- wobei das eine Gleis einer zweigleisigen Strecke unten rechts ein einkanaliges System im reinen Richtungsbetrieb darstellt (siehe Abb. 2-74 und Kap. 3.4.3),

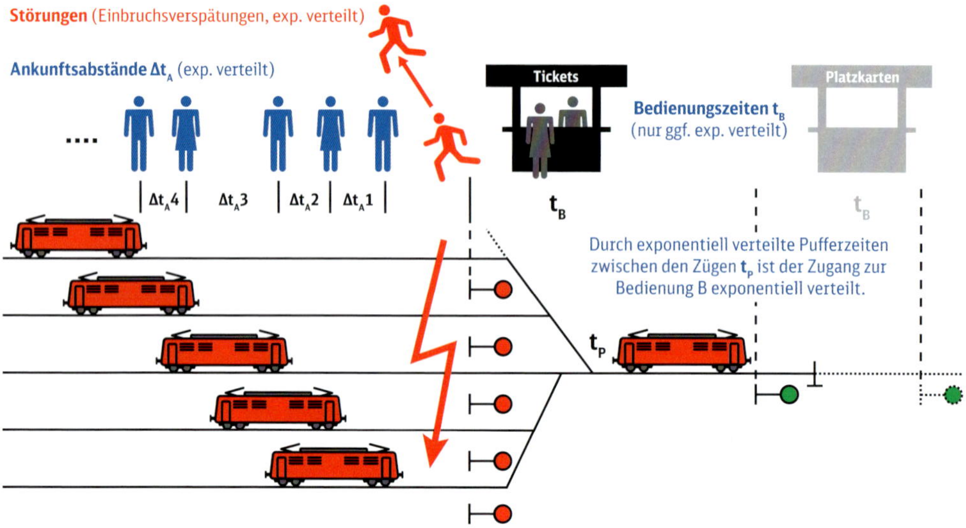

Abb. 2-74: Ableitung eines Bedienungsmodells für analytische Streckenuntersuchungen Abbildung: BFV/nach DB Netz AG

Vorteil dieses Modells ist die einfache Berechnung von Kennwerten. Aus diesem Grund werden die mathematischen Berechnungsverfahren unter Nutzung der Bedienungs- und Wahrscheinlichkeitstheorie als analytische Verfahren bezeichnet.

Das auf Basis von Schwanhäußer (vgl. Schwanhäußer 1974) entwickelte „STRELE" (**Stre**cken**Le**istungsfähigkeits)-Verfahren, welches sich in der Praxis sehr bewährt hat und bis heute genutzt wird, dient insbesondere der Dimensionierung der Infrastruktur von Strecken, d. h. der Bestimmung einer optimalen Streckengleisanzahl, der bestmöglichen Blockteilung und Anordnung von Überholungsgleisen bzw. der Bestimmung einer optimalen Zuganzahl bei einem definierten Betriebsprogramm.

Aus dem Verfahren für die Streckenleistungsfähigkeit wurde für Fahrstraßenknoten die Ermittlung von Leistungskennwerten vom einkanaligen Bedienungsmodell gemäß der Systematik des STRELE-Verfahrens abgeleitet. Basis ist die Einteilung der Fahrstraßenknoten in Teilfahrstraßenknoten (TFK), sodass über jeden TFK jeweils nur ein Zug fahren kann (siehe Abb. 2-73). Anhand der Zugläufe über die Fahrstraßenknoten werden gemäß STRELE-Verfahren für jeden Abschnitt (TFK) unabhängig voneinander die gegenseitigen Behinderungen ermittelt (vgl. Schwanhäußer 1978).

Ablauf und Ergebnisse für Methode 1 und 2

Aus den Regelbeförderungszeiten werden beim analytischen Strecken- und Knotenverfahren die Mindestzugfolgezeiten für jede Kombination der Zugarten, eine mittlere Mindestzugfolgezeit sowie Mindestzugfolgezeiten für gleichrangige und ungleichrangige Züge bestimmt (vgl. Kap. 3.4.3).

Diese und weitere Werte wie Einbruchsverspätungen und Pufferzeiten gehen in die STRELE-Formel des Verfahrens ein, es werden die zu erwartenden Wartezeiten, also die Folgeverspätungen im Betrieb berechnet (vgl. Vakhtel 2002). Diese Folgeverspätungen sind ein Maßstab für die gegenseitige Behinderung der Züge im Bahnbetrieb (Zugfolgeverspätungen). Dabei bilden der Anstieg bzw. die Höhe der Wartezeiten die Grundlage für die Bewertung der Betriebsqualität und somit die Dimensionierung der Infrastruktur.

Mit den durch mehrfache Befragungen und Eichungen definierten „zugelassenen Wartezeiten" wird dann ein Vergleichswert ermittelt, wie hoch die Wartezeiten bei der Nennleistung, also bei dem optimalen Wert für die Auslastung einer Infrastruktur sein dürfen.

Aus dem Quotienten aus Wartezeiten der STRELE-Formel und den zugelassenen Wartezeiten ergibt sich der Qualitätsfaktor. Aus diesem Qualitätsfaktor als Verhältnis von berechneten zu zugelassenen Wartezeiten kann eine empfohlene Zuganzahl abgeleitet werden, bei der die Folgeverspätungen begrenzt werden, ohne über eine Qualitätsgrenze (zugelassene Wartezeiten) hinaus anzusteigen, die sogenannte Nennleistung.[12]

Die entsprechende fahrbare Zuganzahl bei Nennleistung ergibt sich ausgehend vom Qualitätsfaktor durch parallele Hochrechnung der einzelnen Anteile der Zugarten bzw. einfach durch eine Näherung.

Zusätzlich kann man mit den entsprechenden Qualitätsfaktoren die zugehörigen Wartezeiten und Zugzahlen an den Grenzen einer premium-, optimalen, risikobehafteten bzw. mangelhaften Betriebsqualität ausgeben. Weiterhin kann die zugelassene Zuganzahl pro Zugart für einen Vier-Stunden- sowie Ein-Stunden-Spitzenzeitraum ermittelt werden.

Somit ist die Leistungsfähigkeit einer Strecke, von Knoten, von Streckenabschnitten bzw. von Gleisgruppen von verschiedenen Einflussgrößen abhängig wie:

- der Gestaltung der Infrastruktur (Länge Blockabschnitte, Überholungs-/Kreuzungsgleise, parallele/sich ausschließende Fahrwege, Anzahl Gleise),
- dem Mischungsverhältnis der verschiedenen Zuggattungsgruppen und daraus abgeleitet der Mindestzugfolgezeiten,
- dem Verspätungsniveau der in den Betrachtungsraum einfahrenden bzw. dort beginnenden Züge und
- dem Qualitätsmaßstab für die Betriebsführung

12 DB Netz AG: Richtlinie 405 Fahrwegkapazität, Aktualisierung 01.10.2022

und kann damit z. B. genutzt werden für:

- die konkrete Dimensionierung von Infrastruktur und Prüfung von Fahrplänen,
- die Prüfung von Betriebsprogrammen bzw. Bestimmung von Infrastrukturengpässen und
- die Erhöhung der Leistungsfähigkeit sowie die mit optimaler Qualität fahrbare Zuganzahl.

Ablauf und Ergebnisse der Methode 3

Für die Behinderungsrechnung müssen für den Untersuchungsabschnitt die Wahrscheinlichkeit des Wartens vor dem jeweiligen Behinderungsabschnitt sowie die zu erwartende Höhe der Wartezeiten ermittelt und als Ergebnis ausgegeben werden (vgl. Wakob 1984). Diese gehen auch z. B. in Mindestzugfolgezeiten ein.

Modell, Ablauf und Ergebnisse der Methode 4

Das Modell für die analytischen Untersuchungen bei Gleisgruppen nach Hertel (vgl. Hertel 1986) bedingt mehrere parallel nutzbare Gleise in Bahnhöfen oder mehrere parallel verlaufende Streckengleise. Die Gleisgruppe ist als mehrkanaliges Bedienungssysteme mit einer gemeinsamen unbegrenzten Warteschlange pro Richtung vor der Gleisgruppe aufzufassen (vgl. Kap. 3.4.3.). Es wird das Warterisiko im Fahrplan ermittelt, d. h. die Wahrscheinlichkeit (meist in Prozent), mit der ein Zug vor der Gleisgruppe warten muss (alle Gleise besetzt) und als Erwartungswert die Länge der Warteschlange vor der Gleisgruppe für generelle Verteilungen G. Diese Werte werden mit den geeichten Vorgaben verglichen und dienen dann der Dimensionierung der Gleisanzahl.

Qualitätsmaßstab für fahrplanunabhängige Verfahren

Der Vergleichswert, also der Qualitätsmaßstab zur Bewertung der analytisch ermittelten Wartezeiten bzw. Folgeverspätungen für Strecken und Teilfahrstraßenknoten aus Untersuchungen von Mitte der 70er-Jahre des letzten Jahrhunderts mit einer Prüfung und Eichung von 1982 sowie einer Aktualisierung 2007 (vgl. Schwanhäußer 2007) basiert aus Datenauswertungen bzw. Befragungen zu in der Praxis „zugelassenen Wartezeiten“ = zulässigen Folgeverspätungen bei realen Strecken für eine gute bzw. befriedigende Betriebsqualität, wobei die Höhe zugelassener Wartezeiten nur vom Anteil der Reisezüge abhängt.

Aus dem Quotienten von berechneten Folgeverspätungen zu den zulässigen Folgeverspätungen wird der Qualitätsfaktor berechnet. Der Qualitätsfaktor 1,0 ist die Nennleistung, d. h. die empfohlene Zuganzahl bei optimaler Qualität im Verhältnis von guter Auslastung, aber sehr begrenzten Folgeverspätungen. Abgeleitet vom Qualitätsfaktor Q = 1,0 wurden abgestufte Grenzen für Qualitätsfaktoren festgelegt, ab denen eine sehr gute (premium) bzw. mangelhafte Qualität konstatiert werden kann (siehe die beiden folgenden Abb. sowie DB Netz AG Ril 405).

Im mangelhaften Qualitätsbereich wird noch eine weitere Detaillierung vorgenommen, um zusätzliche Auslastungsgrenzen für Baumaßnahmen und Instandhaltungen zu bestimmen, damit auf den betreffenden Strecken und den Umleitungsstrecken noch ein Maximum an Zügen verkehren kann, ohne dass es zu Staueffekten kommt:

- überlastet – Qualitätsfaktor <= 1,5 bis < 1,8, Nutzungsgrad <= 1,15 bis < 1,25
- kritisch überlastet – Qualitätsfaktor <= 1,8 bis < 2,5, Nutzungsgrad <= 1,25 bis < 1,4: nur bis zu diesen jeweils unteren Grenzen darf die entsprechende Zuganzahl bei Störungen und Bauarbeiten mit Eingleisigkeiten noch auf dieser Strecke gefahren werden bzw. so hoch dürfen Umleitungsstrecken maximal belastet werden,
- höchst überlastet – Qualitätsfaktor <= 2,5, Nutzungsgrad <= 1,4: nur bis zu diesen jeweils unteren Grenzen ist eine Belegung mit einer entsprechenden Zuganzahl bei Störungen kurzfristig hinnehmbar, darüber hinaus werden die Folgeverspätungen so hoch, dass sich Staueffekte auf der Strecke mit netzweiter Pünktlichkeits- und Öffentlichkeitswirkung ergeben, sodass unbedingt entlastet werden muss.

		Leistungsbereich		
Betriebsqualität	**premium**	**optimal**	**risikobehaftet**	**mangelhaft**
Auslastung Infrastruktur	**unwirtschaftlich**	**optimal**	**sehr hoch**	**zu hoch**
Qualitätsfaktor	**< 0,5**	**1,0: von 0,5 bis 1,2**	**> 1,2 bis 1,25**	**> 1,5**
Nutzungsgrad Nennleistung	**< ca. 80 %**	**100 %: von ca. 80 % bis ca. 108 %**	**> ca. 108 % bis ca. 115 %**	**> ca. 115 %**
Richtlinien- und Rechtsfolgen	**Stilllegung nur erlaubt,** wenn Auslastung auch bei Prognose << 80 % und gleichzeitig die Kapazität nur um < 10 % reduziert wird.	**Planungsziel** für **Neu-, Aus-** und **Umbau** ist die **Nennleistung (QF 1,0, NG 100 %)**; geringfügige Überschreitung **im Einzelfall** zulässig (§ 18 AEG).	Für **Neu-, Aus-** und **Umbau nicht akzeptabel;** Planung muss überarbeitet werden; **Verbot kapazitätsreduzierender Maßnahmen aller Art.**	**Überlasteter Schienenweg** gemäß Verwaltungsrichtlinie EBA und BNetzA auf Basis §§ 55 ff. ERegG; Maßnahmen gemäß PEK rasch umsetzen.

* Qualitätsfaktor = Haupt-Kenngröße für Betriebsqualität = ermittelte Wartezeit / zulässige Wartezeit
Nutzungsgrad der Nennleistung = Leistungsanforderungen / Nennleistung

Abb. 2-75: Qualitätsmaßstäbe der Ril 405 für analytische Kapazitätsbetrachtungen Abbildung: BFV/nach DB Netz AG

Der Vertrauensbereich für die Gültigkeit der STRELE-Berechnungen ist begrenzt. Im Bereich des Qualitätsfaktors von kleiner 0,5 und größer 2,0 werden die Streuungen immer größer. Ab den Qualitätsfaktoren kleiner 0,4 und größer 3,5 nimmt die Gültigkeit der Ergebnisse so stark ab, dass hier mit der STRELE-Berechnung keine fachlich fundierte Angabe von Nennleistungen möglich ist.

Dabei wird in STRELE nur mit reinen Fahrzeiten ohne weitere Zuschläge (außer Regelzuschlag) gerechnet.

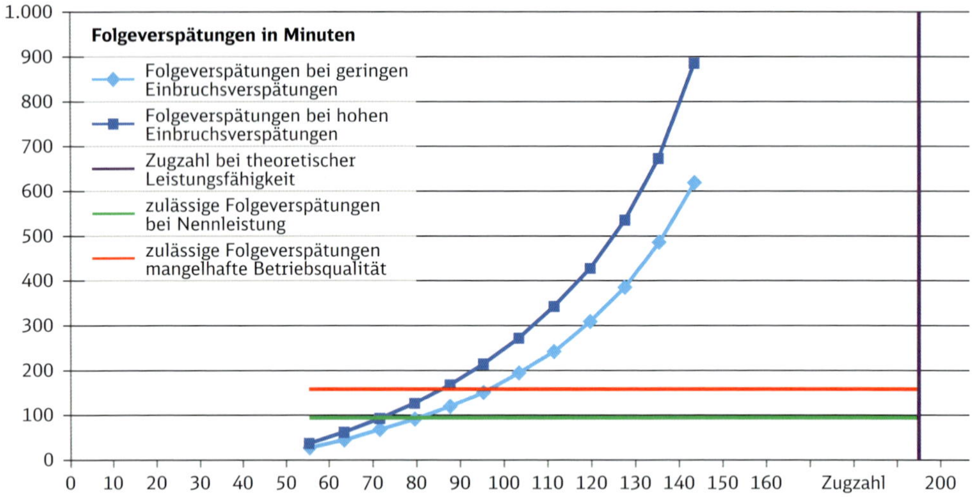

Abb. 2-76: Einfluss des Verspätungsniveaus auf die Höhe der Folgeverspätungen Abbildung: BFV/nach DB Netz AG

Einsatzmöglichkeiten und Grenzen analytischer Verfahren

Durch Vergleich der Leistungskennwerte von Ist- und Sollzustand kann man den Nachweis führen,

- dass die vorgelegte Infrastrukturplanung (möglichst mit Reserven) „zukunftsfähig“ ist
- bzw. auch, ob eine mehr als geringfügige Kapazitätseinschränkung vorliegt oder nicht.

Die entsprechenden Grenzen und Berechnungsvorschriften dazu sind mit dem EBA im Detail abgestimmt und im Hinblick auf die Rechtsfolgen präzisiert.

Ursprünglich wurden die analytischen Verfahren zur Vereinfachung eingesetzt, wenn nicht die gesamte Infrastruktur bekannt oder eingebbar bzw. weil die PC-Leistung beschränkt war. Sie können aber weiterhin in der gegenwärtigen Form für Infrastrukturdimensionierungen unter folgenden Randbedingungen empfohlen werden:

- Es sind vorrangig zweigleisige Mischverkehrsstrecken mit nicht voll vertakteten Fahrplänen (in der Weiterentwicklung auch für Taktfahrpläne).
- Die Einbruchsverspätungen sollten annähernd exponentialverteilt sein, bei Pufferzeiten sind in der Weiterentwicklung auch andere Verteilungen möglich.
- Kreuzende Züge sowie Ein- oder Ausfädelungen treten nicht oder nur geringfügig auf.
- Wenn Überholungsgleise vorhanden sind, wird angenommen, dass sie frei und nutzbar sind und nicht durch sonstige Nutzungen wie z. B. die Abstellung von Fahrzeugen blockiert werden.

- Es kann auch mit gröberen (Betriebsprogramm) und wenigen Eingabewerten (Pufferzeiten, Mindestzugfolgezeiten, Einbruchsverspätungen) für alle Züge gerechnet werden.

- Es werden Aussagen zur Infrastruktur, aber keine fahrplanabhängigen Aussagen gefordert.

Vorteilhaft ist, dass es einen konkreten Qualitätsmaßstab gibt, wenn auch aus subjektiven Einschätzungen mit großer Streuung. Zusätzlich gibt es viele Gründe für die Nutzung von analytischen Verfahren, selbst wenn die Infrastruktur detailliert vorliegt und man simulieren könnte:

- Bei analytischen Verfahren reichen gröbere Angaben zu Infrastruktur und Betriebsprogramm. Das ist gut für frühe Planungsphasen.

- Es sind alle auf dieser Infrastruktur fahrbaren Fahrpläne abbildbar.

- Analytische Untersuchungen sind vom Zeitaufwand her günstiger und (teil-)automatisierbar.

Damit haben analytische Verfahren weiterhin ihre Berechtigung, sie mussten aber für den modernen, künftigen Bahnbetrieb (z. B. Taktverkehr, entmischte Verkehre, höhere Qualitätsanforderungen, hohe Netzauslastung etc.) weiterentwickelt werden. Diese Entwicklung beinhaltete die Erweiterung des analytischen Modells für die Methoden 1 und 2 für die realitätsnahe Abbildung und Berechnung beliebiger Pufferzeiten (vgl. Zieger, Weik und Nießen 2018) inklusive von Taktverkehren, der konkreten und detaillierten Ermittlung aller Zugfolgezeiten, von Eingleisigkeiten, kreuzenden Zügen, Ein- und Ausfädelungen, Tunnelbegegnungsverboten sowie von Überholungsgleisen mit Beachtung der Anzahl freier und nutzbarer Gleise.

Um häufig und in kurzer Zeit Kapazitätsaussagen für ganz Deutschland bereitzustellen, wurden die vorn genannten analytischen Komponenten (Methoden 1 bis 4) zu einem netzweiten automatischen System zusammengefasst, welches Leistungskennwerte und Qualitätsfaktoren grafisch für das gesamte deutsche Eisenbahnnetz ermittelt, aufbereitet und darstellt (vgl. Pfeifer, Kogel, Kurby, Nießen und Steinborn 2018). Dies beinhaltet das automatische Einlesen der deutschlandweiten Infrastruktur- und Fahrplandaten, das Erstellen aller Streckenprojekte sowie die Berechnung und Ausgabe von Nennleistung, den Qualitätsfaktor, den Nutzungsgrad der Nennleistung, die mittlere Mindestzugfolgezeit, den Belegungsgrad und weitere Daten (siehe Abb. 2–77).

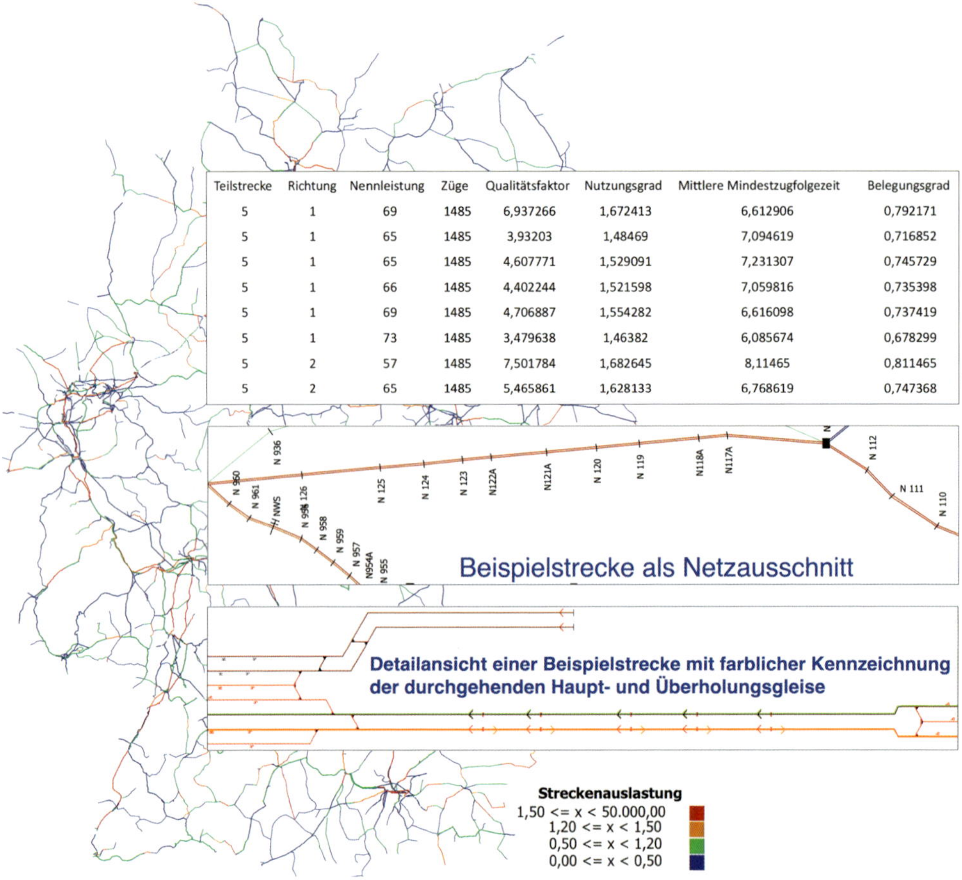

Teilstrecke	Richtung	Nennleistung	Züge	Qualitätsfaktor	Nutzungsgrad	Mittlere Mindestzugfolgezeit	Belegungsgrad
5	1	69	1485	6,937266	1,672413	6,612906	0,792171
5	1	65	1485	3,93203	1,48469	7,094619	0,716852
5	1	65	1485	4,607771	1,529091	7,231307	0,745729
5	1	66	1485	4,402244	1,521598	7,059816	0,735398
5	1	69	1485	4,706887	1,554282	6,616098	0,737419
5	1	73	1485	3,479638	1,46382	6,085674	0,678299
5	2	57	1485	7,501784	1,682645	8,11465	0,811465
5	2	65	1485	5,465861	1,628133	6,768619	0,747368

Abb. 2-77: Netzweite Darstellung der Fahrwegkapazität mit zusätzlichen Detailangaben Abbildung: BFV/nach DB Netz AG

Zudem wurde ein analytisches Verfahren zur Bestimmung der Fahrplanleistung (analog zur Nennleistung) für einen konkreten Fahrplan entwickelt (vgl. Kap. 2.5.4).

Im Gegensatz zu Strecken ergibt sich bei der Berechnung von Knotenkapazitäten die Schwierigkeit, dass sich nicht alle Zugströme gegenseitig ausschließen. Es gibt derzeit noch keinen Algorithmus, um aus Einzelelementen wie Strecke, Bahnhofskopf oder Gleisgruppe plausible und nachvollziehbare Aussagen zur Kapazität eines größeren Gesamtknotens zu machen. Hier werden die analytischen Verfahren ebenfalls dementsprechend weiterentwickelt. Die Ermittlung der Kapazität der einzelnen Elemente Strecke, Fahrstraßenknoten und Gleisgruppe ist jedoch möglich und Stand der Technik bei EBWU.

Überblick über ein fahrplanabhängiges Verfahren nach UIC-Code 406

International werden die in Deutschland typischen analytischen Verfahren zur Kapazitätsermittlung nur selten angewendet, da viele Eisenbahnen aufgrund ihrer z. B. gegenüber

Deutschland geringeren Netzbelastung oft keinen Grund dafür haben, ein solch sehr spezielles, vergleichsweise aufwendigeres Verfahren zu nutzen.

Alternativ bietet sich ein Verfahren zur Bestimmung der Kapazität auf konstruktiver Basis an. Dieses beruht auf der Bedingung, dass in einem Fahrplan auf einer Strecke nur eine begrenzte Anzahl an Zügen fährt und dass ausreichend Zeitreserven zwischen diesen Zügen vorhanden sein sollen. Dazu werden im einfachsten Fall die im Fahrplan enthaltenen Züge pro Stunde bzw. pro Tag so weit in Richtung Minute 0 zusammengeschoben, dass sich zwischen den Zügen (zwischen den Sperrzeitentreppen, also dem Zeitpunkt, wo ein zweiter Zug einem ersten Zug unbehindert folgen kann) kein Zeitpuffer mehr befindet. Dieses Zusammenschieben wird als Verkettung der einzelnen Fahrten bzw. als Kompression bezeichnet. Der Anteil, welcher die verketteten Fahrten pro Zeiteinheit einnimmt, ist der verkettete Belegungsgrad.

Das Verfahren wurde von Adler (vgl. Adler 1967) entwickelt und ist Basis für den UIC-Code 406[13]. Der verkettete Belegungsgrad einer Strecke basiert auf einem konkreten Fahrplan und ist damit fahrplanabhängig sowie deterministisch, da hier keine Abweichungen, Störungen bzw. Verspätungen eingehen. Es stellt den Grad der zeitlichen Auslastung einer Teilstrecke durch Sperrzeitentreppen unter Berücksichtigung der sich durch die Verkettung der Zugfolge ergebenden nicht nutzbaren Zeitlücken dar. Das Ergebnis ist mit den Vorgaben (Kennzahlen, Grenzen) nach UIC 406 zu vergleichen, ob hier in verschiedenen zeitlichen Stufen wie z. B. Ein-Stunden-Maximum, Hauptverkehrszeit, 24-Stunden-Auslastung eine geringe oder zu empfehlende Auslastung bzw. eine Überlastung vorliegt.

In Kombination mit der Anzahl der Züge können die mittlere Zugfolgezeit und die mittlere zur Verfügung stehende Pufferzeit abgeleitet werden. Enthält der Fahrplan keine oder nur sehr geringe Fahrzeitüberschüsse, so nähert sich der Mittelwert der nach UIC-Code 406 ermittelten minimalen Zugfolgezeit dem Mittelwert der analytisch berechneten Mindestzugfolgezeit an. Kombiniert man die Erkenntnisse aus infrastrukturellen Belastungen, wie Anzahl der Züge und Belegungszeit, und der Fahrplananalyse, also den Reservezeiten, können so bereits erste Einschätzungen zur Betriebsqualität getroffen werden (vgl. Kap. 3.4.1).

2.5.4 Überblick über ein fahrplanabhängiges analytisches Verfahren

Als weitere Möglichkeit zur Bestimmung, wie viele bzw. welche Züge je Linie und Zugart pro Zeiteinheit in einem konkreten Fahrplan verkehren sollten, wurde ein neues Verfahren auf analytischer Basis entwickelt. Dabei werden im Algorithmus folgende detaillierte Anforderungen berücksichtigt:

- konkrete Fahrpläne mit
  - Pufferzeiten in beliebigen Verteilungen
  - beliebigen Zugfolgefällen, d. h. mit verschiedenen oder auch gleichen Zugarten

13 UIC: UIC Code 406, Capacity, UIC, Juni 2004, mit der Kompressionsmethode.

- variable Rangordnungen ([teilweiser] Vorrang, Gleichrang, [teilweiser] Nachrang)
- individuelle Einbruchsverspätungen je Einzelzug bzw. Zugfolgefall
- Möglichkeit der Verspätungstilgung durch die enthaltenen Fahrzeitzuschläge

Die Verteilung der Einbruchsverspätungen wird zwar weiterhin als zufällig (negativ-exponential) mit den Parametern Wahrscheinlichkeit des Auftretens von Einbruchsverspätungen und mittlere Einbruchsverspätung der verspäteten Züge angenommen, allerdings hier zugspezifisch (vgl. Gast und Steinborn 2018).

Beim neuen fahrplanabhängigen analytischen Verfahren werden die maßgebenden Mindestzugfolgezeiten über den gesamten Betrachtungsraum je nach den im Fahrplan möglichen bzw. wahrscheinlichen Zugfolgen für jede Zugfolge detailliert und konkret ermittelt. Dabei werden die Zugfolgezeiten auch bei Veränderung der Zugfolgen durch Überholungen nicht nur bis zum nächstnachfolgenden Zug, sondern bis zum überübernächsten Zug ausgerechnet, d. h. für sogenannte Folgeverspätungen erster bis dritter Ordnung.

Aus all diesen maßgeblichen Mindestzugfolgezeiten, also den je Zugfolge und Abschnitt längsten Zugfolgezeiten, werden dann die wahrscheinlichen Wartezeiten jedes Zuges beim Einbruch in den Untersuchungsraum berechnet. Die Summe der ermittelten Wartezeiten über alle Folgefälle ergibt die Gesamtsumme an Folgeverspätungen.

Der Fahrtverlauf pünktlicher Züge entspricht dabei dem fahrplanmäßigen Fahrtverlauf mit allen enthaltenen Zuschlägen. Im Einbruch verspätete Züge sowie Züge, die Folgeverspätungen erleiden, versuchen in straffer Fahrweise (kürzeste Fahrzeit + Regelzuschläge = Regelfahrzeit) ihren fahrplanmäßigen Fahrtverlauf wieder zu erreichen, d. h. bei diesem Verfahren dienen auch die Zuschläge zur Verspätungsreduktion.

Im Ergebnis der Berechnungen werden die zulässigen Wartezeiten (Folgeverspätungen) für den Untersuchungszeitraum über einen aus der fahrplanunabhängigen Analytik angepassten Qualitätsmaßstab bestimmt, den ermittelten Wartezeiten (Folgeverspätungen) gegenübergestellt sowie analog zur analytischen Untersuchung mit STRELE die Qualitätsfaktoren ausgewiesen.

Wenn die Summe der berechneten Wartezeiten genau den zulässigen Wartezeiten entspricht, ist die Wartezeitengrenze erreicht. Die entsprechende Zuganzahl bei Wartezeitengrenze wird als Fahrplanleistung bezeichnet (analog zur Nennleistung der fahrplanunabhängigen Analytik) und gilt nur für den konkreten Fahrplan.

Wenn die berechneten Wartezeiten im Zeitraum über den zulässigen Wartezeiten liegen, kann man konkret die Züge ermitteln, welche die höchsten Wartezeiten erhalten, und diese Züge dann bis zum Erreichen der Wartezeitengrenze aus dem Fahrplan entfernen sowie dann die Wartezeiten iterativ neu berechnen. Hier sind auch zeitkonkrete Auswertungen möglich, z. B. stundenweise.

Falls die ermittelten Wartezeiten des konkreten Fahrplans kleiner als die der Wartezeitengrenze sind, kann mit dem fahrplanabhängigen analytischen Verfahren allerdings keine Zuganzahl als Fahrplanleistung angegeben werden, da die Zuganzahl bis zum Erreichen dieser Grenze nicht direkt bestimmbar ist. Hier kann man die freien Trassen – soweit vorhanden

– im Fahrplan iterativ mit Zügen belegen und jeweils mit den dann berechneten Wartezeiten prüfen, ob die Wartezeitengrenze erreicht ist.

Vorteile der analytischen fahrplanabhängigen Untersuchung gegenüber Betriebssimulationen sind die einfachere Berechnung und die Nutzung der (angepassten) Qualitätsmaßstäbe aus der Analytik.

2.5.5 Weiterentwicklung der Qualitätsmaßstäbe

Welche Qualität möchte der Kunde unter sich verändernden Marktbedingungen, damit er die Bahn neu, weiter, mehr nutzt? Wie kann die Bahn die Kapazität ihres Schienennetzes bestimmen und das Betriebsprogramm so gestalten, dass diese Qualität erreicht werden kann?

Anforderungen an die Qualität des Betriebs

Dabei ist die Qualität des Bahnbetriebs eine wesentliche Kenngröße, die sich neben betrieblich nicht direkt beeinflussbaren Kenngrößen (Information, Sicherheit, Sauberkeit, Service, Preis) durch aus der Güte von Infrastruktur und Fahrplan ableitbaren Kenngrößen wie:

- Pünktlichkeit,
- Gewährleistung Reisenden-Anschlüsse sowie Technik- und Personalübergänge,
- Häufigkeit, Regelmäßigkeit (Takte), Schnelligkeit und Flexibilität

widerspiegelt (vgl. Lenze, Bär, Eisold, Nießen und Steinborn 2022). Zudem unterliegen solche Kenngrößen in ihrer Bedeutung und Gewichtung auch noch Schwankungen und Veränderungen während der Weiterentwicklung der Kundenbedürfnisse durch:

- steigende Anforderungen von EVU, Bund, EU, Aufgabenträgern, Bahnkunden,
- Ermöglichen internationaler Vorrangtrassen im Güterverkehr und steigenden Güterverkehr,
- flexibles Reagieren auf vielfältige und sich verändernde Trassenanforderungen der EVU,
- Zunahme des Reiseverkehrs insbesondere in den Knoten,
- begrenzte Ressourcen an Infrastruktur, Fahrzeugen und Personal,
- hohe Kosten der Ressourcen in Infrastruktur, Betriebsmittel und Personal,
- Stochastik des Betriebs (Störungen, Unfälle, Abweichungen etc.).

Künftiger einheitlicher Qualitätsmaßstab

Es müssen (kunden-/marktabhängige) Qualitätskenngrößen für EBWU unabhängig vom jeweiligen Verfahren definiert und daraus konkrete Qualitätsmaßstäbe abgeleitet werden. Als wesentliche Kenngrößen bieten sich z. B. die planmäßigen und außerplanmäßigen Wartezeiten inklusive der Verspätungskoeffizienten sowie verkettete Belegungsgrade an, aber auch die Beförderungsquotienten Fahrplan und Betrieb bzw. infrastrukturelle Behinderungen, welche die Güte eines Fahrplans bestimmen bzw. im Betrieb zu Verspätungen führen.

Neben den Aussagen zur fahrbaren Zuganzahl bei verschiedenen Infrastrukturausbauzuständen benötigt man immer mehr Aussagen, wie viele Züge der einzelnen Zugarten den Kunden bei einer durch die Takte des Personenverkehrs stark vorgegebenen Fahrplanstruktur angeboten werden können bzw. dürfen. Damit können dann erreichbare Qualitätskennziffern realitätsnah bestimmt werden.

Die Aufgabe besteht darin, einen einheitlichen Qualitätsmaßstab unter Einbeziehung der oben genannten Kenngrößen sowohl für die zugscharfe, fahrplanabhängige Analytik (vgl. Kap. 2.5.4) als auch für synchrone Simulationen sowie ggf. auch die fahrplanunabhängige Analytik zu erstellen.

Auf Basis der Bewertung des STRELE-Maßstabs der fahrplanunabhängigen Analytik soll dabei zuerst ein modifizierter Qualitätsmaßstab für die fahrplanabhängige und fahrplanunabhängige Analytik abgeleitet, geprüft und geeicht werden, indem für beide Verfahren unter gleichen Randbedingungen, d. h.

- für die fahrplanabhängige Analytik mit mehreren (vielen) Fahrplänen mit negativ-exponential verteilten Pufferzeiten
- und für beide Verfahren mit Regelfahrzeiten ohne weitere Zuschläge bei gleichen mittleren Einbruchsverspätungen lt. Ril 405 über alle Züge ohne Urverspätungen

die oben genannten Kenngrößen berechnet und verglichen sowie dann für die beiden Verfahren und deren Unterschiede spezielle Umrechnungsfaktoren für die Kenngrößen ermittelt werden, weil nur diese beide Verfahren durch ihren Bezug auf konkrete Züge eines Fahrplans vergleichbare Ergebnisse ermöglichen.

Parallel dazu soll auch für verschiedene Simulationen (asynchron und synchron) für vergleichbare Strecken unter gleichen Randbedingungen geprüft werden, ob die Ergebnisse aus den Simulationen für die oben genannten Kenngrößen mit denen der angepassten (fahrplanabhängigen) Analytik kompatibel sind oder sinnvoll kompatibel gemacht werden können, um daraus für die abweichenden spezifischen Verhältnisse der Simulationen wiederum abgeleitete Umrechnungen zu erstellen.

Durch vergleichbare Einstellungen sowie die Umrechnungen für die jeweils spezifischen Verhältnisse sollen auch unterschiedliche Verfahren in ihren Ergebnissen und Qualitätsaussagen vergleichbar gemacht werden.

3 Komponenten und Verfahren

3.1 Modellierung von Infrastruktur und Zugfahrten

Die Basis für eisenbahnbetriebliche Untersuchungen stellen die Infrastruktur sowie die geplanten Zugfahrten dar. In den beiden folgenden Abschnitten werden die Anforderungen an die Modellierung von Infrastruktur und Zugfahrten erörtert.

Zu Beginn des Absatzes zur Infrastrukturmodellierung wird ein Überblick über die Zusammensetzung von Infrastrukturdaten gegeben. Anschließend werden Anforderungen an den Detailgrad der Infrastrukturdatenhaltung für verschiedene Planungsaufgaben diskutiert und die Formalisierung der Infrastruktur in Form graphentheoretischer Modelle beschrieben.

Der Absatz zur Modellierung von Zugfahrten beschreibt zunächst die notwendigen technischen und betrieblichen Eigenschaften zur Modellierung von Zugfahrten zur Verwendung in eisenbahnbetrieblichen Untersuchungen. Anschließend werden verschiedene Abstraktionsebenen anhand des Betriebsprogramms, welches die Art der durchgeführten Zugfahrten sowie ihre zeitliche Lage umfasst, diskutiert.

Die Verwendung von passenden Modellen zur Abbildung der Infrastruktur und des Betriebsprogramms stellt eine grundlegende Voraussetzung für den erfolgreichen Einsatz von Algorithmen zur Fahrlagenplanung und Beschreibung des Eisenbahnbetriebs dar. In Abhängigkeit von der Aufgabenstellung und des zeitlichen und räumlichen Horizonts (Untersuchungszeitraum und -gebiet) eisenbahnbetriebswissenschaftlicher Untersuchungen ergeben sich unterschiedliche Anforderungen an den Umfang und den Detailgrad der Modelle[1].

3.1.1 Infrastrukturmodellierung

Die betriebliche Infrastruktur beinhaltet „alle für die Durchführung von Zug- und Rangierfahrten relevanten ortsfesten technischen Einrichtungen“[2]. Ihre Ausgestaltung ist ein wesentlicher Faktor für die Leistungsfähigkeit und Qualität des Eisenbahnverkehrs. Die betriebliche Infrastrukturmodellierung konzentriert sich dabei auf die für die Modellierung des Betriebsgeschehens erforderlichen Elemente und Eigenschaften. Detaillierte technische Spezifikationen, Informationen zu Anlagenalter oder -zustand sowie eine exakte, lagerichtige Georeferenzierung von Elementen werden nicht benötigt.

Die zur Abbildung des Betriebsgeschehens verwendeten Modellierungsebenen der Infrastruktur sowie die hieraus abgeleiteten graphentheoretischen Modelle bilden die Grundlage der automatisierten Datenverarbeitung im Rahmen von Softwaretools zur Planung und Analyse von Bahnsystemen und werden in der Folge vorgestellt.

1 DB Netz AG: Richtlinie 405 – Fahrwegkapazität. Frankfurt, Berlin: 2008.

2 Vgl. Fußnote 1

3.1.1.1 Infrastrukturdaten

Infrastrukturdaten gliedern sich in topologische Informationen, bauliche Eigenschaften, signaltechnische fahrwegbezogene Abhängigkeiten sowie Angaben zur betrieblichen Nutzung der Infrastruktur.[3]

Topologische Informationen umfassen die Lageeigenschaften von Infrastrukturelementen (z. B. Strecken, Gleisabschnitte, Weichen) sowie deren Verknüpfung miteinander (Abfolge von Gleisabschnitten, Weichen etc.).

Bauliche Eigenschaften geben weitere Informationen zur baulichen Ausgestaltung von Infrastrukturkomponenten. Sie umfassen beispielsweise Spezifikationen wie Streckenstandard, Elektrifizierung, Tunnelbauwerke sowie zulässige und ggf. abweichende Geschwindigkeiten für spezielle Zugarten (z. B. bei Neigetechnikzügen).

Signaltechnische Abhängigkeiten beziehen sich auf Abhängigkeiten zwischen Gleisabschnitten, Signalen und Gleisfreimeldeanlagen, welche durch die Definition von Fahrstraßen in der Sicherungslogik festgelegt sind. Dies schließt insbesondere die Definition von Fahrstraßenausschlüssen, das Zugbeeinflussungssystem (beispielsweise PZB oder ETCS), Durchrutschwege sowie Stellwerksbauformen und die hiermit verbundenen betrieblichen Implikationen ein.

Angaben zur betrieblichen Nutzung geben Aufschluss über die Betriebspraxis der Infrastruktur. Sie beinhalten beispielsweise Informationen über Regel- und Alternativfahrwege, die Nutzungsart von Bahnsteiggleisen, Bahnsteig- und Gleisnutzungslängen, Zuordnungen zu Richtungen oder Linien sowie weitere betriebliche Anforderungen.

3.1.1.2 Anforderungen an die Infrastrukturmodellierung

Auf globaler Ebene setzt sich ein Eisenbahnnetz aus den Netzelementen Strecken und Knoten zusammen. Knoten bezeichnen hierbei die Infrastruktur im Umfeld von Bahnhöfen inklusive der Weichenbereiche. Unter Strecken werden ein- oder zweigleisige Segmente zwischen Bahnhöfen oder Abzweigstellen verstanden. Knoten lassen sich weiter in Gleisgruppe und Gesamtfahrstraßenknoten unterteilen, wobei unter einem Gesamtfahrstraßenknoten ein Weichenbereich verstanden wird, der die Verknüpfung von Strecken und Betriebsanlagen im Knoten definiert.[4]

In Abhängigkeit vom Planungshorizont ergeben sich unterschiedliche Anforderungen an den Detailgrad der Infrastrukturmodellierung (vgl. Fußnote 1; Radtke 2014). Für Fragen der strategischen Netz- und Linienplanung (s. Kap. 2.1.1) kann eine eher grobe makroskopische Betrachtung der Infrastruktur auf Basis von Strecken, Bahnhöfen und Abzweigstellen hinreichend sein, um die Machbarkeit von Verkehrs- und Linienkonzepten zu analysieren. Für detailliertere Planungsprobleme im fahrplanerischen oder betrieblichen Bereich ist jedoch eine deutlich höhere Auflösung notwendig, um qualifizierte Aussagen treffen zu können. So ist beispielsweise für die Fahrlagenplanung im Fahrplankonstruktionsprozess oder die realis-

3 Vgl. Fußnote 1

4 Vgl. Fußnote 1

tische Simulation des Eisenbahnbetriebs eine präzise Ermittlung der Fahrzeiten sowie eine Abbildung der Sperrzeiten Voraussetzung (Happel 1959). Dies erfordert eine detaillierte mikroskopische Repräsentation der relevanten Infrastrukturelemente sowie der Sicherungslogik. Eine Illustration unterschiedlicher Infrastrukturauflösungen ist in Abbildung 3-1 gegeben.

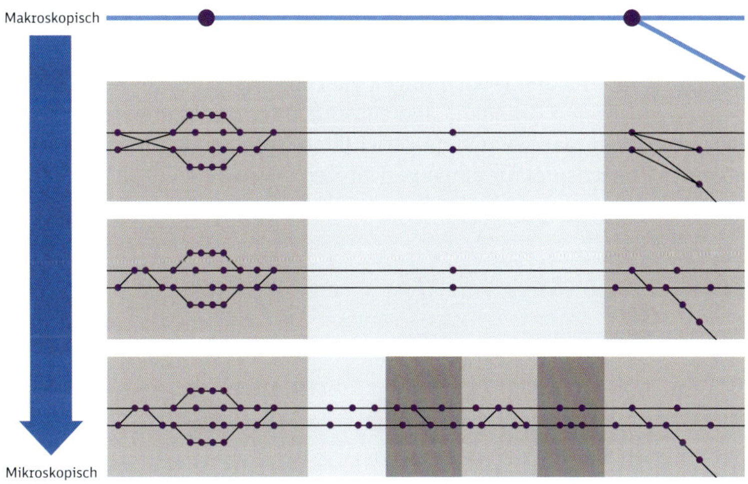

Abb. 3-1: Unterschiedliche Detailgrade der Infrastrukturmodellierung   Abbildung: BFV/Nießen

In Abbildung 3–2 sind nachfolgend einige typische Anwendungsbereiche mit ihren Anforderungen an den Detailgrad der Infrastrukturdatenhaltung aufgelistet. Mit steigendem Detaillierungsgrad wird die Modellierung der Infrastruktur genauer, jedoch steigt in der Regel gleichzeitig auch die Rechenzeit an.

Detailgrad	Infrastrukturelemente	Anwendungsbereich
makroskopisch	Bahnhöfe, Strecken	Strategische Langfristplanung von Netzwerkinfrastruktur und Verkehrslinienkonzepten
mesoskopisch	Streckensegmente, Fahrstraßenknoten inklusive Fahrbeziehungen	Verspätungsprognose, Optimierungsmodelle zur Fahrplanerstellung
mikroskopisch	Neigung, Weichen, Signale, Gleisfreimeldeanlagen, detaillierte Informationen über Stellwerkstechnik, Fahrstraßen und betriebliche Nutzung	Betriebssimulation, Fahrplanerstellung auf Sperrzeitenbasis, Belegungsdisposition

Abb. 3-2: Verschiedene Detailgrade der Infrastrukturmodellierung und typische Anwendungsbereiche

3.1.1.3 Infrastrukturgraph – Modellvarianten

Grundlage der Nutzung von Infrastrukturdaten in Softwaretools der Eisenbahnbetriebswissenschaft ist die Erstellung eines **Infrastrukturgraphs**, d. h. einer graphentheoretischen Darstellung der Eigenschaften und Beziehungen zwischen den Infrastrukturelementen.

Allgemeine Grundlagen

Ein Graph ist ein abstraktes mathematisches Objekt, das sich zusammensetzt aus einer Menge von Knoten sowie einer Menge von Kanten zwischen diesen Knoten. Die mathematischen Knoten bilden punktförmige Infrastrukturelemente ab und sind damit nicht mit Knoten im Sinne des Eisenbahnwesens gleichzusetzen, sodass diese nicht notwendigerweise Bahnhöfen oder Abzweigstellen entsprechen (Tittmann 2019).

Können alle Kanten zwischen Knoten in beide Richtungen gleichermaßen verwendet werden, so spricht man von einem ungerichteten Graphen, sind einzelne oder alle Kanten lediglich in einer Richtung nutzbar, so spricht man von einem gerichteten Graphen (Tittmann 2019). Abbildung 3-3 zeigt ein einfaches Beispiel für einen gerichteten sowie einen ungerichteten Graphen mit jeweils vier Knoten (v_1, v_2, v_3, v_4) und drei bzw. vier Kanten (e_1, e_2, e_3, e_4).

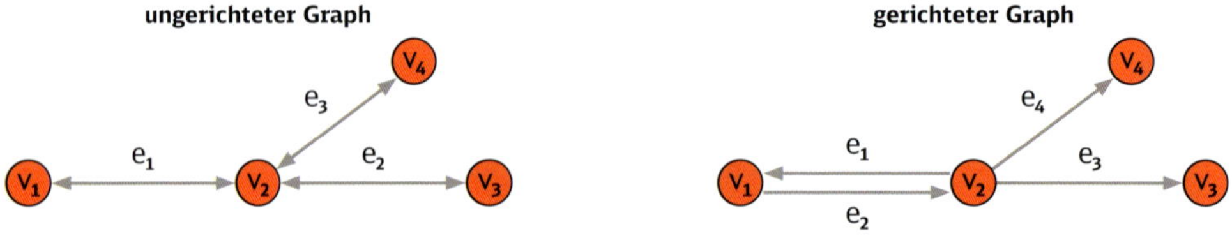

Abb. 3-3: Gerichteter und ungerichteter Graph

Abbildung: BFV/Nießen

Bezogen auf die Eisenbahnanwendung wird der Abstraktionsvorgang bei der Erstellung des Infrastrukturgraphen anhand eines Spurplanausschnitts in Abbildung 3-4 verdeutlicht. Die Bahnhofsinfrastruktur wird hierbei, wie anhand des Ausschnitts links gezeigt, als Graph modelliert, dessen Knoten Infrastrukturelementen wie Weichen, Signalen etc. entsprechen. Um die technisch möglichen Fahrbeziehungen an Weichen korrekt abzubilden, bietet sich hierbei oftmals die Verwendung gerichteter Graphen mit Richtungsbezug (links -> rechts bzw. rechts -> links) für die Zugfahrten der entsprechenden Richtung an. Eine alternative Vorgehensweise auf Basis duplizierter Knoten beschreibt Radtke (vgl. Radtke 2014).

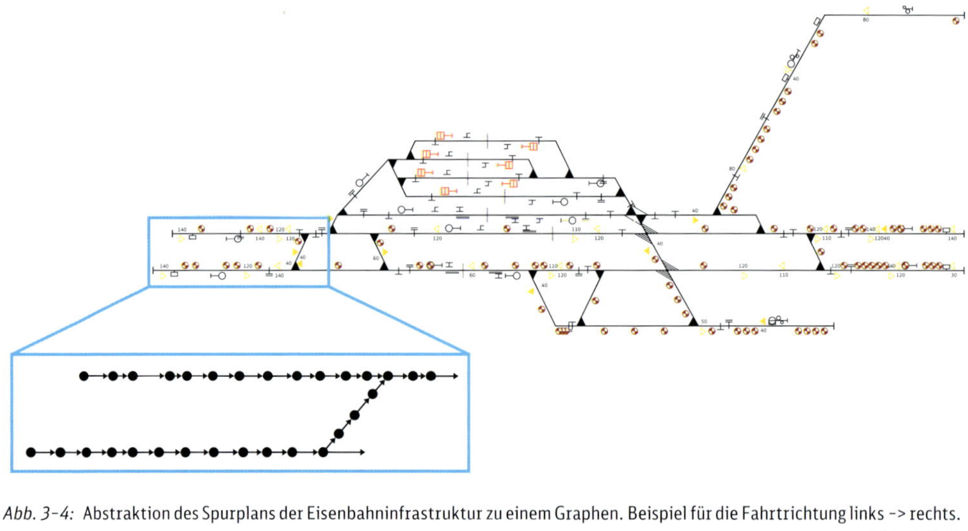

Abb. 3-4: Abstraktion des Spurplans der Eisenbahninfrastruktur zu einem Graphen. Beispiel für die Fahrtrichtung links -> rechts.

Abbildung: BFV/Nießen

Ungeachtet der Darstellung als gerichteter bzw. ungerichteter Graph stellt sich bei der Modellierung der Eisenbahninfrastruktur in Software-Anwendungen darüber hinaus die Frage der Datenhaltung der mit dem Graphen verknüpften Infrastruktureigenschaften. Hierbei werden zwei grundsätzliche Varianten zur Speicherung der Infrastruktureigenschaften unterschieden: kantenbewertete und knotenbewertete Graphen [2].

Kantenbewertete Graphen

Bei kantenbewerteten Graphen werden die Infrastruktureigenschaften gemeinsam mit den Kanten gespeichert. So beinhalten Kantenobjekte Informationen wie Länge, Streckengeschwindigkeit, Neigung etc. (vgl. Abb. 3-5).

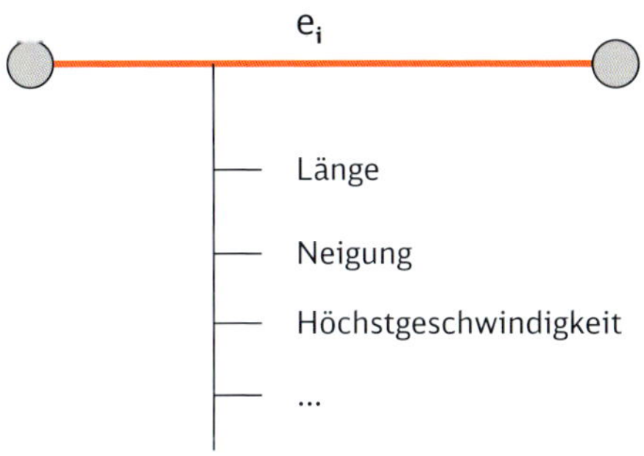

Abb. 3-5:
Infrastrukturdatenhaltung in einer kantenbewerteten Darstellung
Abbildung: BFV/Nießen

Knotenobjekte besitzen über die Charakterisierung des Knotenelements (z. B. Hauptsignal) hinaus keine weiteren Informationen. Sie dienen lediglich der Identifikation der topologischen Verknüpfungen zwischen den Kanten.

Knotenbewertete Graphen

Alternativ können Infrastruktureigenschaften auch als Knotenattribute gespeichert werden. In diesem Fall werden Informationen wie Position, Elementart etc. in den Knotenobjekten gespeichert.

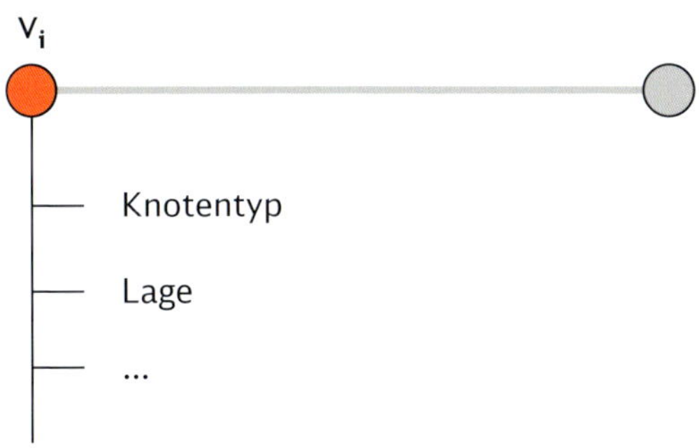

Abb. 3-6:
Infrastrukturdatenhaltung in einer knotenbewerteten Darstellung
Abbildung: BFV/Nießen

Hier beinhalten die Kantenobjekte keine detaillierteren Infrastrukturinformationen, sondern dienen lediglich der Verknüpfung zwischen den Knoten.

Vergleich knoten- und kantenbewertete Graphen

Knoten- und kantenbewertete Graphen bilden zwei äquivalente Darstellungen der Infrastruktur und können jeweils ineinander überführt werden. So können Informationen über die Distanz zwischen zwei Knoten beispielsweise sowohl über die Kantenlänge zwischen den beiden Knoten als auch über die Lage (Kilometrierung) der beiden Knoten identifiziert werden. Analog können beispielsweise auch Kanten gleicher Neigung oder alternativ die Punkte, an denen sich die Neigung ändert, vorgehalten werden. Einige Beispiele für die jeweiligen Entsprechungen von Attributen in kanten- und knotenbewerteter Infrastrukturdatenhaltung finden sich in Abbildung 3-7.

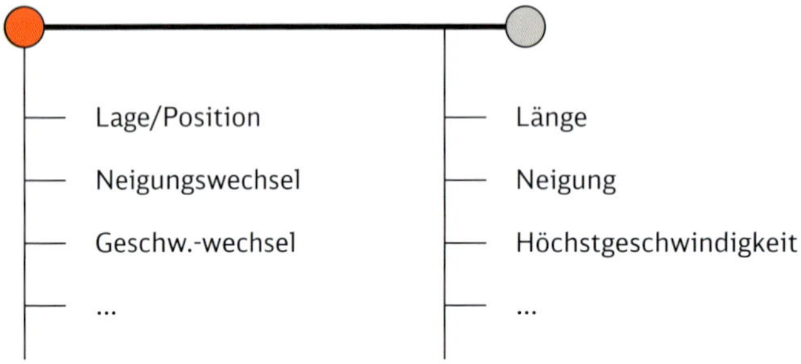

Abb. 3-7:
Äquivalenz von kanten- und knotenbewerteten Graphen
Abbildung: BFV/Nießen

Auch wenn die Speicherung von Infrastrukturinformationen in den Kanten und Knoten mathematisch äquivalent ist, so ergeben sich für beide Vorgehensweisen aus praktischer Sicht unterschiedliche Anwendungsfelder. In kantenbewerteten Datenstrukturen werden die jeweiligen Infrastruktureigenschaften mit den Kanten gespeichert. D. h., dass jede Kante zwischen zwei Infrastrukturelementen über Informationen zu beispielsweise Geschwindigkeit, Neigung, betrieblicher Nutzung und Fahrstraßenzugehörigkeit verfügt. Gerade in großen Graphen mit einer Vielzahl von Elementen bedingt dies ein hohes Maß an Redundanz, da alle Attribute in jeder Kante gespeichert werden – auch wenn eine Vielzahl von Attributen bei benachbarten Kanten identisch ist. Demgegenüber steht ein einfacher Zugriff auf die Infrastruktureigenschaften gerade beim Routing oder der Fahrzeitrechnung, da alle Informationen jeweils lokal vorliegen.

Mit einer knotenbewerteten Infrastrukturdatenhaltung entfällt das Problem der massiv redundanten Datenhaltung und der Speicherbedarf kann gesenkt werden. Allerdings besteht hier ein erhöhter Aufwand beim Zugriff auf Infrastrukturparameter bei der Durchführung von Berechnungen. So liegen nicht an jedem Punkt des Netzwerks alle notwendigen Informationen für die Berechnung vor. Beispielsweise liegen bei Start einer Zugfahrt in einem Haltepunkt keine Informationen über die Neigung an dieser Position vor, was jedoch Voraussetzung für die Fahrzeitrechnung ist. Diese Informationen müssen zunächst durch eine Erforschung der Nachbarknoten im Graphen akquiriert werden, indem so lange benachbarte Elemente im Graphen untersucht werden, bis der nächstgelegene Neigungswechsel identifiziert ist und damit die Information über die Neigung am Halteplatz zur Verfügung steht. Hierdurch wird jedoch im Regelfall der Rechenaufwand nur geringfügig erhöht, da dies lediglich zu Beginn eines Zuglaufs erforderlich ist und anschließend die entsprechenden Informationen mitgeführt werden können.

Ein Überblick über die Vor- und Nachteile knoten- und kantenbewerteter Graphen wird in Abbildung 3–8 gegeben.

	Knotenbewerteter Graph	Kantenbewerteter Graph
Vorteile	Schlanke Datenhaltung, lediglich Speicherung von Infrastruktureigenschaften am Rande des Untersuchungsraums sowie deren Änderungen innerhalb des Untersuchungsraums nötig	Einfacher Zugriff auf Infrastruktureigenschaften, da alle benötigten Informationen lokal in jeder Kante gespeichert sind
	Position von Knoten im Infrastrukturgraphen entspricht der Position von Feldelementen in der Realität	
	Einfache Hinzunahme, Entfernung von Knoten sowie Änderung von Infrastruktureigenschaften durch Änderung einzelner Knoten	
Nachteile	Erhöhter Rechenaufwand in der Verwendung, da Infrastruktureigenschaften ggf. erst durch eine lokale Erkundung der benachbarten Elemente identifiziert werden müssen	Größerer Speicheraufwand, da viele Infrastruktureigenschaften redundant in jeder Kante gespeichert werden müssen
	Fahrwegbezogene Informationen indirekt genutzter Fahrwegkomponenten (z. B. Flankenschutzweichen) sind nur schwer zu identifizieren	Infrastrukturänderungen bedürfen ggf. der Identifikation und Änderung einer Vielzahl betroffener Kantenobjekte

Abb. 3–8: Vor- und Nachteile knoten- und kantenbewerteter Graphen zur Infrastrukturdatenhaltung in EDV-Tools

Für komplexe Eisenbahnnetzwerke mit einer Vielzahl eventuell zugspezifischer Infrastruktureigenschaften überwiegen die Vorteile einer schlankeren, weniger redundanten Datenhaltung in knotenbewerteten Graphen. Handelt es sich jedoch um eine Infrastruktur mit vergleichsweise wenigen Knoten und Eigenschaften, so kann der einfachere direkte Zugriff auf die Kanteneigenschaften im Falle kantenbewerteter Infrastrukturdatenhaltung für Berechnungen von Vorteil sein.

Auf Basis eines kanten- oder knotenbewerteten Graphen können graphentheoretische Algorithmen zur Routensuche wie beispielsweise der Dijkstra-Algorithmus (Dijkstra 1959) angewendet werden und mögliche sowie optimale Zugfahrlagen bestimmt werden (Pöhle 2016; Kroon 2009). Aufgrund der universalen Anwendbarkeit von Methoden der Graphentheorie stehen hierzu in nahezu allen Programmiersprachen umfassende, umfangreich getestete Bibliotheken zur Verfügung.

Über die konkrete Anwendung zur Routensuche hinaus findet sich das Prinzip kanten- und knotenbasierter Infrastrukturgraphen in ähnlicher Weise auch in der Architektur von Softwaretools der Eisenbahnbetriebswissenschaft wieder, wo der Zugriff auf die Elementeigenschaften mit ihren entsprechenden Attributen primär knoten- oder kantenbasiert erfolgen kann.

3.1.1.4 Zusammenfassung und Ausblick

Graphentheoretische Modelle zur Infrastrukturdarstellung sind heutzutage nicht mehr aus der Eisenbahnbetriebswissenschaft wegzudenken. Knotenbewertete Prinzipien bilden hierbei für anspruchsvollere Softwareprojekte aufgrund der effizienteren Datenhaltungsstruktur den Standard. Während von mathematischer Seite auf ein reichhaltiges Feld von Graphenalgorithmen zurückgegriffen werden kann, liegen die Hauptschwierigkeiten für die Anwendung im Eisenbahnwesen in der Vollständigkeit und Genauigkeit der Datengrundlage sowie der Identifikation des zielführendsten Ansatzes. Dies bezieht sich insbesondere auf die anwendungsspezifisch erforderliche Präzision und den hierdurch bedingten Detailgrad der Infrastrukturmodellierung.

3.1.2 Betriebsprogramm

Neben der Infrastruktur stellt das Betriebsprogramm eine wesentliche Eingangsgröße für eisenbahnbetriebliche Untersuchungen dar. Das Betriebsprogramm beschreibt dabei die zu betrachtenden Zugfahrten mit ihren technischen und betrieblichen Eigenschaften. Je nach Aufgaben- oder Fragestellung kann der Detaillierungsgrad des Betriebsprogramms variieren. Die feinste Stufe eines Betriebsprogramms stellt dabei ein Fahrplan mit den zugspezifischen Eigenschaften aller enthalten Einzelzüge dar. Für eher mittel- oder langfristige Fragestellungen kann das Betriebsprogramm jedoch auch gröber abgebildet und abstrahiert werden. Hierzu werden dann die Einzelzüge zu Zuggruppen mit ähnlichen Eigenschaften, sogenannten Modellzügen, zusammengefasst (Ril 405).

In vielen Fällen ist eine Fahrzeit- und Belegungszeitrechnung (vgl. Kap. 3.2.2 und 3.2.3) für die im Betriebsprogramm hinterlegten Zugfahrten für die weitere Anwendung hilfreich bzw. notwendig, welche von vielen eisenbahnbetrieblichen Softwareprogrammen heutzutage automatisiert durchgeführt wird. Hierfür müssen den Zügen Eigenschaften zugewiesen sein, die u. a. für die Höchstgeschwindigkeit sowie das Anfahr- und Bremsverhalten relevant sind. Für die räumliche und zeitliche Verteilung der Zugfahrten sind darüber hinaus Angaben über ihren Laufweg und ihre zeitliche Lage notwendig.

3.1.2.1 Technische Eigenschaften von Zugfahrten

Die hier aufgeführten technischen Eigenschaften der Züge sind für die später folgende Fahrzeit- und Belegungszeitrechnung Grundvoraussetzung. Hierfür sind zunächst das Triebfahrzeug – und ggf. weitere arbeitende Triebfahrzeuge bei Doppeltraktion – anzugeben, welches wiederum die Leistung der Antriebseinheit anhand des sogenannten Zugkraft-Geschwindigkeitsdiagramms widerspiegelt. Die verschiedenen Triebfahrzeuge werden dabei in Baureihen unterteilt. Das Zugkraft-Geschwindigkeitsdiagramm (siehe Abb. 3–9) stellt geschwindigkeitsabhängig die zur Verfügung stehende Zugkraft dar, welche genutzt werden kann, um die Strecken- und Fahrzeugwiderstände zu überwinden und das Fahrzeug zu beschleunigen. Im Bereich der Reibungsgrenze, welche bei hohen Zugkräften maßgebend ist, hängt die maximale Zugkraft auch vom Haftreibungsbeiwert zwischen Rad und Schiene ab (vgl. Kap. 3.2.2)

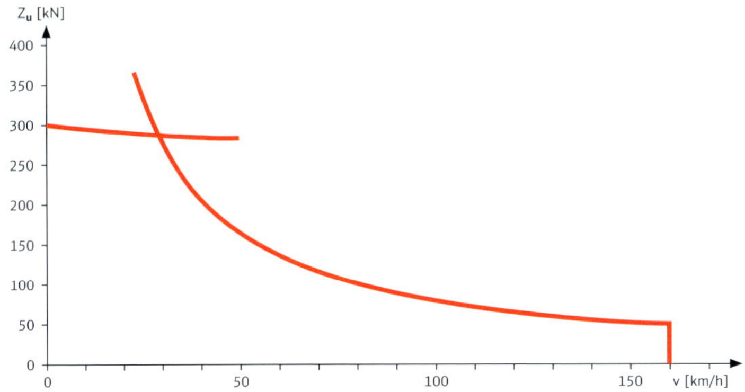

Abb. 3-9:
Zugkraft-Geschwindigkeitsdiagramm
Abbildung: BFV/Nießen

Neben dem Zugkraft-Geschwindigkeitsdiagramm werden noch Widerstandsbeiwerte des Triebfahrzeugs und der Wagen für die Fahrwiderstandsberechnung benötigt sowie ein Massenfaktor zur Berücksichtigung der Trägheitsmomente der beschleunigten, rotierenden Massen (Wende 2003). Diese Werte werden vom Hersteller bereitgestellt und sind in der Regel in den Stammdaten eisenbahnbetrieblicher Softwareprogramme hinterlegt.

Weitere technische Eigenschaften sind die technische Höchstgeschwindigkeit, die Zuglänge und -masse sowie die auf dem Fahrzeug verfügbaren Zugbeeinflussungssysteme. Ist beispielsweise LZB oder ETCS auf dem Fahrzeug vorhanden, so hat dies Auswirkungen auf die zulässigen Geschwindigkeiten. Ebenso wird angegeben, ob es sich um ein Neigetechnikfahrzeug handelt, da dies auch die zulässigen Geschwindigkeiten beeinflusst. Schließlich werden noch Angaben über das Bremsverhalten in Form der in Deutschland verwendeten Bremshundertstel benötigt (Pachl 2018).

Abbildung 3–10 fasst die wesentlichen technischen Eigenschaften von Zugfahrten, welche für die Fahrzeitrechnung benötigt werden, zusammen.

Technische Eigenschaften von Zugfahrten
Triebfahrzeug und ggf. weiteres Triebfahrzeug
Zugkraft-Geschwindigkeitsdiagramm
Massenfaktor
Widerstandsbeiwerte des Triebfahrzeugs und der Wagen
Höchstgeschwindigkeit
Zuglänge
Zugmasse
Verfügbare Zugbeeinflussungssysteme
Bremshundertstel
Neigetechnik verfügbar

Abb. 3-10:
Technische Eigenschaften von Zugfahrten

3.1.2.2 Betriebliche Eigenschaften von Zugfahrten

Zu den betrieblichen Eigenschaften von Zugfahrten zählt der Laufweg als Abfolge der durchfahrenen Betriebsstellen, die sogenannte Betriebsstellenreihung. Innerhalb einer Betriebsstelle können verschiedene Fahrwege zur Verfügung stehen, die über andere Gleise führen und somit Fahrwegalternativen darstellen. Für jede Betriebsstelle ist daher ein Fahrweg auszuwählen. Mit der Betriebsstellenreihung und den gewählten Fahrwegen wird die räumliche Lage der Zugfahrt fixiert.

Zur Festlegung der zeitlichen Lage einer Zugfahrt wird in mindestens einer Betriebsstelle eine Ankunfts-, Abfahrts- oder Durchfahrtzeit benötigt. Von dieser Betriebsstelle aus können die Zeiten für die vorherigen und nachfolgenden Betriebsstellen mithilfe der durchgeführten Fahrzeitrechnung ermittelt werden. Die berechneten technischen Fahrzeiten zwischen Betriebsstellen können mit Zuschlägen versehen werden. Zuschläge sind Zeitreserven im Fahrplan und lassen sich als Toleranzen im Betrieb nutzen (vgl. Kap. 3.2.5). Sind die Zuschläge negativ, d. h. die technisch erforderliche Fahrzeit ist größer als die Fahrplanfahrzeit, so bedeutet dies, dass die Fahrplanfahrzeit auf diesem Abschnitt nicht einzuhalten ist.

Falls die Zugfahrt in einer Betriebsstelle einen Halt aufweist, so ist die Haltezeit anzugeben. Die betrieblich notwendige Zeit (z. B. minimale Zeit für den Fahrgastwechsel inklusive Abfertigungsverfahren) stellt dabei die Mindesthaltezeit dar. Haltezeiten können auch größer als Mindesthaltezeiten sein, beispielsweise aufgrund von Haltezeitzuschlägen oder aber als Synchronisationszeit. Zusätzlich kann bei Halten noch zwischen Verkehrshalten, welche vom Verkehrsunternehmen gewünscht sind, und Betriebshalten, welche nur der betrieblichen Abwicklung z. B. in Form einer Überholung dienen, unterschieden werden. So beträgt bei Betriebshalten die Mindesthaltezeit null Minuten (Kuckelberg, Janecek, Nießen 2013).

Abbildung 3–11 fasst die wesentlichen betrieblichen Eigenschaften von Zugfahrten, welche für die Fahrzeitrechnung benötigt werden, zusammen.

Betriebliche Eigenschaften von Zugfahrten	
Räumliche Lage	Betriebsstellenreihung
	Fahrwege innerhalb einer Betriebsstelle
Zeitliche Lage	Ankunfts-, Abfahrts- oder Durchfahrtszeiten
	Fahrzeitzuschläge
	Haltezeiten, Mindesthaltezeiten
	Haltezeitzuschläge

Abb. 3-11:
Betriebliche Eigenschaften von Zugfahrten

Bei der Abbildung eines Fahrplans können neben der räumlichen und zeitlichen Lage der einzelnen Zugfahrten noch Verknüpfungen von mehreren Zugfahrten in Form von Anschlüssen oder Umläufen vorgesehen werden. Soll der Fahrplan mit einer Simulation untersucht werden, so sind für die Zugfahrten Verspätungskennwerte zu ergänzen (vgl. Kap. 3.3.1).

3.1.2.3 Modellzugbildung

Die genaueste Abbildung eines Betriebsprogramms ist der Fahrplan, welcher für den betrachteten Untersuchungsbereich (räumliche und zeitliche Ausdehnung) sämtliche Zugfahrten mit ihren gesamten Informationen enthält. Für langfristige Fragestellungen liegen in vielen Fällen jedoch noch keine Informationen über Fahrplan und Zugeigenschaften vor und können auch noch nicht exakt festgelegt werden, sodass es hier gerechtfertigt ist, eine gröbere Beschreibung des Betriebsprogramms zu verwenden. Dies vereinfacht überdies auch die Komplexität der Fragestellung, reduziert ggf. die Rechenzeit und beugt einer Scheingenauigkeit vor.

Hierzu werden in der Eisenbahnbetriebswissenschaft Zugfahrten zu Zuggruppen mit ähnlichen Eigenschaften, den sogenannten Modellzügen, zusammengefasst.[5] Während im Personenverkehr aufgrund der wiederkehrenden Takte und Linien eine Zuordnung zu Modellzügen oftmals offensichtlich ist, sind insbesondere für Güterzüge weitere Annahmen

5 Vgl. Fußnote 1.

zu treffen. Bei der Modellzugbildung ist entsprechend der Aufgabenstellung abzuwägen, wie groß die Abweichungen innerhalb einer Zuggruppe sein dürfen. Bei strategischen, netzweiten Fragestellungen bei mittel bis langfristigen Zeithorizonten können beispielsweise die folgenden sieben unterschiedlichen Modellzüge ausreichend sein (Schüttert, Kogel, Kurby, Nießen 2017):

- Schienenpersonenfernverkehr Hochgeschwindigkeit (ICE)
- Schienenpersonenfernverkehr (IC/EC)
- Schneller Schienenpersonennahverkehr (RE)
- Langsamer Schienenpersonennahverkehr (RB)
- S-Bahn-Verkehr (S-Bahn)
- (Fern-)Güterzüge (FGZ)
- Langsame (Nah-)Güterzüge (NGZ)

Hingegen kann bei Knotenuntersuchungen in der Mittelfristprognose die Anzahl der benötigten Modellzüge durchaus fünfzig oder sogar einhundert übersteigen. Insbesondere bei Knotenuntersuchungen sollten auch die notwendigen Rangierfahrten abgebildet werden, da diese unter Umständen auch einen maßgeblichen Einfluss auf die Leistungsfähigkeit haben.

Ein Modellzug ist folglich ein „gemittelter" Repräsentant für die ihm zugrunde gelegten Einzelzüge. Daher müssen bei der Zuordnung von Einzelzügen zu Modellzügen auch die technischen und betrieblichen Eigenschaften der Züge ausgewertet werden. Je nachdem wie groß die zulässigen Abweichungen zwischen den Zugfahrten innerhalb eines Modellzugs akzeptiert werden, können Züge zusammengefasst werden oder nicht.

Ein Modellzug weist somit im Mittel die Eigenschaften einer Zuggruppe auf. Um die Anzahl der ursprünglichen Einzelzüge eines Modellzugs zu berücksichtigen, können einerseits für jeden Einzelzug die Referenzzeiten in einer Betriebsstelle oder andererseits die Anzahl an Zügen je Stundengruppe dem Modellzug hinterlegt werden. Da bei langfristigen Planungszeiträumen oftmals noch kein Fahrplan und damit auch keine Fahrplanzeiten vorhanden sind, kann hier dann mit der Zuganzahl je Zeitraum gearbeitet werden. Dadurch ergibt sich eine ungefähre zeitliche Verteilung über den Tag.

Abbildung 3–12 stellt die wesentlichen technischen und betrieblichen Eigenschaften eines Modellzugs dar. Diese unterscheiden sich im Vergleich zu den Eigenschaften der Einzelzüge bei der zeitlichen Lage sowie der Anzahl der repräsentierten Zugfahrten.

Modellzug	
▪ Anzahl repräsentierter Einzelzüge ▪ Zeitliche Verteilung der repräsentierten Einzelzüge (z. B. Züge je Stundengruppe) ▪ Zugart ▪ Verspätungskennwerte	
Technische Eigenschaften	**Betriebliche Eigenschaften**
▪ Triebfahrzeug ▪ Ggf. weiteres Triebfahrzeug ▪ Zugkraft-Geschwindigkeitsdiagramm ▪ Massenfaktor ▪ Widerstandsbeiwerte des Triebfahrzeugs ▪ Widerstandsbeiwerte der Wagen ▪ Höchstgeschwindigkeit ▪ Zuglänge ▪ Zugmasse ▪ Verfügbare Zugbeeinflussungssysteme ▪ Bremshundertstel ▪ Neigetechnik verfügbar	▪ Betriebsstellenreihung ▪ Fahrwege innerhalb einer Betriebsstelle ▪ Fahrzeiten ▪ Haltezeiten

Abb. 3-12: Eigenschaften eines Modellzugs

Bei der Gruppierung von Einzelzügen zu Modellzügen können folgende Vergleichskriterien verwendet werden (Pfeifer 2019):

- **Zugart:** Es wird ein Vergleich der Zugart (Personenfernverkehr, Personennahverkehr, S-Bahn, Güterzug, ggf. noch weiter differenziert) durchgeführt.

- **Höchstgeschwindigkeit:** Es wird ein Vergleich der Maximalgeschwindigkeiten der Züge durchgeführt.

- **Traktion:** Es wird die Art des Antriebs (elektrisch, Diesel, Sonstiges) ausgewertet.

- **Zuglänge:** Es wird die Zuglänge ausgewertet (insbesondere bei Güterzügen relevant).

- **Zugmasse:** Es wird die Zugmasse ausgewertet (insbesondere bei Güterzügen relevant).

- **Betriebsstellenreihung:** Es wird ein Vergleich der Betriebsstellenreihung des Laufwegs durchgeführt.

- **Haltepolitik:** Es wird verglichen, ob ein Halt in einer Betriebsstelle stattfindet.

Je nachdem wie scharf die Übereinstimmung bei einem Kriterium gewählt wird (Detaillierungsgrad) und wie stark die Kriterien untereinander gewichtet werden, hat dies einen maßgeblichen Einfluss auf das Resultat und die Anzahl der gebildeten Modellzüge. Es empfiehlt sich hierbei, mindestens die Kriterien „Zugart“, „Betriebsstellenreihung“ sowie „Höchstgeschwindigkeit“ zu berücksichtigen. Die Kriterien können dabei für Personen- und Güterzüge unterschiedlich gesetzt sein. Insbesondere bei Güterzügen sollte darüber hinaus die Zuglänge ausgewertet werden, da hiervon die nutzbaren Überholungsmöglichkeiten (Nutzlänge der Überholgleise muss mindestens der Zuglänge entsprechen) abhängig sind.

In Abbildung 3-13 ist ein Beispiel zur Aufteilung von Güterzügen in Modellzüge anhand des Kriteriums der Zuglänge dargestellt, wenn die maximale zulässige Längendifferenz der Einzelzüge 200 Meter beträgt.

Einzelzüge	**Modellzug A**	**Modellzug B**
725 m	**<u>725 m</u>**	**<u>419 m</u>**
419 m	725 m	419 m
419 m	646 m	419 m
646 m	725 m	
725 m		

Abb. 3-13: Beispiel zur Einteilung von Güterzügen in Modellzüge anhand der Zuglänge

3.1.2.4 Zusammenfassung und Ausblick

Neben der Modellierung der Infrastruktur wird für eine Fahrzeit- und Belegungszeitrechnung das Betriebsprogramm mit Informationen über die Zugfahrten benötigt. Zur Abbildung dieser sind die technischen und betrieblichen Eigenschaften der Züge notwendig. Die detaillierteste Darstellung des Betriebsprogramms stellt der Fahrplan mit allen Einzelzügen dar. Für längerfristige Fragestellungen, wo beispielsweise auch noch kein Fahrplan im Detail bekannt ist, werden Zugfahrten oftmals zu Modellzügen verallgemeinert und zusammengefasst.

3.2 Trassenkonstruktion

3.2.1 Einleitung

Die in Kapitel 2 dargestellten Prozesse erfordern jeweils die Berechnung von Fahrzeiten und teilweise Aussagen zum Kapazitätsverbrauch der einzelnen Zugfahrt. Ziel dieses Kapitels ist daher die Berechnung der Fahrzeit und – darauf aufbauend – des Kapazitätsverbrauchs. Die in diesem Kapitel dargestellten Algorithmen kommen üblicherweise bei der Fahrplankonstruktion, in der Betriebsführung, bei der Angebotsplanung der EVU und der EIU, bei der Planung und Ausregelung von Baustellen, für eisenbahnbetriebswissenschaftliche Untersuchungen und für energiesparsames Fahren zum Einsatz. Zudem ist die Fahrzeitrechnung notwendige Voraussetzung für die Berechnung der Belegungszeiten.

Die Eingangsgrößen der Berechnungen sind die in Kapitel 3.1 dargestellten Größen. Sie liegen – abhängig vom Planungshorizont und vom Planenden – in den dargestellten unterschiedlichen Detailgraden vor: Während für die langfristige Planung detaillierte Daten noch unbekannt sein können, sind für kurzfristige Fahrzeitprognosen im Betrieb auch sehr detaillierte Informationen, z. B. alternative Durchrutschwege und Beeinflussungen durch PZB, relevant.

Ergebnisse der Berechnungen sind Fahrzeiten

- zwischen zwei Orten, z. B.
  - zwischen Start- und Ziel,
  - zwischen Verkehrshalten, aber auch
  - zwischen Punkten, die z. B. für den Kapazitätsverbrauch relevant sind wie zwischen Halteplatz und Ausfahrsignal, sowie
- Belegungszeiten für Fahrwegelemente (z. B. Blockabschnitte) und Reservezeiten (Pufferzeiten und Zuschläge), die die Fahrzeiten und die Abstände zwischen Zügen zur Steigerung der Robustheit der Planung vergrößern.

Grundsätzlich lassen sich Fahrzeiten durch Messen (im ÖPNV üblich) oder Berechnen ermitteln. Letzteres bietet als Vorteile einen geringeren Aufwand und die Möglichkeit, für zukünftige Zustände Prognosen zu erstellen.

Nicht Gegenstand dieses Kapitels sind LST-Bremsberechnungen, z. B. für Schnellbremsungen. Sofern keine wesentlichen Änderungen auftreten, werden in einigen der in Kapitel 2 dargestellten Prozesse vorberechnete Fahrzeiten oder Fahrzeiten aus (früheren) Planungen verwendet. Dies ist z. B. bei der Angebotsplanung der EVU und bei der Prognose für die Disposition der EVU der Fall. Diese Fahrzeiten werden ggf. erfahrungsbasiert zur Erhöhung der Robustheit modifiziert oder um einen Teil der Fahrzeitzuschläge reduziert.

3.2.2 Fahrzeitrechnung

3.2.2.1 Einleitung

Wie in Kapitel 3.2.1 dargestellt erfolgt die Fahrzeitrechnung grundsätzlich zwischen zwei Punkten, z. B. zwischen zwei Halten (siehe Abb. 3-14)

Die Fahrdynamik eines Fahrzeugs bezeichnet die zeitliche Abhängigkeit der Bewegungsgrößen (Beschleunigung *a*, Geschwindigkeit *v* und Weg *s*). Ein Problem der Fahrdynamik kann als gelöst angesehen werden, wenn die Position *s* des Massenpunkts *s(t)* zu allen Zeiten *t* bekannt ist. Anhand der Definitionen von Geschwindigkeit und Beschleunigung als erste bzw. zweite Ableitung des Weges nach der Zeit lassen sich diese Größen aus *s(t)* bestimmen.

Ausgangspunkt für Berechnungen der Fahrdynamik ist die Grundgleichung der Newton-Mechanik:

$$\sum F_z = m \cdot a = m \cdot \dot{v} = m \cdot \ddot{s}$$

Diese überführt die Summe aller auf einen Massepunkt der Masse m wirkenden Kräfte $\sum F_z$ auf eine Beschleunigung a.

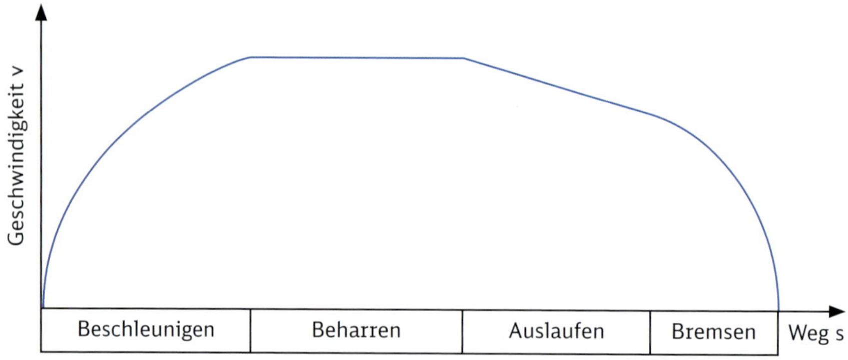

Abb. 3-14: Fahrzustände in v-s-Diagramm am Beispiel einer Fahrt zwischen zwei Halten Abbildung: BFV/Oetting/Crespo

Zur Berechnung von Bewegungen stehen aus der Kinematik Gleichungen für gleichförmige Bewegungen (Geschwindigkeit konstant) und gleichmäßig beschleunigte Bewegungen (Beschleunigung konstant) zur Verfügung. Sie erfordern als Input die Geschwindigkeit und – im Falle von Geschwindigkeitsänderungen – auch die Beschleunigung.

Die zulässige Geschwindigkeit ergibt sich als Minimum über alle infrastruktur- und fahrzeugbedingten Geschwindigkeitsvorgaben (z. B. aus dem Verzeichnis der zulässigen Geschwindigkeiten, dem Heft der Langsamfahrstellen, der signalisierten Geschwindigkeit, der Überwachung durch das Zugsicherungssystem oder der Geschwindigkeiten der Fahrzeuge im Zugverband).

Die Beschleunigung kann entweder vorgegeben werden oder aus der Differenz der eingestellten Zugkraft und den der Bewegung entgegenwirkenden Kräften, den Widerständen, berechnet werden. Diese Kräfte werden im Weiteren bestimmt.

3.2.2.2 Kräfte

Der Zugkraft, die zu einer Beschleunigung des Zuges führen kann, stehen Widerstandskräfte entgegen.

Zugkraft

Die Zugkraft F_Z wird (wie bei anderen Verkehrssystemen auch) durch:

- die Reibung zwischen Rad und Schiene,
- die zur Verfügung stehende Leistung sowie
- die Höchstgeschwindigkeit

begrenzt. Bei langer Fahrt mit hoher Last kann auch die Motorerwärmung die Zugkraft beschränken.

Für die zwischen Rad und Schiene infolge **Reibung** übertragbare Zugkraft, genannt Kraftschlusskraft, gilt:

$$F_Z \leq \mu \cdot F_G = \mu \cdot m \cdot g$$

mit:

F_Z	Zugkraft, hier infolge Kraftschlusskraft
μ	maximaler Kraftschlussbeiwert
F_G	Gewichtskraft
m	Masse auf den angetriebenen Achsen
g	Erdbeschleunigung, in m/s²; (g = 9,81 m/s²)

Der maximale Kraftschlussbeiwert μ lässt sich für elektrische Triebfahrzeuge auf trockenen Schienen für Geschwindigkeiten bis 200 m/s z. B. mit der Gleichung von Curtius und Kniffler (Curtius, Kniffler 1950) berechnen (CURTIUS-KNIFFLER-Linie):

$$\mu(v) = 0{,}161 + \frac{7{,}5}{v + 44}$$

mit:

v	Geschwindigkeit, in km/h

Bei modernen Drehstrom-Triebfahrzeugen ergibt sich ein Rad-Schiene-Kraftschlussbeiwert, der über der CURTIUS KNIFFLER-Linie liegt.

Für die Leistung P_Z gilt:

$$P_Z = \frac{W}{t} = F_Z \cdot \frac{s}{t} = F_Z \cdot v$$

mit:

P_Z	mechanische Leistung am Treibradumfang
W	Arbeit
t	Zeit
s	Weg
v	Geschwindigkeit, in km/h

Daraus ergibt sich näherungsweise:

$$F_Z = \frac{P_Z}{v} = \frac{\eta \cdot P_N}{v}$$

mit:

F_Z	Zugkraft am Treibradumfang
P_N	abgegebene, mechanische Motornennleistung
P_Z	mechanische Leistung am Treibradumfang
v	Geschwindigkeit, in km/h
η	mechanischer Gesamtwirkungsgrad

Beide Grenzen für die Zugkraft (Reibungs- und Leistungsgrenze) sind geschwindigkeitsabhängig. Unter Berücksichtigung der Motorerwärmung und der Höchstgeschwindigkeit des Triebfahrzeugs ergibt sich das Zugkraftdiagramm als Minimum der dargestellten Grenzen (siehe Abb. 3-15).

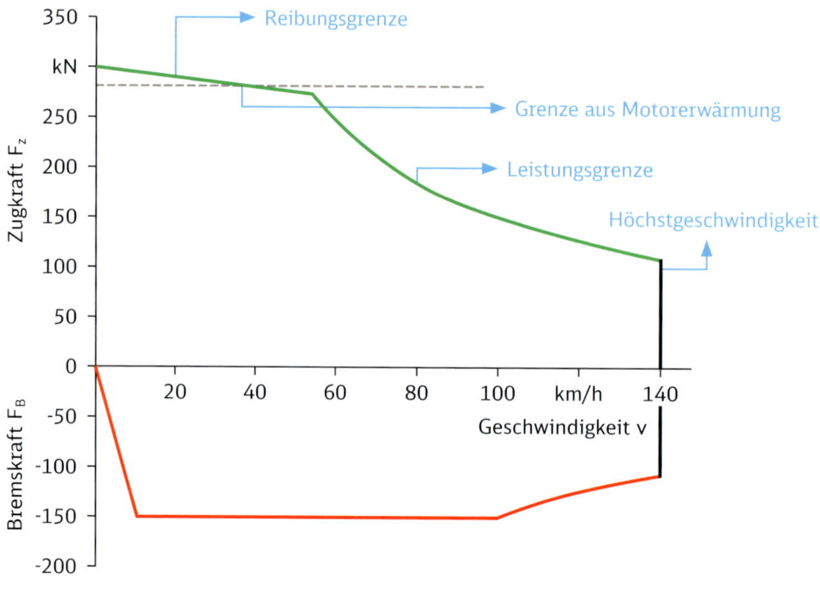

Abb. 3-15: Zugkraftdiagramm

Abbildung: BFV/Oetting nach Janicki u. Reinhard 2008

Für die Verwendung in der Fahrzeitenrechnung wird die Zugkraft üblicherweise abschnittsweise anhand quadratischer Parabeln oder Hyperbeln beschrieben.

Im Weiteren wird unter der Zugkraft F_Z die Zugkraft am Treibradumfang, die insgesamt von allen angetriebenen Achsen eines Zugverbands auf die Schiene übertragen wird, verstanden.

Widerstandskräfte

Die der Zugkraft in der Regel entgegenwirkenden Widerstandskräfte sind in Abbildung 3-16 dargestellt. In diesem Kapitel wird die Berechnung der wesentlichen Widerstandskräfte dargestellt (weitere Details vgl. Wende 2003, Lehmann 2012).

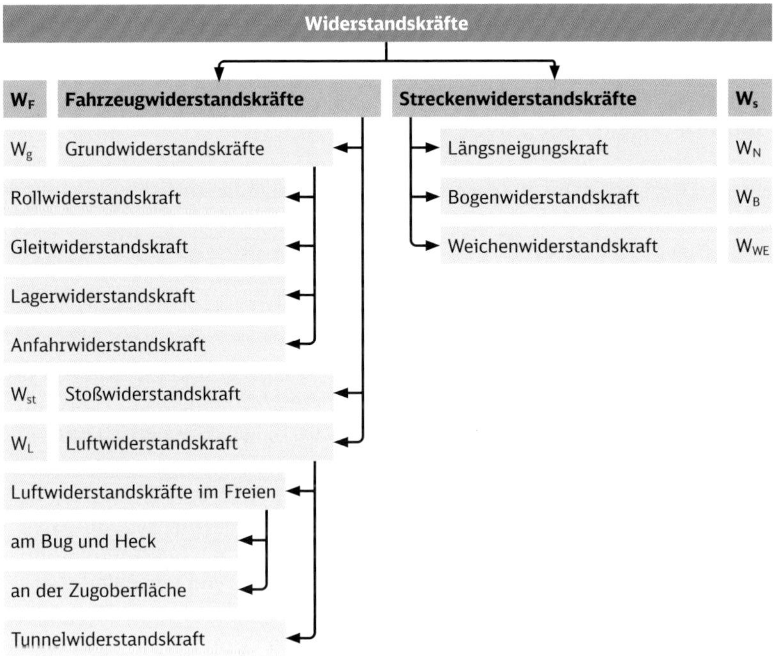

Abb. 3-16: Einteilung der Widerstandskräfte

Abbildung: BFV/Oetting/Crespo

Unter **Fahrzeugwiderstandskräften** wird die Summe aller vom Fahrzeug selbst hervorgerufenen und seine gleichförmige Bewegung auf waagerechtem Gleis bremsenden Kräfte verstanden. Es gilt:

$$W_F = m \cdot g \cdot (a_0 + a_1 \cdot v + a_2 \cdot (v + \Delta v_{Wind})^2)$$

In der Praxis werden die Parameter a_0, a_1 und a_2 in der Regel durch Auslaufversuche ermittelt.

Die **Grundwiderstandskraft** (Parameter a_0) besteht aus den Kräften, die größtenteils von der Fahrgeschwindigkeit unabhängig wirken und ihren Ursprung in den im Laufwerk bzw. den beim Rad-Schiene-Kontakt auftretenden Körperreibungen haben. Die Roll- und Gleitwiderstandskräfte sind auf die Druckdeformation der elliptischen Kontaktfläche zwischen Rad und Schiene sowie die Mikrogleitbewegungen auf dieser Kontaktfläche zurückzuführen. Die Lagerwiderstandskraft wird durch die Reibungen zwischen den Lagerbauteilen verursacht.

Bei Fahrzeugen mit Wälzradsatzlagern entsteht die **Anfahrwiderstandskraft** aufgrund des bei Stillstand der Fahrzeuge abgerissenen Schmierfilms an den Aufstandsflächen zwischen Achsschenkel und Lagerschale in den Gleitachslagern. Der Aufbau des Schmierfilms muss für den gesamten Fahrzeugverband gleichzeitig erfolgen, sofern dieser straff gekuppelt ist, bei langer Kupplung erfolgt dies nacheinander. Der Anfahrwiderstand gilt meist nach einer Radumdrehung als überwunden.

Die **Stoßwiderstandskraft** (Parameter a_1) entsteht durch die Dämpfung von Fahrzeugschwingbewegungen und die damit verbundenen Energieverluste.

Die **Luftwiderstandskräfte** (Parameter a_2) resultieren aus:

- den Flächenreibungskräften zwischen äußeren Flächen der Fahrzeuge und dem Fahrwind,
- den Druckkräften am Bug des Zuges und
- den Sogkräften am Heck des Zuges.

Ihre Größe ändert sich quadratisch mit der Geschwindigkeit des Zuges relativ zum Wind. Da der Windeinfluss eine stochastische Größe darstellt, wird seine Auswirkung bei der Bestimmung der Luftwiderstandskräfte durch pauschale Gegenwindzuschläge zwischen 10 und 20 km/h (Standardwert: Δv_{Wind} = 15 km/h) berücksichtigt.

Die Fahrzeugwiderstandskräfte lassen sich für Triebfahrzeuge W_{Tfz}, Triebzüge W_{Tz} und Wagen W_W, abhängig von Fahrzeugart und Baureihe, berechnen. Es existieren mehrere Varianten der empirischen Formel zur Bestimmung der Fahrzeugwiderstände von verschiedenen Fahrzeugarten. An dieser Stelle werden beispielhaft die gängigsten Gleichungen mit einigen Beispielkoeffizienten für Triebfahrzeuge, Triebzüge sowie Reise- und Güterwagenzüge aus der Literatur (Wende 2003) dargestellt.

Die Fahrzeugwiderstandskräfte der Triebfahrzeuge W_{Tfz} (in N) werden im Allgemeinen nach der folgenden Gleichung berechnet:

$$W_{Tfz} = m_{Tfz} \cdot g \cdot (a_0 + a_1 \cdot v) + g \cdot a_{2,Tfz} \cdot (v + \Delta v_{Wind})^2$$

mit:

v Geschwindigkeit, in km/h
Δv_{Wind} Gegenwindzuschlag, in km/h
m_{Tfz} Masse des Triebfahrzeugs, in t
g Erdbeschleunigung, in m/s²
a_0 Grundwiderstandsbeiwert

Art des Triebfahrzeugs	von	bis
4-achsige Diesellokomotive	2,2	3,5
4-achsige elektrische Lokomotive	3	4
Hochgeschwindigkeitslokomotive	1,5	3

a_1 Stoßwiderstandsbeiwert; Werte üblicherweise zwischen 0 und 0,001
$a_{2,Tfz}$ Luftwiderstandsbeiwert des Triebfahrzeugs im Freien

Art des Triebfahrzeugs	Diesellokomotive		elektr. Lokomotive	
	von	bis	von	bis
4-achsig, eckige Kopfform	0,035	0,045	0,045	0,055
4-achsig, abgerundeter Kopf	0,025	0,035	0,035	0,045
stromlinienförmig	0,020	0,025	0,030	0,035

Moderne Fahrzeuge weisen dank ihrer besseren Laufwerke und aerodynamischeren Formen in der Regel Werte im unteren Teil des angegebenen Wertebereichs auf.

Die Fahrzeugwiderstandkraft von Triebzügen W_{Tz} (in N) lässt sich u. a. nach der folgenden Gleichung ermitteln:

$$W_{Tz} = a_0 \cdot m_{Tz} \cdot g + A_2 \cdot ((v + \Delta v_{Wind})/10)^2$$

$$a_0 = (a_{0,T} \cdot m_T + a_{0,L} \cdot m_L)/m_{Tz}$$

$$A_2 = F_{WSp} + n_F \cdot F_{WF0}$$

mit:

v Geschwindigkeit, in km/h
Δv_{Wind} Gegenwindzuschlag, in km/h
a_0 Grundwiderstandsbeiwert, keine Einheit
$a_{0,T}$ Grundwiderstandsbeiwert der Treibradsätze, keine Einheit; (von 2,5 bis 3,5)
$a_{0,L}$ Grundwiderstandsbeiwert der Laufradsätze, keine Einheit; (von 1,2 bis 1,6)
m_{Tz} Masse des Triebfahrzeugs, in t
m_T Masse der Treibradsätze, in t
m_L Masse der Laufradsätze, in t
A_2 Luftwiderstandskonstante, in kN
F_{WSp} Luftwiderstandskonstante des Spitzen- oder Einzelfahrzeugs, in kN

Art des Fahrzeugs	
Fahrzeug zweiachsig, eckiger Kopf	33
Fahrzeug vierachsig, eckiger Kopf	37
Fahrzeug zweiachsig, abgerundeter Kopf	20
Fahrzeug vierachsig, abgerundeter Kopf	22

n_F Anzahl der Folgesektionen
F_{WF0} Luftwiderstandskonstante von einem Folgefahrzeug, in kN

Art des Folgefahrzeugs	
je Sektion bei Mehrteiligkeit	4
je angehängtem Folgewagen, kantig	15
je angehängtem Folgewagen, gerundet	12

Die Fahrzeugwiderstandskraft des Wagenzugs bei Reisezügen $W_{W,Rz}$ (Zug ohne Triebfahrzeug) lässt sich z. B. mit der Formel von Sauthoff (in N) bestimmen (vgl. Sauthoff 1961):

$$W_{W,Rz} = m_{W,Rz} \cdot g \cdot (1{,}9 + 0{,}0025 \cdot v) + 0{,}0048 \cdot (2{,}7 + n_W) \cdot f \cdot g \cdot (v + \Delta v_{Wind})^2$$

mit:

v	Geschwindigkeit, in km/h
Δv_{Wind}	Gegenwindzuschlag, in km/h
$m_{W,Rz}$	Masse des Wagenzugs, in t
g	Erdbeschleunigung, in m/s^2
n_W	Anzahl der Wagen im Reisezug
f	Äquivalentfläche zum Fahrzeugprofil, in m^2 ($f=1{,}45\ m^2$)

Die Berechnung für den Wagenzug von Güterzügen $W_{W,Gz}$ (in N) erfolgt in der Regel nach der Gleichung von Strahl (nach Wende 2003):

$$W_{W,Gz} = m_{W,Gz} \cdot g \cdot \left(a_0 + (0{,}007 + a_{2,W,Gz}) \cdot \left(\frac{v}{10}\right)^2\right)$$

mit:

v	Geschwindigkeit, in km/h
$m_{W,Rz}$	Masse des Wagenzugs, in t
g	Erdbeschleunigung, in m/s^2
a_0	Grundwiderstandsbeiwert

Art des Wagenzugs	
Wagenzüge allgemein	1,4
Leerwagenzüge	2
Güterganzzüge	1,2

$a_{2,W,Gz}$ Luftwiderstandsbeiwert des Güterwagenzugs im Freien

Art des Wagenzugs	
Leerwagengüterzüge	0,1
Voll beladene Güterzüge	0,025
Gemischte Güterzüge	0,05
Eilgüterzüge	0,033

Die **Tunnelwiderstandskraft** W_{Tu} (in N) tritt als eine erhöhte Luftwiderstandskraft, in der Regel bei größerer Tunnellänge (ab ca. 500 m) und höheren Geschwindigkeiten (ab 140 km/h), auf. Nach Schwanhäußer (Schwanhäußer 2017) ergibt sie sich basierend auf den Widerstandsgleichungen von Sauthoff für Reisezüge $W_{Tu,Rz}$ und von Strahl für Güterzüge $W_{Tu,Gz}$ zu:

$$W_{Tu,Rz} = g \cdot w_{L,Zug} \left[v^2 + \left(0{,}494302 \cdot l_{Tu}^{0{,}05654} + 0{,}145193 \cdot e^{-0{,}7385 * l_{Tu}}\right) \cdot \left[v \cdot \left[\frac{R_1}{R_0} \right]^{0{,}51} \right]^{2{,}06} \right]$$

$$W_{Tu,Gz} = m_{W,Gz} \cdot g \, (0{,}007 + a_{2,W,Gz}) \cdot \left(\frac{v}{10}\right)^2 + g \cdot w_{L,Tfz} \cdot v^2 + \left(0{,}159218 \cdot l_{Tu}^{0{,}05654} + \frac{0{,}326048}{l_{Tu}} \right.$$

$$\left. \cdot \left(\frac{l_{Gz} - l_{Tfz}}{182{,}918} + g \cdot w_{L,Tfz} \right) \cdot \left[v \cdot \left[\frac{R_1}{R_0} \right]^{0{,}213} \right]^{2{,}06}$$

mit:

$w_{L,Zug} = w_{L,Tfz} + w_{L,W,Rz}$ (Luftwiderstandsbeiwert eines Reisezugs im Freien)
$w_{L,Tfz} = a_{2,Tfz}$ (Luftwiderstandsbeiwert des Triebfahrzeugs im Freien [s. W_{Tfz}])
$w_{L,W,Rz} = 0{,}0048*(2{,}7+n_w)*f$ (Luftwiderstandsbeiwert des Reisewagenzugs im Freien [s. $W_{W,Rz}$])

g	Erdbeschleunigung, in m/s²
n_w	Anzahl der Reisezugwagen
f	Äquivalentfläche zum Fahrzeugprofil, in m²; (f = 1,45 m²)
v	Geschwindigkeit (ohne Gegenwindzuschlag), in km/h
l_{Tu}	Tunnellänge, in km
R_0	Versperrungsmaß des Vergleichstunnels; (R_0 = 0,1444 1/m²)
R_1	Versperrungsmaß des Tunnels; ($R_1 = 10{,}4/A_{Tu}$)
A_{Tu}	Tunnelquerschnitt, in m²
$a_{2,W,Gz}$	Luftwiderstandsbeiwert des Güterwagenzugs im Freien (s. $W_{W,Gz}$)
$m_{W,Gz}$	Masse des Wagenzugs, in t
l_{Gz}	Länge des Güterzugs, in m
l_{Tfz}	Länge des Triebfahrzeugs, in m

Die Tunnelwiderstandskraft ersetzt den Luftwiderstandsanteil in der Fahrzeugwiderstandsformel und kann bei niedrigeren Geschwindigkeiten (je nach Quelle: 60 bis 140 km/h) vernachlässigt werden.

Die **Streckenwiderstandskraft** W_S setzt sich wie folgt zusammen:

mit:

$$W_S = W_N + W_B + W_{WE}$$

W_N	Längsneigungswiderstandskraft
W_B	Bogenwiderstandskraft
W_{WE}	Weichenwiderstandskraft

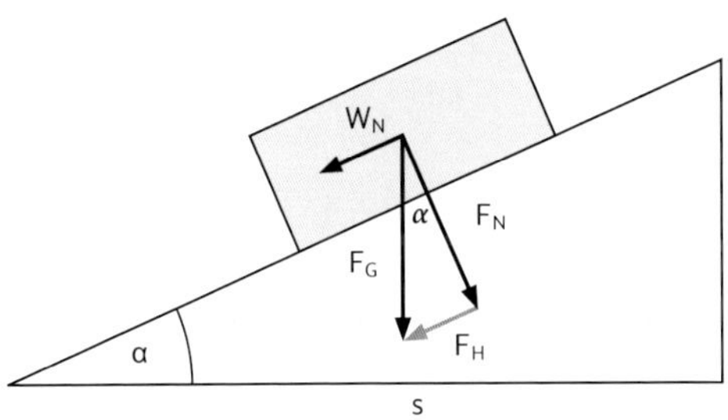

Abb. 3-17:
Schematische Darstellung zur Hangabtriebskraft
Abbildung: BFV/Oetting/Crespo

Werden Steigungen und Gefälle befahren, entsteht eine **Längsneigungswiderstandskraft** W_N als Komponente der Gewichtskraft, die in Bewegungsrichtung bremsend oder antreibend wirkt (Hangabtriebskraft, siehe Abb. 3-17). Da die Neigungswinkel im Schienenverkehr sehr klein sind, kann dieser Zusammenhang unter Verwendung der Kleinwinkelnäherung (*$\tan\alpha \approx \sin\alpha \approx \alpha$*) und der geometrischen Beziehung (*$\tan\alpha \approx h/l = s$*) vereinfacht werden:

$$W_N = F_G \cdot \sin\alpha = m \cdot g \cdot \sin\alpha \approx m \cdot g \cdot s$$

mit:

F_G	Gewichtskraft, in kN
α	Neigungswinkel
m	Masse, in t
g	Erdbeschleunigung, in m/s^2; ($g = 9{,}81\ m/s^2$)
s	Längsneigung der Strecke

Bei Längsneigungswiderstandskräften werden für (bremsende) Steigungen positive und für (beschleunigende) Gefälle negative Vorzeichen verwendet.

In Bögen können **Bogenwiderstandskräfte** W_B durch Längsgleiten, das Anlaufen der Spurkränze am Schienenkopf und Quergleiten entstehen.

Die Größe der Bogenwiderstandskraft ist abhängig von:

- Bogenradius,
- Achsstand,
- Spurspiel,
- Raddurchmesser,
- Lenkfähigkeit der Achsen,
- Konizität der Räder und
- Temperatur

Die Bogenwiderstandskraft W_B (in kN) wird üblicherweise nach der empirischen Formel von v. Röckl und Göring (gültig für übliche Radien und Normalspur) berechnet und wegen ihrer, im Vergleich zur Neigungskraft, mäßigen Größe vor allem bei engeren Radien (≤300 m) berücksichtigt:

für r ≥ 300 m	**für r < 300 m**
$W_B = \dfrac{m \cdot g \cdot 650}{(r-55) \cdot 1000}$	$W_B = \dfrac{m \cdot g \cdot 500}{(r-30) \cdot 1000}$

mit:

r	Radius, in m
m	Masse, in t
g	Erdbeschleunigung, in m/s^2; ($g = 9{,}81\ m/s^2$)

Die **Weichenwiderstandskraft** entsteht durch die Stoß- und Reibarbeit zwischen den Rädern des Fahrzeugs und den Elementen der befahrenen Weiche und ist zusätzlich zur Bogenwiderstandskraft anzusetzen. Die Weichenwiderstandskraft wird normalerweise aufgrund ihrer geringen Größe ausschließlich im Rangier- und Ablaufbetrieb beachtet.

Ein Beispiel für die **Summe der Widerstandskräfte** in Abhängigkeit der Geschwindigkeit zeigt Abbildung 3-18.

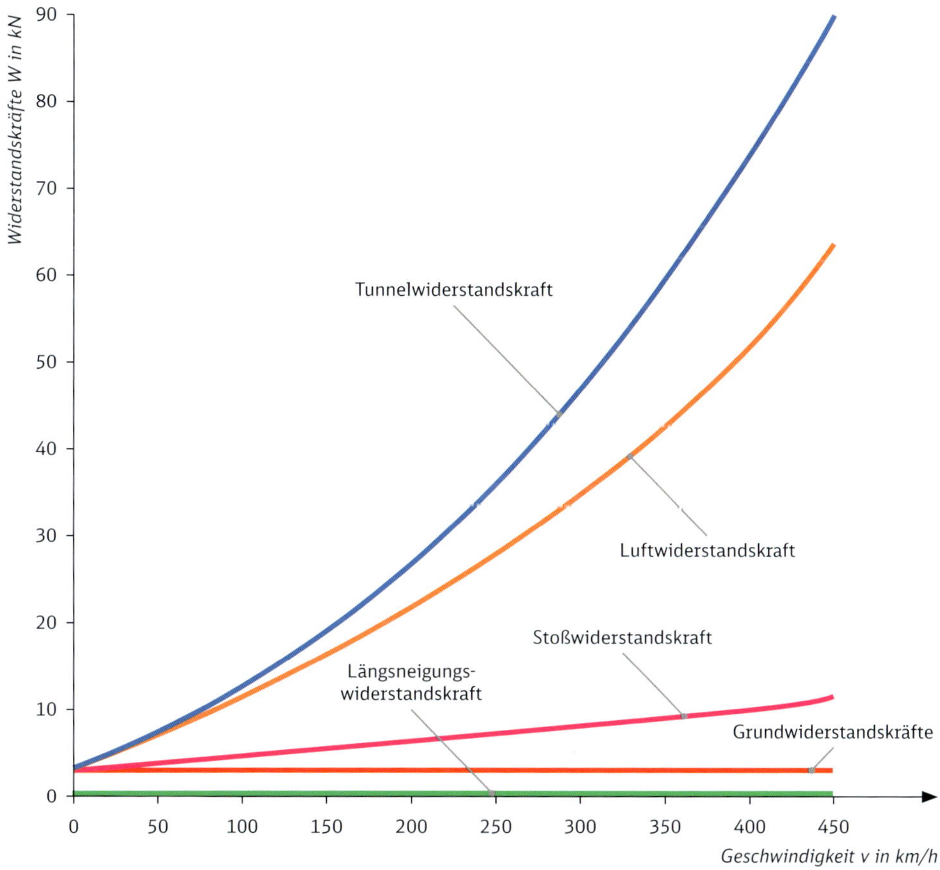

Abb. 3-18: Widerstände über Geschwindigkeit (Beispiel) Abbildung: BFV/Oetting/Crespo

3.2.2.3 Beschleunigung

Zugkraftüberschuss

Die Differenz aus der eingestellten Zugkraft und den Widerstandskräften wird als Zugkraftüberschuss $F_{Z,Ü}$ bezeichnet:

$$F_{Z,Ü} = F_Z - \sum W$$

mit:

$F_{Z,Ü}$	Zugkraftüberschuss
F_Z	Zugkraft
W	Widerstände

Ist der Zugkraftüberschuss positiv, beschleunigt der Zug, bei $F_{Z,Ü} = 0$ beharrt er. Ist der Zugkraftüberschuss negativ, wird der Zug langsamer.

Massenfaktor

Neben der translatorischen Bewegung des Zuges als Massenpunkt, müssen im Falle der Eisenbahn auch nicht vernachlässigbare rotierende Massen (z. B. Radsätze, Motoren) berücksichtigt werden. Die Rotationsbewegung der Achsen wird der Einfachheit halber nicht explizit berechnet, sondern durch eine Erhöhung der trägen Masse des Zuges um einen Massenfaktor β abgebildet:

$$F_{Z,Ü} = m_{Zug} \cdot \beta \cdot a$$

mit:

m_{Zug}	Masse des Zuges
β	Massenfaktor
a	Beschleunigung des Zuges

Da der Massenfaktor für angetriebene Fahrzeuge in der Regel höher ist als für nicht angetriebene Fahrzeuge, wird der Massenfaktor für den Zug als mit den Massen der einzelnen Fahrzeuge gewichteter Mittelwert der Massenfaktoren der Fahrzeuge ermittelt:

$$\beta = \frac{\beta_{Tfz} \cdot m_{Tfz} + \beta_W \cdot m_W}{m_{Tfz} + m_W}$$

mit:

β_{Tfz}	Massenfaktor Triebfahrzeug
m_{Tfz}	Masse des Triebfahrzeugs
β_W	Massenfaktor Wagenzug
m_W	Masse des Wagenzugs

Beschleunigung

Damit ergibt sich die Beschleunigung zu:

$$a = \frac{F_{Z,Ü}}{m_{Zug} \cdot \beta}$$

Da die auf den Zug wirkenden Kräfte und folglich auch der Zugkraftüberschuss in nicht trivialer Weise von Geschwindigkeit und Position des Zuges abhängen, handelt es sich bei dieser Gleichung um eine Differenzialgleichung, die im Allgemeinen nicht analytisch lösbar ist. Zudem verändert sich die – bei Bestandsstrecken durch Messungen ermittelten – Längsneigung üblicherweise bereits nach wenigen Hundert Metern. Zur Lösung der Gleichung werden daher Näherungsverfahren angewandt, die inkrementell für kleine Strecken-, Zeit- oder Geschwindigkeitsintervalle arbeiten. Innerhalb dieser Intervalle kann die Bewegung dann als gleichförmig oder gleichmäßig beschleunigt angenommen werden und unterliegt somit den folgenden kinematischen Gleichungen.

3.2.2.4 Kinematische Gleichungen

gleichförmige Bewegung (a = 0, v = konst.)

Bei konstanter Geschwindigkeit gilt:

$$v = \frac{s}{t}$$

mit:

v	Geschwindigkeit
s	Weg
t	Zeit

gleichmäßig beschleunigte Bewegung (a = konst.)

Bei gleichmäßig beschleunigter Bewegung gilt:

$$s(t) = \frac{1}{2} \cdot a \cdot \Delta t^2 + v_A \cdot \Delta t + s_A$$

$$s(v) = \frac{v_E^2 - v_A^2}{2 \cdot a} + s_A$$

$$v(t) = a \cdot \Delta t + v_A$$

Ist für einen Abschnitt neben der Beschleunigung eine weitere Größe (Weg-, Zeit- oder Geschwindigkeitsintervall) gegeben, lassen sich daraus mit den folgenden Gleichungen die beiden anderen Größen ermitteln:

gegeben: Δt	gegeben: Δs	gegeben: Δv
$\Delta v = a \cdot \Delta t$	$v_E = \sqrt{v_A^2 + 2 \cdot a \cdot \Delta s}$	$\Delta s = \frac{v_E^2 - v_A^2}{2 \cdot a}$
$\Delta s = \frac{1}{2} \cdot a \cdot \Delta t^2 + v_A \cdot \Delta_t$	$\Delta t = \frac{2 \cdot \Delta s}{v_A + v_E}$	$\Delta t = \frac{v_E - v_A}{a}$
▸ **Δt-Schrittverfahren**	▸ **Δs-Schrittverfahren**	▸ **Δv-Schrittverfahren**

Abb. 3-19: Formeln für die Fahrzeitenrechnung

Abbildung: BFV/Oetting/Crespo

mit:

a	Beschleunigung
v_A	Geschwindigkeit am Anfang des betrachteten Abschnitts
v_E	Geschwindigkeit am Ende des betrachteten Abschnitts
Δv	Geschwindigkeitsänderung im betrachteten Abschnitt
s_A	zurückgelegter Weg bis zum Anfang des betrachteten Abschnitts
s_E	zurückgelegter Weg am Ende des betrachteten Abschnitts
Δs	zurückgelegter Weg im betrachteten Abschnitt
Δt	Zeitdauer für den betrachteten Abschnitt

Anhand dieser Gleichungen lassen sich Fahrzeitrechnungen (siehe folgendes Kapitel) mit den in der Abbildung 3-19 genannten Schrittverfahren durchführen.

3.2.2.5 Fahrzustände Beschleunigen und Ausrollen

Bei Fahrzeitrechnungen lassen sich die in Abbildung 3–14 dargestellten Fahrzustände unterscheiden. Nach dem Beschleunigen und Ausrollen in diesem Kapitel behandeln die Kapitel 3.2.2.6 das Beharren und 3.2.2.7 das Bremsen sowie Kapitel 3.2.2.10 den Halt.

Beim Beschleunigen und Ausrollen ist die Beschleunigung nicht konstant, sodass keine gleichmäßig beschleunigte Bewegung vorliegt. Aufgrund der Überlegungen im vorletzten Unterkapitel werden in der Praxis keine geschlossenen Lösungen, sondern Näherungsverfahren gewählt.

Um entsprechend der Darstellung in Kapitel 2.1.3 die kürzeste Fahrzeit, die sogenannte reine Fahrzeit, zu berechnen, wird für das Beschleunigen üblicherweise die maximale Zugkraft angesetzt; beim Ausrollen gilt: $F_E = 0$

Einschränkungen gegenüber der fahrzeugspezifischen maximalen Zugkraft können sich zum Beispiel durch Witterungsbedingungen oder eine begrenzte Leistungsfähigkeit der Oberleitung, die zu einer Oberstrombegrenzung führt, ergeben. Auch kann für die Angebotsplanung ein Anteil ausgefallener Fahrmotoren angenommen werden, um auch für diesen Fall die berechneten Fahrzeiten einhalten zu können.

Bei Verwendung von Näherungsverfahren erfolgt die Fahrzeitenrechnung in kleinen Schritten jeweils für eine der in den Gleichungen vorkommenden Variablen. Für jeden dieser Schritte wird – je nach Verfahren – jeweils mit einer konstanten oder linear veränderlichen Beschleunigung gerechnet.

Bei konstanter Beschleunigung können die Formeln der gleichmäßig beschleunigten Bewegung zur Anwendung kommen. Dies gilt für die typischen Näherungsverfahren:

- Δv-Schrittverfahren
- Δs-Schrittverfahren
- Δt-Schrittverfahren

Die Bezeichnung des Verfahrens gibt die Variable an, die inkrementell verändert wird. Je kleiner die Schritte sind, desto genauer ist die Berechnung. Ein weiteres gängiges Näherungsverfahren ist das Logarithmusverfahren. Dabei handelt es sich ebenfalls um ein Δv-Schrittverfahren, jedoch mit linear veränderlicher Beschleunigung.

Das Ende eines Schrittes kann so gewählt werden, dass beim Δv-Schrittverfahren eine bestimmte Geschwindigkeit (z. B. eine neue Höchstgeschwindigkeit) erreicht wird und beim Δs-Schrittverfahren ein bestimmter Ort (z. B. Signalstandort). In allen anderen Fällen (z. B. Daten für einen Signalstandort bei Verwendung des Δv-Schrittverfahrens) ist eine Interpolation innerhalb eines Schrittes erforderlich (im Beispiel für den Δv-Schritt, für den der Anfang vor dem Signalstandort und das Ende dahinter liegt).

Am Anfang und Ende eines Schrittes werden bei diesen Verfahren jeweils die Zugkraftüberschüsse berechnet und anhand deren arithmetischem Mittel (siehe z. B. Abb. 3–20 für das Δv-Schrittverfahren) die konstante Beschleunigung je Schritt. Während am Anfang eines

Schrittes alle Bewegungsgrößen bekannt sind, müssen diese Größen für das Ende eines Schrittes erst anhand des Näherungsverfahrens mit den Formeln aus Abbildung 3–19 berechnet werden. Somit lassen sich nicht alle Widerstandskräfte für das Ende berechnen, sodass ersatzweise die Werte vom Anfang Verwendung finden.

Beispielsweise sind beim Δv-Schrittverfahren am Ende eines Schrittes zunächst nur die Geschwindigkeit und nicht Ort und Zeit bekannt. Somit lassen sich die geschwindigkeitsabhängigen Widerstandskräfte auch für das Ende des Schrittes berechnen, die wegabhängigen Widerstandskräfte (hier: die Neigungs-, Bogen-, Weichenwiderstandskraft) hingegen nicht.

Zusätzlich existieren weitere Verfahren, die komplexere Verläufe der Beschleunigung verarbeiten und dadurch eine hohe Genauigkeit aufweisen. Dabei steigt jedoch der Berechnungsaufwand deutlich. Daher haben sich aufgrund der heutigen Rechentechnik weniger komplexe Näherungsverfahren durchgesetzt, die jedoch mit kleineren Iterationsschritten ebenfalls eine hohe Genauigkeit erzielen.

Da ein Teil der Eingangsgrößen von der Geschwindigkeit und ein Teil vom Weg (insbesondere Längsneigungswiderstandskräfte) abhängig ist und die Ergebnisse oft für bestimmte Wegpunkte gesucht werden, kommen insbesondere das Δv-Schrittverfahren, die Logarithmusmethode und Δs-Schrittverfahren zum Einsatz.

Bei allen Verfahren kann es passieren, dass nach Berechnung eines Schrittes aufgrund der erreichten Geschwindigkeit oder des Ortes und den damit verbundenen Widerständen die Beschleunigung ein anderes Vorzeichen als zu Beginn des Schritts aufweist. Dann ist dieser Schritt iterativ zu verkleinern, bis näherungsweise am Ende eines kleineren Schrittes $a = 0$ getroffen wird.

Δv-Schrittverfahren

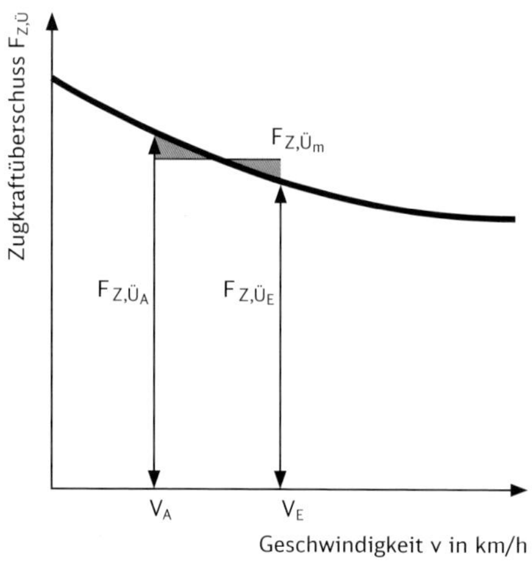

$$F_{Z,Ü,m} = 1/2 \cdot (F_{Z,ÜA} + F_{Z,ÜE})$$

Abb. 3-20:
Darstellung der Mittelwertbildung über die Zugkraftüberschüsse
Abbildung: BFV/Oetting/Crespo

Mit dem Δv-Schrittverfahren ($\Delta v \leq 5$ km/h) (Bestimmung des mittleren Zugkraftüberschusses, siehe Abb. 3–20) lässt sich der Übergang von einer beschleunigten Bewegung in das

Beharren gut berechnen. Hingegen sind zur Bestimmung von Durchfahrzeiten an festgelegten Orten (z. B. an Signalstandorten) Interpolationen erforderlich.

Da die Streckenwiderstände am Ende jeden Schrittes nicht als Eingangsgröße zur Verfügung stehen (siehe oben), können sich bei Strecken mit häufigen Streckenwiderstandsänderungen und größer gewählten Geschwindigkeitsschritten Ungenauigkeiten ergeben. Hoher Zugkraftüberschuss hingegen führt bei diesem Verfahren zu kurzen Zeit- und Wegintervallen, verbunden mit höherer Genauigkeit.

Beharrungsphasen und Halte sind mit dem Δv-Schrittverfahren nicht abbildbar.

Logarithmusverfahren

Das Logarithmusverfahren ist ebenfalls ein Δv-Schrittverfahren, jedoch mit linear veränderlicher Beschleunigung und daher höherer Genauigkeit je Schritt (siehe Abb. 3-21).

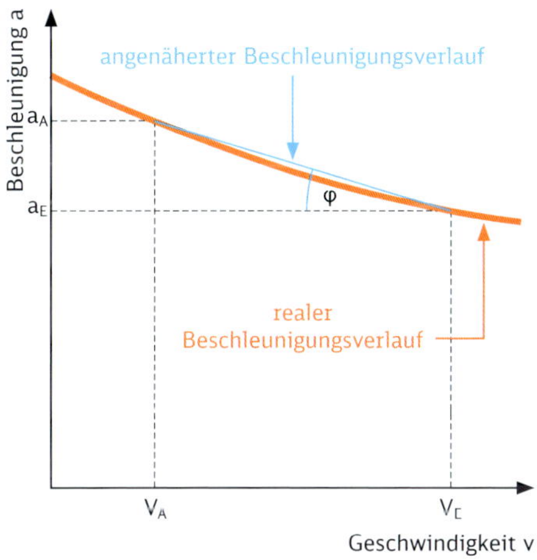

Abb. 3-21:
Annäherung des Beschleunigungsverlaufs beim Logarithmusverfahren
Abbildung: BFV/Oetting/Crespo

Nach der Ermittlung der Beschleunigungswerte an den Intervallgrenzen (a_A und a_E) lässt sich die folgende lineare Interpolationsgleichung für die Annäherung aufstellen:

$$\Delta s = a_A \cdot v \cdot \tan\varphi = a_A + v \cdot \frac{a_E - a_A}{v_E - v_A} \text{ mit } v_A \leq v \leq v_E$$

Basierend auf dieser linearen Interpolation ergeben sich die folgenden Gleichungen zur Bestimmung des Zeit- und des Wegintervalls (Lehmann 2012):

$$\Delta t = \frac{v_E - v_A}{a_E - a_A} \cdot \ln\left(\frac{a_A}{a_E}\right)$$

$$\Delta s = \left(\frac{a_E \cdot v_E - a_E \cdot v_A}{a_A - a_E} - \frac{v_E - v_A}{\ln(a_A) - \ln(a_E)}\right)$$

Ergänzend zu den genannten Eigenschaften und Vorteilen des Δv-Schrittverfahrens weist das Logarithmusverfahren bei gleicher Schrittweite ca. 1,5 Prozent genauere Ergebnisse auf. Diesem Vorteil steht eine höhere Rechenzeit je Schritt gegenüber. Das Logarithmusverfahren ist jedoch bei kleinen Beschleunigungswerten ($a < 0{,}005\ m/s^2$) nicht anwendbar.

Δs-Schrittverfahren

Mit dem Δs-Schrittverfahren ($\Delta s \leq 10$ m) lassen sich für jeden beliebigen Ort die fahrdynamischen Größen problemlos berechnen. Hingegen sind zur Bestimmung von Ort und Zeit für das Erreichen einer Beharrungsgeschwindigkeit oder eines Haltes Interpolationen erforderlich.

Durch Anpassung der Schrittlänge an Orte einer Änderung des Streckenwiderstands lässt sich mit konstanten Streckenwiderständen je Schritt rechnen. Da die Endgeschwindigkeit des Zuges und demzufolge die verfügbare Zugkraft sowie die auftretenden Fahrzeugwiderstandskräfte am Ende des jeweiligen Intervalls noch unbekannt sind, werden auch diese Größen als konstant angenommen, sodass – ohne Mittelwertbildung – die Beschleunigung am Anfang eines Schrittes zur Anwendung kommt (siehe Abb. 3-22).

Dadurch könnten die Ergebnisse mit zunehmender Geschwindigkeit ungenauer werden. Bei den anderen Verfahren steigen jedoch mit höherer Geschwindigkeit auch die Intervalllängen.

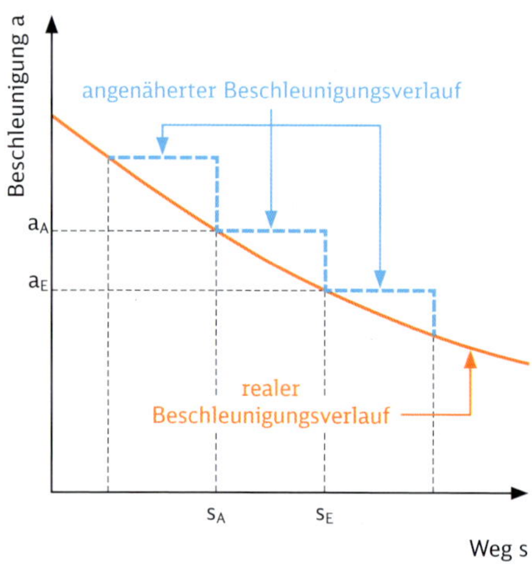

Abb. 3-22:
Annäherung des Beschleunigungsverlaufs beim Δs-Schrittverfahren
Abbildung: BFV/Oetting/Crespo

Beharrungsphasen lassen sich mit dem Verfahren ebenfalls berechnen, sodass kein Verfahrenswechsel erforderlich ist, Halte hingegen nicht, da der Weg nicht fortschreitet.

Δt-Schrittverfahren

Beim Δt-Schrittverfahren ($\Delta t \leq 1$ s) sind sowohl beim Übergang zu Beharrungsgeschwindigkeiten und Halten als auch zur Bestimmung von Durchfahrzeiten an festgelegten Orten Interpolationen erforderlich.

Da Zug- und Widerstandskräfte entweder von der Geschwindigkeit oder von der Position des Zuges abhängig und daher am Ende jeden Schrittes zunächst unbekannt sind, wird die Beschleunigung am Anfang eines Schritts für den gesamten Schritt angesetzt.

Durch Geschwindigkeits- und Positionsunabhängigkeit des Verfahrens ist das Δt-Schrittverfahren bei jeder Bewegungsphase anwendbar. Zeitabhängige Effekte während der Zugfahrt, z. B. das Aufregeln der Traktion oder das Rechnen mit mehrteiligen Bremsmodellen, sind direkt abbildbar. Die Zeitbezogenheit des Verfahrens ist vorteilhaft für die Kraftstoff- oder Energieverbrauchsermittlung. Dank geringer Rechenkomplexität ist dieses Verfahren das einfachste und stabilste Verfahren unter den bereits vorgestellten Näherungsverfahren.

Entscheidungshilfe

Es kann keine allgemeingültige Aussage darüber getroffen werden, welches Näherungsverfahren das beste Verfahren ist. Die Auswahl des geeignetsten Verfahrens ist vor allem vom Ziel der durchzuführenden Fahrzeitenrechnung abhängig.

Da diejenigen Verfahren mit geringerer Genauigkeit je Schritt auch gleichzeitig schneller sind, lässt sich der Genauigkeitsnachteil je Schritt durch eine höhere Schrittanzahl kompensieren. Daher rücken eher Eigenschaften wie Flexibilität, universale Anwendbarkeit, leichte Handhabung (siehe Vorteile der Verfahren) und Erweiterbarkeit bei der Entwicklung von Fahrzeitrechnungen und ihren Algorithmen in den Vordergrund.

3.2.2.6 Fahrzustand Beharren

Beim Beharren gilt die Gleichung für die gleichförmige Bewegung. Als notwendige Voraussetzung ist immer zu prüfen, ob die verfügbaren Zug- und Bremskräfte genügen, um den Zustand des Beharrens beizubehalten ($F_{Z,Ü} = 0$ muss möglich sein).

Andernfalls ändert sich die Geschwindigkeit. Die Berechnung erfolgt dann wie im Unterkapitel 3.2.2.5 (Beschleunigen und Ausrollen) beschrieben.

3.2.2.7 Fahrzustand Bremsen

Die Genauigkeit der Bremsberechnung hängt stark vom Anwendungsfall ab. Möglich sind mit abnehmender Genauigkeit:

- ungleichmäßige Bremsbeschleunigung,
- konstante Bremsbeschleunigung und
- Verwendung eines Bremszeitzuschlags.

Soll unmittelbar nach einer Bremsung bis zum Stillstand wieder angefahren werden, ist bei längeren Zügen im Güterverkehr mit einer Bremslösezeit, die sich aufgrund der Lösezeit der Steuerventile (Bremsstellung G) in Verbindung mit dem erforderlichen Druckaufbau in der Hauptluftleitung ergibt, in der Größenordnung von bis zu 3 min zu rechnen.

Ungleichmäßige Bremsbeschleunigung

Die Bremsbeschleunigung kann – je nach Bremsbauart – abhängig von der Geschwindigkeit sein (z. B. wirkt die Motorbremse/Rekuperationsbremse nur bei höheren Geschwindigkeiten). Auch die Widerstände gemäß Kap. 3.2.2.2, die die Bremsbeschleunigung erhöhen, sind geschwindigkeitsabhängig. Schließlich führt die Durchschlagszeit der Luftdruckbremse zu nicht konstanten Beschleunigungen.

Sofern eine sehr präzise Bestimmung z. B. des Mindestbremswegs vor einem Halt zeigenden Hauptsignal erforderlich ist, kann mit einer ungleichmäßigen Bremsbeschleunigung gerechnet werden. Dazu kommen sowohl geschlossene empirische Formeln, z. B. Mindener Formel (Sauthoff 1961), als auch die Nutzung der unter „Beschleunigen und Ausrollen" dargestellten Näherungsverfahren – mit der Bremskraft als negativer Zugkraft – infrage. Zu analytischen und numerischen Ansätzen vgl. z. B. Spiess (Spiess 2005).

Konstante Bremsbeschleunigung

Da die Berechnung mit einer konstanten Bremsbeschleunigung unter Verwendung der Formeln für die gleichmäßig beschleunigte Bewegung (vgl. Kap. 3.2.2.4) arbeitet, fließen die Widerstände nicht explizit in die Berechnung ein. Die Bremskraft, die das Fahrzeug aufbringen muss, ergibt sich aus der Differenz der aus der angesetzten Bremsbeschleunigung resultierenden Bremskraft abzüglich der Widerstände.

Der bei Bremsvorgängen anfallende Fahrzeitbedarf hängt in erheblichem Maße von der individuellen Gestaltung des Bremsvorgangs durch den Triebfahrzeugführer ab. So wird ein typischer Bremsvorgang durch eine kurze Ausrollphase eingeleitet, selbst bei verspäteten Zügen. Anschließend werden besonders bei unklaren Witterungsverhältnissen durch eine mittelstarke Bremsung die Bremswirkung sowie die Haftreibung getestet, bevor mit etwas reduziertem Bremseinsatz eine Zielbremsung eingeleitet wird.

Da dieser individuelle Einfluss ohnehin nicht erfasst werden kann, ist es naheliegend, auch die technisch und physikalisch bedingten Veränderungen der Bremsverzögerung während eines Bremsvorgangs zu vernachlässigen. Die Fahrzeit wird daher üblicherweise als gleichmäßig verzögerter Fahrtverlauf berechnet. In der Bremsbeschleunigung sind die oben angeführten Einflüsse implizit berücksichtigt.

Die konstante Bremsverzögerung kann

- in Abhängigkeit der Bremsstellung gewählt werden oder
- näherungsweise über die Bremshundertstel des Zuges ermittelt werden.

In Abhängigkeit der Bremsstellung können z. B. folgende mittlere Bremsbeschleunigungen (Betriebsbremsung) angenommen werden:

Bremsstellung G:	$a_{br} = 0{,}3\ m/s^2$
Bremsstellung P, R:	$a_{br} = 0{,}5\ m/s^2$
Triebzüge:	$a_{br} = 0{,}7\ m/s^2$

Der Wert von 0,5 m/s^2 liegt auch den Überwachungsbremskurven der LZB zugrunde.

In Abhängigkeit der Bremshundertstel λ kann die Bremsverzögerung in der Ebene näherungsweise berechnet werden zu:

$$a_{br} = a_0 + a_1 \cdot \lambda + a_2 \cdot \lambda^2$$

mit:

a_{br} Bremsverzögerung, in m/s^2
λ Bremshundertstel, in %

	bei Bremsstellung			
	P, R (λ ≤ 200)		G (λ ≤ 100)	
a_0	52	(46,84)	32,25	(29,09)
a_1	6,243	(5,619)	6,112	(5,501)
a_2	-0,00759	(-0,00683)	-0,0153	(-0,0138)
für Vollbremsungen: jeweils die linken Werte für Betriebsbremsungen: jeweils die rechts in Klammern stehenden 90 %-Werte				

Die Berechnung des Fahrzustands Bremsen lässt sich mit der Bremsverzögerung a_{br} und den kinematischen Gleichungen aus Kapitel 3.2.2.4 unter Berücksichtigung der Anfangs- und Endgeschwindigkeit des Bremsvorgangs durchführen.

Für Fahrzeitrechnungen für die in Kapitel 2 dargestellten Prozesse kommen üblicherweise konstante Bremsbeschleunigungen zur Anwendung.

Verwendung eines Bremszeitzuschlags

Bei einer weiter vereinfachten Bremszeitberechnung wird der durch den Bremsvorgang bedingte Fahrzeitmehrbedarf Δt als Bremszeitzuschlag t'_{br} zur Fahrzeit mit konstanter Geschwindigkeit s/v_A hinzuaddiert. Bei Bremsungen bis zum Stillstand verdoppelt sich die Fahrzeit gegenüber der Fahrzeit bei voller Geschwindigkeit auf dem Bremsweg (Bremszeitzuschlag = Fahrzeit ohne Halt):

$$\Delta t = t_{br} - \frac{s}{v_A} = t'_{br} = \frac{(v_A - v_E)^2}{2 \cdot a_{Br} \cdot v_A}$$

mit:

t_{br}	Fahrzeit für den gesamten Bremsvorgang
s	Weg, den der Zug bis zum Ende des Bremsvorgangs zurücklegt
v_A	Geschwindigkeit am Anfang des Bremsvorgangs
v_E	Geschwindigkeit am Ende des Bremsvorgangs
a_{Br}	Bremsverzögerung

3.2.2.8 Fahrzeitenrechnung reine Fahrzeit

Einleitung

Anhand der in den Kapiteln 3.2.2.5 bis 3.2.2.7 dargestellten Formeln lassen sich nun alle Fahrzustände (siehe Abb. 3-14) einzeln berechnen. Für die gemäß Kapitel 2 anzustrebende Fahrzeitenrechnung für längere Abschnitte ist in diesem Kapitel die Berechnung über mehrere Fahrzustände hinweg, z. B. zwischen zwei Halten, darzustellen.

Bei den in 3.2.1 genannten Prozessen wird in der Regel die technisch kürzeste Fahrzeit, die sogenannte reine Fahrzeit berechnet. Sie enthält nicht den Fahrzustand „Ausrollen", der die Fahrzeit verlängern würde. Die reine Fahrzeit kann dann um Zuschläge (vgl. Kap. 2.1.3 und 3.2.5.1) ergänzt werden.

Zur Berechnung einer energiesparsamen Fahrweise werden hingegen bewusst Fahrzeiten, die die reine Fahrzeit übersteigen, angestrebt, um so Energie einzusparen (vgl. Kap. 3.2.9). Dazu kann sich auch der Fahrzustand „Ausrollen" eignen.

Weitere typische Eingangsgrößen sind der Verlauf der zulässigen Geschwindigkeit über den Laufweg des Zuges (vgl. Kap. 3.2.2.1) sowie zusätzlich zu den bereits in den vorigen Kapiteln erwähnten Eingangsgrößen eventuell Halte (vgl. Kap. 3.2.2.10) und das Biegen von Trassen auf eine andere Geschwindigkeit (vgl. Kap. 3.3.3.4). Daraus sind für ausgewählte Orte die Durch-, Ankunfts- oder Abfahrzeit, die Geschwindigkeit, die Beschleunigung und die Zugkraft zu berechnen.

Berechnungsablauf

Den Berechnungsablauf stellt Abbildung 3–23 dar. Vor oder hinter Geschwindigkeitssprüngen entspricht die tatsächliche Geschwindigkeit des Zuges aufgrund der Brems- und Beschleunigungsvorgänge nicht der zulässigen Geschwindigkeit. Da beim Bremsen üblicherweise mit konstanter Bremsbeschleunigung gerechnet wird und somit der Berechnungsaufwand kleiner ist als für das Beschleunigen, erfolgt in der Regel zunächst das Einrechnen der Bremsvorgänge. Durch das Einrechnen dieser beiden Vorgänge (Bremsen und Beschleunigen) ergibt sich das Band der tatsächlichen Geschwindigkeiten, anhand dessen die Durchfahrzeiten berechnet werden.

Die Angabe des Ortes bezieht sich dabei üblicherweise auf die Zugspitze. Als weitere Annahme wird der Zug in der Regel anhand eines Massenpunkts in der Zugmitte beschrieben.

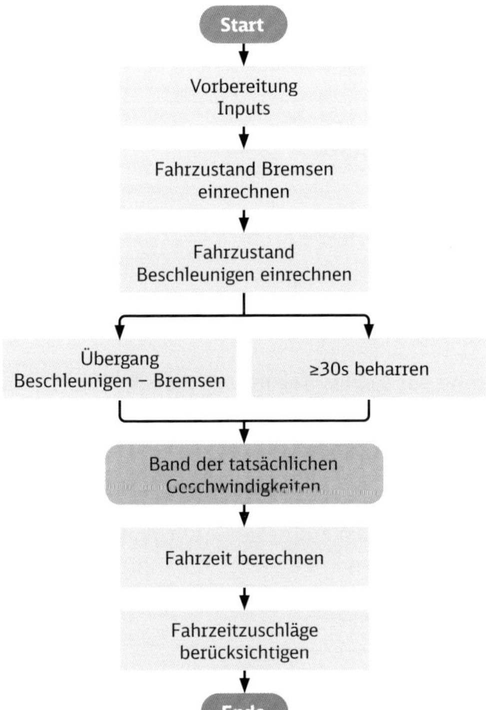

Abb. 3-23:
Berechnung der reinen Fahrzeit (Ablaufdiagramm)
Abbildung: BFV/Oetting/Crespo

3.2.2.9 Vorbereitung Inputs

Aufgrund der oben angeführten Annahmen ist der Input entsprechend aufzubereiten: Neigungswechsel sowie Anfang und Ende von Bögen sind um die halbe Zuglänge in Fahrtrichtung des Zuges zu verschieben. Da die Beschleunigung nach einer Geschwindigkeitsaufwertung in der Regel erst erfolgen darf, wenn die gesamte Zuglänge den Abschnitt der niedrigeren Geschwindigkeit durchfahren hat, sind Geschwindigkeitsaufwertungen um die volle Zuglänge in Fahrtrichtung des Zuges zu verschieben (siehe Abschnitte 2 und 3 in Abbildung 3-24). Letzteres gilt nicht, sofern die Geschwindigkeitsbegrenzung nur für die Zugspitze gilt (z. B. teilweise an Bahnübergängen – vgl. Abschnitt 6 in der Abbildung). Sofern die Zuglänge größer ist als die Länge des Abschnitts hinter der Geschwindigkeitsaufwertung, ist eine Minimumbildung der zulässigen Geschwindigkeiten über die gesamte Zuglänge durchzuführen (siehe Abschnitt 3 in der Abbildung 3-24).

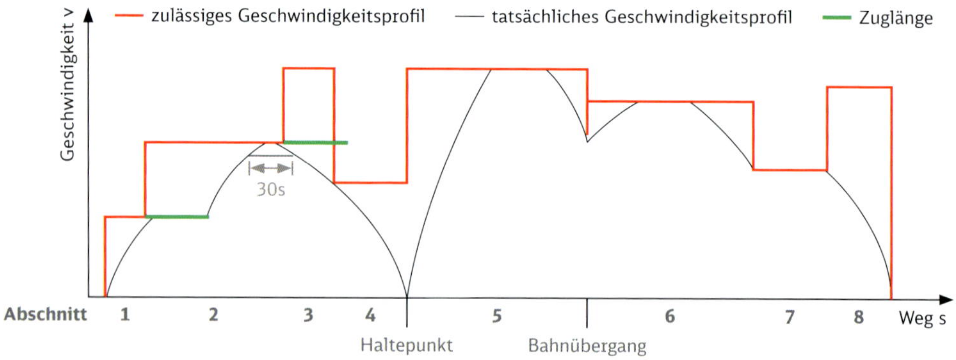

Abb. 3-24: Zulässige und tatsächliche Geschwindigkeiten (Beispiel) Abbildung: BFV/Oetting/Crespo

Fahrzustand Bremsen einrechnen

Die Berechnung erfolgt entgegen der Fahrtrichtung des Zuges. Beginn der Berechnung ist jeweils ein Geschwindigkeitseinbruch.

Genügt die Länge des Abschnitts konstanter zulässiger Geschwindigkeit vor dem Geschwindigkeitseinbruch nicht (siehe Abschnitte 4 und 8 in der Abbildung), wird der vorige Abschnitt für die Bremsung mit hinzugenommen, sofern dessen zulässige Geschwindigkeit höher ist als die tatsächliche Geschwindigkeit des Zuges am Ende dieses Abschnitts (nur Abschnitt 4 in der Abbildung 3-24).

Fahrzustand Beschleunigen einrechnen

Die Berechnung erfolgt in Fahrtrichtung des Zuges. Beginn der Berechnung ist jeweils eine Geschwindigkeitsaufwertung, sofern unmittelbar davor die aufgrund des Bremsens berechnete tatsächliche Geschwindigkeit der zulässigen Geschwindigkeit entspricht.

Die Berechnung je Beschleunigungsvorgang erfolgt so lange, bis die tatsächliche Geschwindigkeit aufgrund des Bremsens (Abschnitt 2 in der Abbildung 3-24) oder die zulässige Geschwindigkeit (z. B. Abschnitt 5 in der Abbildung 3-24) erreicht wird. Genügt die Länge eines Abschnitts nicht für den Beschleunigungsvorgang, wird der nächste Abschnitt konstanter zulässiger Geschwindigkeit mit hinzugenommen (Abschnitt 1 in der Abbildung 3-24). Dieser Fall kann z. B. bei Ausfahrten aus größeren Knoten auftreten.

Im Hinblick auf Fahrbarkeit, Verschleiß und Energieeinsparung können Geschwindigkeitsspitzen so gekappt werden, dass zwischen dem Ende eines Beschleunigungs- und dem Beginn eines Bremsvorgangs z. B. mindestens 30 s liegen. Dies reduziert zudem die Rechenzeit für die Fahrzeitenrechnung, da die genaue Lage des Schnittpunkts der tatsächlichen Geschwindigkeiten aus Beschleunigungs- und Bremsvorgang nicht iterativ ermittelt werden muss (Abschnitt 2 in der Abbildung 3-24).

Ersatzweise kann bei vorberechneten Fahrzeiten zur Einrechnung zusätzlicher Halte näherungsweise mit Anfahr- und Bremszeitzuschlägen gerechnet werden. Dabei lässt sich der Anfahrzeitzuschlag analog zum Bremszeitzuschlag aus der Differenz der Fahrzeit mit Beschleunigung und der Fahrzeit beim Beharren mit Zielgeschwindigkeit berechnen (vgl. Kap. 3.2.2.7).

Fahrzeit berechnen

Aus dem Band der tatsächlichen Geschwindigkeiten ergeben sich die Orte der Änderung des Fahrzustands. Anhand der in den vorigen Unterkapiteln dargestellten Berechnungsverfahren lassen sich nun für jeden dieser Orte, und darauf aufbauend für beliebige Orte dazwischen, die Durchfahrzeiten berechnen.

Genauigkeit der Berechnungen

Grundsätzlich ist eine Steigerung der Genauigkeit der Berechnungen möglich, z. B. durch die Modellierung des Zuges als Massenband oder durch die Lösung der Differenzialgleichung anstelle der dargestellten Näherungsverfahren.

Tatsächlich liegen jedoch bereits in den Eingangsgrößen nennenswerte Ungenauigkeiten. Für kurzfristige Berechnungen (z. B. für die Disposition) ist dies neben dem Kraftschlussbeiwert insbesondere der Wind. Da die Luftwiderstandskraft quadratisch in die Berechnungen eingeht, hat sie insbesondere bei großen Geschwindigkeiten einen hohen Einfluss und dominiert die Fahrzeugwiderstandskraft und macht sich somit, hauptsächlich in Bereichen geringen Zugkraftüberschusses, deutlich bemerkbar.

In Geschwindigkeitsbereichen mit hohem Zugkraftüberschuss wiederum haben kleine Verbesserungen der Genauigkeit der Berechnungen kaum Einfluss auf das Ergebnis. Hinzu kommen besonders bei Fahrzeitberechnungen für die Angebotsplanung weitere Unsicherheiten hinsichtlich der Eingangsgrößen, z. B. Unterschiede zwischen geplanter und tatsächlicher Zugkonfiguration.

3.2.2.10 Fahrzeitenrechnung für energiesparsames Fahren

Für eine Automatisierung des energiesparsamen Fahrens und der Zuglaufregelung sind Algorithmen erforderlich, die sowohl an einem Ort als auch über einen längeren Laufweg an unterschiedlichen Orten aus mehreren Maßnahmenarten und deren Kombination die energieoptimale Lösung finden (vgl. Oetting 2007; Oetting 2008).

Diese Algorithmen müssen die zeitlichen Randbedingungen (insbesondere Zeitfenster für die Durchfahrt an Betriebsstellen und kapazitätskritischen Punkten sowie das planmäßige Erreichen des nächsten Halts) erfüllen, für den Tf fahrbar sein und die Fahrweise der Tf berücksichtigen.

Im Unterschied zu Kapitel 3.2.2 wird somit nicht die kürzeste Fahrzeit, sondern für eine gegebene Fahrzeit auf einem Abschnitt des Laufwegs die energieoptimale Zeit-Wege-Linie unter Berücksichtigung der verfügbaren Fahrzeitreserve gesucht. Somit sind, wie in Abbildung 3–25 dargestellt, mögliche Maßnahmen zu identifizieren, je Maßnahme sowohl der Energiebedarf als auch die erforderliche Fahrzeitreserve zu berechnen und aufgrund dieser Eigenschaften die geeignete Maßnahme bzw. Maßnahmenkombination auszuwählen.

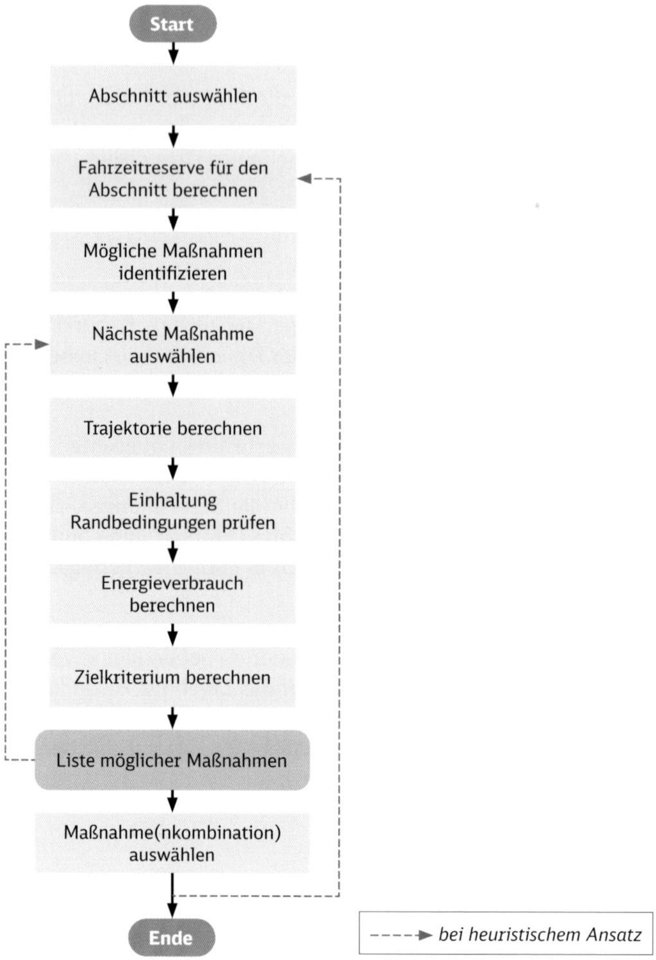

Abb. 3-25:
Berechnung der energieoptimalen ZWL (Ablaufdiagramm)
Abbildung: BFV/Oetting/Crespo

Als erster Schritt ist der Abschnitt, für den die Energieoptimierung durchgeführt werden soll, zu ermitteln. Dieser kann z. B. am nächsten Halt oder im Falle der Zuglaufregelung an einem betrieblichen Zwangspunkt enden. Die vorhandene Fahrzeitreserve für diesen Abschnitt ergibt sich als Differenz aus der vorhandenen Fahrzeit für den Abschnitt und der nach Kapitel 3.2.2.8 berechneten reinen Fahrzeit:

$$t_{Zu,vorh} = t_{F,vorh} - t_{F,rein}$$

mit:

$t_{Zu,vorh}$	vorhandene Fahrzeitreserve
$t_{F,vorh}$	vorhandene Fahrzeit
$t_{F,rein}$	reine Fahrzeit, ggf. einschließlich bereits ausgewählter Maßnahmen zum energiesparsamen Fahren

Typische Maßnahmenarten sind „reduzierte Geschwindigkeit“, „Ausrollen“ und der „Einsatz der Nutzbremse“. Die Maßnahmen lassen sich grundsätzlich vor jedem Geschwindigkeitseinbruch anwenden. Je Ort kann immer nur eine Maßnahme genutzt werden. Je Maßnahme lassen sich anhand Kapitel 3.2.2.8 die Fahrzeit sowie anhand der Zugkraft gemäß Kapitel 3.2.2.2 die eingesparte Energie berechnen.

Die Maßnahme, für die das Verhältnis aus eingesparter Energie und dem Fahrzeitmehrbedarf (der die vorhandene Fahrzeitreserve nicht überschreitet) betragsmäßig am größten ist, ist die am besten geeignete Maßnahme. Kombinationen aus mehreren Maßnahmen können sowohl heuristisch (Oetting 2007) als auch mit einer Optimierung ermittelt werden.

3.2.2.11 Haltezeitberechnung

Eine zuverlässige Bestimmung der Haltezeit ist insbesondere im Nah- und S-Bahn-Verkehr, bei denen die Haltezeit im Verhältnis zur Fahrzeit einen vergleichsweise hohen Anteil an der Beförderungszeit besitzt, von großer Bedeutung. Der Fahrgastwechsel stellt einen besonders kritischen Prozess für die Planmäßigkeit eines Zuges dar, da die Fahrgastwechselzeit und die Türschließzeit (vgl. Kap. 2.1.3) von dem Verhalten der Reisenden abhängen und sich einer direkten Kontrolle durch Verkehrs- und Infrastrukturunternehmen weitgehend entziehen. Als weiterer wesentlicher Einfluss haben sich technische Änderungen an Fahrzeugen herausgestellt, die die Türöffnungs- und -schließzeit beeinflussen, wie das Ausfahren von Trittstufen oder die Geschwindigkeit der Türbewegung. Ohne das Ausfahren von Trittstufen liegt die Türöffnungszeit bei ca. 5 s. Während sich der Einfluss technischer Änderungen unmittelbar fahrzeugtypisch präzise messen lässt, lässt sich das Verhalten der Reisenden nur – ggf. anhand von Messwerten – näherungsweise schätzen oder spezifisch für bestimmte Situationen messen.

Für die Haltezeitberechnung werden die Fahrgastwechselzeit und ihre Streuung in Abhängigkeit von Verhalten und Anzahl der Reisenden, den örtlichen Gegebenheiten des Bahnsteigs und den Fahrzeugeigenschaften für Züge ohne Sitzplatzreservierung abgeschätzt. Im Zielkonflikt zwischen kurzen Beförderungszeiten und Robustheit lässt sich anhand der Streuung und einer vorab festzulegenden Wahrscheinlichkeit des Einhaltens der Haltezeit (z. B. 90 Prozent) die Mindesthaltezeit abschätzen. Die Streuung der Türschließzeit ergibt sich vorwiegend aus zu spät eintreffenden Reisenden.

Die Fahrgastwechselzeit lässt sich wie folgt ermitteln: Anhand der Verteilung der Reisenden am Bahnsteig kann die Fahrgastwechselzeit der kritischen Tür berechnet und daraus die Wahrscheinlichkeit einer Haltezeitüberschreitung abgeschätzt werden.

Verteilung der Reisenden am Bahnsteig

Die Verteilung der Einsteiger entlang eines Bahnsteigs hängt von verschiedenen Einflüssen ab, z. B. von Sitzgelegenheiten, der Position des Bahnsteigausgangs, der Personendichte in einem Bahnsteigbereich, den Möglichkeiten zum Anlehnen oder von Überdachungen bei schlechtem Wetter. Als besonders relevant haben sich im Nahverkehr die Position der Bahnsteigzugänge sowohl am Einstiegs- als auch am Ausstiegsort sowie im Fernverkehr die Sitzgelegenheiten im Zug herausgestellt. Erhebungen (Renzel, Brüning 2021; Uhl, Martin 2021) haben gezeigt, dass die Modellierung weniger Einflussgrößen genügt. Die Bestimmung der Personendichte am Bahnsteig ist durch Superposition der aus diesen Einflüssen resultierenden Verteilungen möglich.

Zur Modellierung der Verteilung können geschlossene Funktionen (vgl. Heinz 2003) oder numerische Simulationen der Bewegungen Reisender genutzt werden.

Berechnung der mittleren Fahrgastwechselzeit an der kritischen Tür

Die Fahrgastwechselzeit an einer Tür lässt sich anhand der Anzahl der Einsteiger, der Anzahl der Aussteiger und der Anzahl der im Zug bleibenden Reisenden (vgl. Puong 2000; Lin, Wilson 1991) abschätzen:

$$t_i = \tilde{t}_{Aus} \cdot n_{Aus,i} + \tilde{t}_{Ein} \cdot n_{Ein,i} + \tilde{t}_{Aus,Ein} \cdot n_{Aus,i} \cdot n_{Ein,i}$$

mit:

t_i	Fahrgastwechselzeit an Tür i
$n_{Ein,i}$	Anzahl der Einsteiger an Tür i
$n_{Aus,i}$	Anzahl der Aussteiger an Tür i
$\tilde{t}_{Aus}$	mittlere Ausstiegszeit
$\tilde{t}_{Ein}$	mittlere Einstiegszeit
$\tilde{t}_{Aus,Ein}$	Wechselwirkungen zwischen Ein- und Aussteigern

Werte für die o. a. Parameter finden sich fahrzeugabhängig in den o. a. Quellen sowie z. B. in (Weidmann 1995).

Abschätzung der Wahrscheinlichkeit einer Haltezeitüberschreitung

Die Wahrscheinlichkeit einer Haltezeitüberschreitung ergibt sich aus der Wahrscheinlichkeitsverteilung der Haltezeiten als Gegenwahrscheinlichkeit der Einhaltung der Regelhaltezeit.

3.2.3 Belegungszeitrechnung

Wie in Kapitel 2.2.2 dargestellt, verkehren die Züge in Europa meist im Raumabstand. Dieser Raumabstand lässt sich anhand der Fahrzeitenrechnung aus Kapitel 3.2.2.8, mit der die Durchfahrzeiten an beliebigen Orten berechenbar sind, in einen kleinsten zeitlichen Abstand zweier Züge an einem Ort umrechnen. Dieser kleinste zeitliche Abstand der Züge beschreibt den Verbrauch an Fahrwegkapazität eines Zuges. Dieser Kapazitätsverbrauch wird üblicherweise als Sperrzeit oder Belegungszeit bezeichnet.

Im gesamten Kapitel 3 wird unter Sperrzeit die „Zeit, in der ein Fahrwegabschnitt (Blockabschnitt, Fahrstraße, Fahrstraßenteil) durch eine Fahrt betrieblich beansprucht wird und somit die Nutzung für andere Fahrten gesperrt ist." (Ril 405.0103 2012, S. 11) verstanden. Die Belegungszeit „entspricht inhaltlich der Sperrzeit, wird aber umfassender in der Eisenbahnbetriebswissenschaft auch verwendet, wenn die betriebliche Beanspruchung auf ein Netzelement bestehend aus mehreren getrennt freizumeldenden Abschnitten (Blockabschnitten, Fahrstraßen, Teilfahrstraßen) bezogen wird (Abschnitt, z. B. Strecke, über den sich mehrere Einzel-Sperrzeiten zu einer Sperrzeitentreppe aneinanderreihen lassen)." (Ril 405.0102 2008, S. 5). Die Bedeutung unterscheidet sich daher von dem in Kapitel 2.4 verwendeten Begriff der Sperrzeit, die die Dauer der Sperrung des Sperrabschnitts angibt.

Die Sperrzeit ist im Hinblick auf die grundsätzlich angestrebte hohe Kapazität des Netzes und die somit gewünschten geringen Zugfolgezeiten von hoher Relevanz. Ziel dieses Kapitels ist die Darstellung der Berechnung der Sperrzeit (vgl. u. a. Happel 1959).

Dazu werden zunächst die grundsätzlichen Komponenten einer Sperrzeit anhand des Beispiels eines durchfahrenden Zuges beim Haupt-/Vor- und Kombinationssignalsystem hergeleitet. Daran schließt sich die allgemeingültige Quantifizierung dieser Komponenten für verschiedene infrastrukturelle Situationen und Detailgrade sowie unterschiedliche Arten von Sicherungstechniken an.

Bei der Ermittlung des Raumabstands und gleichzeitig damit der Sperrzeit sind folgende Anforderungen zu erfüllen:

- Die Zugfahrten müssen sicher und mit möglichst geringem räumlichen und insbesondere zeitlichen Abstand verkehren.

- Da Signalhalte zu einer Fahrzeitverlängerung führen, gehen die in Kapitel 2 dargestellten Prozesse grundsätzlich von einer von der Sicherungstechnik unbehinderten Fahrt aus.

- Die Berechnung sollte für unterschiedliche Netzelemente und unterschiedliche Detailgrade der Infrastruktur (vgl. Kap. 3.1.1) vergleichend möglich sein.

Als Input für die Ermittlung der Sperrzeit lassen sich die Durchfahrzeiten für alle Orte, die für die Bestimmung der Komponenten der Sperrzeit relevant sind, ergänzt um Fahrzeitzuschläge (vgl. Kap. 3.2.5.1), anhand der Fahrzeitenrechnung aus Kapitel 3.2.2.8 ermitteln. Sofern nicht anders angegeben, beziehen sich die Durchfahrzeiten immer auf die Zugspitze. Des Weiteren müssen die Stellwerkstechnik, das Signalsystem, das Zugsicherungssystem, die betriebliche Situation und die Infrastruktur bekannt sein.

3.2.3.1 Komponenten der Sperrzeit

Um gemäß Kapitel 2.2.1 den sicheren Bahnbetrieb zu gewährleiten, darf sich beim Fahren im Raumabstand auf einer Blockstrecke immer nur ein Zug befinden. Der in Abbildung 3-26 dargestellte Blockabschnitt ist daher während der Durchfahrt des anhand der blauen Zeit-Wege-Linie dargestellten Zuges („Fahrzeit im Fahrwegabschnitt“) belegt.

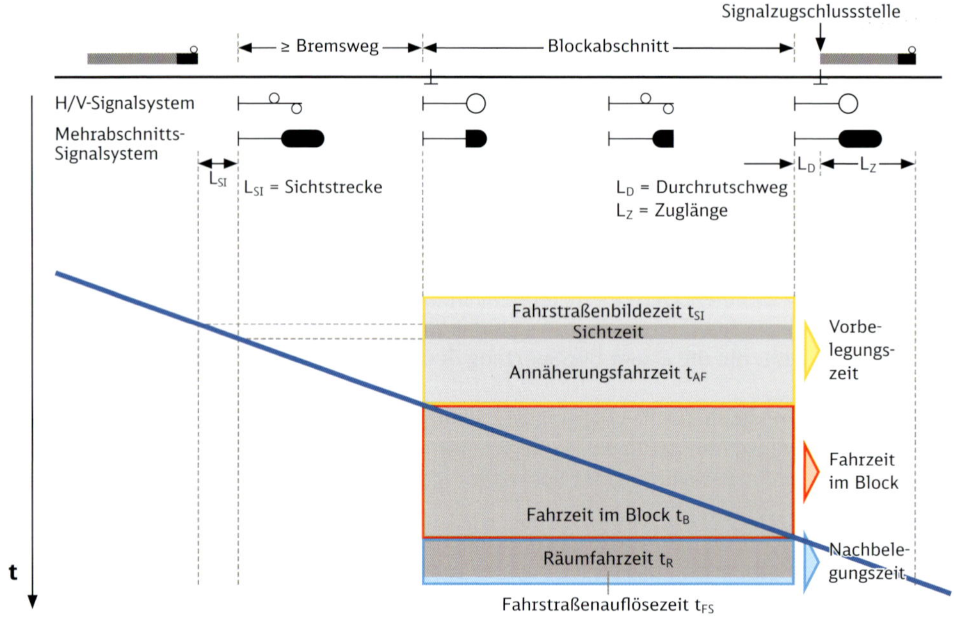

Abb. 3-26: Sperrzeit bei Durchfahrt - H/V- und Ks-Signalsystem

Abbildung: BFV/Oetting/Crespo

Da die blaue Linie den Ort der Zugspitze beschreibt, ist der Fahrwegabschnitt erst dann freigefahren, wenn der Zug den Fahrwegabschnitt mit seiner gesamten Länge verlassen hat. Zudem muss er die Signalzugschlussstelle freigefahren haben (vgl. Achszähler in Kap. 2.2.3).

Um Signalhalte zu vermeiden (siehe oben), muss das Vorsignal bei Vorbeifahrt des Zuges bereits „Fahrt erwarten“ zeigen, sodass der Fahrwegabschnitt während der Annäherungsfahrzeit frei sein muss. Damit der Tf den Signalbegriff wahrnehmen kann, muss das Vorsignal diesen Begriff bereits einige Sekunden vor der Vorbeifahrt („Sichtzeit“) zeigen. Die Fahrstraßenbildezeit ist die erforderliche Zeit, um die Fahrstraße einzustellen, festzulegen und das zugehörige Signal auf Fahrt zu stellen. Die Fahrstraßenauflösezeit ist die erforderliche Zeit, um sie wieder aufzulösen.

Die in Abbildung 3-26 dargestellten Komponenten der Sperrzeit gelten unabhängig von dem in der Abbildung dargestellten Beispiel eines durchfahrenden Zuges beim H/V- und Ks-Signalsystem. Im Weiteren werden sie in Abhängigkeit von Stellwerkstechnik, Signalsystem, Zugsicherungssystem sowie betrieblicher und infrastruktureller Situation beschrieben. Im Anschluss daran wird jeweils deren Ermittlung beschrieben.

Fahrstraßenbilde- und -auflösezeit

Die Fahrstraßenbildezeit ist der „Zeitverbrauch für das Herstellen des gesicherten Status eines Fahrwegabschnitts als Voraussetzung für die Erteilung der Zustimmung zum Befahren dieses Abschnitts" (Ril 405.0102 2008, S. 6). Die Fahrstraßenauflösezeit entspricht dem Zeitverbrauch „vom Freifahren der Zugschlussstelle bis zum Herstellen der Grundstellung des betreffenden Fahrwegabschnitts" (Ril 405.0102 2008, S. 6).

Die Fahrstraßenbildezeit

- beträgt bis zu 1,5 min (typische Werte siehe Abb. 3-27) und
- endet mit dem Beginn der Sichtzeit (Fahrtbegriff „Fahrt erwarten" am Vorsignal).

Die Fahrstraßenauflösezeit

- beginnt mit dem Ende der Räumfahrzeit und Freifahren der Signalzugschlussstelle und
- beträgt bis zu 0,5 min (typische Werte siehe Abb. 3-27).

Stellwerkstechnik	Fahrstraßenbildezeit t_{Fb}	Fahrstraßenauflösezeit t_{Fa}
mechanisch ohne Weichenbedienung	18	9
mechanisch, nur Fdl, bis zu 4 Hebeln	51	24
mechanisch, Zusammenwirken Fdl + Ww	90	30
elektromechanisch, n Hebel	n * 1,5	n * 1,5
Dr/ESTW	9	3
Selbstblock	0	3

Legende:
Fdl Fahrdienstleiter
Ww Weichenwärter
Dr Drucktastenstellwerk
ESTW Elektronisches Stellwerk

Abb. 3-27: Fahrstraßenbilde- und -auflösezeit - typische Werte in s (Pachl 2008)

Hinzu kommen ggf. Zeitbedarfe für Zugmeldegespräche, Streckenblockbedienung (Erlaubniswechsel) und das Schließen von Bahnübergängen.

Sichtzeit/(System-)Reaktionszeit

Für die Sichtzeit

- wird üblicherweise ein Wert von 0,2 min angesetzt, und
- sie endet mit Beginn der Annäherungsfahrzeit.

Bei Verkehrshalten von Reisezügen zwischen Vor- und Hauptsignal bzw. vor dem Hauptsignal darf die Abfertigung ganz oder teilweise erst beginnen, wenn das Hauptsignal „Fahrt" zeigt.

In diesem Fall ist die Sichtzeit durch den Zeitbedarf für den entsprechenden Teil der Abfertigung zu ersetzen, der wiederum von der Zugkonfiguration abhängt.

Bei Verkehrshalten von Zügen, die keine Reisezüge sind, sowie bei Betriebshalten zwischen Vor- und Hauptsignal bzw. vor dem Hauptsignal wird die Sichtzeit ersetzt durch die Reaktionszeit zur Signalaufnahme durch den Tf von üblicherweise 10 s (Ril 405.0103A02 2014, S. 4). Bei automatischer Fahr- und Bremssteuerung tritt an die Stelle der Sichtzeit die Systemreaktionszeit. Sie wird bei Linienzugbeeinflussung zu null angenommen, bei ETCS beträgt die Systemreaktionszeit ca. 9 s (SRS 3.6.0).

Annäherungsfahrzeit

Die Annäherungsfahrzeit (siehe Abb. 3-28)

- beginnt an dem Ort, an dem spätestens die Erlaubnis für die Einfahrt in den Fahrwegabschnitt vorliegen muss, um eine Bremsung vor dem Fahrwegabschnitt zu vermeiden, und
- endet mit dem Zeitpunkt der Einfahrt in den Fahrwegabschnitt.

Sie ergibt sich somit als Differenz der Durchfahrzeiten an diesen beiden Orten und berücksichtigt folglich auch Beschleunigungs- und Bremsvorgänge. Der entsprechende räumliche Bereich wird im Weiteren als „Bremsbereich“ bezeichnet.

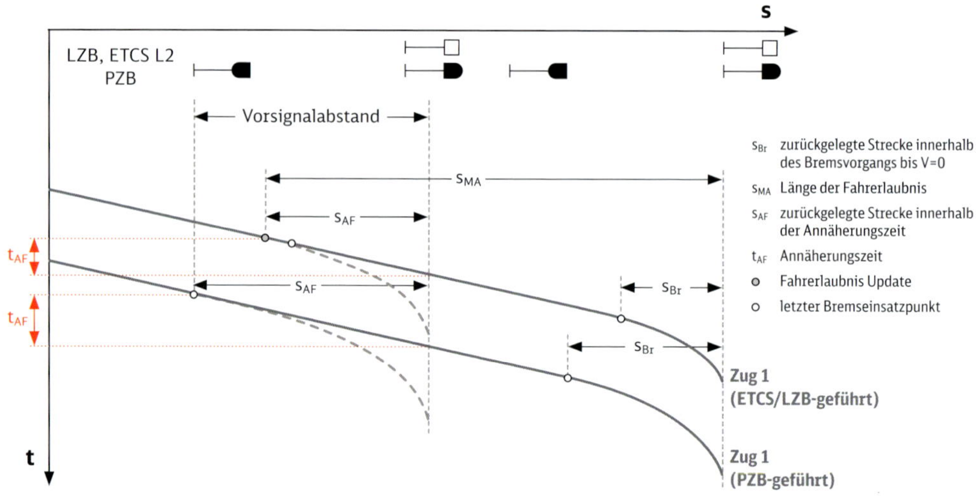

Abb. 3-28: Bremsbereich abhängig vom Zugsicherungssystem

Abbildung: BFV/Oetting/Crespo

Bei PZB beginnt die Annäherungsfahrzeit mit der Vorbeifahrt am Vorsignal, die rechnerische Länge des Bremsbereichs entspricht dem Vorsignalabstand. Bei Mehrabschnittssignalisierung beginnt sie an dem in Fahrtrichtung ersten Vorsignal, das „Halt erwarten“ zeigen würde, wenn der Fahrwegabschnitt nicht frei wäre.

Bei LZB und ETCS L2 beginnt die Annäherungsfahrzeit am Bremseinsatzpunkt, die Länge des Bremsbereichs entspricht dem Bremsweg.

Fahrzeit im Fahrwegabschnitt

Die Fahrzeit im Fahrwegabschnitt

- beginnt am Anfang des Fahrwegabschnitts und
- endet am Ende des betrachteten Fahrwegabschnitts (siehe Abb 3-29).

Sie ergibt sich somit als Differenz der Durchfahrzeiten an diesen beiden Orten und berücksichtigt folglich auch Beschleunigungs- und Bremsvorgänge sowie Halte.

Räumfahrzeit

Da sich die Durchfahrzeiten grundsätzlich auf die Zugspitze beziehen, ist ein Fahrwegabschnitt physisch erst dann freigefahren, wenn die gesamte Zuglänge das Ende des Fahrwegabschnitts passiert hat. Zusätzlich ist die Einhaltung der in Kapitel 2.2.2 dargestellten Schutzziele sicherzustellen. Maßgebend ist dabei jeweils dasjenige Fahrwegelement des gemeinsamen Laufwegs, das vom ersten Zug als letztes befahren wird. Somit ist die Sperrzeit abhängig davon, welcher Zug (zweiter Zug) dem betrachteten Zug (erster Zug) folgt.

Abhängig vom Schutzziel (vgl. Kap. 2.2.2) ergeben sich nach Abb. 3-29 sowohl das Ende des Fahrwegabschnitts als auch die relevante Zugschlussstelle.

Schutz vor	Ende des Fahrwegabschnitts	relevante Zugschlussstelle
Folgefahrt ▪ Ausfahrt auf den gleichen Folge-Fahrwegabschnitt sowie ▪ Ausfahrt aus Bahnhofsgleis	Hauptsignal (PZB, ETCS L1LS) od. Blockkennzeichen (LZB, ETCS L2)	Signalzugschlussstelle am Ende des Durchrutschwegs/Gefahrpunktabstands
▪ Ausfahrt auf anderen Folge-Fahrwegabschnitt*	Fahrstraßenzugschlussstelle	Fahrstraßenzugschlussstelle
Gegenfahrt, Flankenschutz, Umstellen einer Weiche	Halt des Zuges oder Fahrstraßenzugschlussstelle	- Fahrstraßenzugschlussstelle
Gefährdungen Dritter (Bahnübergänge)	Ausschaltkontakt des Bahnübergangs/Fahrstraßenzugschlussstelle	Ausschaltkontakt des Bahnübergangs/Fahrstraßenzugschlussstelle

* sofern nicht Ausfahrt aus Bahnhofsgleis

Abb. 3-29: Ende des Fahrwegabschnitts und relevante Zugschlussstelle in Abhängigkeit vom Schutzziel Abbildung: BFV/Oetting/Crespo

Für eine Folgefahrt mit Ausfahrt auf den gleichen Folge-Fahrwegabschnitt zeigt Abbildung 3-30 ein Beispiel. Eine Folgefahrt mit Ausfahrt auf einen anderen Folge-Fahrwegabschnitt stellt Zug 3 in Abbildung 3-30 dar. Durch die Teilauflösung der Fahrstraße von Zug 2 an der Fahrstraßenzugschlussstelle 2 reduziert sich die Zugfolgezeit zwischen Zug 2 und Zug 3 im Vergleich zu einer ausschließlichen Auflösung der Fahrstraße als Ganzes nach Passieren der Fahrstraßenzugschlussstelle 3 in Gleis 3.

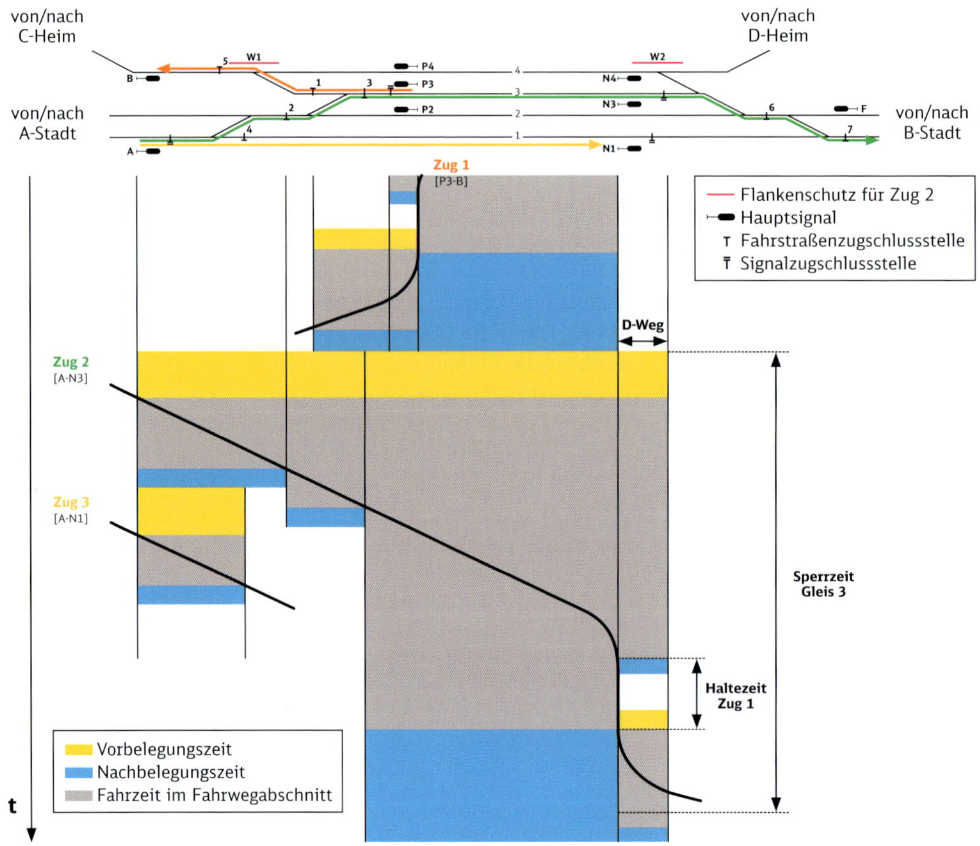

Abb. 3-30: Ende des Fahrwegabschnitts und relevante Zugschlussstelle in einem Bahnhof (Beispiel) Abbildung: BFV/Oetting/Crespo

Bei Gegenfahrten (Züge 1 und 2 in Abb. 3-30) muss zunächst der gemeinsame Laufweg geräumt werden. Die Gegenfahrt ist also erst dann möglich, wenn der letzte Fahrwegabschnitt des gemeinsamen Laufwegs freigefahren ist (nach Passieren der Zugschlussstelle 1).

Die Flankenschutzeinrichtungen bleiben so lange verschlossen, bis die Fahrstraße (teil-) aufgelöst wurde. Dies ist in Abbildung 3-30 für Zug 2

- nach der Einfahrt der Fall, wenn der Zug zum Stehen gekommen ist (Weiche 1), und
- bei der Ausfahrt, wenn er die Fahrstraßenzugschlussstelle 6 passiert hat (Weiche 2).

Die Räumfahrzeit

- beginnt am Ende des Fahrwegabschnitts und
- endet mit der Freimeldung an der relevanten Zugschlussstelle zuzüglich der Zuglänge.

Die Räumfahrzeit ergibt sich somit als Differenz der Durchfahrzeiten an diesen beiden Orten und berücksichtigt folglich auch Beschleunigungs- und Bremsvorgänge.

Vor- und Nachbelegung

Insbesondere für netzweite Untersuchungen und größere Prognosehorizonte werden die Komponenten der Sperrzeit zusammengefasst in Vorbelegungszeit, Fahrzeit im Block und Nachbelegungszeit (siehe Abb. 3–26).

3.2.3.2 Sperrzeitentreppe

Belegungszeiten lassen sich für mehrere Fahrwegabschnitte systematisch berechnen.

Ergebnis ist die „Sperrzeitentreppe", die „die grafische Aneinanderreihung der Sperrzeiten nacheinander befahrener Fahrwegabschnitte eines Zuges in einem Zeit-Weg-Diagramm" ist (siehe Abb. 3–31).

3.2.3.3 Abweichende Bestimmung der Sperrzeiten

Im Weiteren werden Abweichungen gegenüber der dargestellten Bestimmung der Sperrzeiten für verschiedene infrastrukturelle Situationen und Detailgrade sowie unterschiedliche Arten von Sicherungstechniken dargestellt.

Fahrstraßenknoten

Gemäß Abbildung 3–30 können in einem Fahrstraßenknoten mehrere relevante Zugschlussstellen (siehe auch Abbildung 3–29) liegen, sodass die Fahrzeit im Fahrwegabschnitt für die verschiedenen Fahrwegabschnitte zu unterschiedlichen Zeitpunkten endet. In der Abbildung 3–30 gibt es z. B. für den Zug 2 mehrere Fahrstraßenteilauflösungen.

Gleisgruppe

Die Gleisbelegung (z. B. gemäß Abb. 2–33 in Kapitel 2.3.2)

- beginnt mit der Belegungszeit der Einfahrsperrzeit und
- endet nach der Räumfahrzeit gemäß Abbildung 3–29 zuzüglich der Fahrstraßenauflösezeit.

Die Dauer der Gleisbelegung kann bei haltenden Zügen, insbesondere bei Zugnummernwechsel und endenden Zügen, einen hohen Wert annehmen. Sofern für langfristige Planungen keine fahrplan-/umlaufbasierten Werte vorliegen, können ersatzweise Wahrscheinlichkeitsverteilungen (gleichverteilt oder monoton fallend) angesetzt werden, wobei der Maximalwert der Belegungszeit die Summe aus Taktzeit, Mindestwendezeit und ggf. einer Pufferzeit ist. Abweichungen davon (z. B. Verwendung eines Pauschalwerts von etwa 20 min) können für analytische Verfahren sinnvoll sein (vgl. Kap. 3.4.3).

Doppelausrüstung mit punktförmiger und kontinuierlicher Zugbeeinflussung

Bei Doppelausrüstung der Infrastruktur verkehren die Züge mit kontinuierlicher Zugbeeinflussung (LZB, ETCS L2), sofern die Tfz entsprechend ausgerüstet sind, und sonst mit PZB.

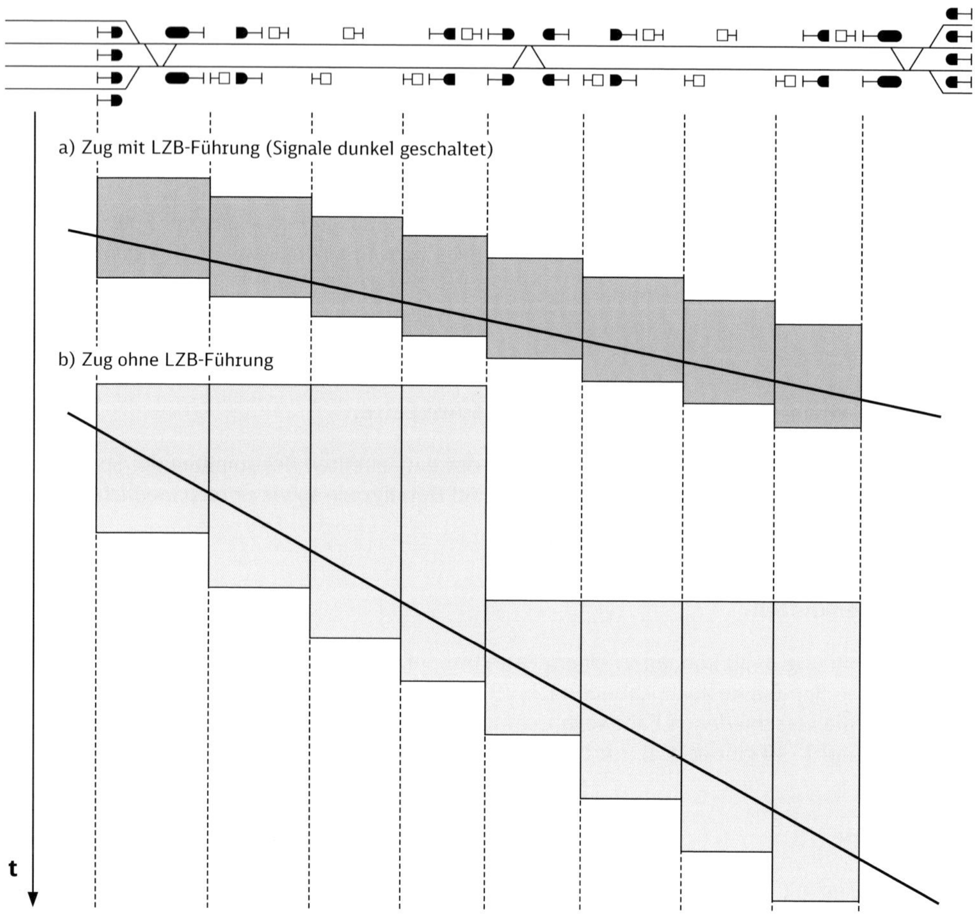

Abb. 3-31: Sperrzeiten bei Mischverkehr von PZB- und LZB-geführten Zügen

Abbildung: BFV/Pachl 2021

Die Sperrzeiten für die Züge mit kontinuierlicher Zugbeeinflussung ergeben sich anhand der dargestellten Berechnung aufgrund der Blockkennzeichen und der Hauptsignale (siehe 1. Zug in Abb. 3-31). Für PZB-geführte Züge ist die Fahrterlaubnis nur jeweils am Hauptsignal möglich, sodass die Fahrterlaubnis von Hauptsignal zu Hauptsignal gilt. Ein darauffolgender Zug mit LZB-Führung profitiert jedoch von der Gleisfreimeldung hinter den Blockkennzeichen (siehe Abb. 3-31).

Die Fahrzeit im Fahrwegabschnitt für PZB-geführte Züge bei infrastruktureller Doppelausrüstung

- beginnt am Blockanfang und
- endet am Ende des Fahrwegabschnitts, das auch an einem Blockkennzeichen liegen kann.

Zugschlusserkennung

Alternativ zur konventionellen Gleisfreimeldung infrastrukturseitig gewinnt die zugseitige Prüfung der Zugvollständigkeit, die zusammen mit der Zugstandortinformation die Gleisfreimeldung ermöglicht, an Bedeutung (vgl. Kap. 2.2.1).

Im Fall zugseitiger Zugvollständigkeitsprüfung (Train Integrity Control TIC) endet die Räumfahrzeit mit dem Eintreffen der Zugvollständigkeitsmeldung im Stellwerk, durch die bestätigt wird, dass das sichere Zugende einen in der Meldung enthaltenen Ort passiert hat. Eine Verzögerung gegenüber einer infrastrukturseitigen Gleisfreimeldung ergibt sich aus dem Unterschied zwischen dem tatsächlichen Zugschluss und dem berechneten sicheren Zugende sowie der Übertragungszeit der Zugvollständigkeitsmeldung.

Moving Block

Bei Moving Block (vgl. Kap. 2.2.1) kann die Länge des Fahrwegabschnitts theoretisch gegen null gehen, sodass sich anstelle einer Sperrzeitentreppe ein Sperrzeitenband ergeben würde. Tatsächlich ist weder eine kontinuierliche Übertragung neuer Movement Authorities noch eine kontinuierliche Übermittlung der Zugvollständigkeit aufgrund der verfügbaren Bandbreiten der Telekommunikation realistisch. Daher hat das Sperrzeitenband ebenfalls Treppenform (Crespo et al. 2021).

Da die Zeitpunkte der Übertragung der Movement Authorities und der Zugvollständigkeitsmeldung in der Regel nicht zusammenfallen (außer bei Blockkennzeichen und Hauptsignalen), enden die Vorbelegungszeiten nicht notwendigerweise am gleichen Ort wie die Nachbelegungszeiten (siehe Abb. 3-32).

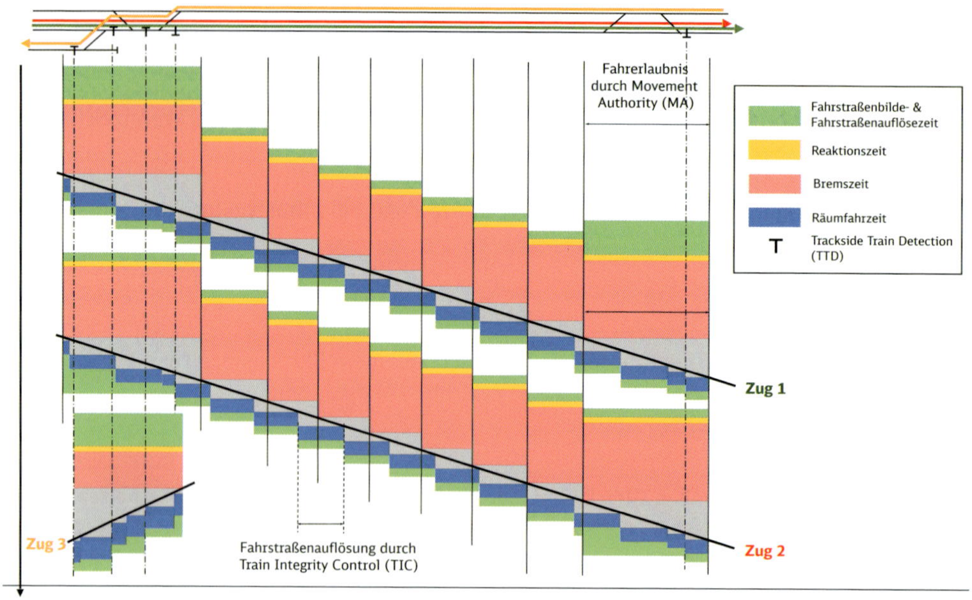

Abb. 3-32: Sperrzeitenband bei Moving Block

Abbildung: BFV/Oetting/Crespo

Weichen, die zwischen zwei aufeinander folgenden Zugfahrten umgestellt werden, und „no stopping zones" (z. B. elektrische Streckentrenner) lassen sich grundsätzlich nur insgesamt für eine Zugfahrt freigeben. Daher finden sich hier Sperrzeiten wie bei ortsfesten Blöcken.

Ungehinderte Fahrt

Soll oder muss ein Signalhalt verhindert werden, muss die Voraussetzung für die ungehinderte Einfahrt in den Fahrwegabschnitt geschaffen werden. Dazu wird der Fahrwegabschnitt hinter dem Signal mit dem vorigen Fahrwegabschnitt zusammengefasst. Dies erfolgt beispielsweise für schwere Züge auf Steigungsstrecken, denen ein Anfahren aus eigener Kraft am Beginn eines Fahrwegabschnitts nicht möglich ist.

Detailgrad der Infrastrukturmodellierung

Bei makroskopischer Modellierung lässt sich – sofern die Infrastruktur noch nicht mikroskopisch geplant ist oder zur Einsparung von Rechenzeit – anstelle der Berechnung aller Komponenten der Sperrzeit mit Vor- und Nachbelegungszeiten oder mit der Sperrzeit insgesamt rechnen. Diese Größen können vorberechnet werden und an die Infrastruktur oder – bei (modell-)zugspezifischen Werten an die (Modell-)Züge – attribuiert werden.

Für Strecken eignen sich (modell-)zugspezifische Werte für die Vor- und Nachbelegungszeit. Für Knoten können (modell-)zugfolgefallspezifische Sperrzeiten für unterschiedliche Fahrwegkombinationen vorberechnet werden.

3.2.4 Mindestzugfolgezeiten

Anhand von Kapitel 3.2.3 lassen sich die Belegungszeiten für jeden Zug und jeden Fahrwegabschnitt berechnen. Fügt man sie für mehrere Fahrwegabschnitte zusammen, entstehen je Zug die oben angeführten Sperrzeitentreppen (siehe Abb. 3-33).

Schiebt man die Sperrzeitentreppen zweier Züge vertikal so nah aneinander, dass sich die Sperrzeiten in mindestens einem Fahrwegabschnitt berühren, jedoch in keinem Fahrwegab schnitt überlappen, ergibt sich der kleinste zeitliche Abstand, in dem sich diese beiden Züge unbehindert folgen können, die sogenannte Mindestzugfolgezeit für diesen Zugfolgefall. Die Mindestzugfolgezeit beschreibt damit den Kapazitätsverbrauch des einzelnen Zuges im Trassengefüge (Potthoff 1980).

In diesem Kapitel werden die Berechnung der Mindestzugfolgezeit je Zugfolgefall für verschiedene infrastrukturelle und betriebliche Situationen sowie deren Zusammenfassung zu einer mittleren Mindestzugfolgezeit beschrieben.

Anhand der Mindestzugfolgezeiten können die Regelung der Zugfolgefälle und die Dimensionierung der Sperrzeitentreppen eines Block-/Fahrwegabschnitts erfolgen. Außerdem lassen sich insbesondere die Wartezeiten durch Belegungskonflikte, z. B. am Anfang des in Abbildung 3-33 dargestellten Abschnitts, ermitteln (vgl. Kap. 3.3.2).

Da die Mindestzugfolgezeiten alle Inputgrößen aus Kapitel 3.1, die Fahrzeit und die Sperrzeitkomponenten für ein gesamtes Netzelement umfassen, ermöglichen sie eine sehr effizientere Modellierung. Sie bilden daher insbesondere die Grundlage für analytische Verfahren und netzweite Untersuchungen (vgl. Kap. 3.4) und eignen sich sehr gut zur Attributierung makroskopischer Infrastrukturen (vgl. Oetting, Griese 2016).

3.2.4.1 Grundlagen

Die Mindestzugfolgezeit ist die Zeit, in der bei technisch bedingter dichtestmöglicher Zugfolge ein nachfolgender Zug einem vorausfahrenden mit Regelfahrzeit auf dem gemeinsam benutzten Fahrweg behinderungsfrei folgen kann. Sie wird zwischen dem Beginn der Sperrzeit des vorausfahrenden Zuges und dem Beginn der Sperrzeit des nachfolgenden Zuges auf dem Regelfahrtverlauf gemessen (siehe Abb. 3-33).

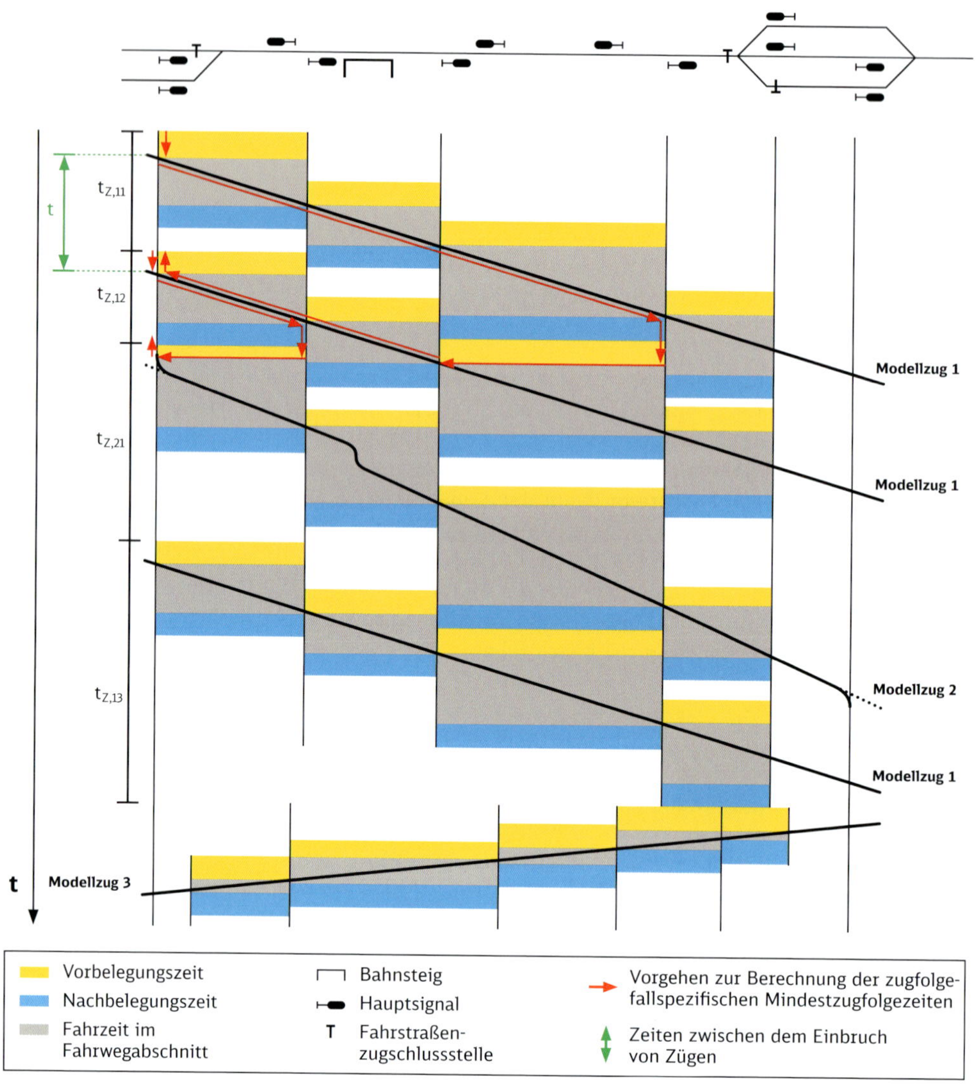

Abb. 3-33: Bestimmung zugfolgefallspezifischer Mindestzugfolgezeiten (Beispiel)

Abbildung: BFV/Oetting/Crespo

Wie Abbildung 3-33 zeigt, hängt die Mindestzugfolgezeit von Modellzug 1 als erstem Zug vom nachfolgenden Zug ab: Folgt auf Modellzug 1 abermals ein Modellzug 1, ist die Mindestzugfolgezeit geringer als bei einem nachfolgenden Modellzug 3. Die Mindestzugfolgezeit ist daher abhängig vom Zugfolgefall.

Aufgrund der Geschwindigkeitsspreizung ist die Mindestzugfolgezeit für den Zugfolgefall Modellzug 2 – Modellzug 1 deutlich größer als zwischen zwei Zügen des gleichen Modellzugs. Gleiches gilt für die Mindestzugfolgezeiten aus Kreuzen. Daher finden Gegengleisfahrten auf zweigleisigen Strecken in der Regel nur dann statt, wenn das Gegengleis nicht für die Gegenrichtung benötigt wird.

Der Anteil hoher Mindestzugfolgezeiten, die sich ungünstig auf die Kapazität einer Strecke auswirken, lässt sich durch zeitliche Bündelung von Zügen mit ähnlicher Beförderungsgeschwindigkeit, bei eingleisigen Strecken zusätzlich durch Richtungsbündelung sowie grundsätzlich durch räumliche Entmischung (Züge mit deutlich unterschiedlicher Beförderungsgeschwindigkeit nutzen verschiedene Strecken) reduzieren.

Räumlicher Bezug

Die Mindestzugfolgezeiten beziehen sich auf Streckenabschnitte, auf denen kein Reihenfolgetausch der beiden Züge stattfinden kann oder soll. Daher werden die Mindestzugfolgezeiten grundsätzlich für Überholungs- (bei Folgefahrten) bzw. Kreuzungsabschnitte (bei Gegenfahrten) berechnet. Bei zwei gleichrangigen Zügen mit gleicher Fahrtrichtung erfolgt jedoch in der Regel keine Überholung, sodass der Überholungsabschnitt der gesamte gemeinsame Laufweg der beiden Züge im Betrachtungsraum ist. Bei zwei Zügen unterschiedlichen Ranges begrenzen jeweils zwei benachbarte Überholungsbahnhöfe des nachrangigen Zuges einen Überholungsabschnitt. Bei Zügen entgegengesetzter Fahrtrichtung (auf eingleisigen Strecken und bei Zweirichtungsbetrieb) begrenzen jeweils zwei benachbarte Kreuzungsbahnhöfe einen Kreuzungsabschnitt.

Sofern der gemeinsame Laufweg nicht an einem Überholungs- oder Kreuzungsbahnhof, sondern an einer Abzweigstelle beginnt (endet), beginnt (endet) dort der Überholungsabschnitt. Gleiches gilt beim Übergang von einer eingleisigen zu einer zweigleisigen Strecke.

Mindestzugfolgezeiten werden immer auf den Regelfahrtverlauf bezogen. Daher ist bei Nutzung eines Alternativfahrwegs am Anfang des Überholungsabschnitts für die Ermittlung der Mindestzugfolgezeit der Sperrzeitanfang der Sperrzeitentreppe des Regelfahrwegs maßgebend (siehe Zug k in Abb. 3–35).

Knoten

In Gesamtfahrstraßenknoten existieren in der Regel Zugfahrten mit Fahrstraßen, die nicht konfliktbehaftet sind, z. B. die Züge 1 und 3 in Abbildung 3–30, sodass die Mindestzugfolgezeit nicht definiert ist.

Kreuzen sich die Fahrwege zweier Züge im Fahrstraßenknoten lediglich (befahren sie also weder das gleiche Strecken- noch das gleiche Bahnhofsgleis), umfasst der gemeinsame Laufweg und damit die Mindestzugfolgezeit nur einen Fahrwegabschnitt und somit nur eine Sperrzeit. Die Mindestzugfolgezeiten sind in diesem Fall niedrig (insbesondere bei Teilauflösungen).

Dies würde entsprechend auch für Folgefahrten gelten, die jedoch in der Regel aufgrund der Mindestzugfolgezeit der Strecke nicht in dem geringen zeitlichen Abstand des Gesamtfahrstraßenknotens ein- oder ausfahren können. Daher umfassen die Mindestzugfolgezeiten dann auch die Mindestzugfolgezeiten des angrenzenden Überholungsabschnitts (wegen des dadurch ggf. auftretenden Zacken-Lücken-Problems vgl. Kap. 3.2.4.4).

3.2.4.2 Zugfolgefallspezifische Berechnung

Das eingangs erwähnte grafische „Aneinanderschieben“ der Sperrzeitentreppen zur Bestimmung der zugfolgefallspezifischen Mindestzugfolgezeiten lässt sich ebenfalls rechnerisch durchführen – durch Berechnung entlang der in Abbildung 3–33 dargestellten roten Pfade. Beispielsweise gilt:

$$\begin{aligned} t_{Z,11} &= t_{vor,Zug_1,Block_1} + t_{F,Zug_1,Block_1} + t_{F,Zug_1,Block_2} + t_{F,Zug_1,Block_3} + t_{nach,Zug_1,Block_3} + t_{vor,Zug_1,Block_3} \\ &\quad - t_{F,Zug_1,Block_2} - t_{F,Zug_1,Block_1} - t_{vor,Zug_1,Block_1} \\ &= t_{F,Zug_1,Block_1} + t_{nach,Zug_1,Block_3} + t_{vor,Zug_1,Block_3} \end{aligned}$$

$$\begin{aligned} t_{Z,12} &= t_{vor,Zug_1,Block_1} + t_{F,Zug_1,Block_1} + t_{nach,Zug_1,Block_1} + t_{vor,Zug_2,Block_1} - t_{vor,Zug_2,Block_1} \\ &= t_{vor,Zug_1,Block_1} + t_{F,Zug_1,Block_1} + t_{nach,Zug_1,Block_1} \end{aligned}$$

mit:

$t_{Z,12}$	Mindestzugfolgezeit für die Zugfolge 1 – 2
$t_{vor,\,Zug_1,\,Block_n}$	Vorbelegungszeit Zug 1 im Block n
$t_{F,\,Zug_1,\,Block_n}$	Fahrzeit Zug 1 im Block n
$t_{nach,\,Zug_1,\,Block_n}$	Nachbelegungszeit Zug 1 im Block n

Diese Berechnung lässt sich für jeden Zugfolgefall und Block durchführen. Eine ungehinderte Fahrt des zweiten Zuges ist nur mit dem größten Wert des Zugfolgefalls möglich. Somit gilt:

$$t_{Z,ij} = \max_{m=1,\ldots n_{Block}} \left\{ \begin{array}{l} t_{Fb,i,1} + t_{Sicht,i,1} + t_{Af,i,1} + \sum_{k=1}^{m} t_{F,i,k} + t_{Rf,i,m} + t_{Fa,i,m} \\ + t_{Fb,j,m} + t_{Sicht,j,m} + t_{Af,j,m} - \sum_{k=1}^{m-1} t_{F,j,k} - t_{Af,j,1} - t_{Sicht,j,1} - t_{Fb,j,1} \end{array} \right.$$

bzw. unter Verwendung der Vor- und Nachbelegungszeiten:

$$t_{Z,ij} = \max_{m=1,\ldots n_{Block}} \left\{ \begin{array}{l} t_{vor,i,1} + \sum_{k=1}^{m} t_{F,i,k} + t_{nach,i,m} \\ + t_{vor,j,m} - \sum_{n=1}^{m-1} t_{F,j,k} - t_{vor,j,1} \end{array} \right.$$

mit:

$t_{Z,ij}$ Mindestzugfolgezeit der Züge i und j
$t_{vor,Zug_i,n}$ Vorbelegungszeit Zug i im Block n
$t_{F,Zug_i,n}$ Fahrzeit Zug i im Block n
$t_{nach,Zug_i,n}$ Nachbelegungszeit Zug i im Block n
n_{Block} Anzahl der Blockabschnitte im Überholungs-/Kreuzungsabschnitt

Da die Mindestzugfolgezeit nicht nur von der Sperrzeitentreppe eines Zuges sondern auch von der des Folgezuges abhängig ist, ergibt sich eine zweidimensionale Matrix, die bei zweigleisigen Strecken im Richtungsbetrieb leere Felder aufweist (siehe Abb. 3-34).

2. Zug		**Richtung 1**			**Richtung 2**		
1. Zug		**IC**	**RE**	**GZ**	**IC**	**RE**	**GZ**
Richtung 1	**IC**	3,0	3,0	3,0	-	-	-
	RE	7,0	4,0	3,5	-	-	-
	GZ	10,0	6,0	4,0	-	-	-
Richtung 2	**IC**	-	-	-	2,5	3,0	3,0
	RE	-	-		7,0	4,5	3,5
	GZ	-	-	-	9,0	6,0	4,0

Abb. 3-34: Matrix der Mindestzugfolgezeiten (Beispielwerte für zweigleisige Strecke im Richtungsbetrieb in Minuten)
Abbildung: BFV/Oetting/Crespo

Da die Matrix quadratisch mit der Anzahl der Züge wächst, werden die auf einer Strecke verkehrenden Züge üblicherweise zu Modellzügen zusammengefasst (vgl. Kap. 3.1.2). Abbildung 3-34 zeigt Beispielwerte für den Fall einer ungewöhnlich starken Zusammenfassung zu Modellzügen.

Sie ist, wie auch Abbildung 3-33 für die Modellzüge 1 und 2 zeigt, je Fahrtrichtung nicht symmetrisch. Auf eingleisigen Strecken und im Zweirichtungsbetrieb enthält sie doppelt so viele Einträge.

Wesentliche Einflussgrößen auf die Mindestzugfolgezeiten sind (vgl. Oetting et al. 2017):

- Geschwindigkeiten,
- Stellwerkstechnik, sofern mechanisch,

- Zugbeeinflussungssystem,
- im Mischverkehr zusätzlich: Abstand der Überholungsbahnhöfe und Blocklängen, insbesondere in Bahnhofsnähe sowie
- in Knoten zusätzlich: Vorsignalabstände, Beschleunigungsvermögen, ggf. Teilauflösungen.

3.2.4.3 Mittlere Mindestzugfolgezeit

Die Summe der Mindestzugfolgezeiten aller Zugfolgen ist die Gesamtbelegungszeit des betrachteten Abschnitts (Ril 405 405.0103, S. 14). Sie ist die mit Zugfahrten belegte Zeit. Die verbleibende Zeit ist die Summe der Pufferzeiten und daher von hoher Relevanz für Kapazität und Robustheit. Als Quotient aus Gesamtbelegungszeit und Anzahl der Züge im Betrachtungszeitraum ergibt sich die mittlere Mindestzugfolgezeit. Sie bildet eine Grundlage für eisenbahnbetriebswissenschaftliche Untersuchungen (vgl. Kap. 3.4).

Für die Ermittlung der Gesamtbelegungszeit und der mittleren Mindestzugfolgezeit sind die Wahrscheinlichkeiten p_{ij} der Zugfolgefälle erforderlich, die eine Matrix gleicher Größe wie die Matrix der Mindestzugfolgezeiten ergeben. Diese wird üblicherweise mit einem der drei im Weiteren dargestellten Verfahren ermittelt.

Fahrplanabhängiges Verfahren

Beim fahrplanabhängigen Verfahren wird die Anzahl n_{ij} für alle Zugfolgefälle für den Untersuchungszeitraum aus dem Fahrplan ausgezählt. Damit ergibt sich:

$$p_{ij} = \frac{n_{ij}}{n_z} \qquad n_Z = \sum n_{ij}$$

mit:

n_{ij}	Anzahl des Zugfolgefalls i-j
n_z	Anzahl der Fahrten
p_{ij}	Wahrscheinlichkeit des Zugfolgefalls; ($\sum p_{ij} = 1$)

Die resultierende Matrix der Wahrscheinlichkeiten der Zugfolgefälle ist nicht symmetrisch. Die Bestimmung der Zugfolgefälle aus dem Fahrplan erscheint auf den ersten Blick ein sehr präzises Verfahren zu sein. Es setzt jedoch für längerfristige Betrachtungen eine hohe Konstanz des Fahrplans voraus. Da bereits ein Reihenfolgetausch von nur zwei Zügen genügt, um drei Zugfolgefälle zu verändern, ist bei Verwendung dieses Verfahrens die Gefahr der Scheingenauigkeit zu prüfen. Das Verfahren eignet sich insbesondere zur Beschreibung eines konkreten (aktuellen) Fahrplans und für Infrastrukturen, bei denen aufgrund der Randbedingungen kaum alternative Fahrpläne möglich sind (z. B. eingleisige Strecken).

Fahrplanunabhängiges Verfahren

Beim fahrplanunabhängigen Verfahren wird die Anzahl n_i der Fahrten je Modellzugs i im (als unendlich lang angenommenen) Untersuchungszeitraum aus dem Betriebsprogramm entnommen. Daraus lassen sich die bedingten Wahrscheinlichkeiten der Zugfolgefälle berechnen:

$$p_{ij} = p_i \cdot p_j \qquad p_i = \frac{n_i}{n_Z} \qquad n_Z = \sum n_i$$

mit:

p_i, p_j Wahrscheinlichkeit des Auftretens des Zuges i bzw. j; ($\sum_i p_i = 1$)
p_{ij} Wahrscheinlichkeit des Zugfolgefalls i-j

Die resultierende Matrix der Wahrscheinlichkeiten der Zugfolgefälle ist symmetrisch (da gilt: $p_i * p_j = p_j * p_i$). Dieses Verfahren kommt zum Einsatz, wenn nur grobe Angaben über die Zugzahlen bekannt sind und insbesondere bei unbekannter zeitlicher Verteilung innerhalb des Untersuchungszeitraums.

Ganglinienverfahren

Beim Ganglinienverfahren wird die Anzahl n_{ij} für alle Zugfolgefälle nicht auf den gesamten Untersuchungszeitraum bezogen dem Betriebsprogramm entnommen, sondern einzeln für jede Stunde oder Stundengruppe auf Basis der Ganglinien der Zuganzahlen je Stunde oder Stundengruppe:

$$n_{ij} = \sum_{t-t_1}^{t-t_n} n_{ij,t} = \sum_{t-t_1}^{t-t_n} \left(\begin{Bmatrix} \dfrac{n_{i,t} \cdot n_{j,t}}{N_t} & \text{wenn } i \neq j \\ \dfrac{n_{i,t} \cdot (n_{i,t} - 1)}{N_t} & \text{sonst} \end{Bmatrix} + \frac{n_{i,t} \cdot n_{j,t+1}}{N_t \cdot N_{t+1}} \right)$$

mit:

$n_{i,t}, n_{j,t}$ Anzahl der Fahrten für den Modellzug i bzw. j in Stunde(ngruppe) t
N_t Anzahl aller Fahrten in Stunde(ngruppe) t
t_1 1. Stunde(ngruppe) des Untersuchungszeitraums
t_n letzte Stunde(ngruppe) des Untersuchungszeitraums

Die weitere Berechnung erfolgt anhand der beim fahrplanabhängigen Verfahren angegebenen Formeln.

Dieser ebenfalls fahrplanunabhängige Ansatz entspricht grundsätzlich dem des oben angeführten fahrplanunabhängigen Verfahren. Da er jedoch kurze Zeiträume zusammenfasst und sich ein Zug nicht selbst folgen kann, ist für den Zugfolgefall i-i die Anzahl der Züge um einen reduziert.

Das Verfahren eignet sich insbesondere, wenn der Zugmix nicht über den Untersuchungszeitraum konstant und die Ganglinie bekannt sind. Es ermöglicht für längerfristige Betrachtungen die Berücksichtigung von Unsicherheiten hinsichtlich der Zugreihenfolge.

Mittelwertbildung

Die mittlere Mindestzugfolgezeit t_{Zm} ergibt sich als gewichteter Mittelwert der zugfolgefallspezifischen Mindestzugfolgezeiten, sofern sich alle Fahrten gegenseitig ausschließen (Streckengleis, Teilfahrstraßenknoten, [Teil-]Gleisgruppe) zu:

$$t_{Zm} = \sum_i \sum_j p_{ij} \cdot t_{Z,ij}$$

Andernfalls siehe Kapitel 3.4.

3.2.4.4 Zacken-Lücken-Problem

Das Zacken-Lücken-Problem entsteht, wenn die Lücken zwischen zwei Sperrzeitentreppen so groß sind, dass zwischen die „Zacken" ein dritter Zug passt, ohne den zweiten Zug zu verdrängen (siehe Abb. 3-35), wenn also gilt:

$$t_{Z,ik} + t_{Z,kj} < t_{Z,ij}$$

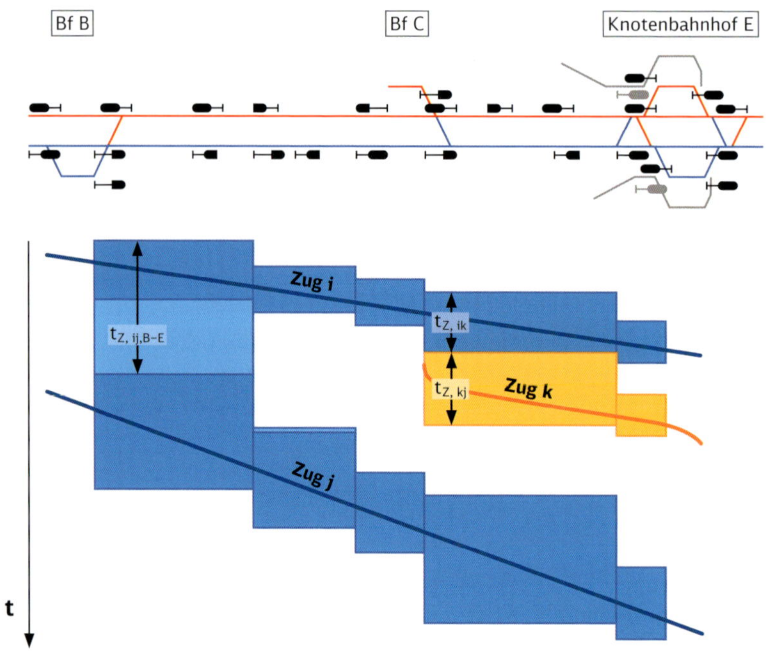

Abb. 3-35: Zacken-Lücken-Problem

Quelle: Ril 405.0105A02 – Auszug

Das Zacken-Lücken-Problem tritt häufig in Knoten auf, da die Mindestzugfolgezeiten kreuzender Zugfahrten klein sind und damit in die Lücken zwischen die Sperrzeiten von Zügen auf gleichem Laufweg sowie von ein- und ausfädelnden Zügen, für die die Mindestzugfolgezeit der Strecke maßgebend ist, passen.

Das Zacken-Lücken-Problem kann zudem bei Strecken auftreten, wenn sich die Grenzen der Überholungsabschnitte für die verschiedenen Zugfolgefälle deutlich unterscheiden (Abzweigungen im Betrachtungsraum, beginnende oder endende Züge).

Ohne Berücksichtigung des Zacken-Lücken-Problems wird unterstellt, dass der Zug j bei der Zugfolge i – k – j im Abstand $t_{Z,ik} + t_{Z,kj}$ nach dem Zug i verkehren kann. Somit wird die Mindestzugfolgezeit unterschätzt um:

$$\Delta t_Z = t_{Z,ij} - (t_{Z,ik} + t_{Z,kj})$$

Somit wird auch die mittlere Mindestzugfolgezeit zu klein und die Leistungsfähigkeit zu groß ermittelt. Die Wahrscheinlichkeit für diesen Fehler ist die Wahrscheinlichkeit für die oben angeführte Zugfolge:

$$p_{ikj} = p_{ik} \cdot p_{kj}$$

Für die Berechnung der mittleren Mindestzugfolgezeit und des Variationskoeffizienten der Mindestzugfolgezeiten lässt sich das Problem näherungsweise heilen durch die Vergrößerung der Mindestzugfolgezeiten $t_{Z,ik}$ und $t_{Z,kj}$ um jeweils ½ Δt_Z für den Fall, dass die oben angeführte Zugfolge auftritt. Somit gilt:

$$t_{Z,ik}{*} = t_{Z,ik} + p_{ikj} / p_{ik} \cdot ½ \cdot \Delta t_Z \qquad \text{und} \qquad t_{Z,kj}{*} = t_{Z,kj} + p_{ikj} / p_{kj} \cdot ½ \cdot \Delta t_Z$$

Bei Verwendung von Mindestzugfolgezeiten für konstruktive und simulative Verfahren ist für den Zugfolgefall i – j – k auch die Reihenfolgeänderung auf i – k – j unter Verwendung der nicht vergrößerten Mindestzugfolgezeiten $t_{Z,ik}$ und $t_{Z,kj}$ sowie der Pufferzeiten $t_{P,ij}$, $t_{P,jk}$, $t_{P,ik}$ und $t_{P,kj}$ zu prüfen.

3.2.5 Reservezeiten

3.2.5.1 Zuschläge

Das Ergebnis der Fahrzeitrechnung ist die sogenannte reine Fahrzeit (vgl. Kap. 3.2.2.8). Da dabei weder die günstigsten Kraftschlussbeiwerte noch die größtmögliche Bremsverzögerung berücksichtigt werden, kann der Zug in der Praxis manchmal auch geringfügig früher als gemäß reiner Fahrzeit berechnet das Ende eines Berechnungsabschnitts erreichen.

In der Regel überwiegen jedoch ungeplante Fahrzeitverlängerungen. Um kommunizierte Ankunfts-, Abfahrts- und Durchfahrzeiten zuverlässig realisieren zu können, wird die Fahrzeit daher üblicherweise um Zuschläge erhöht. Sofern die Unsicherheiten zuverlässig quantifizierbar sind, sollten die Zuschläge durch die voraussichtlich benötigten Zeiten ersetzt werden.

Zur Abbildung der Unsicherheiten werden Regel- und Bauzuschläge verwendet (vgl. Kap. 2.1.3 und 2.4.1). Sie werden anhand der reinen Fahrzeit, der Infrastruktur- und der Zugeigenschaften berechnet.

Anhand der Zuschläge ergeben sich:

- reine Fahrzeit + Regelzuschlag = Mindestfahrzeit
- Mindestfahrzeit + Bauzuschläge = Regelfahrzeit

Im Zielkonflikt zwischen niedrigen Fahrzeiten und zuverlässiger Einhaltung der kommunizierten Zeiten empfiehlt die Ril 405 für die Fahrplankonstruktion, die Regelfahrzeiten so auszulegen, dass sie im Regelbetrieb mit einer gewünschten Wahrscheinlichkeit (z. B. 95 Prozent) eingehalten werden können.

Auch Haltezeiten können um einen Zuschlag erhöht werden. Aufgrund der Ungenauigkeit bei der Bestimmung der Verkehrshaltezeit (vgl. Kap. 3.2.2.10) wird jedoch üblicherweise keine Differenzierung nach Mindesthaltezeit und Haltezeitzuschlag vorgenommen.

Regelzuschläge

Regelzuschläge sollen wechselnde Fahrzeug- und Streckenzustände, unterschiedliches Verhalten von Tf und Witterungseinflüsse abdecken. Sie werden prozentual auf die technisch kürzeste Fahrzeit aufgeschlagen (siehe Abb. 3-36).

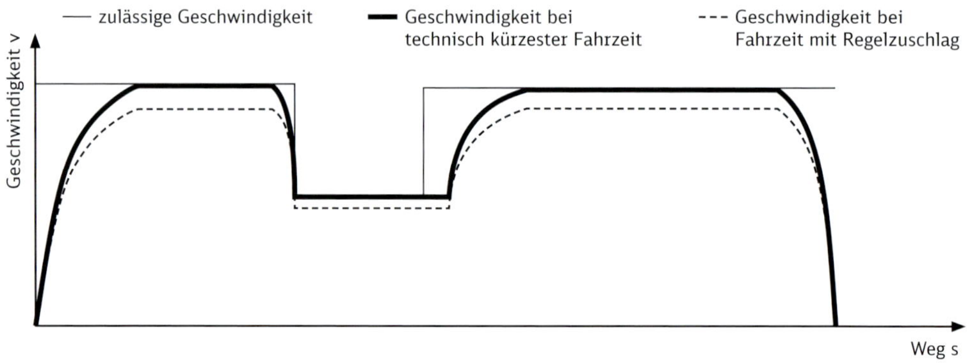

Abb. 3-36: Geschwindigkeit bei technisch kürzester Fahrzeit und bei Fahrzeit mit Regelzuschlag Abbildung: BFV/Oetting/Crespo

Die Regelzuschläge lassen sich z. B. durch retrospektive Auswertung von Betriebsdaten (vgl. Kap. 2.3.8) ermitteln. Sie liegen bei der DB für die Fahrplankonstruktion in der Regel zwischen drei und fünf Prozent und sind abhängig von Zugart, Traktionsart, Last und zulässiger Geschwindigkeit des Zuges. Andernorts, z. B. in der Schweiz für eingleisige Strecken, gelten z. T. deutlich höhere Werte.

Bauzuschläge

Bauzuschläge werden in Kapitel 2.4.1 behandelt. Bei der Fahrplankonstruktion sollen Bauzuschläge möglichst an das Ende eines Streckenabschnitts gelegt werden. Die Größenordnung kann bei mehreren Minuten liegen.

„Stetige" Fahrzeitrechnung

Die Fahrzeitrechnung mit prozentualen oder absoluten Zuschlägen ist ausreichend für die Fahrplanerstellung, ihr Ergebnis ist jedoch nicht notwendigerweise fahrbar. Beispielsweise führt ein örtlich begrenzter prozentualer Zuschlag (gestrichelte Linie in Abb. 3-37) und in jedem Fall ein absoluter Zuschlag zu einem Sprung der zu fahrenden Geschwindigkeit. Im Betrieb führt dieses nicht fahrbare Geschwindigkeitsband zu Abweichungen vom Plan mit dem Risiko von Konflikten mit anderen Zugfahrten.

Um solche Konflikte zu vermeiden, ist – in der Regel für die Betriebsdurchführung – eine erneute Fahrzeitrechnung erforderlich (iterativ entsprechend Abb. 3-23), die jedoch zusätzlich zulässige Zeitfenster an betrieblichen Engpässen einhalten muss.

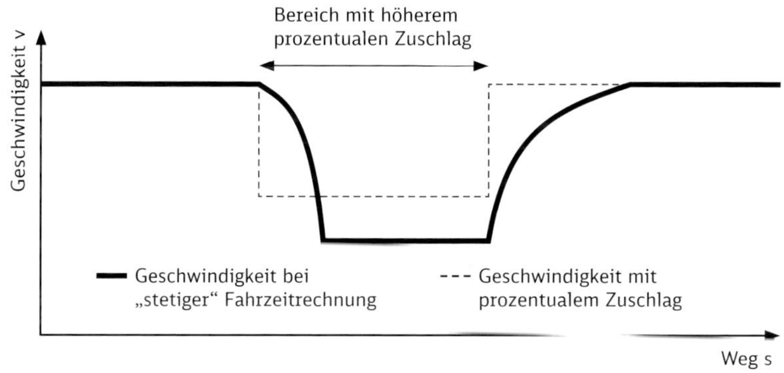

Abb. 3-37: Geschwindigkeitsprofil bei örtlich begrenztem prozentualen Zuschlag

Abbildung: BFV/Oetting/Crespo

Verspätungsabbau

Abweichungen zwischen Planung und Betrieb können zu Verspätungen führen (z. B. Ausfall von Fahrmotoren, nicht geplante Langsamfahrstellen) oder auch zum Verspätungsabbau genutzt werden.

Für den Verspätungsabbau lassen sich grundsätzlich der berechnete Bauzuschlag und ggf. der zusätzliche Bauzuschlag (teilweise) verwenden, wenn nicht oder mit geringeren betrieblichen Auswirkungen als geplant gebaut wird. Auch der Regelzuschlag lässt sich in Abhängigkeit vom Prognosehorizont anteilig (z. B. 50 Prozent) zum Verspätungsabbau ansetzen.

Typische Plan-Ist-Abweichungen, die weiteren Verspätungsabbau ermöglichen, sind spurtstärkere und kürzere Zugkonfigurationen sowie kürzere Fahrgastwechselzeiten z. B. in Tagesrandlagen. Auch lassen sich Fahr- und Haltezeitverlängerungen, die zur Konfliktlösung im Fahrplan eingebaut wurden (z. B. Biegezuschläge; vgl. Kap. 3.3.2.4), zum Verspätungsabbau nutzen, wenn durch die Verspätung der Konflikt nicht mehr existiert.

Da für wesentliche Einflussgrößen auf den Verspätungsabbau ihre tatsächliche Höhe im Betrieb nicht zuverlässig quantifizierbar ist, sind darauf aufbauende Prognosen (z. B. der Ankunftszeiten oder in Simulationsmodellen) notwendigerweise unsicherheitsbehaftet.

3.2.5.2 Pufferzeit

Fahrzeitzuschläge ermöglichen im Verspätungsfall den (teilweisen) Abbau der Verspätung des betroffenen Zuges. Durch gegenseitige Abhängigkeiten zwischen Zügen (Belegungs-, Anschluss-, Umlaufkonflikte, Personalübergang) können Verspätungen auch auf andere Züge übertragen werden (vgl. Dilli 1952; Schwanhäußer 1974). Um Verspätungsübertragungen zu dämpfen und damit den Betrieb robuster zu machen, kommen Pufferzeiten zur Anwendung. Die Pufferzeit ist der Teil der Bindungszeit zwischen zwei Zugfahrten, zwischen denen mindestens eine der genannten Abhängigkeiten besteht, der nicht für den Übergang erforderlich ist (vgl. Abb. 3-38).

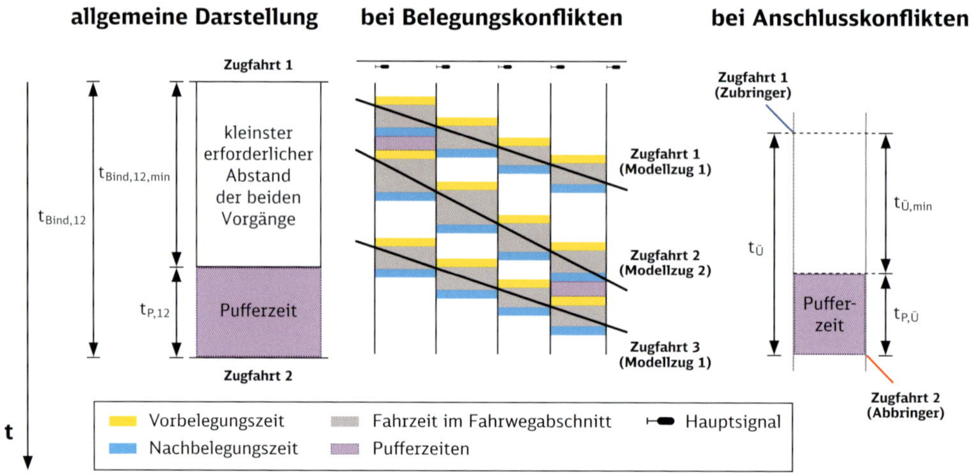

Abb. 3-38: Pufferzeit - allgemeine Darstellung und beispielhaft für Belegungs- und Anschlusskonflikte Abbildung: BFV/Oetting/Crespo

Somit ist die Pufferzeit die Zeitdauer, um die ein Zug verspätet sein darf, ohne den nachfolgenden Zug zu verspäten. Sie dient damit der zeitlichen „Pufferung“ zwischen zwei aufeinanderfolgenden Zügen oder des Überganges von Reisenden, Gütern, Fahrzeugen und Personalen (Ril 405.0103, Seite 20 f.).

Eine höhere Pufferzeit steigert damit die Robustheit des Betriebs und der Reiseketten. Gleichzeitig können Pufferzeiten jedoch durch höhere Bindungszeiten zu Wartezeiten führen und so die Produktionskosten erhöhen oder die Kapazität reduzieren (siehe Abb. 3-39). In diesem Zielkonflikt sind die Pufferzeiten zu bemessen. Dabei wird z. T. unterschieden zwischen Mindest-Pufferzeiten, die grundsätzlich einzuhalten sind, und mittleren Pufferzeiten, die über einen längeren Zeitraum realisiert werden sollen.

Die Bemessung erfolgt üblicherweise anhand:

- der Wahrscheinlichkeit des Auftretens einer Pufferzeitüberschreitung und
- der Auswirkungen einer Überschreitung.

Input der Bemessung sind daher insbesondere die Verspätungsverteilung (vgl. Kap. 3.3.1) der Zugfahrt 1 sowie Informationen zu den Auswirkungen einer Pufferzeitüberschreitung. Ergebnis der Bemessung sind die Pufferzeiten sowie die damit erreichten Qualitätseigenschaften (z. B. Wahrscheinlichkeit eines Anschlussverlusts).

Pufferzeiten kommen insbesondere in der Angebotsplanung zur Anwendung, aber auch im Betrieb. Da im Betrieb bereits deutlich konkretere tagesaktuelle Informationen vorliegen, können kleinere Pufferzeiten als in der Angebotsplanung verwendet werden, die jedoch nicht notwendigerweise null sind. z. B. bei Kommunikation eines Anschlusses im Frankfurter Hbf ca. drei bis fünf Minuten vor der Einfahrt sollte wegen der Unsicherheiten bei der Einfahrt weiterhin eine Anschlusspufferzeit eingeplant werden.

Bindung	**Konfliktart**	**Bindungszeit: vorhandener zeitlicher Abstand $t_{Bind,12}$**			**Mindest-Bindungszeit: kleinster erf. zeitl. Abstand**	**Mindest-Pufferzeit**	**unmittelbare negative Auswirkungen einer erhöhten Bindungszeit auf die ...**		
		Bezeichnung	**Beginn**	**Ende**	$t_{Bind,12,min}$	$t_{p,ij,min}$	**Kapazität**	**Reisenden**	**Produktionskosten**
Infrastrukturbelegung	Belegungskonflikt	Zugfolgezeit	Beginn Sperrzeit/ Zug 1	Beginn Sperrzeit/ Zug 2	Sperrzeit / Mindestzugfolgezeit	Zugfolge-Pufferzeit	niedrigere Kapazität	höhere Beförderungszeiten	längere Bindung von Personal und Fahrzeugen
Anschluss	Anschlusskonflikt	Übergangszeit	Ankunft Zug 1	Abfahrt Zug 2	Mindestübergangszeit	Übergangs-Pufferzeit	niedrigere Kapazität Gleisgruppe	höhere Reisezeiten	längere Bindung von Personal und Fahrzeugen
Umlauf	Umlaufkonflikt	Wendezeit	Ankunft Zug 1	Abfahrt Zug 2	Mindestwendezeit	Wende-Pufferzeit	niedrigere Kapazität Gleisgruppe	ggf. höhere Reisezeit (im Betrieb)	ggf. höherer Fahrzeugbedarf (in der Planung)
Personalübergang	Personalübergangskonflikt	Personalübergangszeit	Ankunft Zug 1	Abfahrt Zug 2	Mindest-Personalübergangszeit	Personalübergangs-Pufferzeit		ggf. höhere Reisezeit (im Betrieb)	ggf. höherer Personalbedarf (in der Planung)

Abb. 3-39: Bindungen zwischen Zugfahrten und zugehörige Pufferzeiten einschließlich ihrer betrieblichen und verkehrlichen Kostenwirkungen
Abbildung: BFV/Oetting/Crespo

Zugfolge

Die vorhandene Zugfolge-Pufferzeit lässt sich für jeden Zugfolgefall ermitteln. Maßgebend ist der kleinste Wert (siehe Abb. 3–38 Mitte) auf dem Überholungsabschnitt.

Die Bemessung erfolgt unter Berücksichtigung der Wahrscheinlichkeit und der Auswirkungen einer Pufferzeitüberschreitung. Die Auswirkungen hängen insbesondere von der Zusatzverspätung bei unveränderter und bei veränderter Zugreihenfolge und damit von den Mindestzugfolgezeiten (vgl. Kap. 3.2.4) und der Häufigkeit des Zugfolgefalls ab. Ergebnis der Bemessung ist die mittlere Pufferzeit, die über einen Zeitraum von mehreren Stunden (zwischen fünf und 24 Stunden) erreicht werden sollte.

Zudem ist zwischen zwei Zügen grundsätzlich die Mindest-Zugfolge-Pufferzeit gemäß Abb. 3–40 einzuhalten.

grundsätzlich	1 min
schnellerer Zug folgt langsamerem Zug (Differenz der zulässigen Geschwindigkeiten mindestens 40 km/h)	2 min

Abb. 3–40: Mindest-Zugfolge-Pufferzeiten Quelle: nach Ril 402.0301

Anschluss

Die Bemessung der Übergangs-Pufferzeit erfolgt insbesondere unter Berücksichtigung der alternativen Reisemöglichkeiten bei Anschlussverlust und kann einige oder alle Elemente der Bewertungsfunktion von Anschlusskonflikten (vgl. Kap. 3.3.2.7) berücksichtigen (vgl. Stelzer, Oetting 2015).

Da die Verspätungsverteilungen zugspezifisch, linienspezifisch und tageszeitspezifisch sein können, kann die Übergangs-Pufferzeit ebenfalls von diesen Parametern abhängen. So werden zu Tagesbeginn und am Wochenende z. T. kleinere Übergangs-Pufferzeiten zugelassen.

Die Übergangs-Pufferzeiten werden in Deutschland nicht explizit ausgewiesen, sondern ergeben sich als Differenz aus der Übergangszeit und der Mindestübergangszeit (beide in Ril 420.0102Z02 oder auch Z01). Typischerweise liegen sie zwischen null und zwei Minuten (Ril 402.0203A01). Aus der Richtlinie lassen sich die Übergangszeiten bahnhofsspezifisch und ggf. zudem bahnsteig-, linienpaar- oder auch zugpaarspezifisch, insbesondere in Tagesrandlage, ermitteln.

Wende

Die Wende-Pufferzeit ergibt sich als Differenz aus der Wendezeit und der Mindestwendezeit. Die Wendezeit wiederum resultiert im Personenverkehr in der Regel aus dem Takt und der weitgehenden Symmetrie der Fahrpläne bei ITF (vgl. Kap. 2.1.1). Ergänzend sowie grundsätzlich außerhalb von ITF erfolgt die Bemessung der Wende-Pufferzeit insbesondere unter Berücksichtigung der dispositiven Möglichkeiten im Verspätungsfall, wie dem Wegfall einer eventuellen Behandlung, der Gestellung eines Ersatzzuges, einer vorzeitigen Wende oder alternativer Reisemöglichkeiten bei Ausfall der Folgeleistung (Chu 2014).

Da die Verspätungsverteilungen und die Wirkungen dispositiver Maßnahmen insbesondere linien- und tageszeitspezifisch sind, hängen die Wende-Pufferzeiten in der Regel von diesen Parametern ab.

Personalübergang

Die Bemessung der Personalübergangs-Pufferzeit erfolgt insbesondere unter Berücksichtigung der dispositiven Möglichkeiten im Verspätungsfall, wie der Ersatzgestellung oder einer reduzierten Besetzung des Zuges mit Personal. Sie kann ferner abhängen von den zugspezifischen, linienspezifischen oder tageszeitspezifischen Verspätungsverteilungen.

In der Praxis wird typischerweise die Personalübergangszeit insgesamt, z. B. linienpaar- oder zugpaarspezifisch und ggf. abhängig von der Tageszeit, festgelegt.

3.2.6 Belegungsgrad

Aus der mittleren Mindestzugfolgezeit, die die mittlere belegte Zeit je Zug angibt, lässt sich durch Multiplikation mit der Anzahl der Züge die insgesamt belegte Zeit innerhalb des Untersuchungszeitraums berechnen. Sie beträgt bei n_z Zügen für ein Gleis:

$$T_B = n_z \cdot t_{Zm}$$

mit

t_{Zm} mittlere Mindestzugfolgezeit
n_Z Anzahl der Fahrten innerhalb des Untersuchungszeitraums
T_B belegte Zeit innerhalb des Untersuchungszeitraums

Die Differenz aus dem Untersuchungszeitraum und der belegten Zeit ist die nicht belegte Zeit. Sie entspricht der Summe der Pufferzeiten.

Das Verhältnis aus der belegten Zeit und dem Untersuchungszeitraum ergibt den Anteil der belegten Zeit, den sogenannten Belegungsgrad:

$$\rho = \frac{T_B}{t_U} = \frac{n_Z \cdot t_{Zm}}{t_U}$$

mit

ρ Belegungsgrad
t_U Untersuchungszeitraum

Der Belegungsgrad kann prinzipiell auf Blockabschnitte, Fahrstraßen und Teile davon, Streckenabschnitte, Überholungsabschnitte und Teilfahrstraßenknoten bezogen werden. Dementsprechend werden unterschieden (Ril 405.0104):

- Einzelbelegungsgrad: bezogen auf einen Fahrwegabschnitt (Blockabschnitt, Fahrstraße, Fahrstraßenteil)
- verketteter Belegungsgrad: bezogen auf ein Netzelement, das aus mehreren getrennt freizumeldenden Fahrwegabschnitten (siehe oben) besteht, die bei einer Zugfahrt nacheinander betrieblich beansprucht werden (Aneinanderreihung von Einzel-Sperrzeiten, z. B. bei einer Strecke; Ril 405.0102).

Für die Berechnung des verketteten Belegungsgrads sind

- das Verfahren für die Berechnung der mittleren Mindestzugfolgezeit,
- der Untersuchungszeitraum und
- der Verkehrstag

abhängig vom Prozess (vgl. Kap. 2) zu wählen.

Belegungsgrade $r > 1$ für ein Gleis und $r > n_G$ bei n_G parallelen Gleisen sind physikalisch nicht möglich. Da mit dem Belegungsgrad sowohl die Wartewahrscheinlichkeit als auch die Wartezeiten steigen, ermöglicht er eine erste Einschätzung der Infrastrukturauslastung (siehe Abb. 3-41).

Qualitätsstufe	**Infrastrukturnutzung**	**Belegungsgrad**	
premium	Auslastung mit größeren Reserven	Strecke, 2-gl. Mischbetrieb TFK Gleisgruppe*	< 0,4 < 0,4 < 0,?
optimal	angemesssene Nutzung	Strecke, 2-gl. Mischbetrieb TFK Gleisgruppe*	0,4...0,6 0,4...0,6 0,?...0,?
risikobehaftet	sehr hohe Auslastung	Strecke, 2-gl. Mischbetrieb TFK Gleisgruppe*	0,6–0,75 0,6–0,75 0,?...0,?
mangelhaft	zu hohe Auslastung	Strecke, 2-gl. Mischbetrieb TFK Gleisgruppe*	> 0,75 > 0,75 > 0,?

* Für Gleisgruppen liegen noch nicht ausreichend Erfahrungswerte vor.

Abb. 3-41: Richtwerte für zulässige verkettete Belegungsgrade Quelle: Ril 405.0104, S. 31

Der vergleichsweise einfach zu bestimmende Belegungsgrad berücksichtigt keine Qualitätsmerkmale wie Wartezeiten oder Einbruchsverspätungen, sodass dieser Kenngröße der

Qualitätsbezug fehlt. Für die Bestimmung der tatsächlich zu erwartenden Angebotsqualität sind die Verfahren nach Kapitel 2.5 und 3.4 zu verwenden.

3.2.7 Zusammenfassung und Ausblick

Die in Kapitel 3.2.3 dargestellte Ermittlung der Sperrzeiten gilt einheitlich für unterschiedliche Netzelemente, Stellwerkstechniken, Signalsysteme, Zugsicherungssysteme und Detailgrade der Infrastrukturmodellierung. Sie zeigt zahlreiche Ansatzpunkte, um Sperrzeiten, Wartezeiten im Fahrplan und im Betrieb zu reduzieren und die Kapazität der Netzelemente zu steigern.

Ein mögliches Ziel, wie es z. B. in der Schweiz verfolgt wird, könnte die Reduktion der Sperrzeit auf unter zwei Minuten sein. Wesentliche Hebel dazu sind die in Entwicklung befindliche neue Generation der LST und die Digitalisierung des Systems Bahn insgesamt.

Anhand der Mindestzugfolgezeiten (vgl. Kap. 3.2.4) lassen sich zahlreiche Infrastruktur- und Zugeigenschaften, die für den Kapazitätsverbrauch von Zugfahrten im Trassengefüge wichtig sind, effizient und einheitlich für Strecken und Knoten (z. B. kreuzende Fahrstraßen) zusammenfassen. Weitere Einflüsse ergeben sich aus den Verfahren zur Berechnung der Kapazität und aus den Qualitätsmaßstäben (vgl. Kap. 3.4).

Bei gleichzeitiger Ankunft von zwei Zügen entspricht die Wartezeit einer der beiden Mindestzugfolgezeiten (je nach gewählter Zugreihenfolge). Die Mindestzugfolgezeiten beschreiben den Kapazitätsverbrauch, ohne Festlegung auf eine bestimmte Methode (konstruktiv/simulativ/analytisch).

Da mit wachsender Anzahl Modellzüge der Speicher- oder Rechenaufwand quadratisch steigt, werden Mindestzugfolgezeiten insbesondere für die (längerfristige) Planung verwendet. Zunehmend leistungsfähigere Rechner ermöglichen auch zunehmend mehr Modellzüge.

Aufgrund der gegenüber der Modellierung in Kapitel 3.1 und der Sperrzeiten in Kapitel 3.2.3 höheren Abstraktion liegen den Mindestzugfolgezeiten Annahmen und Vereinfachungen zugrunde. Sofern beispielsweise die Konfliktlösung „Biegen“ (vgl. Kapitel 2.3.6) gewählt werden soll, müssen die Mindestzugfolgezeiten mit anderer Geschwindigkeit erneut berechnet werden.

Reservezeiten umfassen Zuschläge und Pufferzeiten (vgl. Kap. 3.2.5). Während Zuschläge der Vermeidung von Verspätungen und deren Abbau beim betroffenen Zug dienen, vermeiden Pufferzeiten die Übertragung von Verspätungen zwischen Zügen und auf Reiseketten.

Zuschläge und die verschiedenen Pufferzeiten bedingen sich gegenseitig. Beispielsweise kann vor einer hoch ausgelasteten S-Bahn-Stammstrecke, die für ein nachfragekonformes Angebot mit niedrigen Zugfolge-Pufferzeiten auskommen muss, die Anordnung größerer Zuschläge sinnvoll sein, um die Einbruchsverspätungen in die Stammstrecke und damit die erforderliche mittlere Zugfolge-Pufferzeit zu reduzieren.

Definitionsgemäß wurden die Zuschläge nicht für den Abbau von Folgeverspätungen zwischen Zügen kalibriert. Somit müssen bei in Zukunft erwarteter zunehmender Netzbelastung entweder die Zuschläge erhöht oder die Summe der Folgeverspätungen, z. B. durch eine höhere Planmäßigkeit, maximal auf heutigem Niveau gehalten werden.

3.3 Kapazitätsmanagement

3.3.1 Verspätungsmodellierung

Sowohl für simulative wie auch für analytische Verfahren (vgl. Kap. 2.5 und 3.4) sind Verteilungsfunktionen, mithilfe derer die Verspätungen modelliert werden, ein wesentlicher Input und teilweise auch Output. Zum Input zählen insbesondere Einbruchs-, Ur-, Ausbruchs-, Beginn-, Ende-, Übernahme- und Übergabeverspätungen. Sie erfordern die gleiche Verteilungsfunktion wie Einbruchsverspätungen; Absolut-, Maximal-, Folge-, Zuwachs- und Zusatzverspätungen lassen sich anhand der Modelle aus den genannten Verteilungen berechnen. Die Verteilungen sind üblicherweise monoton fallend und können systematische Anteile aufweisen.

Ziel dieses Kapitels ist es, geeignete Funktionsformen zur Beschreibung der Wahrscheinlichkeitsdichteverteilungen einschließlich ihrer Eigenschaften und ihrer Eignung für die Modellierung von Ur-, Einbruchs-, Ausbruchs-, Anfangs-, End- und Folgeverspätungsverteilungen darzustellen (vgl. Oetting et al. 2014; Ril 405 2009; Kolonko 2007; Bissantz et al. 2005, Wendler, Naehring 2004).

Funktionsformen

Die wohl am weitesten verbreitete Funktion zur Modellierung von Verspätungen ist eine negativ-exponentialverteilte Wahrscheinlichkeitsdichte. Diese zeichnet sich durch eine sehr einfache Handhabung aus, da bei der Kalibrierung mit einfachem Regressionsverfahren nur ein Parameter – die mittlere Verspätung – zu bestimmen ist.

Da der Schienenverkehr fahrplangebunden ist und daher eine hohe Wahrscheinlichkeit planmäßiger Fahrten besteht, hat sich eine modifizierte Form der negativ-exponentialverteilten Wahrscheinlichkeitsdichte etabliert. Der Anteil der planmäßigen Züge wird in grafischen Darstellungen als Balken dargestellt. Eine mathematisch valide (normierte) Formulierung dieses Ansatzes lässt sich unter Annahme der Gleichverteilung unterhalb der Erfassungsgrenze formulieren (siehe Abb. 3–42):

$$f(x) = \begin{cases} \dfrac{1 - p_0}{t_0}, \text{ für } 0 < x < t_0 \\[2ex] \dfrac{p_0}{t_v} \cdot \exp\left(-\dfrac{x}{\tilde{t}_v} \right), \text{ für } x \geq t_0 \\[2ex] 0, \text{ für } x \leq 0 \end{cases}$$

mit:

$\tilde{t}_v$	mittlere Verspätung
t_0	untere Erfassungsgrenze von Verspätungen (üblicherweise 90 s)
p_0	Wahrscheinlichkeit, dass eine Verspätung auftritt/die Erfassungsgrenze überschritten wird

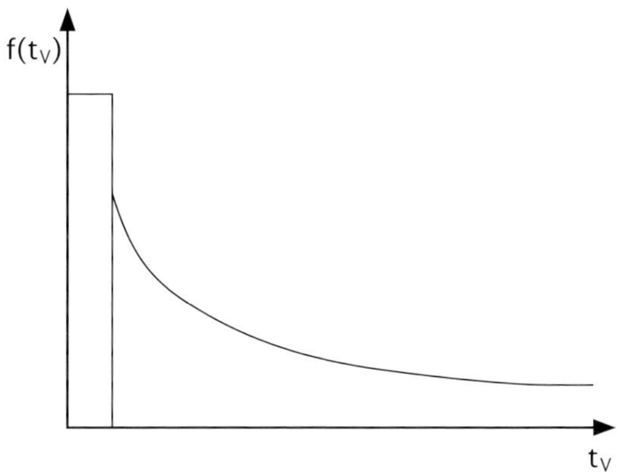

Abb. 3-42:
negativ-exponentialverteilte Wahrscheinlichkeitsdichte einschließlich Gleichverteilung
Abbildung: BFV/Oetting

Die Normalverteilung findet bei additiv überlagerten Zufallsprozessen Anwendung und wird durch zwei Parameter – die mittlere Verspätung und die Breite der Verteilung – beschrieben. Da Verspätungen im Allgemeinen nicht symmetrisch um einen bestimmten Wert verteilt sind, kann die Normalverteilung nur eingeschränkt zur Modellierung verwendet werden. Die Wahrscheinlichkeitsdichte einer normalverteilten Zufallsvariable hat kein definites Integral, das analytisch lösbar ist. Sie stellt sich wie folgt dar (siehe auch Abb. 3–43):

$$f(x) = \frac{1}{\sqrt{2\pi\sigma^2}} \cdot \exp\left(-\frac{(x-\tilde{t}_v)^2}{2\sigma^2}\right)$$

mit:

$\tilde{t}_v$	mittlere Verspätung
σ	Standardabweichung

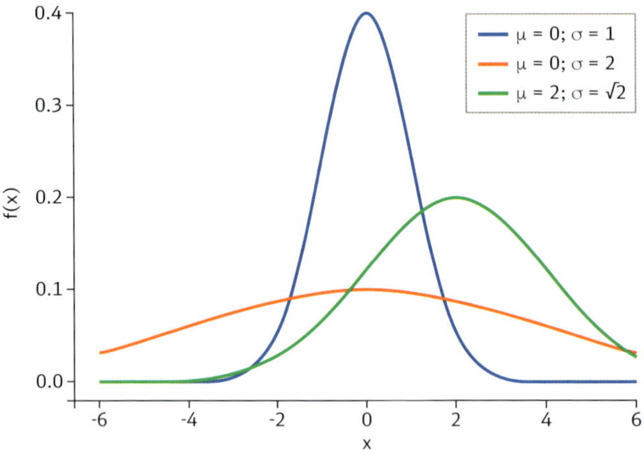

Abb. 3-43:
Normalverteilung
Abbildung: BFV/Oetting

Die Gammaverteilung wird in der Warteschlangentheorie angewandt und wird durch den Formparameter ***α*** und den (inversen) Skalenparameter ***β*** dargestellt. Je nach Wahl der Parameter kann die Gestalt der Verteilungsfunktion bezüglich Schiefe und Maximum deutlich variieren (siehe Abb. 3-44). Die Gammaverteilung ist eine verallgemeinerte Form von Erlang- bzw. Exponentialverteilung und geht für $\alpha \in N$ bzw. $\alpha = 1$ in diese über.

$$f(x) = \begin{cases} \dfrac{\beta^{\alpha}}{\Gamma(\alpha)} x^{\alpha-1} \exp(-\beta x), & \text{für } x > 0 \\ 0, \text{für } x \leq 0 \end{cases}$$

mit:

α	Formparameter
β	inverser Skalenparameter
Γ	Gammafunktion (für $\alpha = n \in N$ ist $\Gamma(n) = (n-1)!$)

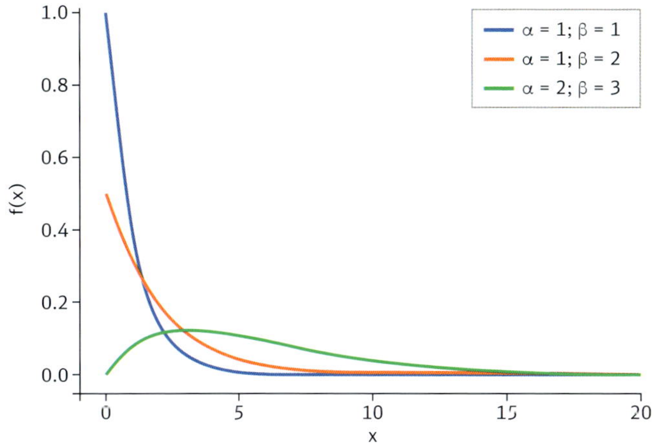

Abb. 3-44:
Gammaverteilung
Abbildung: BFV/Oetting

Die Weibullverteilung (siehe auch Abb. 3-45) stammt aus der Ereigniszeitanalyse und wird verwendet, um z. B. Systemausfälle anhand von Zustandsmerkmalen zu analysieren/prognostizieren. Auch diese Verteilung ist eine verallgemeinerte Darstellung der Exponentialverteilung (für k=1) und durch geeignete Wahl des Formparameters k ähnelt die Verteilung einer symmetrischen Normalverteilung (k ≈ 3,602). Es gilt:

$$f(x) = \begin{cases} \lambda \cdot k \cdot x^{k-1} \cdot \exp(-\lambda x_k), \text{ für } x > 0 \\ 0, \text{ für } x \leq 0 \end{cases}$$

mit:

k Formparameter $k > 0$
λ inverser Skalenparameter $\lambda > 0$

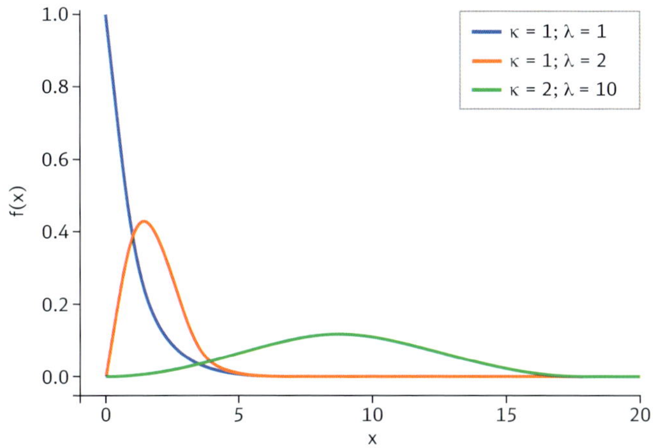

Abb. 3-45:
Weibullverteilung
Abbildung: BFV/Oetting

Die logarithmische Normalverteilung (siehe auch Abb. 3-46) ist ein geeignetes Wahrscheinlichkeitsmaß, wenn viele multiplikative Prozesse vorliegen. Durch die logarithmische Transformation der x-Achse ergibt sich die Form einer Normalverteilung, die additive Zufallsprozesse beschreibt. Angewandt wird die Lognormalverteilung in vielen Bereichen der empirischen Wissenschaften (u. a. Ereigniszeitanalysen, biologische Prozesse). Aufgrund der erläuterten Verwandtschaft zur Normalverteilung orientiert sich die Variablenbenennung an der Normalverteilung, wobei μ und σ hier aufgrund der modifizierten Skalierung nicht Mittelwert und Standardabweichung sind.

$$f(x) = \frac{1}{\sqrt{2\pi} \cdot x\sigma} \cdot \exp\left(-\frac{(\ln x - \mu)^2}{2\sigma^2}\right)$$

mit:

μ „modifizierter“ Mittelwert

σ Breite der Verteilung (analog zu Normalverteilung)

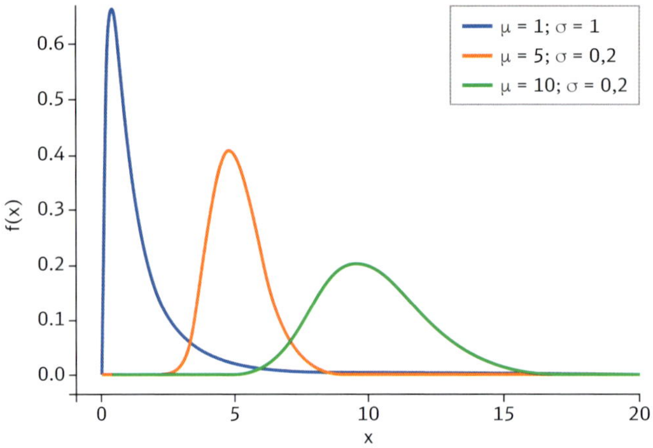

Abb. 3-46:
Lognormalverteilung
Abbildung: BFV/Oetting

Abbildung 3-47 stellt mehrere Wahrscheinlichkeitsdichteverteilungen einander gegenüber. Dabei ist zu beachten, dass der Funktionsverlauf jeweils stark durch die Parameter bestimmt wird und daher von dem dargestellten Verlauf deutlich abweichen kann.

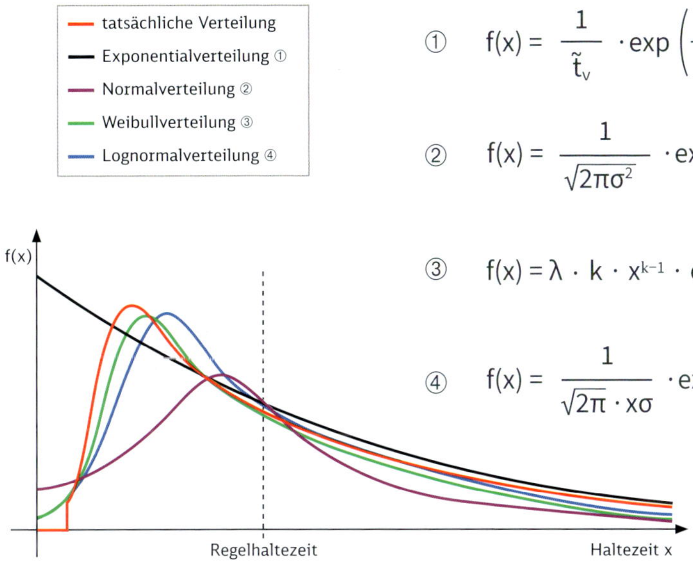

① $$f(x) = \frac{1}{\tilde{t}_v} \cdot \exp\left(-\frac{x}{\tilde{t}_v}\right)$$

② $$f(x) = \frac{1}{\sqrt{2\pi\sigma^2}} \cdot \exp\left(-\frac{(x-\tilde{t}_v)^2}{2\sigma^2}\right)$$

③ $$f(x) = \lambda \cdot k \cdot x^{k-1} \cdot \exp(-\lambda x_k)$$

④ $$f(x) = \frac{1}{\sqrt{2\pi} \cdot x\sigma} \cdot \exp\left(-\frac{(\ln x - \mu)^2}{2\sigma^2}\right)$$

Abb. 3-47: Vergleich von Wahrscheinlichkeitsdichteverteilungen am Beispiel der Haltezeit Abbildung: BFV/Oetting

Da Urverspätungen während der Fahrt unabhängig voneinander auftreten, können diese als Poisson-Prozess aufgefasst werden. Die Wahrscheinlichkeit, dass in einem gegebenen Streckenabschnitt k Urverspätungen auftreten, ist entsprechend Poisson-verteilt:

$$P_\lambda(k) = \frac{\lambda^k}{k!} \cdot e^{-\lambda}$$

mit:

λ Erwartungswert der Verspätungen in dem Streckenabschnitt
k Anzahl der Urverspätungen

Außer den bis hier behandelten zufälligen Verspätungen können auch systematische Verspätungen auftreten. Diese resultieren aus verletzten Planungsprämissen, welche auch bei ansonsten nicht verspäteten Zügen zu Verspätungen führen. Diese lassen sich durch eine Verschiebung der obigen Verteilungen f(x) um die systematische Verspätung t_{sys} (jeder Zug hat mindestens diese Verspätung) abbilden:

$$g(x) = \begin{cases} 0 & x < t_{sys} \\ f(x - t_{sys}) & x \geq t_{sys} \end{cases}$$

Eignung zur Verspätungsmodellierung

Die Prozesse, die zu den beobachteten Verteilungen führen, sind komplex und in der Regel nicht vollständig beschrieben. Deshalb kann keine der Verteilungen grundsätzlich abgewiesen werden.

Statistische Untersuchungen können jedoch Aufschluss darüber geben, wie gut beobachtete Werte durch analytische Statistik abgebildet werden. Dabei müssen die Eigenschaften der Datenerhebung berücksichtigt werden (z. B. müssen Zusatzverspätungen < 90 s in Deutschland nicht codiert werden).

Für die Modellierung von Einbruchsverspätungen wird üblicherweise die oben dargestellte Kombination aus einer Gleich- und einer negativen Exponentialverteilung verwendet (Bissantz et al. 2005). Mit zunehmender Performanz der EDV werden auch komplexere Verteilungen und diskrete Verteilungen verwendet.

Für die Modellierung von Urverspätungen eignet sich ebenfalls die negative Exponentialverteilung, verbunden mit der oben angeführten Poissonverteilung für die Eintrittswahrscheinlichkeit (Oetting et al. 2014). Mit zunehmender Performanz der EDV werden auch komplexere Verteilungen, wie die Weibullverteilung, die die beobachteten Werte besser trifft, verwendet.

Parameter

Zur Modellierung der Urverspätungen kommen für die eingangs erwähnten Methoden üblicherweise negative Exponentialverteilungen zur Anwendung. Ihre Parametrisierung erfolgt regelmäßig anhand der Betriebsprozessdatenanalyse (vgl. Kap. 2.3.8). Auf diese Weise gewonnene Parameter enthalten die beiden folgenden Abbildungen 3-48 und 3-49.

Belastung der Zulaufstrecken				
Zugart	**gering**		**hoch**	
	Wahrscheinlichkeit	Mittelwert (in min)	Wahrscheinlichkeit	Mittelwert (in min)
SPFV	0,50	5,0	0,50	5,0
SPNV	0,50	2,0	0,60	4,5
S-Bahn	0,20	1,3	0,25	2,0
Ferngüterzüge	0,40	20	0,60	Strecke mittel und hoch bel.* 10**, Strecke gering bel.* 30
Nahgüterzüge; Tfz	0,50	20	0,60	Strecke mittel und hoch bel.* 10**, Strecke gering bel.* 30

* Bezieht sich auf Belastung der untersuchten Strecke, nicht der Zulaufstrecke

** Wenn die zweifache mittlere Mindestzugfolgezeit kleiner ist, dann kann dieser Wert angesetzt werden.

** Es wird hier für die Verwendung in den Modellen eine reduzierte mittlere Verspätung empfohlen, bei der davon ausgegangen wird, dass bei diesen Strecken verspäteter GV im realen Betrieb auf andere Güterzugtrassen disponiert wird, wodurch diese Züge in Bezug auf die aktuell genutzte Trasse pünktlicher sind als bei Nutzung ihrer ursprünglich geplanten Trasse.

Abb. 3-48: Näherungswerte für Einbruchsverspätungen — Quelle: Ril 405.0204A03, S. 2

Belastung des Haltebahnhofs					
Zugart	**gering**		**hoch**		
	Wahrscheinlichkeit	Mittelwert (verspätete Züge) (in min)	Wahrscheinlichkeit	Mittelwert (verspätete Züge) (in min)	Maximalwert (in min)
SPFV	0,05	1,0	0,10	2,0	8,0
SPNV	0,05	0,5	0,10	1,0	4,0
S-Bahn	0,05	0,2	0,10	0,5	2,0
SGV	0,10	5,0	0,10	5,0	20,0

Abb. 3-49: Näherungswerte für Urverspätungen als Haltezeitverlängerungen Quelle: Ril 405. 405.0204A03, S. 1

3.3.2 Konfliktmanagement

3.3.2.1 Einleitung

Die in Kapitel 2 dargestellten Prozesse erfordern jeweils das Lösen der dort genannten Belegungs-, Infrastrukturverfügbarkeits-, Anschluss-, Umlauf- oder Personalverfügbarkeitskonflikte. Ziele dieses Kapitels sind daher die Darstellung der Erkennung dieser Konflikte sowie verschiedener Ansätze zu ihrer Lösung. Die entsprechenden Algorithmen kommen üblicherweise bei der Fahrplankonstruktion, im Betrieb, bei der Angebotsplanung der EVU und der EIU, bei der Planung und betrieblichen Ausregelung von Infrastrukturmaßnahmen sowie für eisenbahnbetriebswissenschaftliche Untersuchungen zum Einsatz. Sie dienen dazu, die Auswirkungen von Konflikten möglichst klein zu halten.

Im Weiteren bezeichnet ein Konflikt die Situation, dass eine Bindung gemäß Tabelle Abbildung 3-39 zwischen zwei Zugfahrten oder einer Zugfahrt und der Infrastruktur nicht wie gewünscht (Planung) oder geplant (Betrieb) realisiert werden kann.

Typische Anforderungen an die Konfliktlösung sind geringer Kapazitätsverbrauch, niedrige Beförderungs- und Reisezeiten, keine oder geringe negative Kostenwirkungen und die Berücksichtigung der Wirkungen der Konfliktlösung auf mögliche (ferne) Folgekonflikte (vgl. Streitzig et al. 2016). Bei Letzterem sollten die Algorithmen mit der mit zunehmendem Prognosehorizont wachsenden Unsicherheit umgehen können. Diese ergibt sich in der Planung durch die Lösung anderer Konflikte und im Betrieb zusätzlich durch mögliche Urverspätungen. In der Planung müssen zusätzlich Takte und Verkehrstage Berücksichtigung finden.

Gleichzeitig sollten die Algorithmen so gewählt werden, dass sie sicher terminieren und niedrige Rechenzeiten aufweisen. Die hier dargestellten Algorithmen sollten zusätzlich unabhängig von der gewählten Granularität der Infrastrukturmodellierung gemäß Kapitel 3.1.1 Anwendung finden können.

Auf öffentlichen Infrastrukturen müssen die Lösungen von Belegungskonflikten zusätzlich auch regulierungskonform und diskriminierungsfrei unter Berücksichtigung des regulatorischen Rahmens (vgl. Kap. 2.1.2.3 und 4.4.2) und daher je 2-Zug-Konflikt einzeln nachvollziehbar sein.

Weitere Anforderungen können sich abhängig von der Aufgabenstellung ergeben, z. B. hinsichtlich der Größe des Untersuchungsraums, der Granularität der Eingangsgrößen etc.

In der Praxis (vgl. Kap. 2) werden zunächst Konflikte erkannt, dann Konfliktlösungsalternativen entwickelt, diese vergleichend bewertet und die beste Lösung ausgewählt. Das vorliegende Kapitel ist entsprechend gegliedert (Kap. 3.3.2.3 bis 3.3.2.7). Von den für die automatisierte Konfliktlösung vorgestellten Methoden (Kap. 3.3.2.5) führen einige Methoden zwei dieser Schritte oder alle gleichzeitig durch.

Die Eingangsgrößen der Berechnungen sind die in Kapitel 3.1 dargestellten Größen, die Fahrzeiten und ggf. die Belegungszeiten sowie ggf. weitere prozessspezifische Größen (z. B. Einbruchs- oder Urverspätungen, Reservezeiten). Sie liegen – abhängig vom Planungshorizont und von der Datenverfügbarkeit – in den dargestellten unterschiedlichen Granularitäten vor: Während für die langfristige Planung detaillierte Daten noch unbekannt sein können, sind für kurzfristige Konfliktlösungen im Betrieb auch sehr detaillierte Informationen, z. B. alternative Durchrutschwege und Beeinflussungen durch PZB, relevant.

Mögliche Ergebnisse der Berechnungen sind

- die Konfliktlösungen,
- die resultierenden Warte- und Synchronisationszeiten,
- die Auswirkungen auf die Infrastrukturbelegung,
- die Beförderungs- und Reisezeiten und
- die Bindung von Personal und Fahrzeugen.

Wartezeiten ergeben sich aus der Lösung von Belegungs-, Verfügbarkeits- und Umlaufkonflikten, Synchronisationszeiten aus der Lösung von Anschlusskonflikten. Planmäßige Warte- und Synchronisationszeiten entstehen in der Planung. Sie können im Verspätungsfall – sofern sie infolge der Verspätung nicht mehr benötigt werden – zum Verspätungsabbau genutzt werden. Ursache von planmäßigen Wartezeiten sind z. B. konfliktäre Trassenbestellungen.

Außerplanmäßige Wartezeiten treten im Betrieb auf und resultieren aus Verspätungen oder in der Planung nicht gelösten Konflikten. Wartezeiten können weiter in Abhängigkeit des Ortes ihres Auftretens und ihrer Ursache differenziert werden:

- Wartezeiten auf Einfädeln entstehen vor,
- Wartezeiten unterwegs entstehen auf

einem Netzelement.

Durch Warte- und Synchronisationszeiten verlängern sich die Beförderungszeiten zur planmäßigen voraussichtlichen oder tatsächlichen Beförderungszeit:

- **Planung: planmäßige Beförderungszeit**
  = Beförderungszeit + planmäßige Wartezeiten + planmäßige Synchronisationszeiten

- **Betrieb: Beförderungszeit**
  = planmäßige Beförderungszeit + außerplanmäßige Wartezeiten + außerplanmäßige Synchronisationszeiten + außerplanmäßige Änderungen der Fahr- und Haltezeiten – Verspätungsabbau
  - voraussichtliche Beförderungszeit: mit eisenbahnbetriebswissenschaftlichen Verfahren für den Betriebsablauf prognostizierte Beförderungszeit
  - tatsächliche Beförderungszeit: im Betriebsablauf aufgetretene Beförderungszeit

3.3.2.2 Konfliktarten

Abbildung 3–34 gibt einen Überblick über die möglichen Bindungen zwischen Zugfahrten und die resultierenden Konfliktarten (Belegungs-, Anschluss-, Umlauf- und Personalumlaufkonflikte).

Anhand von **Belegungskonflikten** lassen sich auch Einflüsse infolge der Belegung des Nachbargleises abbilden. Dazu zählen auch das Tunnelbegegnungsverbot (Verbot der Begegnung oder Überholung eines Reise- und eines Güterzugs in zweigleisigen Tunneln) und Lademaßüberschreitungen. Sie führen zu einer Sperrzeit für das nicht befahrene Gleis, die ggf. nur für bestimmte Verkehrsarten gilt.

Eine weitere Konfliktart sind **Verfügbarkeitskonflikte**, die auftreten, wenn Züge ein Infrastrukturelement nutzen sollen, das nicht zugänglich oder befahrbar ist (Pferdmenges, Schaefer 1995). Sie unterscheiden sich von den anderen genannten Konfliktarten durch den zweiten Konfliktpartner, der bei Verfügbarkeitskonflikten kein zweiter Zug, sondern die Infrastruktur ist.

Verfügbarkeitskonflikte können z. B. kurzfristig aus technischen Störungen an der Infrastruktur oder einem defekten, die Infrastruktur blockierenden Fahrzeug resultieren. Dadurch, dass beispielsweise für die Erstellung eines Fahrplans für längere Perioden (z. B. Jahresfahrplan) eine über die gesamte Periode einheitliche Infrastruktur unterstellt werden muss, konnen auch längerfristig absehbare Verfügbarkeitskonflikte entstehen.

Anschlusskonflikte umfassen auch Korrespondenzen, die wie zwei einzelne Anschlusskonflikte behandelt werden. **Umlaufkonflikte** umfassen auch Stärken und Schwächen von Zügen.

3.3.2.3 Konflikterkennung (KE)

Grundlagen

Im Falle eines Konflikts wird der kleinste zeitliche Abstand zwischen zwei Vorgängen (siehe Abb. 3–50) nicht eingehalten:

$$t_{Bind,ij} < t_{Bind,ij,min} + t_{P,ij,min}$$

mit

$t_{Bind,ij}$ vorhandene Bindungszeit zwischen zwei Zugfahrten i und j
$t_{Bind,ij,min}$ Mindest-Bindungszeit zwischen zwei Zugfahrten i und j
$t_{P,ij,min}$ Mindest-Pufferzeit zwischen zwei Zugfahrten i und j

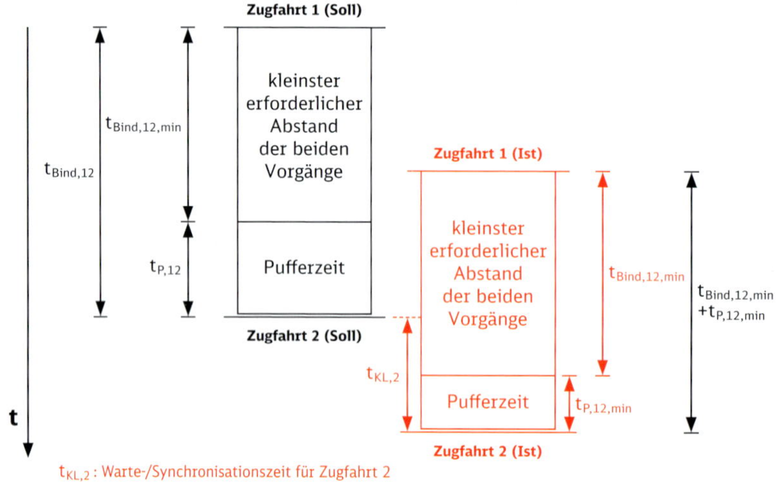

Abb. 3-50: Konflikterkennung (Beispiel) Abbildung: BFV/Oetting

Die **erforderliche** Bindungszeit $t_{Bind,ij,min}$ ist der in Abbildung 3-34 genannte kleinste erforderliche zeitliche Abstand. Die **vorhandene** Bindungszeit $t_{Bind,ij}$ ergibt sich als Differenz der Größen in den Spalten „Ende" und „Beginn" des „vorhandenen zeitlichen Abstands" der Abbildung 3-34

$$t_{Bind,ij} = t_j - t_i$$

Bei Belegungskonflikten sind t_i und t_j die Zeitpunkte des gewünschten Beginns der Belegung des Fahrwegabschnitts, des Überholungs-/Kreuzungsabschnitts oder des Netzelements. Bei Verfügbarkeitskonflikten ergibt sich die vorhandene Bindungszeit als Differenz des Zeitpunktes t_j des Beginns der Belegung eines Fahrwegabschnitts im Bereich der Verfügbarkeitseinschränkung durch den Zug und dem Beginn t_i der Verfügbarkeitseinschränkung. Sofern der Zug erst nach Beginn der Verfügbarkeitseinschränkung eintrifft, ist die erforderliche Bindungszeit die Dauer der Verfügbarkeitseinschränkung, andernfalls ist sie die Sperrzeit des Zuges. Bei Anschluss-, Umlauf- und Personalumlaufkonflikten ist t_i die geplante (Planung) oder prognostizierte (Betrieb) Ankunftszeit des Zuges i am Ort der Bindung und t_j die gewünschte (Planung) oder geplante (Betrieb) Abfahrtszeit des Zuges j an diesem Ort.

Grundlage für die Ermittlung des vorhandenen zeitlichen Abstands ist die jeweils zum Zeitpunkt der Konfliktlösung aktuell gültige (operative) Planung. Sie umfasst

- die Lösung aller Konflikte, die zeitlich vor dem betrachteten Konflikt liegen,

- alle bekannten, bereits quantifizierbaren Urverspätungen und

- alle bereits bekannten zugbezogenen Differenzen zwischen
  - der Beförderungszeit (Planung) bzw.
  - der voraussichtlichen Beförderungszeit (Betrieb)

  und der planmäßigen Beförderungszeit

und wird im Betrieb als „Prognose“ bezeichnet.

Treten mehrere Konflikte einer Konfliktart gleichzeitig auf (z. B. Korrespondenz; drei Züge im gleichen Fahrwegabschnitt), werden auf die dargestellte Weise zunächst mehrere 2-Zug-Konflikte identifiziert. Die gegenseitigen Abhängigkeiten zwischen ihnen und Einflüsse z. B. auf weitere Konfliktarten werden im Rahmen der Konfliktlösung berücksichtigt.

Die Zeitpunkte beziehen sich räumlich auf den Ort, auf den sich der kleinste erforderliche zeitliche Abstand bezieht oder auf den entsprechenden Abschnitt (bei Mindestzugfolgezeiten für Strecken).

Der Zeitraum, für den die Konflikterkennung erfolgt, kann parametrisiert und damit eingeschränkt werden. Seine Größe beeinflusst sowohl die Rechenzeit als auch ggf. die Ergebnisqualität des Konfliktmanagements (vgl. Oetting et al. 2013; Crespo 2020). Beispielsweise lassen sich im Betrieb Entscheidungen für die nächsten fünf Minuten oft nicht mehr umsetzen, da bereits Fahrstraßen gestellt sind. Aufgrund der Unsicherheit aus zukünftigen Urverspätungen wird der Zeitraum für die Konflikterkennung z. B. auf 45 Minuten ab der aktuellen Zeit begrenzt.

Sofern Konflikterkennung und -lösung nicht gleichzeitig erfolgen, ist das Ergebnis der Konflikterkennung eine Liste der Konflikte einschließlich ihrer für die Konfliktlösung relevanten Eigenschaften (z. B. Zeit, Ort, Konfliktart, beteiligte Züge).

Im Weiteren werden die Besonderheiten je Konfliktart dargestellt.

Spezifika je Konfliktart

Bei Belegungskonflikten hängt die Mindest-Bindungszeit von der Reihenfolge des Eintreffens der Züge ab, da in der Regel gilt: $t_{Z,ij} \neq t_{Z,ji}$. Kein Konflikt liegt vor, wenn sich zwei Durchrutschwege überlappen.

Belegungs- und Verfügbarkeitskonflikte lassen sich – je nach Granularität der Infrastrukturmodellierung (vgl. Kap. 3.1.1) – je Fahrwegabschnitt oder für jedes Netzelement identifizieren. Wenn der Zug i so spät kommt, dass er den Zug j nicht mehr beeinflusst bzw. bei Verfügbarkeitskonflikten die Störung der Infrastruktur nicht mehr besteht, liegt ebenfalls kein Konflikt vor. Somit müssen, damit ein Konflikt existiert, beide Ungleichungen erfüllt sein:

$$t_{Bind,ij} < t_{Bind,ij,min} + t_{P,ij,min} \wedge t_{Bind,ji} < t_{Bind,ji,min} + t_{P,ji,min}$$

Bei Folgefahrten und Verfügbarkeitskonflikten wird der erste (Fahrweg-)Abschnitt in dem die Ungleichungen nicht erfüllt sind als Konfliktort gewählt, bei Gegenfahrten der (Fahrweg-)Abschnitt, in dem sich die beiden Zeit-Wege-Linien schneiden.

Der Konfliktweg umfasst die gemeinsamen Fahrwegabschnitte rund um den Konfliktort. Er wird in beiden Richtungen begrenzt durch den nächsten Überholungs-/Kreuzungsbahnhof, die nächste Abzweigstelle, die von nur einem der beiden Züge zum Abzweigen genutzt wird, einem längeren Halt von einem der beiden Züge sowie Start oder Ende der beiden Zugfahrten (Oetting et al. 2013). Im Betrieb wird er zusätzlich durch den aktuellen Standort der Züge und bereits eingestellte Fahrstraßen begrenzt.

Umlaufkonflikte und Personalumlaufkonflikte entstehen auch, wenn zu Beginn eines Umlauftags keine geeigneten Fahrzeuge bzw. kein geeignetes Personal am Ort des Beginns verfügbar sind. Das Flügeln von Zügen führt zu mehr als einer Bindung des Zubringers zu Abbringern.

Anschluss-, Umlauf- und Personalumlaufkonflikte lassen sich bezogen auf einen Bahnhof identifizieren.

3.3.2.4 Elementarlösungen

Einleitung

Für die Lösung eines erkannten Konflikts bestehen in der Regel mehrere Möglichkeiten. Diese können den Zuglauf der am Konflikt beteiligten Züge sowohl vor als auch nach dem Konfliktort unterschiedlich beeinflussen, sodass eine Konfliktlösungsalternative (Kap. 3.3.2.6) als Kombination aus mehreren Elementarlösungen entsteht. Für die Auswahl und Kombination der Elementarlösungen existieren verschiedene Methoden, die in Kapitel 3.3.2.5 dargestellt sind.

Nicht zu lösende Konflikte

Ein geringer Anteil der erkannten Konflikte wird **bewusst** keiner Lösung zugeführt.

So sind in Deutschland z. B. Konflikte bei Umleitungsfahrplänen und beim Einlegen dringlicher Hilfszüge in den Fahrplan zulässig. Auch Konflikte auf zweigleisigen Strecken, die nur an wenigen Verkehrstagen auftreten, müssen nicht gelöst werden. Treten Konflikte in der Planung nur an wenigen Verkehrstagen (z. B. infolge einer Infrastrukturmaßnahme) auf, können sie ausschließlich für diese Tage gelöst werden, verbunden mit einer eigenen Planung nur für diese Verkehrstage.

Bei geringen Halteabständen des Nahverkehrs kann eine Überholung am ersten Verkehrshalt hinter dem Konfliktort unter Beibehaltung des Konflikts auf der Strecke sinnvoll sein. Die Wartezeit auf Überholung muss so ausreichend bemessen sein, dass bei pünktlichem überholendem Zug die Überholung auch einen Verkehrshalt früher möglich ist. Auf diese Weise lässt sich die Robustheit des Fahrplans steigern.

Im Betrieb werden noch weiter in der Zukunft liegende Konflikte mit nur kleiner Verletzung der Mindest-Bindungszeit oft nicht sofort nach ihrer Erkennung gelöst, da sie ggf. aufgrund von anderer Fahrdynamik oder Urverspätungen infolge geänderter Fahrzeitprognose „verschwinden".

Einer automatisierten Lösung entziehen sich Konflikte, die sich aufgrund des regulatorischen Rahmens nur durch Kommunikation zwischen den EIU und EVU lösen lassen (Streitzig et al. 2016). Dazu zählen Belegungskonflikte bei der Fahrplankonstruktion, für die der Konstruktionsspielraum nicht ausreicht, und Anschlusskonflikte im Betrieb, für die die Wartezeitregelung nicht ausreicht.

Im Betrieb können bei deutlicher Abweichung vom Plan personalbedingte Restriktionen (zulässige Arbeitszeit, Streckenkenntnis ...) hinzukommen. Da unübliche Konfliktlösungen im Betrieb aufgrund der fehlenden Erfahrungen und einer zeitaufwendigen Kommunikation ggf. zu zusätzlichen Wartezeiten führen, werden sie im Hinblick auf die Robustheit der Konfliktlösung gerne vermieden.

Neben diesen bewusst nicht gelösten Konflikten ergeben sich im Betrieb **Konfliktlösungen ohne aktiven Eingriff** zur Konfliktlösung. So werden Belegungskonflikte ohne dispositiven Eingriff durch die LST gelöst, bei Anschlusskonflikten wird der Anschluss aufgegeben und bei (Personal-)Umlaufkonflikten der Abbringer verspätet. Sofern der Disponent eine dieser Lösungen anstrebt und nur deshalb nicht aktiv geworden ist, handelt es sich jedoch eigentlich ebenfalls um eine dispositive Konfliktlösung.

Eigenschaften der Elementarlösungen

Grundsätzlich lassen sich die Konfliktlösungsalternativen, die in Kapitel 2.3.5 für die verschiedenen Konfliktarten genannt sind, unabhängig von der Konfliktart strukturieren. Es existieren Elementarlösungen, die

- ohne räumliche Veränderung eines Zuglaufs rein zeitliche Lösungen bieten,
- räumliche und somit in der Regel auch zeitliche Veränderungen mindestens eines Zuges umfassen sowie
- den Entfall eines Angebots oder dessen Ersatz ermöglichen.

Bei der Konfliktlösung sind grundsätzlich auch Pufferzeiten zu berücksichtigen, die jedoch – abhängig von Konfliktart und dem behandelten Prozess – ggf. klein oder zu null werden können (vgl. Kap. 3.2.5.2).

Zeitliche Konfliktlösung

Einleitung

Durch ausschließlich zeitliche Veränderungen der Lage mindestens eines Zuges können

- durch Verschieben des zweiten Zuges die Bindung beibehalten werden (Verschieben),
- die Bindung durch eine andere ersetzt (Reihenfolgeänderung) oder aufgegeben werden oder
- die Mindest-Bindungszeit reduziert werden (Biegen oder Fahrtrichtungswechsel/Wende mit zwei Triebfahrzeugführern).

Sofern die Bindung nicht aufgegeben wird, resultieren aus der Konfliktlösung zeitliche Veränderungen. Vor der Konfliktlösung gilt gemäß Kapitel 3.3.2.3:

$$t_{Bind,ij} = t_j - t_i < t_{Bind,ij,min} + t_{P,ij,min}$$

Um die Mindest-Bindungszeit und die Mindest-Pufferzeit $t_{P,ij,min}$ einzuhalten, ist einer der beiden Züge (hier ohne Einschränkung der Allgemeingültigkeit: Zug j) um die Wartezeit $t_{KL,j}$ zu verschieben:

$$t_j + t_{KL,j} - t_i = t_{Bind,ij,min} + t_{P,ij,min}$$

Diese Gleichung lässt sich umstellen zu:

$$t_{KL,j} = t_i + t_{Bind,ij,min} + t_{P,ij,min} - t_j = t_{Bind,ij,min} + t_{P,ij,min} - t_{Bind,ij}$$

Die zeitliche Veränderung ist bei Belegungs- und Verfügbarkeitskonflikten am ersten Fahrzeitmesspunkt hinter dem Konfliktort, an dem der Zug j wieder unbehindert mit voller Geschwindigkeit verkehrt, zu ermitteln. Bei allen anderen Konfliktarten erfolgt die Ermittlung am Konfliktort (für Belegungskonflikte siehe Abb. 3–51, für alle anderen Konfliktarten siehe Abb. 3–50).

Verschieben

Die Elementarlösung „Verschieben", bei der die Zeit-Wege-Linie eines Zuges verschoben wird, ist nutzbar für Belegungs-, Verfügbarkeits-, Anschluss-, Umlauf- und Personal-Umlaufkonflikte (für Belegungs- und Verfügbarkeitskonflikte siehe Abb. 3–51, in der Zug 2 verschoben wird, für alle anderen Konflikte siehe Abb. 3–50).

Beim Verschieben wird die Bindung eingehalten. Es erfolgt also keine Reihenfolgeänderung. Im Betrieb kann die geplante Pufferzeit ganz oder teilweise zur Reduktion der Verspätungsübertragung genutzt werden. Ohne explizite Dispositionsentscheidung ergibt sich diese Lösung bei Belegungs- und Verfügbarkeitskonflikten oft infolge der LST sowie bei Umlauf- und Personalumlaufkonflikten durch den Ressourcenübergang.

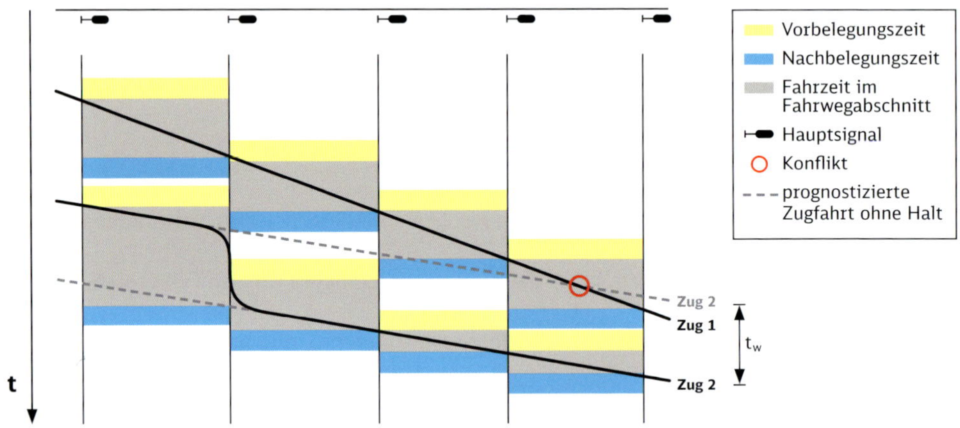

Abb. 3–51: Verschieben bei Belegungskonflikten (Beispiel)

Abbildung: BFV/Oetting/Crespo

Das Verschieben führt zu einer Warte-/Synchronisationszeit für den zweiten Zug. Diese lässt sich grundsätzlich am Ort der Bindung anordnen. Für Belegungs- und Verfügbarkeitskonflikte wird sie relativ zum Konfliktort – in absteigender Priorität – angeordnet:

- beim zurückliegenden Halt durch Verlängerung der Haltezeit (ist dies der Start des Zuges durch spätere Abfahrt),
- vor Beginn des Konfliktwegs als zusätzlicher Halt,
- am zurückliegenden Bahnhof als zusätzlicher Halt,
- am zurückliegenden Anfang des Fahrwegabschnitts.

Die drei letztgenannten Lösungen führen zu einem zusätzlichen Halt, bedeuten ggf. das Warten auf der Strecke und damit ggf. die Behinderung nachfolgender Züge. Je weiter jedoch das Warten vom Konfliktort entfernt erfolgt, desto größer ist bei Zugfolge langsam – schnell und bei Gegenfahrten der zeitliche Abstand zwischen den beiden Trassen, ggf. verbunden mit einer ungünstigen Belegung der Strecke. In diesem Zielkonflikt ist fallweise abzuwägen.

Eventuelle zusätzliche Halte werden durch das EIU festgelegt. Im Betrieb heißen sie „Betriebshalte", als Ergebnis der Fahrplanung „Trassenmanagementhalte".

Technische Einschränkungen der Anwendbarkeit existieren nicht. Eine Kombination mit Elementarlösungen, die für ein früheres Eintreffen des ersten Zuges am Ende des Konfliktwegs sorgen, ist erstrebenswert.

Biegen

Diese Elementarlösung bietet die Veränderung der Beförderungszeit durch Anpassen der Fahrgeschwindigkeit (siehe Zug 2 in Abb. 3-52) oder (im Nahverkehr) von Haltezeiten mit dem Ziel, zusätzliche betriebliche Halte zu vermeiden. Sie eignet sich zur (teilweisen) Lösung von Belegungs- und Verfügbarkeitskonflikten.

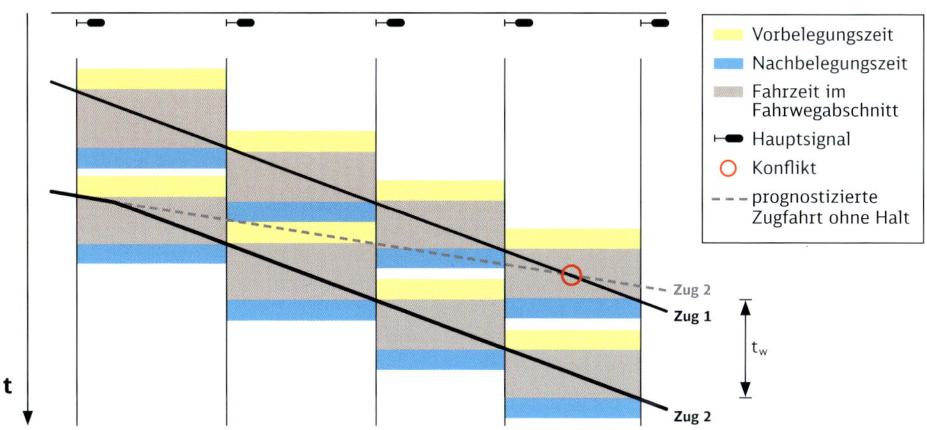

Abb. 3-52: Biegen bei Belegungskonflikten (Beispiel) Abbildung: BFV/Oetting/Crespo

Beim Biegen wird die Bindung gemäß der Abbildung 3-35 eingehalten. Bei negativem Biegen wird die Fahrzeit verkürzt, bei positivem Biegen („Nachfahren") verlängert. Negatives Biegen eignet sich insbesondere für den Betrieb und kann auch den Entfall von Betriebshalten umfassen. Für die Berechnung der möglichen Fahrzeitverkürzung siehe „Verspätungsabbau" in Kapitel 3.2.5.1.

Im Betrieb kann die geplante Pufferzeit bei positivem Biegen ganz oder teilweise zur Reduktion der Verspätungsübertragung genutzt werden. Ohne explizite Dispositionsentscheidung ergibt sich diese Lösung oft infolge der LST bei der Zugfolge schnell – langsam.

Wartezeiten entstehen bei positivem Biegen und werden bei Fahrzeitverlängerung als sogenannter Biegezuschlag realisiert. Negatives Biegen führt zu Verspätungsabbau oder zum Aufbau von Verfrühungen.

Entstehen bei der Fahrplankonstruktion Wartezeiten aus positivem Biegen lassen sich diese im Betrieb zum Verspätungsabbau oder als zusätzlicher Fahrzeitzuschlag zum energiesparsamen Fahren (vgl. Kap. 3.2.2.9) nutzen. Dies verhindert bei planmäßig verkehrenden Zügen das Auflaufen auf den vorausfahrenden Zug.

Biegen kann einerseits vor dem Konfliktweg/-ort eingesetzt werden, soweit dadurch kein neuer Konflikt mit dem anderen Zug generiert wird. Andererseits kann Biegen auf dem Konfliktweg genutzt werden. Bei einer Geschwindigkeitsharmonisierung sinken bei unveränderter Zugreihenfolge die Mindestzugfolgezeit und damit die Bindungszeit.

Frühestmögliche Orte für den Beginn des Biegens im Betrieb sind bei planmäßigen Zügen der letzte Verkehrshalt vor dem Konfliktort sowie der aktuelle Standort zuzüglich der Dauer für die Umsetzung der Biegeentscheidung durch den Tf. Das Biegen endet spätestens mit Verlassen des Konfliktwegs.

Einschränkungen der Anwendbarkeit existieren grundsätzlich nicht. Je länger allerdings der Abschnitt ist, über den gebogen wird, desto größer ist bei der Zugfolge langsam – schnell der zeitliche Abstand zwischen den beiden Trassen, ggf. verbunden mit einer ungünstigen Belegung der Strecke. Je kürzer der Abschnitt ist, desto niedriger ist die Geschwindigkeit. Niedrige Geschwindigkeiten erhöhen das Problem der stetigen Fahrzeitrechnung (vgl. Kap. 3.2.5.1), reduzieren die Akzeptanz und verlängern Sperrzeiten, auch von Bahnübergängen, deutlich. In diesem Zielkonflikt ist die Länge des Biegeabschnitts zu wählen und bei potenziell niedrigen Geschwindigkeiten stattdessen ein Betriebshalt einzulegen.

Das Biegen stellt eine sehr gute Ergänzung zu anderen Elementarlösungen dar und kann so auch zur Lösung von Anschluss- und Umlaufkonflikten beitragen.

Fahrtrichtungswechsel/Wende mit zwei Triebfahrzeugführern

Der Einsatz von zwei Tf bei Fahrtrichtungswechseln und Wenden eignet sich, um Halte- und Wendezeiten auf typischerweise ca. zwei bis drei Minuten zu reduzieren. Dies gelingt durch paralleles Auf- bzw. Abrüsten auf beiden Führerständen und den Wegfall der Wegezeiten (ca. 70 m/min) des Tf als Teil der Wendezeit.

Diese Elementarlösung eignet sich sowohl während einer Zugfahrt an einem Verkehrshalt als auch für Umlaufkonflikte am Wendebahnhof zur Reduktion der Mindest-Bindungszeit. Sie setzt die Verfügbarkeit eines geeigneten zweiten Tf voraus und kommt daher vorwiegend bei der Angebotsplanung zum Einsatz.

Sie lässt sich mit anderen Elementarlösungen kombinieren, hat besondere Bedeutung bei Umleitungen, die Wenden erfordern, bei längeren Zügen und bei Störfällen.

Reihenfolgeänderung

Diese Elementarlösung eignet sich nur für Belegungskonflikte. Durch die Änderung der Zugreihenfolge wird die ursprüngliche Bindung aufgegeben und durch eine andere Bindung (z. B. Mindestzugfolgezeit bei umgekehrter Zugreihenfolge) ersetzt.

Die Reihenfolge kann vor dem Konfliktweg und auf dem Konfliktweg geändert werden, bei Folgefahrten durch Überholung, bei Gegenfahrten durch Kreuzung. Fliegende Überholungen (auch der überholte Zug fährt) werden über die Elementarlösung „Umleitung einer Zugfahrt“ abgedeckt.

Sofern beide Züge im Überholungs- oder Kreuzungsbahnhof den gleichen Regelfahrweg haben, muss mindestens für einen der beiden Züge – bevorzugt für den zu überholenden Zug – ein alternativer Fahrweg gesucht werden (wegen Kriterien für die Fahrwegwahl siehe Elementarlösung „alternativer Fahrweg im Knoten“). Zur Begrenzung der Rechenzeit kann die Anzahl alternativer Fahrwege je Bahnhof beschränkt werden.

Für den zu überholenden Zug entstehen Wartezeiten, die sich zusammensetzen aus:

- Wartezeit auf Überholung $t_{W,Ü}$,
- Mindestüberholungspanne $t_{Ü,min}$ und
- Wartezeit auf Wiedereinfädelung $t_{W,E}$

(vgl. Gast 1986; Ril 405.0105A06; Abb. 3-53).

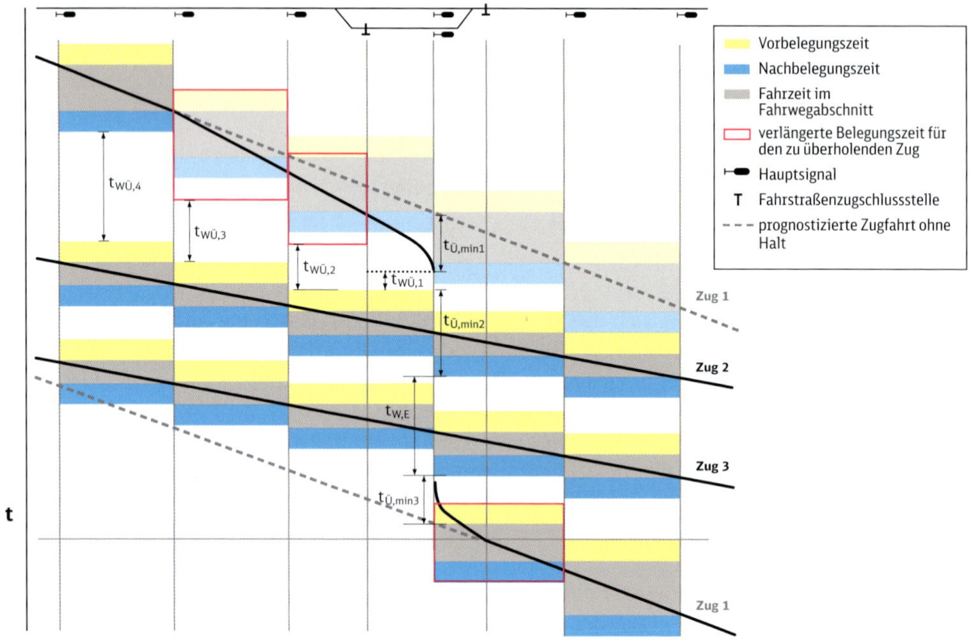

Abb. 3-53: Wartezeiten aus Überholung (Beispiel)

Abbildung: BFV/Oetting/Crespo

Die Wartezeit auf Überholung ist die Zeit, um die ein zu überholender Zug vorzeitig in die Überholung genommen wird, da er den folgenden Überholungsbahnhof nicht ohne Behinderung des überholenden Zuges erreichen würde. Sie ergibt sich als Minimum der Zeiten $t_{wü}$ in der Abbildung.

Die Mindestüberholungsspanne ist die Zeit, um die sich die Zeit-Wege-Linie eines Zuges bei einer Überholung mindestens gegenüber einer Fahrt ohne Überholung verschiebt. Sie ergibt sich in Abbildung 3-53 als Summe der Zeiten $t_{Ü,min\,1}$ (Bremszeitzuschlag), $t_{Ü,min\,2}$ und $t_{Ü,min\,3}$ (Anfahrzeitzuschlag).

Die Wartezeit auf Wiedereinfädelung ist die Zeit, die der Zug nach der Mindestüberholungsspanne zusätzlich bis zur Weiterfahrt wartet. Sie kann verschiedene Gründe haben, typischerweise eine Überholung durch einen weiteren Zug oder bei falsch liegendem Überholgleis das Abwarten eines Zuges auf dem Gegengleis.

Die Wartezeit auf Überholung $t_Ü$ und die Wartezeit auf Wiedereinfädelung $t_{W,E}$ enthalten Pufferzeiten, die im Betrieb für die Wiedereinfädelung auch sehr klein oder null werden können (vgl. Kap. 3.2.5.2). Für die Abb. 3-53 gilt:

$$t_Ü = \min\{t_{W,Ü}\} + t_{Ü,min\,1} + t_{Ü,min\,2} + t_{Ü,min\,3} + t_{W,E}$$

Die gleichen Wartezeiten entstehen entsprechend bei Kreuzen von Gegenfahrten.

Sofern Reihenfolgeänderungen vor dem Konfliktweg an einer Abzweigstelle erfolgen, führt dies zu Warten auf der Strecke, ggf. verbunden mit der Behinderung nachfolgender Züge. In diesem Fall kann (vgl. „Verschieben") eine Rückverlagerung in den letzten Halt sinnvoll sein.

Für die Anwendung dieser Elementarlösung muss das gewünschte Überholgleis

- die technischen Voraussetzungen (siehe „alternativer Fahrweg im Knoten") erfüllen und
- frei sein. Bei nachrangigen Zugfolgefällen auf eingleisigen Strecken, bei denen der Überholungsbahnhof gleichzeitig Kreuzungsbahnhof ist und lediglich zwei Gleise zur Verfügung hat, ist mit einer Wahrscheinlichkeit von 50 Prozent anzunehmen, dass wegen eines kreuzenden Zuges die Überholung nicht möglich ist.

Eine Kombination mit Elementarlösungen, die für ein früheres Eintreffen des ersten Zuges – und bei Wartezeit auf Überholung auch des zweiten Zuges ($t_{W,Ü} \neq 0$) – am Konfliktort sorgen (siehe Abb. 3–54, rechte Seite), ist erstrebenswert.

Räumliche Konfliktlösung

Einleitung

Die räumliche Verlagerung mindestens eines Zuges oder die Umlenkung von Reisenden kann genutzt werden, um die in Abbildung 3–50 dargestellte Bindung aufzuheben. Ergebnis sind neben der räumlichen Verlagerung ggf. auch die dadurch induzierten zeitlichen Veränderungen.

Bei Anschluss-, Umlauf- und Personalübergangskonflikten kann ein alternativer Fahrweg im Knoten zudem dazu dienen, Bindungszeiten zu reduzieren, z. B. wenn dadurch ein Umsteigen am gleichen Bahnsteig ermöglicht wird.

Die Suche nach alternativen Wegen ist ein nicht polynominell lösbares Problem, sodass die Rechenzeit mit zunehmender Problemgröße sehr stark zunimmt. Im Hinblick auf die erforderliche niedrige Rechenzeit werden üblicherweise sowohl der Lösungsraum heuristisch anhand verschiedener Kriterien eingeschränkt als auch zeiteffiziente Näherungslösungen gewählt. Zudem kann – bei guten zeitlichen Konfliktlösungsalternativen – auf die Suche nach räumlichen Lösungen gänzlich verzichtet werden.

Zur Einschränkung des Lösungsraums können beispielsweise anhand der technischen Eignung Wege ausgeschlossen werden, die einen geplanten Verkehrshalt unmöglich machen (Bahnsteigkante nicht vorhanden/zu kurz/ungeeignete Bahnsteighöhe), bei geplanter Überholung eine zu kurze Nutzlänge aufweisen oder bei elektrischer Traktion nicht mit Fahrdraht überspannt sind. Gleiches gilt bei der Umlenkung von Reisenden mit Mobilitätseinschränkung im Hinblick auf fehlende Barrierefreiheit.

Weiter kann der Lösungsraum abhängig von der Position des Zuges, seiner Fahrtrichtung und der Verkehrshalte eingeschränkt werden. Für Belegungs- und Verfügbarkeitskonflikte ergeben sich ggf. zusätzliche Einschränkungen anhand der Anforderungen an die Fahrzeuge (z. B. erforderliches Lichtraumprofil, NBS-Tauglichkeit, Notbremsüberbrückung, Zugbeeinflussungssystem, Antriebsart, zulässige Anhängelasten/Oberstrombegrenzung und erforderliche Bremshundertstel) sowie zeit- und ggf. verkehrsartabhängige Streckensperrungen.

Führt ein alternativer Laufweg zu einem Konflikt, der eine Konfliktlösung in der Vergangenheit (z. B. Konflikte mit bereits in Bahnhöfen stehenden Zügen) oder auf einer höheren Rangstufe erfordern würde, ergäbe sich bei heuristischer Konfliktlösung (siehe unten) die Gefahr einer rekursiven (Endlos-)Schleife. Um dies zu vermeiden, wird in diesem Fall der alternative Weg verworfen.

Zur Reduktion des Lösungsraums und der Rechenzeit wird im Weiteren differenziert nach:

- alternativen Fahrwegen in einem Knoten,
- großräumigeren Umleitungen von Zugfahrten und
- Umlenkung von Reisenden.

Alternativer Fahrweg im Knoten

Alternative Fahrwege im Knoten eignen sich zur Lösung von Belegungs-, Verfügbarkeits-, Anschluss- (Bahnsteigwechsel zur Reduktion der Mindestübergangszeit) und Umlaufkonflikten (bei Wegfall einer Behandlung oder einer überschlagenen Wende).

Gerade in großen Knoten existiert eine Vielzahl alternativer Fahrwege, die jedoch teilweise technisch nicht geeignet sind (vgl. Einleitung zu diesem Kapitel) oder zu weiteren Konflikten führen würden. Daher eignen sich zur Rechenzeitreduktion (vorberechnete) Fahrwege, die mit Prioritäten attribuiert sind. Diese können beispielsweise die Einfahrzeit, die Anzahl möglicher Konflikte und Bahnsteigwechsel berücksichtigen (Oetting et al. 2011). Anhand dieser Eigenschaften lassen sich auch Fahrwege gänzlich ausschließen (z. B. bei zweimaligem Kreuzen des Gegengleises und hoher Einfahrzeit).

Alternativ zu einer prioritätengesteuerten Fahrwegwahl können auch für Knoten die Algorithmen zur „Umleitung einer Zugfahrt“ verwendet werden.

Umleitung einer Zugfahrt

Die Suche nach einer Umleitung eignet sich insbesondere zur Lösung von Belegungs- und Verfügbarkeitskonflikten. Sie kann nach den folgenden beiden Problemstellungen differenziert werden:

- kleinräumige Laufwegsuche einschließlich des Gegengleises und
- großräumige Laufwegsuche auf dem Regelgleis.

Bei der kleinräumigen Laufwegsuche einschließlich des Gegengleises entsteht in der Regel ein sehr umfangreicher Suchbaum. Zur Beschränkung der Dauer der Suche wird der Suchraum in der Regel eingeschränkt, und es können vordefinierte Laufwegabschnitte genutzt werden.

In Deutschland existieren unter der Bezeichnung „Umleitungen unter erleichterten Bedingungen" festgelegte alternative Laufwege, die grundsätzlich von jedem Zug ohne betriebliche Einschränkungen genutzt werden können und die für oben angeführte Problemstellungen um weitere vorberechnete Umleitungen ergänzt werden können. Eine Suche nach beliebigen alternativen (Laufweg-)Abschnitten zur Laufzeit ist grundsätzlich aufgrund der vielfältigen Einschränkungen ihrer Nutzung (vgl. Einleitung zu Kap. 3.3.2.4) nicht sinnvoll.

Gegenstand der großräumigen Laufwegsuche auf dem Regelgleis ist die Suche großräumiger (alternativer) Laufwege bei netzweiten Untersuchungen.

Für diese Problemstellung und die oben angeführte Vorberechnung alternativer Laufwege stehen zahlreiche Algorithmen für die Routensuche in vermaschten Netzen zur Verfügung (vgl. Pellegrini et al. 2013). Die Auswahl eines oder mehrerer Ansätze sollte in Abhängigkeit von den Anforderungen im Anwendungsfall getroffen werden.

Umlenkung der Reisenden

Die Umlenkung von Reisenden dient der Lösung von Anschlusskonflikten sowie der Schließung von Reiseketten bei (Teil-)Ausfall von Zügen und Halten. Dazu werden die Reisenden auf andere Züge umgelenkt. Da die geeignete Umleitung der Reisenden von den Zielen der Reisenden abhängt, sind bei nicht realisiertem Anschluss zwischen zwei Zügen zahlreiche Konfliktlösungen zu finden (Stelzer, Oetting 2015). Das dadurch im Vergleich zu Belegungskonflikten größere Problem lässt sich durch die Zusammenfassung der Reisenden nach Reiseziel und die Zusammenfassung mehrerer Reiseziele vermindern.

Für die Routensuche für Reisende existieren zahlreiche Algorithmen (vgl. Brauner, Oetting 2019), die z. B. in produktiven Fahrplanauskunftssystemen eingesetzt werden. Sie bilden das Kundenverhalten zuverlässig ab und finden die Routen effizient.

Notwendige Voraussetzung für diese Elementarlösung ist ausreichend freie Kapazität in den Umleitungszügen.

Aufgrund der veränderten Reiseketten ist die Kombination dieser Elementarlösung mit anderen üblich, z. B. der Freigabe der Nutzung anderer Fahrten.

Entfall und Ersatz eines Angebots

Einleitung

Durch den Entfall eines Haltes, eines Teiles eines Zuglaufs oder einer gesamten Zugfahrt für mindestens einen Zug kann die in Abbildung 3–50 dargestellte Bindung aufgehoben werden. Auf diese Weise lassen sich hohe Verspätungen abbauen, die Belegung der Infrastruktur reduzieren – was insbesondere bei größeren Infrastruktureinschränkungen und beim Wiederanfahren nach größeren Störungen relevant ist (Chu, Oetting 2013) – sowie Fahrzeuge und Personal für andere Fahrten freisetzen.

Neben diesen betrieblichen Nutzen haben die Elementarlösungen des Entfalls massive verkehrliche Wirkungen. Diese sollten durch Maßnahmen zum Ersatz des Angebots (teil-)kompensiert werden, um eine ausreichende Beförderungskapazität und die betroffenen Reiseketten sicherzustellen (vgl. Brauner, Oetting 2019). Diese Maßnahmen werden meist im System Bahn vorgenommen (zusätzlicher Verkehrshalt, zusätzlicher Zug oder zusätzliches Personal), ersatzweise aber auch außerhalb (andere Verkehrsmittel und Hotelbuchung).

Der (Teil-)Ausfall des Angebots und sein Ersatz eignen sich sowohl für die Planung als auch für den Betrieb und können sich – z. B. bei Infrastrukturmaßnahmen – auch über mehrere Verkehrstage erstrecken. Sie haben oft weitreichende Auswirkungen auf alle in der Tabelle in Abbildung 3–34 genannten Bindungen. Da diese Wirkungen abgeschätzt werden müssen und – aufgrund der Problemgröße bzw. geteilter Verantwortlichkeiten – selten alle Konfliktarten gleichzeitig behandelt werden, ist eine Automatisierung der Elementarlösungen zum Entfall und zum Ersatz eines Angebots nur begrenzt möglich.

Ausfall, Teilausfall, vorzeitige Wende, Ausfall Verkehrshalt

Die ersten drei Elementarlösungen eignen sich für Belegungs-, Verfügbarkeits-, Umlauf- und Personalumlaufkonflikte. Der Ausfall eines Verkehrshalts kommt vorwiegend in Zusammenhang mit der Umleitung einer Zugfahrt zur Anwendung sowie gelegentlich zur Fahrzeitverkürzung vor einem Anschluss- oder Umlaufkonflikt. Bei Belegungs- und Verfügbarkeitskonflikten wird mit einem (Teil-)Ausfall die bestehende Bindung aufgehoben.

Bei Umlauf- und Personalkonflikten können die Fahrzeuge entweder abgestellt oder für eine andere Zugfahrt, verbunden mit einer entsprechenden (neuen) Bindung, genutzt werden. Bei einer vorzeitigen Wende auf die geplante Anschlussleistung handelt es sich lediglich um einen räumlichen Verschub der vorgesehenen Bindung.

Die Zugfahrt fällt für den Abschnitt des Teilausfalls oder aber ganz aus der Pünktlichkeitsstatistik. Die Höhe der ggf. entstehenden betrieblichen bzw. verkehrlichen Wartezeiten hängt von der gewählten (neuen) Bindung oder der Maßnahme bzw. den Maßnahmen zum Ersatz des Angebots ab.

Die Elementarlösungen des Entfalls können zu Beginn einer Zugfahrt oder (deutlich) vor dem Konfliktort angewendet werden. Insbesondere bei Verfügbarkeitskonflikten kann eine frühzeitige Wende hohe Infrastrukturbelegungen unmittelbar vor der Infrastruktureinschränkung verhindern (Crespo 2020).

Voraussetzung für die Anwendung dieser Elementarlösungen (mit Ausnahme des Ausfalls eines Verkehrshaltes) ist die Eignung der Infrastruktur, die das Abstellen oder Wenden der Fahrzeuge ermöglichen muss.

Die negativen verkehrlichen Wirkungen können durch Elementarlösungen, die Ersatz des Angebots liefern, reduziert werden.

Zusätzlicher Verkehrshalt

Zur Lösung von Anschluss-, Umlauf- und Personalumlaufkonflikten können zusätzliche Verkehrshalte eingelegt werden (vgl. Stelzer 2016). Sie schaffen eine neue Bindung, verbunden mit einer Wartezeit des Zuges als Ergebnis der Fahr- und Haltezeitberechnung. Zusätzlich kann für die Anschlussaufnahme am zusätzlichen Halt eine Synchronisationszeit für den Zug erforderlich sein. Zusätzliche Betriebshalte zur Lösung von Belegungs- und Verfügbarkeitskonflikten sind unter „zeitliche Konfliktlösung“ beschrieben.

Die Erstellung der Bindung muss an diesem Ort möglich sein, z. B. müssen bei einem Anschlusskonflikt Zu- und Abbringer diesen Bahnhof durchfahren, und der Halt muss für beide technisch möglich sein (vgl. Einleitung zu Kap. 3.3.2.4). Außerdem sollte die Erstellung der Bindung mit geringen Wartezeiten realisiert werden können.

Diese Elementarlösung eignet sich besonders in Kombination mit dem Ausfall eines Halts, z. B. für einen Ersatzhalt bei einer Umleitung. Notwendig ist sie für eine vorzeitige Wende an einem Bahnhof, an dem kein Verkehrshalt vorgesehen ist. Ggf. kann ein alternativer Fahrweg im Knoten gewählt werden, um einen geeigneten Bahnsteig zu erreichen, bei Anschlüssen die Umsteigezeit zu reduzieren oder Belegungskonflikte zu vermeiden.

Zusätzlicher Zug/zusätzliches Personal

Durch das Einscheren eines zusätzlichen Zuges oder zusätzliches Personal lassen sich Anschluss-, Umlauf- und Personalumlaufkonflikte lösen. Für Umlauf- und Personalumlaufkonflikte erfolgt die Ersatzgestellung möglichst zu dem für die Planleistung vorgesehenen Zeitpunkt. Zur Lösung von Anschlusskonflikten eignet sich ein zusätzlicher Zug, wenn eine große Anzahl Reisender auf anderem (wirtschaftlicherem) Weg nicht mehr an ihr Ziel gelangt.

Diese Elementarlösungen erhalten die verkehrliche Bindung, sofern ein vollwertiger Ersatz gestellt wird. Die erforderlichen Ressourcen (Fahrzeuge, Personal) können aus einer bestehenden Reserve genommen oder durch Durchtauschen mit anderen Linien oder den Wegfall einer überschlagenen Wende gewonnen werden.

Sofern der Ersatzzug oder das Ersatzpersonal in der geplanten Trasse verkehren, ergeben sich keine Wartezeiten. Wartezeiten können aus einer verspäteten Bereitstellung oder durch andere Zugeigenschaften des Ersatzzuges, verbunden mit höherer Beförderungszeit, entstehen. Synchronisationszeiten können entstehen, wenn der Ersatzzug die Reisenden aus dem Regelzug am Beginn eines Teilausfalls aufnehmen soll.

Die Elementarlösungen können zu Beginn einer Zugfahrt, am Konfliktort (z. B. bei Anschlusskonflikten) oder (deutlich) hinter dem Konfliktort angewendet werden.

Wesentliche Einschränkungen für die Anwendung dieser Elementarlösung ergeben sich dadurch, dass jedes Ersatzfahrzeug technisch geeignet sein sollte und die nötige Kapazität aufweisen muss sowie Ersatzpersonal erforderlich ist. Letzteres muss für den Ersatz qualifiziert sein und über genügend Arbeitszeit verfügen. Sofern der Ersatzzug aus einer Reserve genommen wird, lässt er sich bis zu seiner Rückkehr, die insbesondere im Fernverkehr viele Stunden dauern kann, nicht für einen anderen Einsatz verwenden.

Freigabe für die Nutzung anderer Fahrten

Zur Lösung von Anschlusskonflikten kann Reisenden, die Fahrkarten mit Zugbindung oder für bestimmte Produkte nutzen, die Nutzung anderer Zugfahrten gestattet werden. Die betrieblichen Auswirkungen beschränken sich auf eine höhere Auslastung der freigegebenen Fahrten und eine damit im Zusammenhang stehende längere Fahrgastwechselzeit. Diese Elementarlösung setzt ausreichend freie Kapazität in den freigegebenen Zugfahrten über den gesamten relevanten Zuglauf voraus. Darüber hinaus müssen für die umzuleitenden Reisenden relevante Verkehrshalte gegeben sein. Die Lösung lässt sich nur zusammen mit der Umleitung der Reisenden anwenden und eignet sich insbesondere bei (Teil-)Ausfall von Zugfahrten und Verkehrshalten.

Lösungen außerhalb des Systems Bahn

Zur Lösung von Anschluss- und Personalumlaufkonflikten eignen sich auch Elementarlösungen außerhalb des Systems Bahn, z. B. die Bestellung von Taxen, Bussen, Leihfahrrädern, Carsharing-Angeboten, notfalls Hubschraubern (Nordseeinseln) und die Buchung von Hotels.

3.3.2.5 Konfliktlösungsmethode

Um die negativen Wirkungen der Elementarlösungen abzuschwächen, können Elementarlösungen zu möglichen Konfliktlösungsalternativen miteinander kombiniert werden (vgl. Kap. 3.3.2.6). Dazu sowie zur Auswahl einer Konfliktlösungsalternative existieren verschiedene Methoden, die in Kapitel 3.3.2.5 dargestellt sind. Für die zu lösenden Konflikte soll die „beste" Lösung entsprechend einer festzulegenden Zielfunktion (vgl. Kap.3.3.2.7) gefunden werden. Für die Lösung eines Konflikts bestehen in der Regel mehrere Möglichkeiten. Diese beeinflussen wiederum weitere Züge und strahlen so ggf. ins Netz aus. Dadurch wächst die Rechenzeit für die Konfliktlösung meist stärker mit der Anzahl der Züge als über ein Polynom beschreibbar (somit also „nicht polynominell").

Im Zielkonflikt zwischen einer möglichst guten Lösung und der Rechenzeit existieren mehrere grundsätzlich verschiedene Methoden, die bereits mindestens in der Wissenschaft Anwendung für Teilprobleme der Konfliktlösung gefunden haben und die sich auch miteinander kombinieren lassen. Die Qualität der Konfliktlösung hat unmittelbar Auswirkungen auf die Produktionskosten. Z. B. kann sie die Kapazität eines Infrastrukturelements beeinflussen und so zu einer Steigerung oder Reduktion der Kapazität des Netzes führen. Daher kommt der Qualität der Lösung eine hohe Bedeutung zu.

Gleichzeitig sind die Anforderungen an die Rechenzeit hoch. In der Planung sind in der Regel zahlreiche Konflikte zu lösen, im Betrieb ist eine schnelle Reaktion erforderlich.

Daher besteht nicht die Möglichkeit, alle denkbaren Konfliktlösungsalternativen durchzurechnen (vollständige Enumeration) und zu bewerten. Die Probleme sind daher entweder vor ihrer Lösung stark im Hinblick auf ihre Größe zu reduzieren, oder es muss eine Näherungslösung akzeptiert werden. Oft wird eine Kombination aus beidem gewählt. Geeignete Lösungen, die von der Konfliktart abhängen, enthält Kapitel 3.3.2.6.

Zur Reduktion der Rechenzeit kann die Granularität des Inputs (vgl. Kap. 3.1) erhöht werden. Die Reduktion des Lösungsraums erfolgt üblicherweise heuristisch. Im Falle einer Näherungslösung können die Bedingungen für den Abbruch der Lösungssuche durch die Festlegung von z. B. rechenzeitlichen Schranken oder durch problemspezifische fachliche Einschränkungen des Lösungsraums erfolgen.

Wird auf diesem Weg keine „gute“ Lösung gefunden, kann der Lösungsraum heuristisch oder durch Veränderung der Schranken erweitert werden. Aufgrund der Problemgröße ist daher eine Kombination aus mehreren Methoden, die Heuristiken zur Eingrenzung des Lösungsraums und der Suchtiefe enthält, am geeignetsten. Die Rechenzeit wird oftmals auch dadurch reduziert, dass nicht alle Elementarlösungen untersucht werden (z. B. kein Biegen in der Planung), absolute Hierarchien (Ränge) genutzt werden oder der Lösungszeitraum eingeschränkt wird.

Input der Methoden sind die gewünschten Lagen der Züge (Planung) oder die prognostizierten Lagen der Züge (Betrieb). Ergebnis ist eine konfliktarme oder -freie (operative) Planung.

Die am häufigsten verwendeten Methoden zur Konfliktlösung können unterschieden werden nach exakten Verfahren (mathematische Programmierungsansätze und vollständige Enumeration) sowie Näherungslösungen. Näherungslösungen lassen sich differenzieren nach Nutzung von Prozesskompetenz (Heuristiken), Verwendung von deskriptivem Prozesswissen (KI) und mathematischen Näherungen (metaheuristische Methoden).

Welche Lösung – unabhängig von der Methode – die „beste“ Lösung ist, hängt nicht nur von der Zielfunktion, sondern auch von den Randbedingungen ab. Einerseits kommt daher bei mathematischen Programmierungsansätzen einer vollständigen Berücksichtigung aller Randbedingungen eine große Relevanz für das Ergebnis zu. Andererseits können sich die Randbedingungen hinsichtlich ihrer Härte unterscheiden, z. B. aufgrund der relativen Wichtigkeit eines Anschlusses oder der zunehmenden Unsicherheit mit zunehmendem Prognosehorizont. Eine geeignete Methode sollte diese unterschiedliche „Härte“ berücksichtigen können.

Bei exakten Verfahren kann aufgrund der Problemgröße und -komplexität die Rechenzeit für die zu unterstützenden Prozesse zu groß werden. Zudem wird, wenn aufgrund der gesetzten Randbedingungen der Lösungsraum leer ist, die nachträgliche heuristische Relaxation der Randbedingungen erforderlich werden, wodurch die Handhabbarkeit der Modelle eingeschränkt wird.

Bei Näherungsverfahren führt eine Verwendung von mehr problemspezifischer Kompetenz üblicherweise zu einer besseren Ergebnisqualität.

Auf öffentlichen Infrastrukturen müssen die Lösungen von Belegungskonflikten regulierungskonform und diskriminierungsfrei unter Berücksichtigung des regulatorischen Rahmens (vgl. Kap. 2.1 und 2.3) und daher je 2-Zug-Konflikt einzeln nachvollziehbar sein (vgl. Kap. 3.3.2.1). Dies lässt sich bisher nur mit heuristischen Verfahren erreichen.

Zur Reduktion von Problemgröße und -komplexität und damit der Rechenzeit kann – soweit möglich – eine Zerlegung in Teilprobleme genutzt werden, verbunden mit einer Adressierung der verschiedenen Teilprobleme mit adäquaten, ggf. unterschiedlichen Methoden.

3.3.2.6 Konfliktlösung (KL)

Vorgehen für alle Konfliktarten

Um eine möglichst gute Konfliktlösung zu erreichen, ist die Kombination von Elementarlösungen aus Kapitel 3.3.2.4 anhand der in Kapitel 3.3.2.5 dargestellten Methoden sinnvoll. Dies sei anhand zweier typischer Beispiele illustriert.

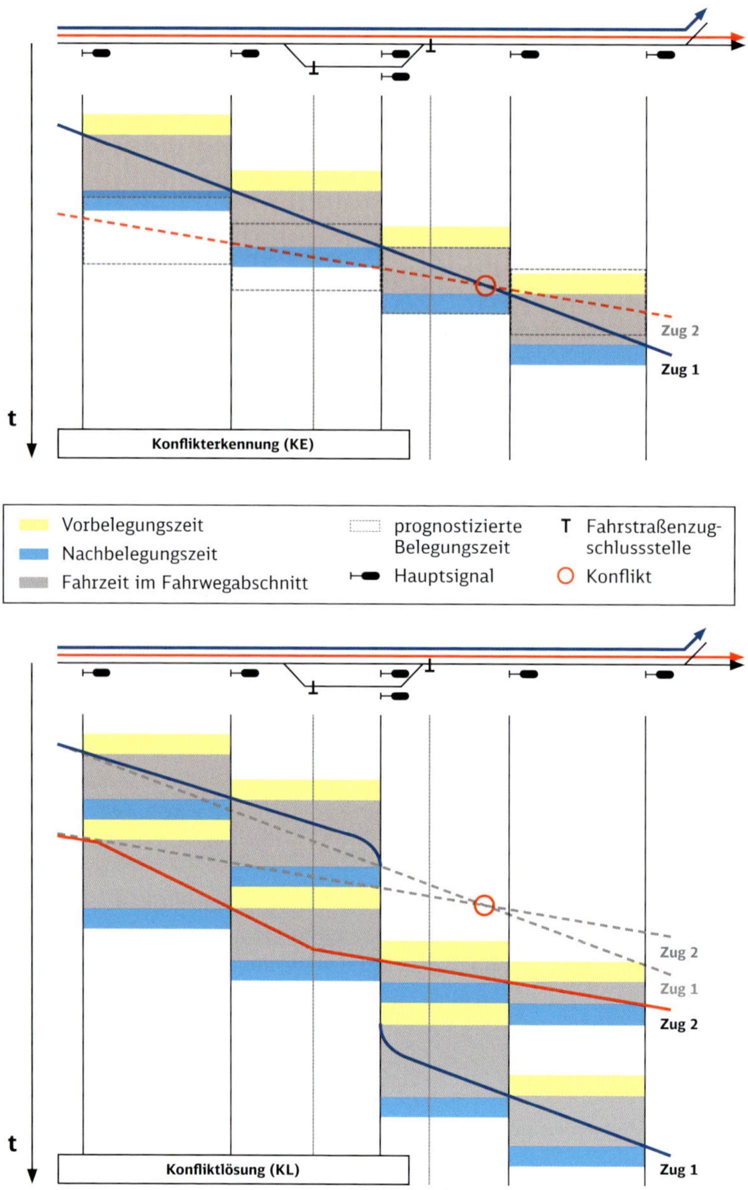

Abb. 3-54: Kombination mehrerer Elementarlösungen bei einer Überholung Abbildung: BFV/Oetting/Crespo

Bei einer Überholung (siehe Abb. 3–54) im Betrieb zur Lösung eines Belegungskonflikts kann die Wartezeit für den überholten Zug dadurch reduziert werden, dass er vor der Überholung negativ gebogen wird. Um Energie zu sparen und ggf. die Mindestüberholungsspanne zu reduzieren, kann der überholende Zug positiv gebogen werden. Zum Verspätungsabbau ergibt sich nach der Überholung für den überholten Zug ebenfalls negatives Biegen.

Verallgemeinert gilt, dass die Wirkungen auf die Zugfahrt 2 durch Elementarlösungen, die auf ein früheres Eintreffen der Zugfahrt 1 am Konfliktort zielen, oft verringert werden können.

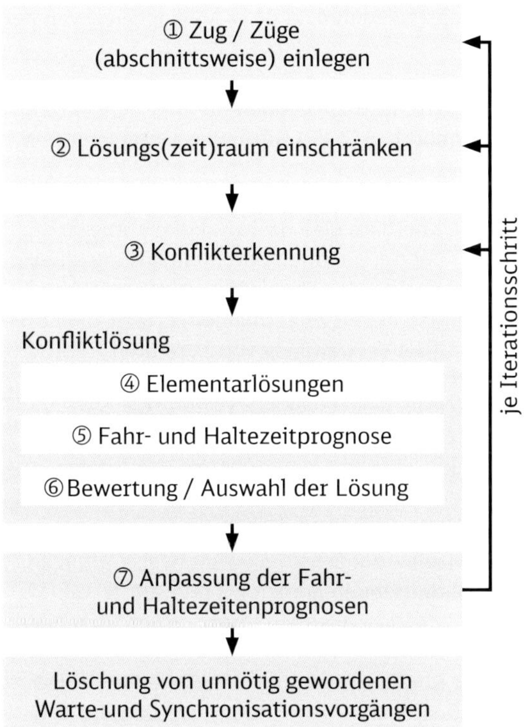

Abb. 3-55:
Vorgehen zur Konfliktlösung
Abbildung: BFV/Oetting

Ziel dieses Kapitels ist, unterschiedliche Elementarlösungen gegeneinander abzuwägen und das Vorgehen bei der Kombination von Elementarlösungen zu Konfliktlösungsalternativen darzustellen. Dies erfolgt weitgehend unabhängig von der gewählten Konfliktlösungsmethode. Zudem werden je Konfliktart Möglichkeiten zur Reduktion der Rechenzeit dargestellt, die die Wahl der Granularität von Infrastruktur- und Zugeigenschaften, die Größe des Lösungs(zeit)raums, die Einschränkung der berücksichtigten Elementarlösungen, eine Dekomposition des Problems sowie Möglichkeiten, um den Lösungs(zeit)raum nur teilweise zu durchsuchen, umfassen (vgl. auch Crespo et al. 2023).

Sofern eine Konfliktlösungsalternative mehrere Elementarlösungen enthält, können beide Züge Wartezeiten erleiden. Beispielsweise führt in der Abbildung 3–54 (rechte Seite) das positive Biegen des überholenden Zuges vor der Überholung zu Wartezeiten für diesen Zug.

Das grundsätzliche Vorgehen bei der Untersuchung mehrerer Konfliktlösungsalternativen für die Konfliktlösung ist im Weiteren und in Abbildung 3–55 dargestellt (vgl. Stelzer 2016; Crespo 2020; Steinbach, Crespo 2021a; Crespo et al. 2022). Abhängig von der gewählten Konfliktlösungsmethode können zwei oder mehrere Schritte gleichzeitig bearbeitet werden.

1. Zunächst werden ein Zug, mehrere oder alle Züge über einen Teil oder ihren gesamten Laufweg konfliktbehaftet, d. h. ohne Konfliktlösung, „eingelegt" (vgl. für Belegungskonflikte die linke Seite der Abb. 3–54). Grundlagen sind die Fahrzeitprognose, die Belegungszeitrechnung und die Fahrzeitzuschläge aus Kapitel 3.2.

2. Zur Reduktion der Rechenzeit kann der Lösungs(zeit)raum, z. B. in Abhängigkeit von der aktuellen Zeit, eingeschränkt werden.

3. Daran schließt sich die Konflikterkennung für den nächstliegenden Konflikt oder für den Lösungs(zeit)raum an (vgl. Kap. 3.3.2.3). In Abbildung 3–50 würde das Unterschreiten der Mindestbindungszeit erkannt.

4. Bei der Konfliktlösung für einen oder mehrere Konflikte gleichzeitig sind die Auswirkungen auf Folgekonflikte zu berücksichtigen. Letztere können durch die Lösung eines 2-Zug-Konflikts ohne weitere Elementarlösungen zufällig mit gelöst werden, bestehen bleiben oder neu entstehen. Um Rückkopplungsschleifen zu vermeiden, erfolgt die Lösung der Konflikte grundsätzlich nach der Zeit (bei Verwendung von absoluten Prioritäten: je Rang nach der Zeit).
   Je zu lösendem Konflikt werden grundlegende Elementarlösungen ausgewählt, anhand derer die Konfliktlösungsalternativen erstellt werden können. Zur Reduktion der Lösungszeit können verschiedene Konfliktlösungsalternativen parallel entwickelt werden.

5. Je Konfliktlösungsalternative wird die Fahr- und Haltezeitprognose „testweise" angepasst. Diese kann – zur Reduktion der Rechenzeit – zunächst näherungsweise erfolgen. Daraus lassen sich die Warte- und Synchronisationszeiten an den als relevant festgelegten Fahrzeitmesspunkten sowie Folgekonflikte einschließlich ihrer Schwere erkennen.

6. Anhand der Wirkungen (vgl. Kap. 3.3.2.4) der Konfliktlösung, ggf. einschließlich Folgekonflikten (siehe unten) und der Gefahr von Deadlocks (siehe unten), werden die Konfliktlösungsalternativen unter Verwendung der Zielfunktion (vgl. Kap. 3.3.2.7) bewertet und die beste Variante ausgewählt.

7. Für die beste Variante werden die „testweise" erstellten Fahr- und Haltezeitprognosen dauerhaft übernommen. Sofern in Schritt 5 Näherungen verwendet wurden, erfolgt in diesem Schritt die genaue Rechnung entsprechend Kapitel 3.2.

Dieses Vorgehen wird in der Regel je Konflikt oder für mehrere Konflikte zusammen (ein Iterationsschritt) ganz oder teilweise (z. B. ab Schritt 2) durchlaufen.

Schließlich können Warte- und Synchronisationszeiten, die aufgrund einer früheren Konfliktlösung entstanden sind, jedoch nicht mehr zur Konfliktlösung erforderlich sind, eliminiert werden, soweit dadurch keine neuen Konflikte entstehen.

Im Weiteren werden die Berücksichtigung von Folgekonflikten sowie die Besonderheiten für die verschiedenen Konfliktlösungsarten dargestellt.

Folgekonflikte

Jede Konfliktlösungsalternative kann für einen oder beide am Konflikt (im Weiteren: Erstkonflikt) beteiligten Züge zu weiteren Konflikten (im Weiteren: Folgekonflikt) führen. Bei einer Verspätung des ersten Zuges $t_{V1} < t_{11}$ in Abbildung 3-33 könnte beispielsweise der zweite Zug verschoben werden. Dadurch würde jedoch die Fahrt des dritten Zuges zur gewünschten Zeit verhindert werden. Die Wahrscheinlichkeit von Folgekonflikten steigt mit zunehmender Anzahl von Bindungen pro Zeiteinheit.

Die Berücksichtigung von ausgewählten Folgekonflikten und deren mögliche Lösung sind notwendige Voraussetzung, um bei der Konfliktlösung ein nur lokales Optimum zu vermeiden. Sie kommen daher bei Konfliktlösungsmethoden zum Einsatz, die nicht den kompletten Lösungsraum berücksichtigen.

Die Bestimmung dieser Folgewirkungen hilft zudem, das Ausstrahlen einer Konfliktlösung in das Netz abzuschätzen. Als weitere Nutzen bei der Lösung von Belegungskonflikten für eingleisige Strecken werden die Gefahr von Deadlocks reduziert und die Kapazität durch Richtungsbündelung gesteigert. Letzteres betrifft insbesondere auch Eingleisigkeiten infolge Infrastrukturmaßnahmen.

Da die Berücksichtigung von Folgekonflikten den Lösungsraum stark vergrößert, muss dies rechenzeitarm erfolgen. Als weitere Anforderung ist die zunehmende Unsicherheit mit wachsendem Abstand zum Erstkonflikt zu berücksichtigen. Diese resultiert daraus, dass zwischen dem Erstkonflikt und einem Folgekonflikt weitere ungelöste Konflikte dritter Züge existieren können, deren Lösung zu einer Veränderung oder Lösung des Folgekonflikts führen können. Im Betrieb resultieren weitere Unsicherheiten aus den nicht vorhersehbaren Urverspätungen. Daher werden Warte- und Synchronisationszeiten aus Folgekonflikten im Vergleich zu den entsprechenden Zeiten infolge des Erstkonflikts schwächer gewichtet. Außerdem ergibt sich auch daraus die Sinnhaftigkeit der Begrenzung des Lösungs(zeit)raums.

Für die Abschätzung der Wirkungen von Folgekonflikten kann die gleiche oder eine andere Konfliktlösungsmethode als für die Erstkonflikte gewählt werden. Aufgrund der Forderung hinsichtlich der Rechenzeit, des deutlich größeren Lösungs(zeit)raums durch Folgekonflikte und der zunehmenden Unsicherheit kommen üblicherweise gröbere Näherungen zur Anwendung als bei den Erstkonflikten.

Die Folgekonflikte werden je Konfliktlösungsalternative für den Erstkonflikt und jeden der beiden Züge berechnet. Dabei werden auch Folgekonflikte für einen am Erstkonflikt beteiligten Zug, der durch die Konfliktlösung des Erstkonflikts nicht beeinträchtigt wird, berücksichtigt.

Ergebnis der Berechnungen ist die Abschätzung der Warte- und Synchronisationszeiten für Folgekonflikte als Grundlage für die Bewertung der Lösungen des Erstkonflikts. Die Anpassung der Fahr- und Haltezeitprognose (Schritt 7 in Abbildung 3-55) umfasst nicht die Lösung der Folgekonflikte, da diese von der Lösung weiterer Konflikte abhängt.

Spezifika Belegungskonflikte

Allgemeines

Ergänzend zu dem grundsätzlichen Vorgehen zur Konfliktlösung existieren Spezifika je Konfliktart. Diese werden in diesem und den weiteren Unterkapiteln dargestellt.

Viele der in Kapitel 2 genannten Prozesse erfordern die Lösung von Belegungskonflikten. Dies sind Angebotsplanung, Fahrplanung, Planung von Infrastrukturmaßnahmen, Ausregelung des Fahrplans nach der Festlegung der Infrastrukturmaßnahmen sowie Betrieb. Zudem sind Belegungskonflikte und ihre Lösung der Hauptfokus der EBWU.

Ergebnis der Konfliktlösung ist ein (operatives) Trassengefüge, das (weitgehend) konfliktfrei ist. Eine energetische Optimierung der resultierenden Zeit-Wege-Linie (vgl. Kap. 3.2.9) ist insbesondere im Betrieb sinnvoll.

Für eine automatische Lösung von Belegungskonflikten stehen die Elementarlösungen Verschieben, Biegen, Reihenfolgeänderung, alternativer Fahrweg im Knoten und ggf. Umleitung einer Zugfahrt zur Verfügung. Ausfall und Teilausfall erfordern in der Regel eine menschliche Entscheidung.

Die Elementarlösung positives Biegen steigert durch die Harmonisierung der Geschwindigkeiten zweier aufeinanderfolgender Züge die Kapazität und vermindert so Wartezeiten nachfolgender Züge. Es eignet sich daher besonders für den Betrieb und für den Gelegenheitsfahrplan, bei dem zusätzliche Züge in im Fahrplan verbliebene freie Zeitfenster eingeplant werden. Gleichzeitig erhöht positives Biegen die Beförderungszeit, sodass es bei Fahrplänen, die über einen längeren Zeitraum gültig sind (z. B. Jahresfahrplan) im Personenverkehr üblicherweise vermieden wird.

Aus dem Verschieben oder der Reihenfolgeänderung resultierende Wartezeiten erfordern eine geeignete Warteposition.

Bei der

- Einfahrt in einen Bahnhof existiert zwischen Gesamtfahrstraßenknoten und Gleisgruppe und bei der

- Ausfahrt aus einem Bahnhof zwischen dem Gesamtfahrstraßenknoten und der Strecke

keine Warteposition.

Hat ein einfahrender Zug beispielsweise je einen Konflikt im Gesamtfahrstraßenknoten und in der Gleisgruppe, ergibt sich als Wartezeit für diesen Zug das Maximum der Wartezeiten aus beiden Konflikten. Dieses kann auch den Wert null annehmen, sofern für beide Konflikte die Konfliktlösungsalternativen ein Warten des jeweils anderen Zuges vorsehen. Hat der einfahrende Zug z. B. mehr als einen Konflikt im Gesamtfahrstraßenknoten, werden die weiteren Konflikte als Folgekonflikte mit berücksichtigt.

Auch die Strecke stellt keine geeignete Warteposition dar, da andere Züge beeinträchtigt werden können. Daher sollte die Wartezeit des einfahrenden Zuges möglichst bereits im vorigen Bahnhof oder im vorigen Verkehrshalt (vgl. Kap. 3.3.2.4) angeordnet werden.

Reduktion Rechenzeit

Zur Reduktion der Rechenzeit kommen grundsätzlich die fünf oben bereits genannten Möglichkeiten in Betracht (vgl. Kap. 3.3.2.5).

Durch eine grobgranularere Modellierung lässt sich die Rechenzeit grundsätzlich reduzieren. Die Verwendung von Mindestzugfolgezeiten erschwert jedoch die Anwendung der Elementarlösung „Biegen". Gleichzeitig kann das Zacken-Lücken-Problem auftreten (vgl. Kap. 3.2.4.4).

Der Lösungs(zeit)raum für Belegungskonflikte im Betrieb liegt üblicherweise in dem Zeitfenster zwischen fünf und 30 Minuten ab der aktuellen Zeit. Für die Planung existieren in der Praxis keine Festlegungen.

Bei Verwendung von Rängen ergibt sich je Konflikt nur eine Lösung (Reihenfolgeänderung ja/nein). Dabei wird jedem Zug eine Rangordnung zugewiesen. Sie wird aus der Zuggattung, der befahrenen Strecke (z. B. GV-Vorrangstrecke), ggf. dem Trassenpreissystem oder regulatorischen Vorgaben abgeleitet. Im Falle eines Konflikts hat der Zug mit dem höheren Rang Vorrang, sodass der niederrangige Zug eine Wartezeit in Höhe von t_{KL} erleidet. Bei Gleichrang kann z. B. die Reihenfolge der Züge unverändert gelassen werden.

Soll eine Belegung durch einen niederrangigen Zug j, der in geringerem Abstand als $t_{Z,ji}$ vor dem Zug i eintrifft, erfolgen, erleidet der niederrangige Zug eine Wartezeit von bis zu $t_{Z,ji} + t_{Z,ij}$ (bei Eintreffen von etwas weniger als $t_{Z,ji}$ vor Zug i). Die Bindungszeit erhöht sich gegenüber der Mindestzugfolgezeit $t_{Z,ij}$ um die Dispositionsbelegungszeit $t_{Z,D,ij} = t_{Z,ji}$. Es gilt:

$$t_{Z,D,ij} = \begin{cases} +\alpha \cdot t_{Z,ji} & \text{bei Vorrang Zug i vor Zug j} \\ 0 & \text{bei Gleichrang} \\ -\alpha \cdot t_{Z,ij} & \text{bei Vorrang Zug i vor Zug j} \end{cases}$$

mit

$0 \leq \alpha \leq 1$ zur Abbildung von absolutem ($\alpha = 1$) und partiellem Vorrang ($0 < \alpha < 1$).

Neben den oben angeführten Problemen kann die Zuweisung von Randordnungen zu Zugfahrten einer adäquaten Grundlage entbehren. Je mehr Randordnungen verwendet werden, desto höher sind zudem die entstehenden Wartezeiten.

Spezifika Infrastrukturverfügbarkeitskonflikte

Allgemeines

Typische Prozesse, die Infrastrukturverfügbarkeitskonflikte behandeln, sind die Planung von Infrastrukturmaßnahmen sowie der Betrieb, einschließlich Störungen und ungeplanter Infrastrukturmaßnahmen. Auch Fahrzeugstörungen können durch liegen gebliebene Züge zu Infrastrukturverfügbarkeitskonflikten führen.

Ergebnis der Konfliktlösung ist – wie bei Belegungskonflikten – ein (operatives) Trassengefüge, das (weitgehend) konfliktfrei ist. Grundlegende Elementarlösungen bei Verfügbarkeitskonflikten sind das Zurückhalten von Zügen (Biegen, Verschieben), alternativer Fahrweg im Knoten (bei Einschränkungen in nur einem Knoten), Umleitung einer Zugfahrt sowie vorzeitige Wende, Ausfall und Teilausfall. Da nur ein Zug in den Konflikt involviert ist (der andere Konfliktpartner ist die nicht verfügbare Infrastruktur), können die Elementarlösungen nur auf den einen Zug angewendet werden.

Reduktion Rechenzeit

Aufgrund der oft großräumigen Wirkungen von Infrastruktureinschränkungen eignen sich eine grobgranularere Modellierung sowie die Einschränkung der verwendeten Elementarlösungen auf Maßnahmen des Entfalls und Ersatzes des Angebots.

Spezifika Anschlusskonflikte

Allgemeines

Die Berücksichtigung von Anschlusskonflikten ist für die Angebotsplanung, die Ausregelung des Fahrplans nach Festlegung der Infrastrukturmaßnahmen sowie für den Betrieb besonders relevant. Sie empfiehlt sich zudem für die Fahrplanung.

Ergebnis der Konfliktlösung (Stelzer 2016) ist ein (operatives) Angebotskonzept, das (weitgehend) konfliktfrei ist. Die darin enthaltenen zusätzlichen Halte werden durch das EVU festgelegt und heißen daher „Verkehrshalte". Die Haltezeitverlängerungen infolge Anschlussgewährung heißen Synchronisationszeiten.

In einem Zug befinden sich meist Reisende mit unterschiedlichen Zieldestinationen. Somit werden bei einer betrieblichen Abweichung Untersuchungen von vielen verkehrlichen Abweichungen mit unterschiedlichen Lösungen erforderlich. Das zu lösende Problem ist dadurch noch komplexer als bei der Lösung von Belegungskonflikten.

Belegungskonflikte haben einen großen Einfluss auf die Synchronisationszeiten. Beispielsweise können Belegungskonflikte zu einem zeitlichen Mindestabstand im Zulauf auf den Anschlussbahnhof führen. Dies gilt insbesondere bei Knoten des integralen Taktfahrplans. Auch können Belegungskonflikte in der Gleisgruppe das Eintreffen des Zubringers verzögern. Daher ist – mindestens eine partielle – Berücksichtigung von Belegungskonflikten bei der Lösung von Anschlusskonflikten zu empfehlen.

Für die Lösung von Anschlusskonflikten gibt es zwei grundlegende Alternativen: das Halten des Anschlusses und die Aufgabe der Anschlussbindung, verbunden mit der Umleitung der Reisenden.

Im Falle des Haltens des Anschlusses können grundsätzlich alle in Kapitel 3.3.2.4 genannten Elementarlösungen zur Anwendung kommen. Elementarlösungen, die auf ein früheres Eintreffen des Zubringers am Konfliktort zielen, sind insbesondere negatives Biegen, ein alternativer Fahrweg im Knoten zum Erreichen einer geringeren Bindungszeit (z. B. Anschluss am gleichen Bahnsteig) oder – selten der Ausfall eines Verkehrshalts oder ein Fahrtrichtungswechsel mit zwei Tf. Bei großer Verspätung des Zubringers und hoher Anzahl von Reisenden, die umsteigen, kann ausnahmsweise auch ein zusätzlicher Zug infrage kommen. Auch wird vor größeren Knoten in der Regel auf eine Überholung des Zubringers verzichtet. Sofern das Halten des Anschlusses das Verschieben des Abbringers erfordert, ist diese Lösung nur zulässig, wenn die Wartezeitregelung (vgl. Kap. 2.3.3) eingehalten oder deren Überschreitung genehmigt ist.

Im Falle der Aufgabe der Anschlussbindung am vorgesehenen Bahnhof können die Alternativrouten für die Reisenden (Umlenkung der Reisenden) anhand klassischer Algorithmen der Fahrplanauskunft ermittelt werden. Die Wirkungen für die Reisenden können gemildert werden durch die Freigabe anderer Fahrten, durch einen zusätzlichen Verkehrshalt des Zu- oder des Abbringers in einem von beiden durchfahrenen Bahnhof zur räumlichen Verschiebung des Anschlusses, durch einen zusätzlichen Verkehrshalt zur Bedienung einer wichtigen Destination oder zur Herstellung eines Anschlusses auf einen dritten Zug sowie durch Lösungen außerhalb des Systems Bahn.

Reduktion Rechenzeit

Aufgrund der oft großräumigen Wirkungen eignen sich eine grobgranularere Modellierung und eine Einschränkung auf bestimmte Zug-Produkte, um die Rechenzeit zu reduzieren. In jedem Fall müssen das Halten und das Aufgeben des Anschlusses untersucht werden.

Spezifika Umlaufkonflikte

Allgemeines

Viele der in Kapitel 2 genannten Prozesse erfordern die Lösung von Umlaufkonflikten. Dies sind Angebotsplanung, Fahrlagenplanung, Ausregelung des Fahrplans nach der Festlegung der Infrastrukturmaßnahmen sowie der Betrieb.

Ergebnis der Konfliktlösung ist ein (operatives) Angebotskonzept, das (weitgehend) konfliktfrei ist. Es enthält bei Fahrzeugumläufen eventuell erforderliche Zeiten für die Bereitstellung (vgl. Kap. 2.1.2) und bei Personalumläufen Pausen- und Ruhezeiten.

Für eine automatische Lösung von Umlaufkonflikten kommen die Elementarlösungen Biegen, Verschieben, Reihenfolgeänderung, alternativer Fahrweg im Knoten, Umleitung einer Zugfahrt (auch für Überführung von Fahrzeugen), Ausfall, Teilausfall, vorzeitige Wende und zusätzlicher Zug/zusätzliches Personal (einschl. Tausch mit anderen Leistungen und Wegfall einer überschlagenen Wende) zur Anwendung.

Um Leerfahrten zu vermeiden, kann ein geplanter Zug verstärkt werden; zum Freisetzen von benötigten Fahrzeugen kann ein geplanter Zug geschwächt werden.

Bei der Lösung eines Umlaufkonflikts ist grundsätzlich beim Verlassen des geplanten Umlaufs zu prüfen, ob ein Umlauftag dadurch an einem anderen als dem geplanten Ort endet. Falls dies eintritt, können weitere Maßnahmen (Leerfahrt, Personalüberführung ...) erforderlich werden.

Das Flügeln und das Vereinen von Zügen sind ebenfalls wie ein Umlauf zu behandeln. Als Konfliktlösung beim Vereinen von Zugteilen eignet sich bei großer Verspätung eines Zugteils auch die zusätzliche Zugfahrt des verspäteten Zugteils auf dem gemeinsamen Laufweg der beiden Züge.

Reduktion Rechenzeit

Aufgrund der oft großräumigen Wirkungen eignen sich eine grobgranularere Modellierung und die Beschränkung auf bestimmte Zug-Produkte, um die Rechenzeit zu reduzieren. In jedem Fall müssen das Halten und das Aufgeben der Umlaufbindung untersucht werden. Diese lassen sich unabhängig voneinander und daher parallel berechnen.

Spezifika Störfälle

Störfälle führen zu einem größeren Anpassungsbedarf gegenüber dem Fahrplan, der zudem alle Konfliktarten umfasst, als beim üblichen Verspätungsrauschen (vgl. Kap. 2.3.6). Gleichzeitig sind in der Regel größere Netzteile betroffen, und für die erforderliche Vielzahl von Entscheidungen steht nur vergleichsweise wenig Zeit zur Verfügung. Der Begrenzung der Rechenzeit kommt daher eine noch größere Bedeutung zu, verbunden mit weitreichenderen algorithmischen Vereinfachungen des Problems.

Typische Elementarlösungen für die Konfliktlösung bei Störfällen sind

- Ausfall, Teilausfall, vorzeitige Wende,
- Lösungen außerhalb des Systems Bahn,
- Umleitung einer Zugfahrt,
- Umlenkung der Reisenden

ergänzt um weitere Elementarlösungen, z. B. Verschieben oder Reihenfolgeänderung.

Für die Konfliktlösung können einerseits die gleichen Algorithmen wie für das übliche Verspätungsrauschen, also die in Kapitel 3.3 dargestellten Algorithmen, verwendet werden. Die Mehrheit der existierenden Ansätze nutzt exakte mathematische Modelle wie Integer Linear Programming, Linear Programming (LP) or Mixed-Integer Linear Programming (MILP) (vgl. z. B. Lowerse, Huisman 2014; Ghaemi et al. 2017). Wegen der Problemgröße fokussieren diese Ansätze auf einzelne Teilprobleme und vereinfachen diese Probleme deutlich.

Andererseits existieren Ansätze unter Verwendung von Störfallprogrammen (vgl. Kap. 2.3.6.2). Dazu werden zunächst Störfallprogramme unabhängig von einer konkreten Störung im Vorhinein geplant und dann bei Eintritt einer Störung an diese und die aktuelle betriebliche und infrastrukturelle Situation angepasst (vgl. die Zeilen in Abb. 3–56). Die Störfallprogramme umfassen jeweils ein betriebliches und ein verkehrliches Konzept (vgl. die Spalten in der Abbildung).

	Betriebskonzept		Verkehrskonzept	
	Algorithmen zur	**Ansätze**	**Algorithmen zur**	**Ansätze**
Planung	1. Prüfung der Eignung von generischen Betriebsprogrammen	Chu et al. (2012); Chu (2014); Brauner (2019); Brauner (2023)	2. Entwicklung verkehrlicher Konzepte und Prüfung der verkehrlichen Eignung der Störfallprogramme	Brauner and Oetting (2019); Crespo (2020); Brauner (2023)
Durchführung	3. Anpassung des gewählten Störfallprogramms an die betriebliche Situation	Nakamura et al. (2011); Crespo (2020)	4. Anpassung des entsprechenden Verkehrskonzepts an die betriebliche Situation	Gillich (2019)

Abb. 3-56: Arbeitsschritte Störfallmanagement mit Störfallprogrammen

Die Entwicklung von möglichen Betriebskonzepten erfolgt erfahrungsbasiert manuell. Aufgrund des damit verbundenen Aufwands werden Störfallprogramme nur für Infrastruktureinschränkungen mit hoher verkehrlicher Wirkung oder hoher Eintretenswahrscheinlichkeit und möglichst so generisch erstellt, dass sie größere mögliche räumliche Störungsbereiche abdecken und nicht nach der Verkehrszeit differenzieren. Ergebnis sind mögliche linienspezifische Konfliktlösungen, die u. a. die Betriebsstelle für eventuelle vorzeitige Wenden enthalten.

Diese möglichen Betriebskonzepte werden dann (erster Schritt in der Matrix in oben angeführter Tabelle) hinsichtlich ihrer technischen Machbarkeit und ihrer betrieblichen Eignung untersucht. Für Letztere müssen sowohl die stabile Phase (siehe Abb. 2–42) betrieblich machbar als auch die Einschwingphase kurz sein.

Die Machbarkeit der stabilen Phase setzt voraus, dass die Konflikte für alle Konfliktarten – auch unter Berücksichtigung der störfallbedingten Veränderungen – weitgehend gelöst sind. Dazu gehören erhöhte Belegungszeiten in den Betriebsstellen für die vorzeitigen Wenden und das vorherige Ausstellen von Fahrzeugen sowie geeignete Abstellanlagen.

Für eine verkehrlich attraktive Lösung muss die Einschwingdauer niedrig sein (üblicherweise unter 90 Minuten). Diese ergibt sich als das Maximum der Dauern, bis

- der während der Chaosphase entstandene Stau vor Betriebsstellen für vorzeitige Wenden abgebaut ist,
- die auszustellenden Fahrzeuge ausgestellt sind und

- die in der Chaosphase und infolge der oben angeführten Staus entstandenen Verspätungen abgebaut sind.

Diese drei Dauern lassen sich sowohl für unterschiedliche betriebliche Situationen beim Eintreten des Störfalls simulieren als auch mit Kombinationen verschiedener eisenbahnbetriebswissenschaftlicher Verfahren ermitteln (siehe z. B. die Heuristiken in Brauner 2019).

Sofern ein Betriebskonzept technisch machbar und betrieblich geeignet ist, lässt sich dafür ein Verkehrskonzept automatisiert erstellen und das Störfallprogramm als Kombination aus Betriebs- und Verkehrskonzept bewerten (zweiter Schritt der Matrix in der oben angeführten Abbildung). Randbedingungen für die Bewertung sind die Sicherstellung der Reiseketten und der erforderlichen Transportkapazitäten.

Die Zielfunktion ergibt sich aus einer sehr umfassenden Widerstandsfunktion zur detaillierten Beschreibung der Angebotsqualität im Schienenverkehr, einschließlich der Verspätung am Ziel, der Anzahl der Umstiege etc. (vgl. Verkehrsnachfragemodelle wie in Kapitel 2.1.1 beschrieben). In der Literatur kommen heuristische Methoden für die Erstellung von Verkehrskonzepten und die Bewertung von Störfallprogrammen zum Einsatz (vgl. Brauner, Oetting 2019).

Wenn ein Störungsfall eintritt, wird ein generisches Störfallprogramm ausgewählt und für die betriebliche Situation (Tageszeit, Standort der Fahrzeuge, genaue Lage der Störung, eventuell weitere Infrastruktureinschränkungen ...) angepasst und fahrzeugspezifisch konkretisiert (dritter Schritt in der Matrix in oben angeführter Abbildung; vgl. auch Steinbach, Crespo 2021b). Wesentlich im Hinblick auf eine niedrige Einschwingdauer sind dabei deutlich vorzeitigere Wenden als im Störfallprogramm geplant sowie die Reihenfolge der „Abarbeitung" der Fahrzeuge im Stau vor Betriebsstellen für geplante vorzeitige Wenden.

Insbesondere bei großräumigeren Verkehren ist auch eine niedrige Ausschwingdauer zu berücksichtigen. Zur Lösung dieser Probleme eignen sich Kombinationen von Konfliktlösungsmethoden aus Kapitel 3.3.2.5, z. B. Kombination von genetischen Algorithmen, Tabu Search und Heuristiken (vgl. Crespo 2020).

Als vierter Schritt in der oben angeführten Matrix ist das generische Verkehrskonzept auf das störungsspezifische Betriebskonzept anzupassen. Dies umfasst als Randbedingungen insbesondere die Auslastung der Fahrzeuge im und außerhalb des Systems, die aktuelle Stärke der Reisendenströme sowie die Kapazität der Bahnhöfe. Die Zielfunktion entspricht derjenigen aus Schritt 2. In der Literatur werden diese Probleme anhand exakter und simulativer Methoden gelöst (vgl. Ghaemi et al. 2018; Gillich 2019).

Zusammenfassend lässt sich feststellen, dass die Problemgröße bei Störfällen deutlich höher und die zur Verfügung stehende Zeit für automatisierte Entscheidungen deutlich geringer ist als beim üblichen Verspätungsrauschen. Daher werden oft keine Konfliktlösungsalternativen entwickelt und vergleichend bewertet, sondern ohne Einschränkung auf eine bestimmte Konfliktlösungsmethode genau eine Konfliktlösung generiert.

3.3.2.7 Zielfunktion

Die möglichen Konfliktlösungsalternativen (als Kombination) aus Elementarlösungen liegen aus Kapitel 3.3.2.6 vor. Entsprechend dem dort dargestellten Vorgehen (siehe Abb. 3.3.2.6.2) sind als Schritt 6 diese Alternativen zu bewerten und die „beste" auszuwählen. Dazu ist eine entsprechende Bewertungs-/Zielfunktion erforderlich.

Diese basiert auf den in Kapitel 2 dargestellten prozessualen Zielen bei der Konfliktlösung. Die Ziele sind neben der möglichst schnellen Beseitigung von Notlagen:

- geringe Abweichungen von Wunsch (bei der Planung) oder Planung (im Betrieb)
- hohe Kapazität
- geringe Kosten, verbunden mit geringem Fahrzeug- und Personalbedarf
- hohe Attraktivität für die Kunden
- Robustheit der gefundenen Lösung

Verallgemeinernd lässt sich sagen, dass die Auswirkungen auf Betrieb, Verkehr und Wirtschaftlichkeit abzubilden sind. Da aufgrund der Problemgröße in der Regel nur ein Teil der Prozesse aus Kapitel 2 bei der Konfliktlösung abgedeckt wird, kann auch die Zielfunktion entsprechend gegenüber den im Weiteren dargestellten Möglichkeiten problemadäquat reduziert werden.

Im Hinblick auf die Robustheit der gefundenen Lösung sollten die Funktionsform und die Einflussgrößen möglichst stetig gewählt werden. Die Funktionsform, die Wahl ihrer Einflussgrößen und ihre Parametrisierung sollten eine nachvollziehbar vergleichbare Bewertung verschiedener Einflussgrößen ermöglichen (Weiß et al. 2018).

Funktionsform

Sofern mehrere Einflussgrößen x_i in der Zielfunktion berücksichtigt werden, werden diese üblicherweise additiv verknüpft, versehen mit je einem spezifischen Gewicht c_i je Einflussgröße. Die einzelnen Einflussgrößen gehen in der Regel linear in die Funktion ein:

$$\sum_i c_i \cdot x_i$$

Über dieses Standardvorgehen hinaus kann die Verwendung von hierarchisch strukturierten Bewertungsalgorithmen sinnvoll sein, z. B. zur Abbildung des absoluten Vorrangs von dringlichen Hilfszügen im Betrieb. Im Weiteren werden typische Einflussgrößen und die Bestimmung der entsprechenden Gewichte dargestellt.

Typische Einflussgrößen

Die Einflussgrößen ergeben sich aus den oben angeführten Zielen der Konfliktlösung. Typischerweise werden die Abweichungen von der Wunsch- oder Planlage anhand der Warte-

oder Synchronisationszeiten beschrieben. Da mit steigender Kapazitätsauslastung auch die Wartezeiten aus Belegungskonflikten steigen, wird anhand der Wartezeiten das Ziel einer möglichst geringen Kapazitätsauslastung abgedeckt. Auch beschreiben die zugbezogenen Warte- und Synchronisationszeiten die zusätzliche Ressourcenbindung, die im Wesentlichen von der Einsatzdauer der Ressourcen abhängt, gut.

Gegenüber den Kenngrößen Pünktlichkeit und Planmäßigkeit bieten die Warte- und Synchronisationszeiten den Vorteil der Berücksichtigung auch ihrer absoluten Höhe der Veränderung. Sie ermöglichen auch, Folgekonflikte vergleichend in die Bewertung einzubeziehen. Neben den betrieblichen Wartezeiten können auch die verkehrlichen Warte- und Synchronisationszeiten der Reisenden genutzt werden.

In beiden Fällen ist festzulegen, an welchen Orten die Wirkungen der Konfliktlösung bestimmt werden sollen. Dies können die Konfliktorte sein. Möglich ist aber auch die Ermittlung für die Orte, an denen die Warte- und Synchronisationszeiten messbare Wirkungen im Hinblick auf die oben angeführten Ziele der Disposition zeigen. Dies können z. B. für Belegungskonflikte die nächsten Fahrzeitmesspunkte und für Anschlusskonflikte die Verspätung des Reisenden an seinem Zielort sein.

Als Einflussgröße für die Zielfunktion kommen sowohl die absoluten Abweichungen von der Wunsch-/Planlage infrage als auch relative Größen wie der Beförderungszeitquotient. Als spezifische Größen für die zu bewertende Konfliktlösungsalternative eignen sich besonders die absoluten Werte der Warte- und Synchronisationszeiten.

Weitere Einflussgrößen in die Zielfunktion können außerplanmäßige Gleis- oder Bahnsteigwechsel, der Konstruktionsspielraum, die (verbleibende) Laufweglänge oder Reiseweite, die Zugauslastung, Halt- und Teilausfall sowie Kosten- und Nachfragewirkungen sein.

Bestimmung der Gewichte der Einflussgrößen

Für die ausgewählten Einflussgrößen sind Gewichte festzulegen. Diese beschreiben die relative Bedeutung der Einflussgrößen zueinander und machen die Einflussgrößen miteinander vergleichbar. Einer dieser Bedeutung entsprechenden Bestimmung der Gewichte kommt daher besondere Relevanz zu.

Typische Gewichtungsfaktoren für **Warte- und Synchronisationszeiten** sind:

- bei Folgekonflikten ihre Eintretenswahrscheinlichkeit,
- die Anzahl der Verkehrstage, an denen die Warte- oder Synchronisationszeit auftritt,
- die Anzahl der betroffenen Reisenden oder der Wert der betroffenen Güter,
- die betroffenen TPS- oder EVU-Produkte oder
- vorher festzulegende Ränge.

Die Festlegung von Werten für die beiden letztgenannten Gewichte sollte einer Objektivierung standhalten.

Für die Gewichtung von außerplanmäßigen Wartezeiten gegenüber planmäßigen Zeiten liegen Erhebungen der Reisenden vor, die Werte zwischen 2,0 und 3,0 ergeben. Im Güterverkehr liegen die Werte zwischen 1,0 und 2,0.

Auch kann die Gewichtung von der absoluten Höhe der Einflussgröße abhängig sein. Beispielsweise kann eine zusätzliche Verspätung eines ohnehin stark verspäteten Zuges geringere Auswirkungen auf die Verspätungslage im Netz haben als eine zusätzliche Verspätung eines planmäßigen Zuges in gleicher Höhe.

Um die Vergleichbarkeit zwischen Wartezeiten und **Bahnsteigwechseln** sicherzustellen, sollte der Gewichtungsfaktor für Bahnsteigwechsel beschreiben, wie ihn Reisende im Vergleich zu einer Minute außerplanmäßiger Wartezeit wahrnehmen. Typische Werte liegen bei ca. fünf Minuten.

Die Wirkungen von **Halt- und Teilausfällen** lassen sich anhand der daraus resultierenden Wartezeiten quantifizieren. Diese hängen von der Bedienungshäufigkeit je Destination ab. Gleiches gilt für gebrochene **Anschlüsse**.

Sofern **Kosten**, z. B. für den Energieverbrauch, in die Zielfunktion einfließen sollen, kann die Vergleichbarkeit zu den anderen Einflussgrößen durch eine Monetarisierung der Wartezeiten, zu der zahlreiche empirische Arbeiten existieren, hergestellt werden. Finden auch **Nachfragewirkungen** Berücksichtigung, können die Wirkungen der Warte- und Synchronisationszeiten darüber abgebildet werden.

Alternativ kommt auch die Bestimmung der Gewichtungsfaktoren anhand in der Praxis beobachteter Konfliktlösungen infrage. Dies bedeutet den Vergleich mit der Lösung eines Menschen, die abhängig vom Entscheider und der Tagesform variieren kann. Falls gewünscht wird, dass die automatisierten Lösungen besser sind als die Entscheidung eines Menschen, empfiehlt sich die Bestimmung der Gewichte anhand von Beobachtungen in der Praxis nicht.

Besonderheiten

Bei **Belegungskonflikten** können bei Vorrangstrecken die Wartezeiten der vorrangigen Züge höher gewichtet werden als die Wartezeiten der anderen Züge. Bei der Fahrplankonstruktion sollte zudem der Ausschöpfungsgrad des Konstruktionsspielraums relativ zum bereits zurückgelegten Anteil des Laufwegs Berücksichtigung finden. Im Betrieb sollten Veränderungen der Relativlage, die Verfrühungen umfassen, ebenfalls negativ bewertet werden, da Verfrühungen – anders als die Planlage – die Gefahr von Folgekonflikten bergen.

Lösungen von **Umlaufkonflikten** können zu einer veränderten Zuführung zur Instandhaltung oder zur Nachtabstellung führen. Daraus können zusätzliche Leerfahrten entstehen, die realisierbar sein müssen und mit zusätzlichen Kosten verbunden sind.

Da die Untersuchung aller Konfliktlösungsalternativen und deren Bewertung aufwendig und rechenzeitintensiv sein kann, kann die hier dargestellte Bewertung bereits bei der Konfliktlösung zur Eingrenzung von Teilbereichen des Lösungsraums, die durchsucht werden sollen, verwendet werden.

Zusammenfassung

Die Auswahl der Einflussgrößen der oft linearen Zielfunktion hängt vom zu unterstützenden Prozess und dem zu lösenden Problem ab. Bei der Wahl der Gewichte der Einflussgrößen ist auf die Vergleichbarkeit der Summanden der Zielfunktion zu achten.

3.3.2.8 Zusammenfassung und Ausblick

Die Konfliktlösung ist in der Regel ein nicht polynominelles Problem. Daher ist grundsätzlich zwischen der Rechenzeit und der Qualität der Ergebnisse bei gleichzeitig hohen Anforderungen an die Rechenzeit abzuwägen.

Um eine niedrige Rechenzeit zu erzielen, lassen sich die Granularität der Eingangsgrößen reduzieren, der Lösungsraum reduzieren oder nur teilweise durchsuchen oder das Problem in Teilprobleme aufteilen. Typisch sind eine abstraktere Infrastrukturmodellierung, die Beschränkung auf einzelne Konfliktarten, bestimmte Elementarlösungen oder die direkte Auswahl einer Lösung ohne Abwägung zwischen Alternativen. Auch unter Berücksichtigung der mit zunehmendem Abstand vom Konflikt wachsenden Unsicherheit wird der Lösungs(zeit)raum in der Regel eingeschränkt.

Auch die Verwendung von Näherungsverfahren anstelle exakter Methoden führt zu der – wichtigen – Begrenzung der Rechenzeit. Bei der Auswahl eines Näherungsverfahrens bedeutet eine Verwendung von mehr problemspezifischer Kompetenz üblicherweise eine bessere Ergebnisqualität. Die Kombination unterschiedlicher Methoden unter Verwendung von Heuristiken eignet sich auch, um den Lösungsraum einzuschränken, Abbruchbedingungen für die Berechnungen zu bestimmen und das Problem in mehrere Teilprobleme aufzuteilen.

Für die Zukunft ist eine zunehmende Automatisierung der Prozesse zu erwarten. Sie erfordert die Entwicklung und Weiterentwicklung von Algorithmen. Zunehmende Qualitätsanforderungen der Kunden und höhere Anforderungen an die Prozessexzellenz schaffen neue Entwicklungsgebiete für die Konfliktlösung. Schnellere Rechner bieten die Möglichkeit der Verbesserung bestehender Ansätze.

3.4 Methoden für eisenbahnbetriebswissenschaftliche Untersuchungen

Mithilfe von eisenbahnbetriebswissenschaftlichen Untersuchungen sollen Aussagen über die Infrastruktur oder einen Fahrplan bzw. ein Betriebsprogramm getroffen werden. Einerseits kann eine Bewertung und Dimensionierung der Infrastruktur bei vorgegebenem Betriebsprogramm erfolgen, andererseits kann aber auch ein Fahrplan bei gegebener Infrastruktur überprüft und optimiert werden.

Je nach Anwendungsfall kommen unterschiedliche Methoden und Verfahren zu Anwendung. Herbei unterschieden werden u. a. die Verfahren der Konstruktion, der Simulation und der Analytik (Pachl 2016; Abril et al. 2008). Darüber hinaus existieren auch noch algebraische

Ansätze und Optimierungsverfahren, welche in diesem Fachbuch jedoch nicht behandelt werden, da diese derzeit kaum in der Praxis zur Anwendung kommen.

Je nach Aufgabenstellung und Zeithorizont ist für die Bemessung ein entsprechendes Verfahren auszuwählen. Da konstruktive Verfahren und die Simulation als Basis einen Fahrplan benötigen, sind diese eher für kurz- und mittelfristige Betrachtungen geeignet. Bei mittel- und langfristigen Analysen werden oftmals analytische Verfahren angewendet, da durch den Ansatz der Bedientheorie kein konkreter Fahrplan, sondern eine Vielzahl von möglichen Fahrplänen betrachtet werden kann.

Allen hier vorgestellten Verfahren ist gemein, dass diese als Berechnungsgrundlage die Belegungen von Zugfahrten in Form von Sperrzeitentreppen (vgl. Kap. 3.2.3) benötigen. Somit wird eine detaillierte Infrastrukturmodellierung, auf welcher eine Fahrzeit- und Belegungsrechnung durchgeführt werden kann, vorausgesetzt.

Diese Infrastruktur wird bei der Anwendung der Verfahren dann in einen Betrachtungsraum, auf welchem die Zugfahrten abgebildet werden, und einen Auswerteraum, für welchen die eigentlichen Aussagen getroffen werden sollen, eingeteilt. Der Auswerteraum ist dabei immer kleiner als der Betrachtungsraum oder entspricht dem Betrachtungsraum.

Im Folgenden werden die Grundlagen der Verfahren vorgestellt und ihre Anwendungsgebiete sowie die Vor- und Nachteile aufgeführt.

3.4.1 Kompressionsmethode

Die Kompressionsmethode, oftmals auch Verkettungsmethode genannt, basiert auf den Vorarbeiten von Adler (Adler 1967) und ermittelt die Auslastung eines betrachteten Infrastrukturbereichs, welcher ein Streckenabschnitt oder ein Knoten ist.

Bestrebungen verschiedener europäischer EIU, ein allgemein anerkanntes Verfahren zur Kapazitätsermittlung zu etablieren, veranlassten den Internationalen Eisenbahnverband (UIC) auf Basis eines Gutachtens der RWTH Aachen (Wendler et al. 2002) den UIC Code 406 zur Kapazitätsermittlung zu veröffentlichen.[6] Dieser UIC Code beschreibt sowohl das Vorgehen und die Rahmenbedingungen als auch zulässige Grenzwerte für die Kapazitätsermittlung von Eisenbahnstrecken. In einer zweiten, überarbeiteten Fassung aus dem Jahr 2013 wurde das Verfahren dann auch für Knoten erweitert.[7]

Das Verfahren der Kompression lässt sich im Bereich der Eisenbahnbetriebswissenschaft zu den konstruktiven Methoden einordnen. Üblicherweise wird der Kapazitätsverbrauch eines Streckenabschnitts bzw. eines Knotens für einen gegebenen, auskonstruierten Fahrplan bestimmt. Das Verfahren kann aber auch fahrplanunabhängig angewendet werden, indem auf Basis von Mindestzugfolgezeiten für den untersuchten Infrastrukturabschnitt der Belegungsgrad bestimmt wird und dieser mit den zulässigen, im UIC Code 406 hinterlegten Werten verglichen wird.

6 UIC Code 406. 1 Hrsg., Paris, 2004
7 UIC Code 406. 2 Hrsg., Paris, 2013.

Bei der Kompressionsmethode zur Bestimmung des verketteten Belegungsgrads nach UIC Code 406 werden die Sperrzeiten der einzelnen Zugfahrten ohne Pufferzeiten so eng wie möglich aneinandergeschoben (komprimiert) und die Gesamtbelegung des zusammengeschobenen Trassengefüges ermittelt. Die Sperrzeitentreppen der zu verschiebenden Zugfahrten dürfen bei der Verkettung – bis auf die Veränderung der zeitlichen Lage – nicht modifiziert werden. Insbesondere dürfen keine anderen Fahrwege gewählt werden oder Biegezuschläge verändert werden. Abweichend hierzu ergeben sich jedoch bei der praktischen Anwendung in einigen Fällen Notwendigkeiten zur Anpassung.

Der Kapazitätsverbrauch ergibt sich schließlich aus dem Verhältnis dieser „verketteten" Gesamtbelegung t_{vk} zum Untersuchungszeitraum t_U und wird als verketteter Belegungsgrad ρ_{vk} bezeichnet.

$$\rho_{vk} = \frac{t_{vk}}{t_U}$$

Die verkettete Gesamtbelegung ergibt sich als Zeitdifferenz von dem Beginn der Sperrzeitentreppe des ersten Zuges bis Beginn der Sperrzeitentreppe des letzten Zuges. Hierbei ist zu beachten, dass der letzte Zug als Kopie des ersten Zuges hinzugefügt wird, um sozusagen den Übergang in die nächste Zeitscheibe darzustellen. Alternativ kann anstelle der Kopie zur Bestimmung des verketteten Belegungsgrads auch das Maximum der zeitlichen Belegung der einzelnen Infrastrukturelemente ermittelt werden („dickste Stelle"). Abbildung 3-57 stellt exemplarisch das grundlegende Vorgehen dar.

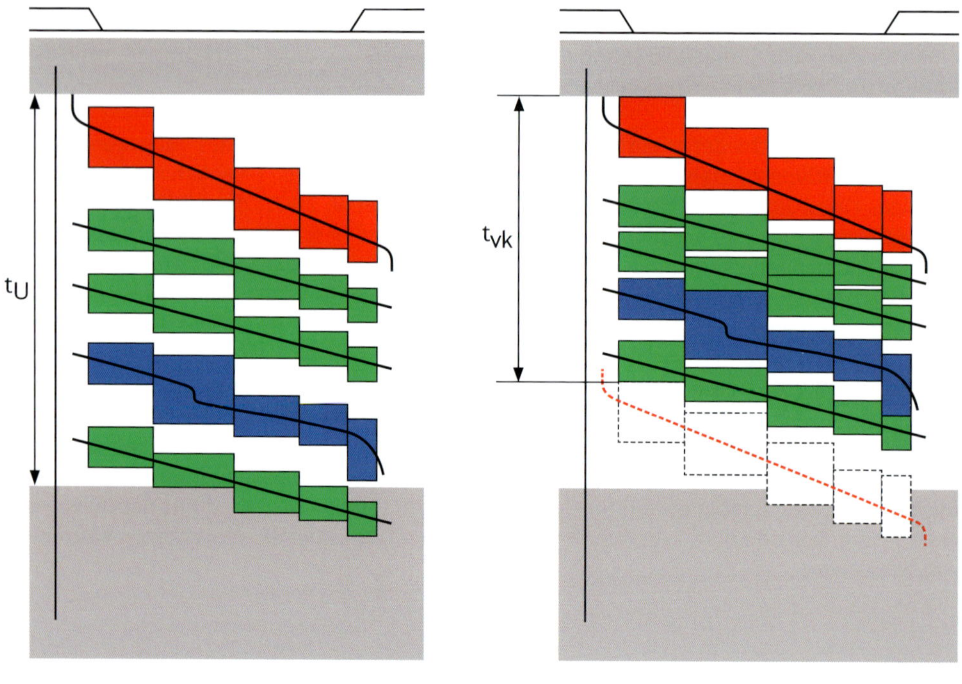

Abb. 3-57: Ausgangsfahrplan und verketteter Belegungsgrad

Abbildung: BFV/Nießen

Um einen repräsentativen Fahrplanausschnitt zu betrachten, darf der Untersuchungszeitraum nicht zu klein gewählt werden. Hier sollte beispielsweise mindestens ein Zeitfenster von zwei Stunden, besser vier Stunden betrachtet werden, da dadurch auch Taktmuster im Zweistundentakt mit genügend zeitlichem Vor- und Nachlauf abgebildet werden können. Überdies empfiehlt sich – wie bei allen eisenbahnbetrieblichen Untersuchungen – die Analyse eines Zeitraums mit in etwa homogenem, gleichbleibendem Fahrplan. Ergeben sich im Tagesverlauf größere Änderungen (z. B. durch Ausdünnung des Personenverkehrs bei gleichzeitig steigendem Güterverkehrsanteil in den Nachtstunden), empfiehlt es sich, die Berechnung auf die verschiedenen Zeiträume aufzuteilen und für diese getrennt durchzuführen.

Bei der Anwendung des Verfahrens hat die Größe des gewählten Untersuchungsraums einen wesentlichen Einfluss auf die Ergebnisse. Der UIC Code 406 gibt hierzu keine klaren Regeln, sondern eher Empfehlungen vor. Da der UIC Code eher allgemein gehalten ist, wurden in einer Reihe von wissenschaftlichen Veröffentlichungen konkrete Anwendungsfälle und Auswirkungen untersucht (Landex 2008; Kuckelberg et al. 2021; Wendler 2012; Jensen et al. 2017; Weik et al. 2020).

Grundsätzlich sollte bei der Betrachtung von Streckenabschnitten der Untersuchungsraum derart groß gewählt werden, dass an den Betriebsstellen am Rand eine Durchmischung der Verkehre vom Grundsatz her möglich wäre. Dies ist in der Regel dann der Fall, wenn es sich um Bahnhöfe mit mehreren Überholungsgleisen ausreichender Länge handelt. Wird ein zu eng gefasster Untersuchungsraum gewählt, ergeben sich zu optimistische Werte, da sich die Sperrzeitentreppen der Züge auf solchen kleinen Abschnitten näher als die Mindestzugfolgezeiten komprimieren lassen, welche sich in der Realität nicht einstellen.

Andererseits darf der Untersuchungsraum auch nicht zu groß gewählt werden (z. B. ganze Netzbereiche), da ansonsten Restriktionen aus weit entfernten Abschnitten maßgeblich werden können.

Bei der Betrachtung von Strecken und -abschnitten sollte bei Abzweigstellen die Infrastruktur am Abzweig zumindest bis zum nächsten Überholungs- bzw. Kreuzungsbahnhof mit in die Berechnung einfließen, damit sich auch für ein- und ausfädelnde Züge realistische Zugfolgezeiten einstellen.

Ist das Zeitfenster bestimmt und liegt der zu betrachtende Infrastrukturbereich vor, sind aus dem Fahrplan die relevanten Zugfahrten auszuwählen. Hierbei werden für die Zugfahrten nur Belegungen auf dem betrachteten Infrastrukturbereich herangezogen. Alle weiteren Belegungen werden ignoriert. Relevante Zugfahrten sind nur jene, welche auf der Infrastruktur mindestens eine zeitliche Belegung im Untersuchungszeitraum aufweisen. Da bei dieser Vorgehensweise Züge, die mit nur einer (letzten oder ersten) Belegung in den Untersuchungszeitraum hinreichen, sowohl am Anfang und Ende gezählt werden, kann die Zugauswahl weiter eingeschränkt werden. Dabei werden dann nur die Züge als relevant angesehen, welche den Beginn ihrer ersten (oder letzten) zeitlichen Belegung im Untersuchungszeitraum auf der betrachteten Infrastruktur aufweisen. Abbildung 3–58 verdeutlicht dies am Beispiel, wenn nur Zugfahrten mit ihrer ersten zeitlichen Belegung ausgewählt werden. Die rote Zugfahrt wäre in diesem Fall für den Untersuchungszeitraum t_U nicht relevant.

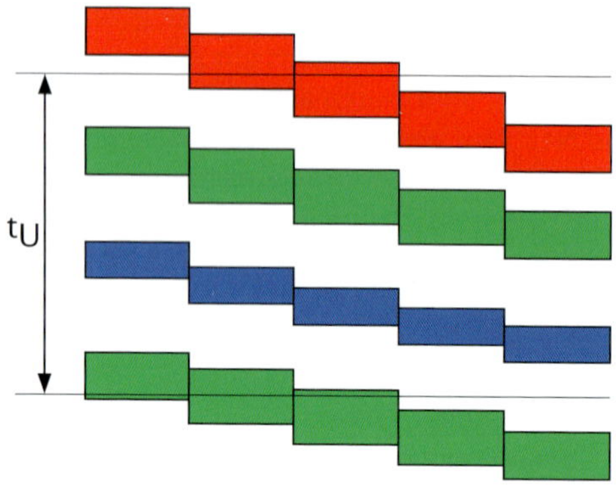

Abb. 3-58:
Auswahl der relevanten Zugfahrten
Abbildung: BFV/Nießen

Nachdem die Infrastruktur und die Zugfahrten für die Berechnung aufbereitet sind, ergeben sich bei der Anwendung des Verfahrens zahlreiche weitere Spezialfällen, welche insbesondere für eine automatisierte Berechnung zu betrachten sind (Kuckelberg et al. 2010; Landex 2009).

Ein wesentlicher Punkt ist hierbei der Umgang mit Haltezeiten. Ist beispielsweise im Ausgangsfahrplan eine Überholung eines Güterzugs mit einer langen Haltezeit durch mehrere Zugfahrten vorgesehen, so können sich bei der Komprimierung sehr große nicht nutzbare Lücken ergeben und sich ein unrealistisch hoher verketteter Belegungsgrad einstellen (siehe Abb. 3-59). Aus diesen Gründen wird empfohlen, im Rahmen der Komprimierung die Haltezeiten auf Mindesthaltezeiten einzukürzen.

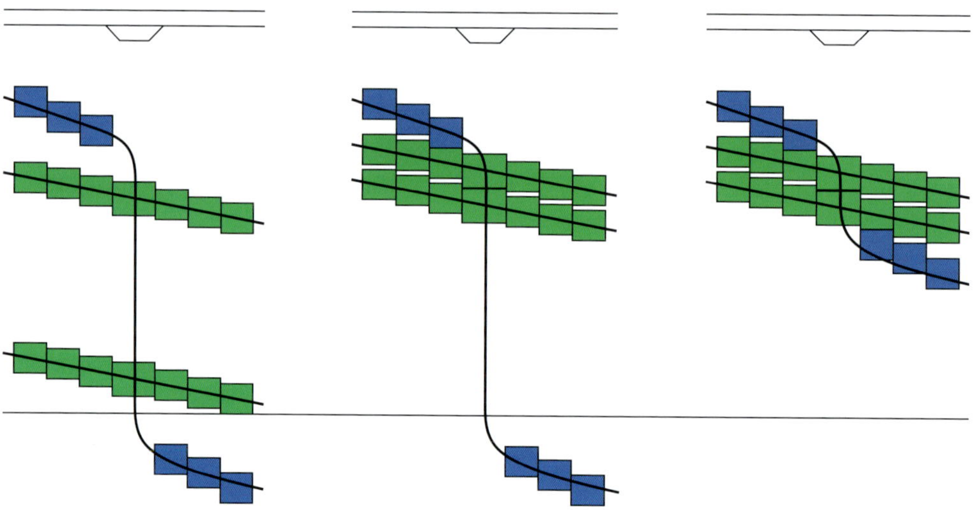

Abb. 3-59: Einkürzen der Haltezeiten

Abbildung: BFV/Nießen

Ebenso können sich bei Untersuchungen von Streckenabschnitten ungewollt Einflüsse der begrenzenden Bahnhöfe, der sogenannten Randbetriebsstellen ergeben. Diese Randbetriebsstellen stellen in der Regel größere Bahnhöfe mit mehreren Gleisen dar. Wenn bei der Kompression die Kapazitätsuntersuchung des Streckenabschnitts im Fokus steht, empfiehlt es sich, die Haltebelegung der Zugfahrten in den Randbetriebsstellen zu ignorieren, damit diese nicht relevant werden. Dies wäre z. B. dann der Fall, wenn Züge fahrplanmäßig in einer Randbetriebsstelle immer das gleiche Gleis belegen und eine hohe Mindesthaltezeit aufweisen. Durch dieses Vorgehen werden mögliche restriktive Einflüsse der Randbetriebsstellen auf die Strecke vermieden.

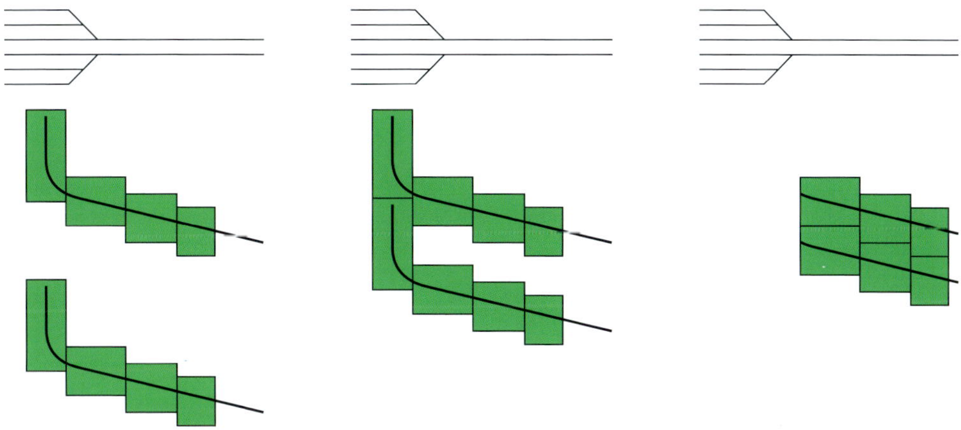

Abb. 3-60: Haltebelegung an der Randbetriebsstelle Abbildung: BFV/Nießen

Bei der Anwendung werden auf eingleisigen Strecken alle Zugfahrten gleichzeitig betrachtet, bei zweigleisigen Strecken findet die Untersuchung für jedes Streckengleis getrennt statt. Ergeben sich durch planmäßige Gegenfahrten Belegungen auf dem anderen Streckengleis, so sind diese zu berücksichtigen. Hierbei kann es jedoch in einigen Spezialfällen, wie beispielsweise einer seitenfalschen Überholung, zu einer doppelten Belegung der Gegenrichtung kommen. Falls für eine Zugfahrt zwei Belegungen der Gegenrichtung vorhanden sind, so kann es in diesem Fall zu sogenannten Kompressionsblockaden kommen (siehe Abb. 3-61). Hier ist es dann möglich, virtuell die beiden Belegungen zu trennen – auch wenn diese Art der Belegung durch eine Zugfahrt physikalisch nicht möglich ist, um keine unrealistisch hohen verketten Belegungsgrade zu erhalten.

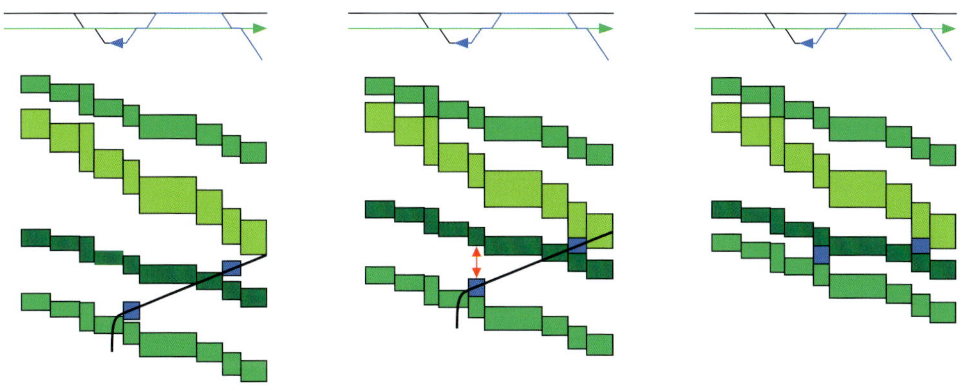

Abb. 3-61: Aufteilen der Belegung der Gegenrichtung Abbildung: BFV/Nießen

In einer zweiten Version des UIC Codes 406 wurde die Methode der Kompression auch auf Knoten ausgeweitet. Hierbei wird zwischen den Weichenbereichen der Knoten, welche die Bahnhofsgleise mit den angrenzenden Strecken verbinden, und der Gleisgruppe unterschieden. Die Weichenbereiche werden auch als Gesamtfahrstraßenknoten (GFK) bezeichnet.

Ein GFK ist ein zeitweise mehrkanaliges System (Nießen 2008). Bei der Kompression eines solchen Bereichs werden alle Zugfahrten mit ihren Belegungen betrachtet, welche diesen Infrastrukturabschnitt in dem ausgewählten Zeitfenster belegen. Der betrachtete Raum umfasst mindestens die Einfahr- bzw. Ausfahrsperrzeiten – nicht jedoch die Haltezeiten im Bahnhof – und kann an den angrenzenden Strecken bis zum nächsten Überholungs- oder Kreuzungsbahnhof verlängert werden.

Auch hier erfolgt dann für die Belegungen der relevanten Zugfahrten das zeitliche Verschieben, sodass anschließend keine Pufferzeiten mehr vorhanden sind. Ebenso wie bei Strecken wird von der ersten Belegung eine Kopie angefertigt und anschließend der verkettete Belegungsgrad abgelesen (siehe Abb. 3-62).

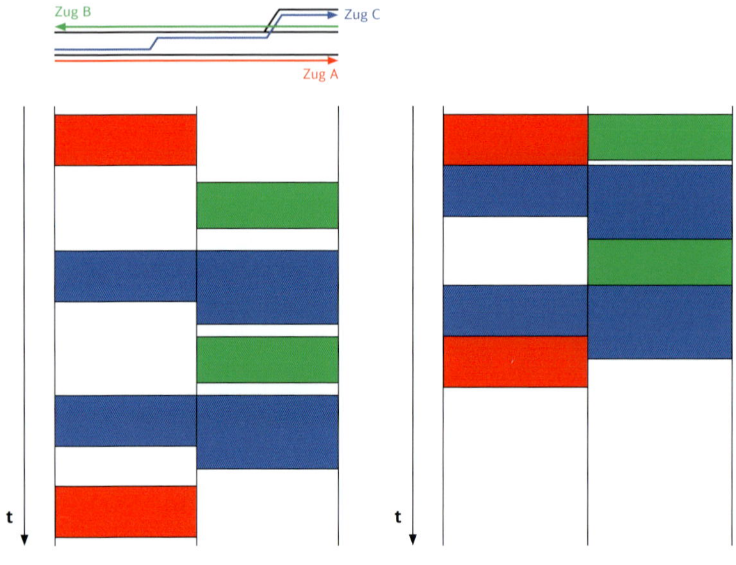

Abb. 3-62:
Verkettung in einem Weichenbereich
Abbildung: BFV/Nießen

Für die Bahnhofsgleise eines Knotens wird für jedes einzelne Gleis der Belegungsgrad im Untersuchungszeitraum bestimmt. Hierzu werden für Zugfahrten, welche das entsprechende Gleis nutzen, die Einfahr-, Ausfahr- und – soweit vorhanden – die Haltezeiten aufsummiert und durch den Untersuchungszeitraum dividiert.

Bei der Fahrplanerstellung ist es notwendig, Zeitfenster (Pufferzeiten) für die Stabilisierung des Betriebsablaufs sowie für Instandhaltungsarbeiten vorzusehen. Von der UIC werden daher folgende Richtwerte als zulässige verkettete Belegungsgrade für Strecken und Knoten vorgeschlagen. Bei Strecken wird zusätzlich noch nach Hauptverkehrszeit, Streckentyp und -nutzung differenziert.

Streckentyp	Hauptverkehrszeit	Gesamter Tag
Ausschließlich Vorort-Personenverkehr	85 %	70 %
Ausschließlich HGV	75 %	60 %
Mischverkehrsstrecken	75 %	60 %
Knoten		
Gesamtfahrstraßenknoten	60-80 %	
Gleise	40-50 %	

Abb. 3-63: Richtwerte für den verketteten Belegungsgrad für Strecken nach UIC Code 406

Die mittlere verkettete Zugfolgezeit $\bar{z}_{ver}$ ergibt sich anhand einer Division der verketteten Belegungszeit durch die Zuganzahl n:

$$\bar{z}_{ver} = \rho_{vk} \cdot \frac{t_U}{n}$$

Die optimale Zuganzahl n_{opt} kann für einen vorgegebenen verketteten Belegungsgrad $\rho_{VK,zul}$ bezogen auf den Untersuchungszeitraum t_U mithilfe der (fahrplanabhängigen) mittleren Mindestzugfolgezeit $\bar{z}$ wie folgt bestimmt werden:

$$n_{opt} = \rho_{vk,zul} \cdot \frac{t_U}{\bar{z}}$$

Rahmenbedingungen bei der Anwendung und Einschränkungen

Das Verfahren der Kompression ist ein transparentes, leicht nachvollziehbares und einfaches Vorgehen, welches durch den UIC Code 406 international anerkannt ist. Bei der Anwendung ist zu beachten, dass ein konfliktfreier Ausgangsfahrplan mit detaillierten Informationen der Zugfahrten die Grundlage darstellt. Es kommt bei verschiedenen Eisenbahninfrastrukturbetreibern zur Anwendung, wobei primär Streckenuntersuchungen durchgeführt werden. Das Verfahren ist für Strecken und Knoten geeignet, Netzwerkeffekte oder Teilnetze lassen sich damit jedoch nicht sinnvoll analysieren. Die Ergebnisse hängen stark von der realisierten Zugfolge des betrachteten Fahrplans ab und gelten nur für diesen. Eine Verallgemeinerung ist in der Regel nicht möglich.

Auch wenn die Kompressionsmethode heutzutage ein Standardverfahren der Eisenbahnbetriebswissenschaft ist, so sind die erzielten Ergebnisse sehr stark von den gewählten Parametern des Anwenders abhängig, insbesondere bei der Wahl des Betrachtungsraums und dem Umgang mit Haltezeiten.

Das Verfahren berücksichtigt keine Prioritäten von Zugfahrten und betrachtet keine Einbruch- oder Urverspätungen. Somit ist kein Zusammenhang zur Betriebsqualität gegeben, und es sind keine Aussagen hierzu möglich.

3.4.2 Simulation

In der Eisenbahnbetriebswissenschaft werden Simulationen hauptsächlich zur Überprüfung der Fahrbarkeit bzw. der Robustheit der Betriebsabwicklung eingesetzt. Simulationen haben den Vorteil, dass auch komplexere Probleme im Rahmen eines geeigneten Modells computergestützt untersucht werden können. So können beispielsweise Wechselwirkungen zwischen Knoten und Strecken sowie Umlauf- und Anschlussbeziehungen abgebildet werden. Als Ergebnisse der Simulationen des Eisenbahnbetriebs stellen sich Verspätungsentwicklungen und Pünktlichkeitswerte für die untersuchten Zugfahrten ein.

Laut VDI-Richtlinie 3633 ist eine Simulation die Nachbildung eines dynamischen Prozesses in einem Modell, um zu Erkenntnissen zu gelangen, die auf die Wirklichkeit übertragbar sind (VDI-Fachbereich Fabrikplanung und -betrieb 2018). Durch Abstraktion des realen Systems entsteht ein vereinfachtes Simulationsmodell. Die Vereinfachungen sind dabei so vorzunehmen, dass relevante Kernprozesse weiterhin mit hoher Güte abgebildet werden, jedoch für die weitere Betrachtung unwichtige Eigenschaften unschärfer modelliert oder komplett weggelassen werden. An dem Simulationsmodell werden anschließend Experimente – in der Regel mehrere Simulationsläufe mit unterschiedlichen Randbedingungen – durchgeführt und ausgewertet. Die Ergebnisse werden interpretiert und daraus Folgerungen für das reale System gezogen, welche anschließend in der Realität umgesetzt werden können.

Der Einsatz von Simulationen ist immer dann angezeigt, wenn Problemstellungen untersucht werden sollen, die aufgrund der dynamischen Prozesse zu komplex sind, um sie mithilfe von einfachen Rechenmodellen abzubilden, oder wo komplexe Wirkungszusammenhänge nicht mehr überblickt werden können. Simulationen werden auch dann durchgeführt, wenn planerisches Neuland beschritten werden muss oder bei Fragestellungen, bei denen das Experimentieren am realen System nicht möglich bzw. zu kostenintensiv ist.

In der Eisenbahnbetriebswissenschaft werden häufig Fragestellungen zur Betriebsstabilität und Fahrplanrobustheit anhand von Simulationen untersucht. Es kann aber auch der Prozess der Fahrplanerstellung mithilfe einer Simulation nachgebildet werden. Als Grundlage für Simulationen des Eisenbahnbetriebs müssen die Zugfahrten sowie die Infrastruktur mit ihren Eigenschaften detailliert abgebildet werden. Simulationswerkzeuge basieren dabei in der Regel auf den folgenden Eingangsdaten, mit deren Hilfe das reale System abstrahiert wird:

- Infrastrukturdaten (siehe Kap. 3.1.1):
  - Topologische Informationen (Weichen, Kreuzungen etc.)
  - Bauliche Eigenschaften (zulässige Geschwindigkeiten, Elektrifizierung etc.)
  - Signaltechnische Abhängigkeiten (Signale, Zugsicherung, Zugschlussstellen etc.)
  - Nutzbarkeitsdaten: Angaben zur Nutzbarkeit der Infrastruktur (zugspezifische Fahrwege, Bahnsteiggleise etc.)

- Stammdaten (siehe Kap. 3.1.2):
  - Fahrzeuggrunddaten (Zugkräfte, Länge, Masse, Zugklassen, ETCS-Kennwerte etc.)

- Fahrplandaten (siehe Kap. 3.2.2):
  - Geplante Zugtrasse, Zusammensetzung, Laufwege, Halte, Ränge etc.
  - Verknüpfungen: Anschlüsse, Umlaufbeziehungen, Taktverknüpfungen

- Betriebskenndaten (nur für die Simulation der Betriebsabwicklung erforderlich) (siehe Kap. 3.3.1):
  - Verspätungskennwerte (Wahrscheinlichkeit und Höhe)

Bei einer Simulation wird als Untersuchungszeitraum oftmals ein Betriebstag oder ein Tagesabschnitt (z. B. Hauptverkehrszeit) herangezogen. Neben dem Auswertezeitraum ist ein entsprechend großer zeitlicher Vor- und Nachlauf mit zu betrachten, um einen sogenannten eingeschwungenen Zustand abzubilden, bei welchem sich auch Restriktionen durch Zugfahrten angrenzender Zeitscheiben ergeben. In der Regel wird dabei ein Vor- und Nachlauf von ein bis zwei Stunden gewählt.

Als Infrastrukturbereiche können Strecken, Knoten und Teilnetze betrachtet werden. Es empfiehlt sich, an den Randbereichen die Infrastruktur an Bahnhöfen mit Haltepositionen für die dort verkehrenden Zugfahrten zu schneiden. Somit entstehen beim Einbruch in den Untersuchungsraum keine unrealistischen, zu kleinen Zugfolgezeiten.

Simulation der Fahrplanerstellung und des Betriebs

Mit Simulationen kann der Prozess der Fahrplanerstellung sowie der Prozess der Betriebsabwicklung nachgebildet werden. Das Hauptanwendungsgebiet liegt dabei auf der Prozessebene „Betrieb" in der Simulation der Verspätungsentwicklung und der Disposition verspätungsbedingter Belegungs-, Umlauf- und Anschlusskonflikte.

Ausgangsbasis der Simulation des Betriebs ist ein (konfliktfreier) Ausgangsfahrplan für einen Betriebstag oder einen ausgewählten Zeitraum. Durch zufällig erzeugte Einbruchs- oder Urverspätungen, welche für jeden Simulationslauf variieren, entstehen zeitliche Abweichungen von der geplanten Lage, und es können Konflikte mit anderen Zugfahrten (Belegungskonflikte) oder weitere Konflikte wie Umlauf- oder Anschlusskonflikte auftreten. Jeder Simulationslauf steht dementsprechend folglich für einen anderen Betriebstag.

Im Rahmen der Simulation werden diese Konflikte nun automatisch gelöst. Dabei können Belegungskonflikte durch eine räumliche und/oder zeitliche Modifikation der Zugfahrten gelöst werden (vgl. Kap. 3.3.2 sowie Kuckelberg et al. 2013; Radtke 2014; Warninghoff, Ferchland 2004). Dies umfasst eine Änderung des Laufwegs, der Halte- und Fahrzeiten sowie der zeitlichen Lage. Zeitliche Verschiebungen der Zugfahrten infolge von Konfliktlösungen werden als außerplanmäßige Wartezeiten bezeichnet.

Für die Zugfahrten liegen Verteilungen für Einbruchs- und ggf. auch für Urverspätungen vor. Ergänzend können auch Verteilungen für das Ausfallverhalten einzelner Infrastrukturelemente existieren. Aus den Verteilungsfunktionen sind nun für jeden Simulationslauf zufällige Einzelrealisierungen zu generieren. Dies geschieht in der Regel mithilfe zufällig erzeugter, gleichverteilter Zufallszahlen zwischen null und eins, welche von Rechnern problemlos erzeugt werden können, und der Umkehrfunktion der Verteilungsfunktion.

Simulationen können ergänzend auch auf der Prozessebene „Fahrplanerstellung“ im Rahmen fahrplanunabhängiger Modelle zur Untersuchung der planmäßigen Wartezeiten bei der Trassenvergabe angewendet werden. Eingangsgröße sind hier die bestellten Wunschtrassen der EVU, welche entsprechend dem nachgebildeten Vorgehen des Konstrukteurs während der Simulation in den Fahrplan eingelegt werden. Während die Simulation der Betriebsabwicklung eher synchron (zeitgleich) abgewickelt wird, agiert die Simulation der Fahrplanerstellung asynchron. Dabei wird der Untersuchungszeitraum mehrmals zeitlich durchlaufen.

Bei dem zeitlichen Befüllen des Fahrplans ergeben sich bei einer Überschneidung der Wunschtrassen Konflikte, welche durch das zeitliche Verschieben, Halte- oder Fahrzeitverlängerungen oder durch die Wahl anderer Fahrwege gelöst werden. Ist im Rahmen des vorgegebenen Konstruktionsspielraums keine Lösung möglich, so wird die rangniedrigere Trasse abgelehnt. Die zeitlichen Verschiebungen der Wunschtrassen werden im Prozess der Fahrplanerstellung als planmäßige Wartezeiten bezeichnet. Verspätungen finden naturgemäß bei der Simulation der Fahrplanerstellung keinen Eingang, da diese erst für den Prozess der Betriebsabwicklung benötigt werden.

Asynchrone Simulation

Bei der asynchronen Simulation werden die einzelnen Zugfahrten zeitlich nacheinander in der Reihenfolge ihrer Prioritäten simuliert. Ein Simulationsschritt besteht also aus dem Einfügen der Sperrzeitentreppe eines Zuges in den Fahrplan unter Berücksichtigung der in vorausgegangenen Schritten vorgenommenen Belegungen. Hierdurch ist der Rechenaufwand für die Fahr- und Sperrzeiten geringer, da jeder mögliche Fahrtverlauf nur einmal berechnet werden muss.

Bei der Simulation der Fahrplanerstellung wird versucht, den Zug in der durch die Trassenbestellung vorgegebenen Wunschlage oder ansonsten einer zufällig erzeugten Lage einzulegen. Die daraus resultierenden Belegungen der Belegungselemente werden gespeichert. Im Konfliktfall wird die Trasse des Zuges verschoben oder ein alternativer Fahrweg gesucht. Die daraus entstehenden planmäßigen Wartezeiten werden dokumentiert.

Die asynchrone Simulation findet hauptsächlich bei der Fahrplanerstellung Anwendung, kann aber auch für die Betriebssimulation eingesetzt werden. Bei der Betriebssimulation werden Verspätungen und -frühungen über einen Zufallszahlengenerator in einen Fahrplan eingespielt. Dies führt im Allgemeinen wie bei der Fahrplanbearbeitung zu Konflikten. Das Prinzip der Konfliktlösung ist vereinfachend in der Abbildung 3-64 dargestellt.

Bei der Konfliktlösung stehen folgende Elementarlösungen bzw. Kombinationen daraus zur Verfügung:

- Abweichungen vom bestellten bzw. geplanten Laufweg
- betriebliche Haltezeitverlängerungen
- zusätzliche Betriebshalte
- Fahrzeitverlängerungen („Biegen“)
- Verschiebung der Trasse gegenüber der Wunschlage bzw. gegenüber der geplanten Trassenlage

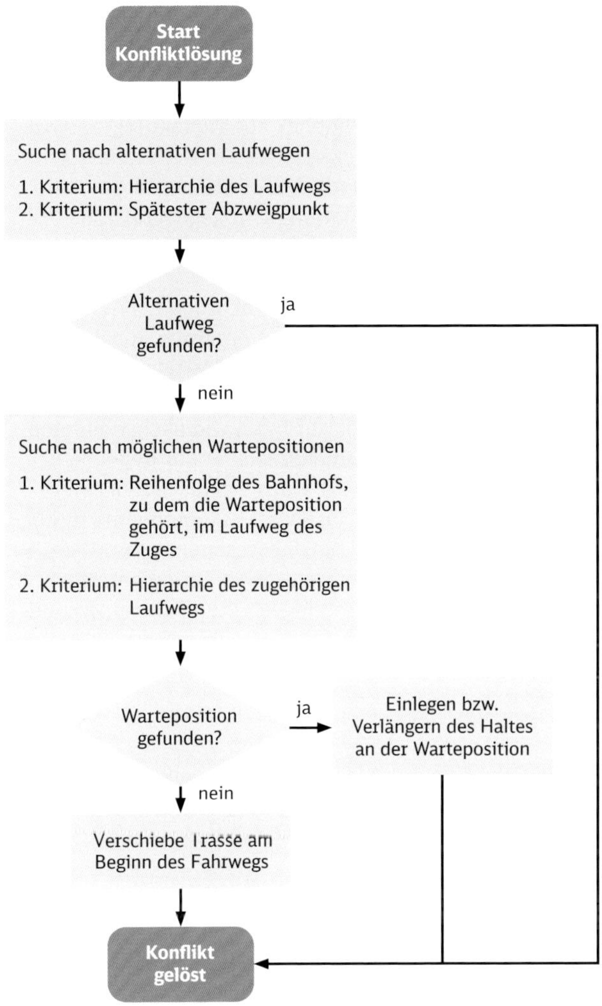

Abb. 3-64: Ablaufdiagramm Konfliktlösung (vereinfacht; nach Jacobs 2003)

Synchrone Simulation

Die synchrone Simulation bildet die Sichtweise des Tf ab, indem geprüft wird, ob der nächste Abschnitt befahren werden darf. Es erfolgt ein Bremseinsatz, wenn der vorausliegende Fahrwegabschnitt besetzt ist. Das gesamte zu simulierende Geschehen wird dabei in Zeitschritten von in der Regel wenigen Sekunden nachvollzogen. Die Fahrzeitrechnung erfolgt Schritt für Schritt für alle gleichzeitig fahrenden Züge.

Die Modellierung der Disposition (Zugleitung) erfordert zur frühzeitigen Erkennung von Konflikten eine Zuglaufprognose. Ebenso sind bei der synchronen Simulation Situationen zu vermeiden, in welchen sich zwei Züge auf einem eingleisigen Abschnitt ohne Kreuzungsmöglichkeit gegenüberstehen und gegenseitig behindern (sogenannte Deadlocks). Die Berücksichtigung der Disposition kann durch eine räumliche oder zeitliche „virtuelle“ Vorbelegung von hochrangigen Zügen erfolgen (Bendfeldt et al. 2000; Nash, Huerlimann 2004).

Vorteil der synchronen Simulation ist, dass Priorisierungen von Zügen und Belegungen von Infrastruktur betriebssituationsabhängig gesteuert und in Hinblick auf Verspätungsentwicklung oder wirtschaftliche Rahmenbedingungen optimiert werden können. Außerdem ist durch die simultane Betrachtung aller Zugfahrten großes Optimierungspotenzial gegeben, das bei einer streng prioritätenbasierten asynchronen Simulation nicht gegeben ist, da dort jeweils nur ein lokales und kein globales Optimum gefunden wird.

Aktuelle Verfahren kombinieren die Vorteile der synchronen und asynchronen Simulation, indem das Betriebsgeschehen in Form durchzuführender Zugfahrten synchron abgebildet wird und die Dispositionsentscheidungen unter Berücksichtigung der Prioritäten der Züge asynchron getroffen werden (Janecek et al. 2010). Hierbei erhält die Dispositionsebene den letzten aktuell bekannten Stand des Betriebsgeschehens auf Basis von nachgebildeten Zuglaufmeldungen. Dabei ist zu beachten, dass diese Statusmeldungen in der Regel nicht kontinuierlich gesendet werden, sondern nur nach Vorbeifahrt eines Signals erzeugt werden. Ähnlich wie dem Disponenten in der Realität liegt der Dispositionskomponente in der Simulation nur eine eingeschränkte Sicht auf das derzeitige Betriebsgeschehen vor. Die Dispositionsentscheidungen werden nun anhand einer asynchronen Simulation getroffen und als Ergebnisse an die synchrone Umgebungswelt in Form von eingestellten Fahrwegen und Fahrt- oder Halt zeigenden Signalen weitergegeben.

Simulationsauswertung

Die sich nach der Simulation eingestellten Fahrverläufe sowie die aus der Konfliktlösung resultierenden planmäßigen (Simulation der Fahrplanerstellung) bzw. außerplanmäßigen (Simulation der Betriebsabwicklung) Wartezeiten werden als Ergebnis der Simulation ausgegeben.

Sollen aus Simulationen Rückschlüsse über zufallsbehaftete Prozesse wie die Verspätungsentwicklung in Eisenbahnnetzen gezogen werden, so ist eine hinreichend große Anzahl von Simulationsläufen durchzuführen, um die statistische Signifikanz der erzielten Messdaten gewährleisten zu können. Jeder einzelne Simulationslauf wird dabei mit unterschiedlichen, zufälligen Eingangsgrößen (Einbruchs- und Urverspätungen) durchgeführt, welche mithilfe eines Zufallszahlengenerators generiert werden können.

Als Ergebnisse der Simulationen der Betriebsabwicklung liegen zahlreiche Simulationsläufe vor, welche zunächst auf Plausibilität zu überprüfen sind. Jeder einzelne Lauf stellt sozusagen einen eigenen Betriebstag dar. Unplausible Läufe können durch fehlerhafte Modellierung der Infrastruktur- oder Zugfahrten oder durch einen unzureichenden Konfliktlösungsalgorithmus entstehen. Solche Läufe offenbaren sich oftmals durch sehr hohe Wartezeiten für einzelne Zugfahrten oder auch durch hohe Rechenzeiten. Für den weiteren Verlauf sind die fehlerhaften Läufe von der Auswertung auszuschließen.

Anschließend werden für jede Zugfahrt die Abweichungen (Verfrühungen oder Verspätungen) zwischen der geplanten und der tatsächlichen zeitlichen Lage an den verschiedenen Orten über den Zuglauf bestimmt und über alle validen Simulationsläufe gemittelt. An Bahnhöfen mit Halt wird dabei zwischen Ankunft und Abfahrt differenziert. Dadurch ergibt sich eine Verspätungsentwicklung dieser Zugfahrt (siehe Abb. 3–65), anhand welcher der

Verspätungsab- oder -aufbau sowie die Pünktlichkeit analysiert werden können. Neben der reinen Mittelwertbetrachtung der Verspätungen lassen sich auch noch Quantile wie beispielsweise das 25%- und 75%-Quantil angeben. Ein Quantil legt fest, wie viel Werte über oder unter einer Grenze liegen. Beim 25%-Quantil sind beispielsweise 25 Prozent aller Werte kleiner gleich diesem Wert. Da Aussagen auf Ebene der Einzelzüge oftmals nicht aussagekräftig sind, werden die Ergebnisse je Richtung noch für Zugklassen (z. B. Nah- und Ferngüterzüge) oder für Linien aggregiert.

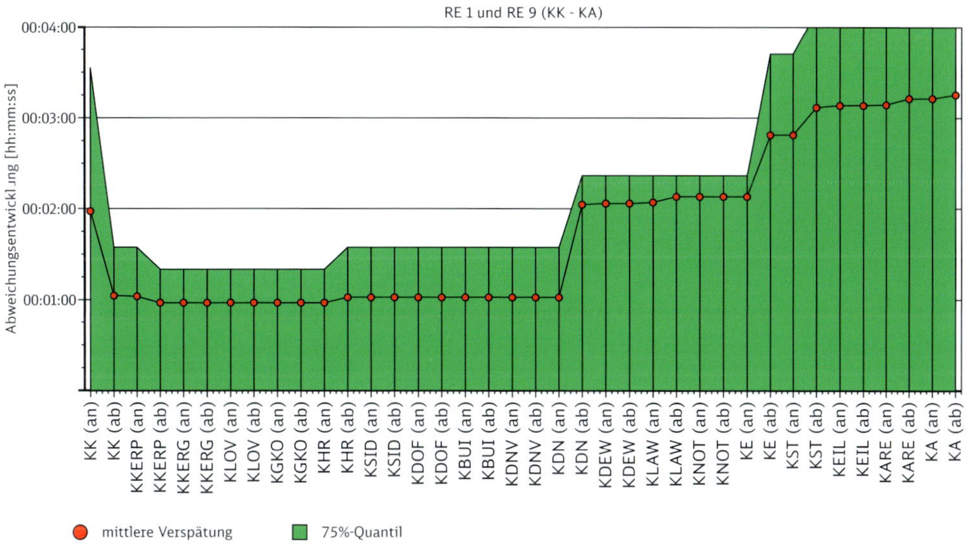

Abb. 3-65: Simulationsauswertung mit Verspätungsverlauf (Mittelwert und 75%-Quantil) Abbildung: BFV/Nießen

Rahmenbedingungen bei der Anwendung und Einschränkungen

Eine Simulation der Fahrplanerstellung wird nur vereinzelt angewendet. Liegt noch kein final auskonstruierter Ausgangsfahrplan für eine Simulation der Betriebsabwicklung vor, so kann mithilfe der Fahrplansimulation ein konfliktfreier Ausgangsfahrplan erstellt werden.

Simulationen der Betriebsabwicklung sind ein gängiges und häufig eingesetztes Verfahren, um einen bereits vorliegenden Fahrplan zu bewerten oder um unterschiedliche Fahrplan- oder Infrastrukturvarianten zu vergleichen. Daher werden diese oftmals für sogenannte Fahrplanstabilitäts- bzw. -robustheitsuntersuchungen eingesetzt, bei welchen die zu erwartende Verspätungsentwicklung im Fokus der Betrachtung steht. Ergänzend können Simulationen zur Ermittlung von Verspätungsschwerpunkten und zur Bewertung der Maßnahmenwirkungen eingesetzt werden (Fechner, Rothe 2012).

Als besonders vorteilhaft erweisen sich Simulationen bei der Abbildung spezieller Infrastruktur- und Betriebsprogrammeigenschaften, wie beispielweise der Berücksichtigung von Fahrwegalternativen und Anschlussbedingungen. Mit Simulationen lassen sich auch größere Teilnetze untersuchen, da die Wechselwirkungen zwischen Infrastrukturelementen (Strecke, Knoten) mitberücksichtigt werden. Jedoch ist bei größeren Netzen zu beachten, dass innerhalb des Untersuchungsgebiets auch die Urverspätungen abgebildet werden müssen, da sich ansonsten durch Fahrzeit- und Haltezuschläge, welche in der Simulation zum Verspätungsabbau genutzt werden, zu optimistische Werte einstellen.

Ein idealerweise konfliktfreier Fahrplan ist die Ausgangsbasis für die Simulation der Betriebsabwicklung. Dieser wird anschließend mehrfach simuliert und ausgewertet. Das Vorgehen der Vorbereitung, Simulationsdurchführung und Auswertung ist dabei arbeits- und zeitintensiv. Die erzielten Ergebnisse sind nur unter den angenommenen Rahmenbedingungen von zugrunde liegender Infrastruktur, dem konkreten Fahrplan, den unterstellten Störungsgeschehen sowie den gewählten Parametern zur Konfliktlösung gültig. Somit ist es nicht statthaft, die Resultate auf andere Fahrpläne zu übertragen.

Um das Störgeschehen realitätsnah abzubilden, sind Angaben über Einbruchs- und Urverspätungen notwendig. Diese können entweder aus dem aktuellen Betriebsgeschehen hergeleitet und statistisch aufbereitet werden oder es werden Näherungswerte herangezogen (DB Netz AG 2009; vgl. Kap. 3.3.1).

Bei der Auswertung von Betriebssimulationen ergeben sich die Kennzahlen, welche auch bei der Betriebsprozessanalyse betrachtet werden. Dies sind Verspätungsverteilungen und daraus abgeleitete Pünktlichkeiten. Eine Leistungsfähigkeit oder eine optimale Zuganzahl lässt sich daher nicht unmittelbar bestimmen, kann aber sehr aufwendig durch Variation der Zuganzahlen theoretisch bestimmt werden (Schmidt 2009).

Ebenso lassen sich nicht direkt die infrastrukturellen Engpässe identifizieren. Daher wurde mit den infrastrukturbezogenen Behinderungen im Rahmen der Simulation eine weitere Kenngröße eingeführt, welche die während der Betriebsabwicklung auftretenden Konflikte mit ihrer zeitlichen Dauer speichert und nach der Simulation den verursachenden Infrastrukturelementen zuschneidet. Somit können zumindest ansatzweise Engpässe detektiert werden (Warninghoff, Bendfeldt 2004).

3.4.3 Analytik

Bei der analytischen Methode werden für ausgewählte Bereiche der Infrastruktur Warteschlangenmodelle aus der Bedientheorie angewendet. Dabei handelt es sich um Strecken und Knoten, wobei Knoten weiter in Fahrstraßenknoten und Gleisgruppen unterteilt werden. Diese Infrastrukturelemente stellen ein- oder mehrkanalige Bediensysteme dar, auf welche Forderungen in Form von Zugfahrten eintreffen. An diesen Bediensystemen treten dann – abhängig von den Ankunfts- und Bedienprozessen – Stauerscheinungen auf. Mit Formeln aus der Bedientheorie können die mittleren Wartezeiten und Wartewahrscheinlichkeiten bestimmt werden, welche anschließend als Qualitätskriterium zur Dimensionierung herangezogen werden.

Die analytische Methode kann sowohl fahrplanabhängig als auch fahrplanunabhängig eingesetzt werden. Sie setzt damit nicht die Existenz oder Kenntnis eines konkreten Fahrplans voraus, sondern benötigt lediglich Angaben über das Betriebsprogramm (Anzahl der Züge pro Modellzugkategorie, siehe Kap. 3.1.2). Da die mit der analytischen Methode ermittelten Kenngrößen wie Warteschlangenlänge oder Wartezeit Erwartungswerte darstellen, handelt es sich hierbei stets um Durchschnittswerte. Die tatsächliche Wartezeit weicht im Einzelfall von diesen Werten ab.

Bediensysteme

Das grundlegende Modell für die Beschreibung von Warteschlangen ist das Bediensystem, welches sich aus den folgenden vier Komponenten zusammensetzt:

- Ankunftsstrom
- Warteraum
- Bedienstelle
- Abgangsstrom

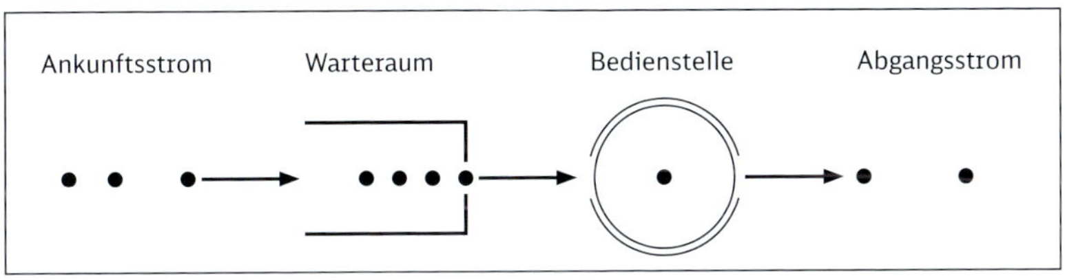

Abb. 3-66: Schematische Darstellung eines Bediensystems Abbildung: BFV/Nießen

Der Strom der ankommenden Forderungen erreicht das Bediensystem, wo diese ggf. in einem Warteraum auf das Freiwerden einer Bedienstelle warten müssen. Die Bedienung selbst nimmt eine gewisse Zeit, die sogenannte Bedienzeit, in Anspruch, bevor die Forderungen die Bedienstelle über den Abgangsstrom wieder verlassen. Ein Bediensystem wird charakterisiert durch:

- die Eigenschaften des Ankunftsprozesses,
- die Eigenschaften des Bedienprozesses,
- die Anzahl paralleler Bedienstellen,
- die Größe des Warteraums sowie
- die Wartedisziplin.

Die Größe des Warteraums m kann eine beliebige Zahl $m = 0,1,\ldots,\infty$ einnehmen. Sie gibt an, wie viele Forderungen maximal auf die Bedienung warten können. Warten bereits m Forderungen auf Bedienung, so werden zusätzliche, neu ankommende Forderungen abgewiesen. Man unterscheidet grundsätzlich zwischen Verlustsystemen ($m = 0$), Warte-Verlust-Systemen ($0 < m < \infty$) und reinen Wartesystemen ($m = \infty$).

Unter der Anzahl der Bedienstellen n eines Bediensystems versteht man die Anzahl paralleler Kanäle. Bei n = 1 spricht man dementsprechend auch von einkanaligen, bei n > 1 von mehrkanaligen Bediensystemen.

Eine Abfolge von Zufallsgrößen X_1, X_2,..., die jeweils mit einem Zeitpunkt identifiziert werden, bezeichnet man als stochastischen Prozess. Ankunfts- und Bedienprozess sind die stochastischen Prozesse, die sich aus der Verteilung der Zwischenankunftszeiten (zeitliche Abstände zwischen dem Eintreffen der Forderungen) bzw. der Bedienzeiten der Forderungen ergeben.

Zur Beschreibung eines Bediensystems wird oft die folgende, nach dem englischen Mathematiker Kendall benannte Notation verwendet:

$$A/B/n/m$$

Dabei bezeichnet

A	die Verteilung der Zwischenankunftszeiten (Ankunftsprozess),
B	die Verteilung der Bedienzeiten (Bedienprozess),
n	die Anzahl der Bedienstellen,
m	die Anzahl der Warteplätze.

Häufig verwendete, wichtige Prozesse sind:

M	Markov-Prozess (exponentialverteilte Zeiten)
E_k	Erlang-Prozess (Erlang-k verteilte Zeiten)
D	Deterministischer Prozess (Einpunktverteilung, feste Zeiten)
H_k	Prozess mit hyperexponentialverteilten Zeiten
G	Beliebiger Prozess (general, beliebige Verteilung der Zeiten)
G_I	Beliebiger Prozess mit stochastisch unabhängigen Zeiten, keine Folgeabhängigkeiten innerhalb des Prozesses (general independent)

Die Wartedisziplin beschreibt die Art und Weise, wie das Warten in der Schlange geregelt ist, d. h. in welcher Reihenfolge die Anforderungen bedient werden. Mögliche Strategien sind z. B.:

FIFO (oder FCFS):	first in, first out (first come, first served)
LIFO (LCFS):	last in, first out (last come, first served)
SIRO:	service in random order, Bedienung in zufälliger Reihenfolge
PRI:	priority service, bestimmte Forderungen werden bevorzugt bedient.

Sei ET_A der Erwartungswert der Zwischenankunftszeiten (mittlerer Ankunftsabstand bei unendlich vielen Ankünften). Dann wird durch

$$\lambda = \frac{1}{ET_A}$$

die Ankunftsrate, d. h. die durchschnittliche Anzahl ankommender Forderungen pro Zeiteinheit definiert. Analog wird durch

$$\mu = \frac{1}{ET_B}$$

die Bedienrate definiert, wobei ET_B der Erwartungswert der Bedienzeiten ist. Eine weitere wichtige Größe ist der sogenannte Belegungsgrad, der als Quotient

$$\rho = \frac{\lambda}{\mu} = \frac{ET_B}{ET_A}$$

der Ankunfts- und der Bedienrate definiert wird. Bei einkanaligen Systemen entspricht ρ dem Anteil der Zeit, in dem der Bedienkanal belegt ist, bei mehrkanaligen Systemen der Anzahl der im Mittel belegten Bedienkanäle. Im stationären Zustand (bei Betrachtung unendlicher langer Zeiträume) wird sich bei $\rho \geq n$ die Warteschlange immer mehr verlängern. Es treten dann Stauerscheinungen auf, die unendlich lange werden. Nur im Bereich $\rho < n$ ist ein Bediensystem stabil.

Die Anzahl der Forderungen, die zu einem bestimmten Zeitpunkt in der Warteschlange warten, lässt sich ebenfalls durch eine Zufallsvariable beschreiben. Sie wird als Länge der Warteschlange mit L_W bezeichnet und gibt eine Aussage über die Stauerscheinungen im System. Auch die Wartezeit einer Forderung von der Ankunft bis zum Beginn ihrer Bedienung ist eine Zufallsvariable, die mit T_W bezeichnet wird. Der Zusammenhang zwischen der mittleren Länge der Warteschlange und der mittleren Wartezeit ist durch die Little-Formel gegeben.

$$EL_W = \lambda \cdot ET_W \quad \text{oder äquivalent} \quad ET_W = ET_A \cdot EL_W$$

Die Little-Formel gilt für beliebige Bediensysteme im stationären Zustand, d. h. Bediensysteme, die über einen längeren Zeitraum betrieben wurden und sich eingeschwungen haben, sodass sich die Wahrscheinlichkeiten für die Anzahl von Forderungen im System nicht mehr stark ändern.

Abgrenzung der Infrastruktur für analytische Berechnungen

Zur Anwendung der analytischen Methode im Eisenbahnwesen muss die Infrastruktur in ein- bzw. mehrkanalige Bediensysteme aufgeteilt werden. Dabei handelt es sich um Strecken und Knoten, wobei Knoten in Gesamtfahrstraßenknoten (GFK) und Gleisgruppen (GG) weiter unterteilt werden. Abbildung 3-67 zeigt die schematische Aufteilung eines Knotens. GFK sind dabei die Weichenzonen im Vorfeld von Eisenbahnknoten (Bahnhöfen). Auch eine Abzweigstelle stellt einen GFK dar.

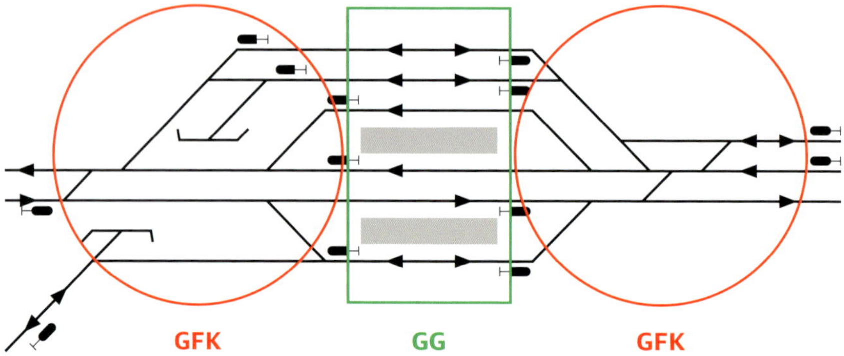

Abb. 3-67: Aufteilung eines Knotens Abbildung: BFV/Nießen

Teilfahrstraßenknoten

Aus Sicht der Bedienungstheorie stellt ein Eisenbahnknoten ein Teilnetz mit einer Vielzahl von sequentiell-parallel verketteten Bedienungsstellen dar. Dieses Teilnetz muss für Zwecke der Leistungsfähigkeitsberechnung in geeignete Komponenten zerlegt werden. Einkanalige Komponenten bezeichnet man als Teilfahrstraßenknoten (TFK). Ein TFK stellt jeweils einen größten zusammenhängenden Gleisbereich dar, in dem sich alle Fahrten gegenseitig ausschließen.

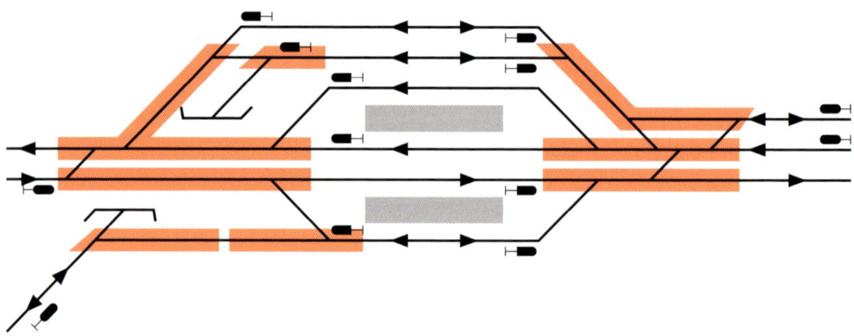

Abb. 3-68: Teilfahrstraßenknoten Abbildung: BFV/Nießen

Für Dimensionierungsfragen ist es häufig von Interesse, den Systemengpass zu erkennen. Die Zerlegung eines Bahnhofs bzw. Teilnetzes in TFK ist Grundvoraussetzung dafür, die Engpässe präzise lokalisieren zu können. Nicht zu den TFK gehören die Warteplätze, d. h. Überholgleise und Gleisbündel, in denen Züge auf das Freisein eines Abschnitts warten können. Überholungsgleise und Gleisbündel bilden den Warteraum.

Eine Abgrenzung der einkanaligen Bedienstellen findet rein auf Basis des Infrastrukturlayouts statt. Signalstandorte werden dabei nicht berücksichtigt. Anhand der Weichen, Kreuzungsweichen, Kreuzungen sowie Wartepositionen (Halteplätze) werden die TFK mithilfe der folgenden Hilfsregeln ermittelt:

Definition: Ein TFK stellt jeweils einen größten zusammenhängenden Gleisbereich dar, in dem sich alle Fahrten gegenseitig ausschließen.

Hauptregel: Zwei Gleisplanelemente (Weiche, Kreuzung, Kreuzungsweiche) dürfen nur dann einem gemeinsamen TFK zugeschrieben werden, wenn die Bedingung erfüllt bleibt, dass sich alle Fahrten im TFK gegenseitig ausschließen (Ausschlusskriterium).

Hilfsregel 1 (Wartepositionsregel): An Wartepositionen, welche durch Halteplätze gekennzeichnet sind, stoßen immer zwei TFK aneinander (Trennstelle setzen).

Hilfsregel 2 (Spitze-Regel): Außer an Wartepositionen gilt: Zwischen Weichen, die sich Spitze zu Spitze bzw. Spitze zu Grenzzeichen gegenüberliegen, darf niemals getrennt werden.

Hilfsregel 3 (Grenzzeichen-Grenzzeichen-Regel): Zwischen Weichen, die sich Grenzzeichen zu Grenzzeichen gegenüberliegen, kann eine Trennstelle zwischen zwei TFK liegen. Der nach den Weichen folgende mögliche Fahrtverlauf ist zu berücksichtigen (Trapezregel). Existiert für den weiteren Fahrtverlauf bis zur nächsten Warteposition eine Möglichkeit ohne einen indirekten Fahrtenausschluss, dann ist zwischen den beiden betrachteten Grenzzeichen eine Trennstelle zu setzen.

Hilfsregel 4 (Trapezregel): Bei Trapezstrukturen sind indirekte Fahrtenausschlüsse zu beachten (siehe Abb. 3-69).

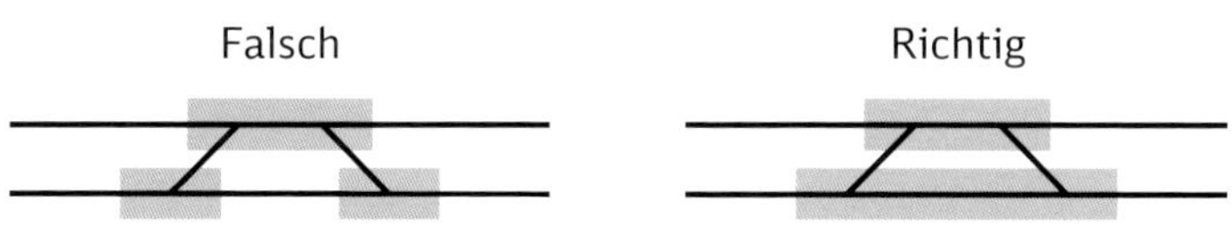

Abb. 3-69: Falsche und richtige Abgrenzung von Teilfahrstraßenknoten Abbildung: BFV/Nießen

Kreuzungen und einfache Kreuzungsweichen müssen immer über das Ausschlusskriterium überprüft werden. Kann keine eindeutige Lösung gefunden werden, sind diese als eigenständige TFK abzugrenzen. Doppelte Kreuzungsweichen sind wie zwei Spitze zu Spitze stehende Weichen zu behandeln.

Strecken

Analytische Berechnungen finden oftmals für Eisenbahnstrecken statt, um Aussagen über deren Leistungsfähigkeit zu erhalten. Aus Sicht der Bedienungstheorie stellen Strecken einkanalige Bedienstellen dar, für welche das Einfädeln am Beginn der Strecke und die damit auftretenden Stauerscheinungen untersucht werden. Berechnungen werden bei zweigleisigen Strecken für jedes Richtungsgleis getrennt durchgeführt.

Strecken sind derart abzugrenzen, dass an den begrenzenden Bahnhöfen eine Durchmischung der Verkehre möglich ist. Dies ist in der Regel bei größeren Knoten gegeben, die über mehrere Haltepositionen für die Zugfahrten verfügen und bei denen üblicherweise mindestens das Produkt mit dem zweithöchsten Rang einen Fahrplanhalt aufweist.

Das Betriebsprogramm auf der untersuchten Strecke sollte idealerweise identisch bleiben. Durch auf der Strecke beginnende, endende sowie ein- oder ausfädelnde Zugfahrten kann sich das Mischungsverhältnis jedoch auch ändern. Für die analytische Berechnung wird eine Abweichung von bis zu zehn Prozent toleriert (DB Netz AG 2009). Bei größeren Abweichungen ist die Strecke dann in zwei oder mehr Strecken aufzuteilen.

Durch die auf einer Strecke vorhandenen Unterwegsbahnhöfe ergeben sich für jeden Zugfolgefall i,j Überholungsabschnitte. Diese Überholungsabschnitte bestimmen sich durch die Bahnhöfe, an denen eine Überholung durch einen höherrangigen Zug betrieblich statthaft und technisch möglich ist. Abbildung 3-70 zeigt beispielhaft die Überholungsabschnitte mit den entsprechenden Mindestzugfolgezeiten für den Zugfolgefall Güterzug i wird von einem höherrangigen Personenzug j gefolgt.

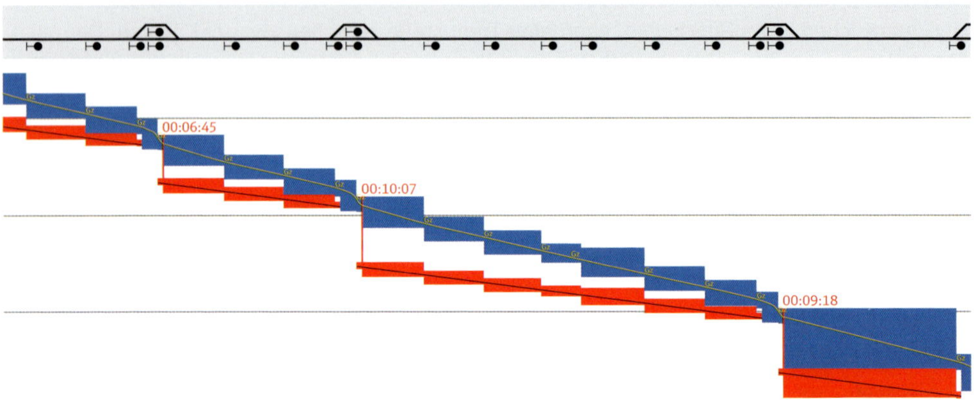

Abb. 3-70: Überholungsabschnitte für den Zugfolgefall Güterzug (blau) - Personenzug (rot) Abbildung: BFV/Nießen

Für jeden Zugfolgefall i,j wird für jeden Überholungsabschnitt die Mindestzugfolgezeit bestimmt. Für die Berechnung der Strecke wird anschließend für jeden Zugfolgefall das Maximum der Mindestzugfolgezeiten über die Überholungsabschnitte der Strecke verwendet.

Gleisgruppe und Teilgleisgruppen

Die Gleisgruppe eines Bahnhofs setzt sich aus allen Gleisen zusammen, an denen ein regulärer Halt möglich und vorgesehen ist. Gleisgruppen stellen mehrkanalige Bediensysteme dar, für welche eine gegenseitige Vertretbarkeit angenommen wird. Dies bedeutet, dass eine eintreffende Forderung jeden Bedienkanal nutzen kann. Bei der gegenseitigen Vertretbarkeit wird also unterstellt, dass eine Zugfahrt sämtliche Gleise der betrachteten Gleisgruppe nutzen könnte.

In der Realität ist die gegenseitige Vertretbarkeit in der Regel nicht gegeben, da eine Zugfahrt üblicherweise nicht jedes Gleis aufgrund von Restriktionen der Erreichbarkeit, Nutzlängen oder Ähnlichem benutzen kann. Daher wird eine Gleisgruppe in sogenannte Teilgleisgruppen unterteilt, für welche die gegenseitige Vertretbarkeit besser erfüllt ist. Teilgleisgruppen sollten idealerweise aus mindestens zwei, besser drei Gleisen bestehen.

Da die gegenseitige Vertretbarkeit auch für Teilgleisgruppen selten zu 100 Prozent erreicht wird, gilt sie als (näherungsweise) erfüllt, wenn die folgenden Bedingungen für die Gleise einer Teilgleisgruppe vorliegen (VIA Consulting & Development GmbH 2019):

- Mindestens 80 Prozent der angeschlossenen Streckengleise können von jedem Gleis der Teilgleisgruppe erreicht werden.
- Die Differenz der Nutzlängen der Gleise innerhalb der Teilgleisgruppe beträgt maximal 200 Meter für den Personenverkehr und maximal 300 Meter für den Güterverkehr.
- Bei gemeinsamer Nutzung durch Personen- und Güterverkehr sind mindesten 66 Prozent der Gleise der Teilgleisgruppe für beide Verkehrsarten nutzbar.
- Bei vorhandener Elektrifizierung sind alle Gleise der Teilgleisgruppe elektrifiziert.

Die hier aufgezählten Regeln gelten als Empfehlung, von welchen im Einzelfall mit Begründung abgewichen werden kann. Abbildung 3–71 stellt beispielhaft die Aufteilung eines Bahnhofs in zwei Teilgleisgruppen dar. Zu beachten ist hierbei, dass die Gleise 4 und 5 keiner Gleisgruppe zugeordnet werden, da diese über keine Bahnsteigkante verfügen und als durchgehende Hauptgleise nicht zur Überholung genutzt werden sollten.

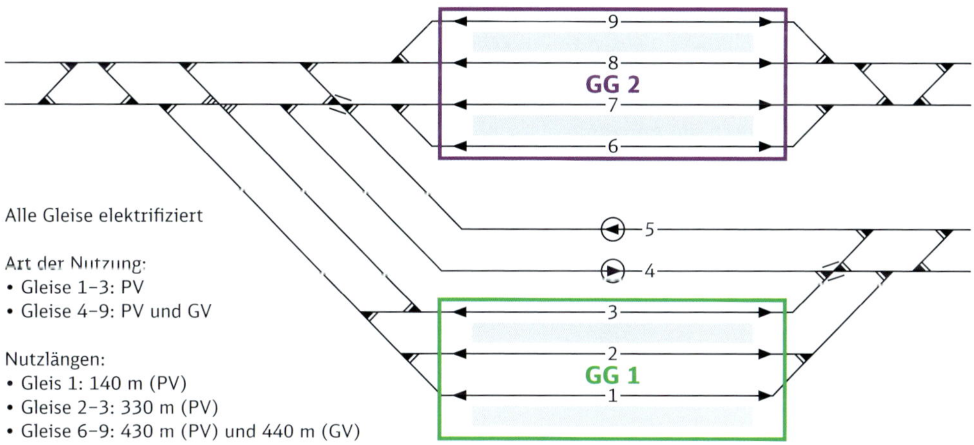

Abb. 3-71: Aufteilung eines Bahnhofs in zwei Teilgleisgruppen Abbildung: BFV/Nießen

Bei der weiteren Berechnung werden dann die Teilgleisgruppen als mehrkanalige Bediensysteme betrachtet. Die Bedienzeiten ergeben sich aus der Summe der Einfahr- und Ausfahrsperrzeiten sowie der Haltezeiten über alle Zugfahrten, welche die Teilgleisgruppe im Untersuchungsraum belegen (vgl. Kap. 3.2).

Planmäßige und außerplanmäßige Wartezeiten

In der Eisenbahnbetriebswissenschaft sind zwei Prozessebenen zu betrachten: die Prozessebene der Fahrplankonstruktion und die der Betriebsführung. Für beide Prozessebenen können analytische Modelle zur Bestimmung der Wartezeiten angewendet werden. Bei dem Prozess der Fahrplanerstellung werden diese als „planmäßige Wartezeiten“ und im Prozess der Betriebsabwicklung als „außerplanmäßige Wartezeiten“ bezeichnet. Während der Fahrplankonstruktion werden planmäßige Wartezeiten durch Konflikte und das zeitliche Verschieben von Wunschtrassen hervorgerufen. Im Betriebsablauf entstehen außerplanmäßige Wartezeiten durch Folgeverspätungen.

Bestimmung der planmäßigen Wartezeiten für einkanalige Systeme – Strecken und TFK

Zur Berechnung der beim Einfädeln in eine Strecke oder in einen TFK entstehenden planmäßigen Wartezeit werden diese durch ein Warteschlangenmodell der Form GI/GI/1/∞ abgebildet. Dies entspricht gemäß der Kendall Notation einem einkanaligen Bediensystem mit beliebigen, aber unabhängigen Ankunfts- und Bedienzeiten sowie einem unendlich großen Warteraum. Die Ankunftszeitpunkte des Ankunftsprozesses entsprechen der zeitlichen Lage der von den EVU beim Infrastrukturunternehmen bestellten Wunschtrassen, die Bedienzeiten den Mindestzugfolgezeiten der Züge. Für eine vertiefende Betrachtung zur Bestimmung der planmäßigen Wartezeiten wird auf Wendler 1999; Wakob 1985 und Weik 2020 verwiesen.

Obwohl in realen Bahnhöfen die Anzahl der Warteplätze endlich ist, wird in der Eisenbahnbetriebswissenschaft aus pragmatischen Gründen von einem unendlichen Warteraum ausgegangen. Würde ein endlicher Warteraum betrachtet, könnten im System Verluste auftreten. Da Züge in einem Eisenbahnnetz nicht verloren gehen können, ist die Modellierung mit unendlichem Warteraum zweckmäßig. Falls ein Zug in einer Wartegruppe keinen Warteplatz mehr findet, wird angenommen, dass er in einer anderen Wartegruppe einer vorgelagerten Betriebsstelle warten kann. Durch die Annahme eines unendlichen Warteraums werden die Bedienungsstellen entkoppelt; dadurch können jedoch Netzeffekte nicht berücksichtigt werden.

Es ist unzulässig, die Ankunftszeitpunkte aus einem bestehenden, d. h. widerspruchsfrei durchkonstruierten Fahrplan zu ermitteln. Durchkonstruierte Fahrpläne spiegeln nicht mehr die Wunschtrassenlage wider und stellen damit nicht mehr die Eingangsvoraussetzungen des Fahrplankonstruktionsprozesses dar, sondern dessen Ergebnis.

Für den Ankunftsprozess gilt

$$ET_A = \frac{t_U}{n_Z}$$

wobei n_Z die Anzahl der bestellten Trassen im Untersuchungszeitraum ist. Liegen keine anderen Angaben vor, kann für den Variationskoeffizienten der Ankunftsabstände $V_A = 1$, d. h. exponentialverteilte Zwischenankunftszeiten, angenommen werden. Für die Bedienzeit sind die Parameter ET_B und ET_B^2 aus der Matrix der Mindestzugfolgezeiten Z zu ermitteln (vgl. Kap. 3.2.4).

Für die Berechnung der entstehenden planmäßigen Wartezeit sind die Mindestzugfolgezeiten z_{ij} für jeden Zugfolgefall anzusetzen. Bei TFK-Berechnungen sind die Sperrzeitentreppen für den gesamten Überholungsabschnitt über das eigentliche Gebiet des TFK hinaus darzustellen.

Bei der Modellierung des Fahrplankonstruktionsprozesses durch ein GI/GI/1/∞-Modell wird unterstellt, dass sowohl Ankunfts- als auch Bedienungsprozess unabhängig sind, es also keine Abhängigkeit bei den einzelnen Ankünften oder bei den einzelnen Bedienungen gibt (GI-Prozess). Bei individuellen Fahrplänen kann diese Bedingung in der Regel als erfüllt angesehen werden. Bei stark vertakteten Fahrplänen, insbesondere bei ITF, ist die Unabhängigkeitseigenschaft verletzt. Das Modell ist dort also nur eingeschränkt anwendbar.

Zur Berücksichtigung von bei der Fahrplankonstruktion vorhandenen Rangordnungen wird folgende Modellannahme getroffen (Schwanhäußer 1974): Hochrangige Züge können bei der Fahrplankonstruktion nicht durch niederrangige Züge verdrängt werden. Im Bedienungsmodell wird dieser Sachverhalt durch eine Manipulation der Bedienungszeiten mithilfe einer sogenannten Dispositionsbelegungszeit $t_{d,ij}$ abgebildet:

$$ET_B = \sum_i \sum_j p_{ij} \cdot (z_{ij} + t_{d,ij}) = \sum_i \sum_j p_{ij} \cdot z_{ij}$$

$$ET_B^{\,2} = \sum_i \sum_j p_{ij} \cdot (z_{ij} + t_{d,ij})^2$$

mit

$$t_{d,ij} = \begin{cases} +z_{ij} & \text{bei Vorrang Zug i vor Zug j} \\ 0 & \text{bei Gleichrang} \\ -z_{ij} & \text{bei Vorrang Zug i vor Zug j} \end{cases}$$

Die Einführung der Dispositionsbelegungszeit verändert das zweite Moment der Zufallsgröße T_B und die daraus abgeleiteten Größen Standardabweichung und Variationskoeffizient, jedoch nicht den Erwartungswert ET_B.

Der Erwartungswert der planmäßigen Wartezeiten kann für GI/GI/1/∞-Modelle näherungsweise mit der Gudehus-Formel berechnet werden (Gudehus 1976). Die Näherung eignet sich insbesondere für stark ausgelastete „heavy traffic"-Systeme:

$$ET_W = ET_A \cdot \frac{\rho^2}{1-\rho} \cdot \frac{v_A^2 + v_B^2}{2}$$

mit:

$$v_A = \frac{\sqrt{ET_A^{\,2} - (ET_A)^2}}{ET_A}$$

$$v_B = \frac{\sqrt{ET_B^{\,2} - (ET_B)^2}}{ET_B}$$

Bessere Resultate, insbesondere für geringer belastete Systeme, werden mit dem aufwendigeren Verfahren nach Wakob erzielt (Wakob 1985).

$$ET_W = \frac{v}{1-v} \cdot ET_B$$

v ist hier die Lösung der folgenden Gleichung

$$v = \left[1 + \frac{1-v}{k-\tilde{\rho}}\right]^{-k} \text{, wobei}$$

$$k = \frac{1}{v_A^{\,2}}$$

$$l = \frac{1}{v_B^{\,2}}$$

$$x_k = \frac{2}{k+1}$$

$$x_l = \frac{2}{l+1}$$

$$y_1 = 1 - 0.8060(1-x_k)(1-x_l) - 0.1940(1-x_k^{\,0.2924})(1-x_l^{\,0.2924})$$

$$y_2 = 1 - 0.1278\Big((1-x_k)(1-x_l)\Big)^{1.1375}$$

$$\tilde{\rho} = 1 - \frac{1}{y_1 \cdot \left[\frac{\rho}{2(1-\rho)} \cdot (1+\frac{1}{l}\right]^{y^2} + 1}$$

Bestimmung der außerplanmäßigen Wartezeiten für einkanalige Systeme – Strecken und TFK

Außerplanmäßige Wartezeiten entstehen im Betriebsablauf aufgrund von Folgeverspätungen. Bricht ein Zug verspätet in den Beobachtungsraum ein bzw. besitzt dieser eine Urverspätung, so kann es zur Überschneidung seiner Sperrzeitentreppe mit den Sperrzeitentreppen anderer Zugfahrten und somit zu Belegungskonflikten und zur Verspätungsübertragung kommen.

Ausgehend von der ursprünglichen konfliktfreien Anordnung der Sperrzeitentreppen zweier gleichrangiger Zugfahrten (siehe Abb. 3-72; Zug 1 blau und Zug 2 grün) auf einem Streckenabschnitt werden nachstehend die möglichen Auswirkungen veranschaulicht. Falls eine Konfliktlösung erforderlich wird, so erfolgt diese durch das Verschieben einer Zugfahrt. Hierbei müssen vier Fälle unterschieden werden.

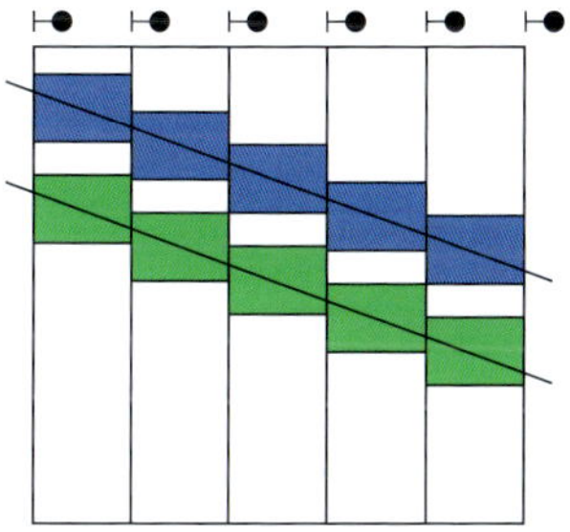

Abb. 3-72:
Ursprüngliche Sperrzeitentreppe
Abbildung: BFV/Nießen

Fall 1

In Fall 1 ist die Differenz der Einbruchsverspätungen der beiden Züge t_{VE} insgesamt kleiner als die Pufferzeit zwischen der Trasse des ersten Zuges und der des Folgenden. Es existiert keine Beeinflussung zwischen den Zügen, sodass keine Folgeverspätung eintritt.

$$\Delta t_{VE} = t_{VE,1} - t_{VE,2} \leq t_P$$

Fall 2

Ist die Differenz der Einbruchsverspätungen insgesamt größer als die Pufferzeit zwischen den Sperrzeitentreppen und geringer als die Summe aus Pufferzeit und Mindestzugfolgezeit (z_{12}), so wird der Folgezug eine Folgeverspätung t_{VF} erfahren (Fall 2). Diese ergibt sich aus der Differenz der Einbruchsverspätung und der Pufferzeit.

$$t_P < \Delta t_{VE} \leq z_{12} + t_P \;\Rightarrow\; t_{VF,2} = \Delta t_{VE} - t_P$$

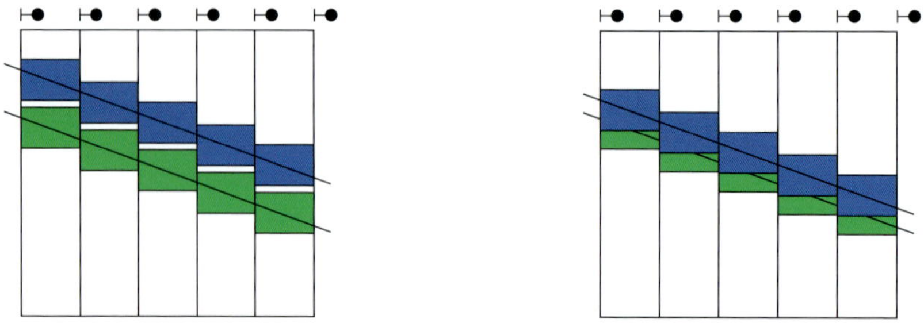

Abb. 3-73: Auswirkungen auf die Sperrzeiten Fall 1 und 2. In Fall 2 muss Zugfahrt 2 zur Konfliktlösung anschließend noch zeitlich verschoben werden.

Abbildung: BFV/Nießen

Fall 3:

Ist die Differenz der Einbruchsverspätungen insgesamt größer als die Summe aus Pufferzeit und Mindestzugfolgezeit (z_{12}), kommt es zu einem Reihenfolgewechsel der beiden Züge (siehe Abb. 3-74). Im dritten Fall erleidet Zug 1 eine Folgeverspätung, die sich aus der ursprünglichen Mindestzugfolgezeit, der Pufferzeit und der Einhaltung der neuen Mindestzugfolgezeit auf Zug 2 abzüglich der Differenz der Einbruchsverspätungen ergibt.

$$z_{12} + t_P < \Delta t_{VE} \leq z_{12} + t_P + z_{21} \Rightarrow t_{VF,1} = z_{12} + t_P + z_{21} - \Delta t_{VE}$$

Fall 4:

Im letzten Fall wird betrachtet, dass der erste Zug eine so große Verspätung aufweist, dass dieser erst nach dem zweiten Zug fährt. Es entsteht keine Folgeverspätung, da die Sperrzeitentreppe des zweiten Zuges von der Verspätung des ersten Zuges nicht direkt betroffen ist.

$$z_{12} + t_P + z_{21} < \Delta t_{VE}$$

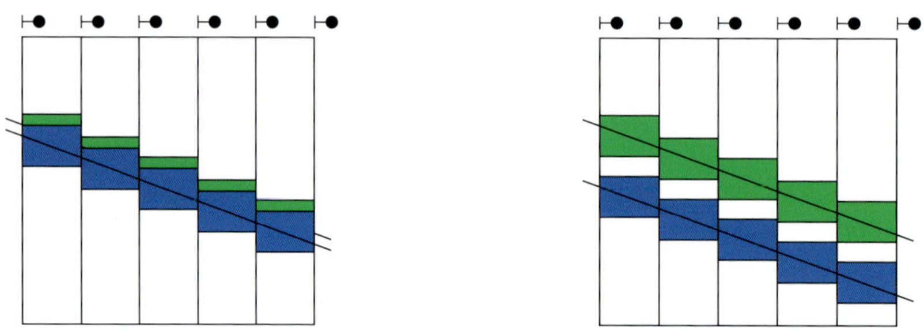

Abb. 3-74: Auswirkungen auf die Sperrzeiten Fall 3 und 4. In Fall 3 muss Zugfahrt 1 zur Konfliktlösung anschließend noch zeitlich verschoben werden.

Abbildung: BFV/Nießen

Die diskutierten vier Fälle erfassen die Verspätungsübertragung bei gleichrangigen Zügen auf der Strecke. Für die Verspätungsübertragung bei verschiedenrangigen Zügen müssen bei Fall 2 und 3 zusätzlich noch die Dispositionsbelegungszeiten berücksichtigt werden.

Auf Basis der hier dargestellten vier Fälle lässt sich für eine zufällige Verteilung der Pufferzeit die Verspätungsübertragung von einer Zugfahrt auf die folgende analytisch berechnen. Diese wird auch als Folgeverspätung ersten Grades bezeichnet. Wenn zusätzlich noch Folgeverspätungen höheren Grades berücksichtigt werden, ergibt sich die sogenannte STRELE-Formel zur Bestimmung der Streckenleistungsfähigkeit (Schwanhäußer 1974). Mit dieser Formel wird in Abhängigkeit von den Pufferzeiten und den Zugprioritäten die aus Erreger- und Einbruchsverspätungen resultierende mittlere Folgeverspätung einer Zugfahrt berechnet. Die Formel unterstellt folgende Eingangsbedingungen:

- Es liegt ein konfliktfreier Ausgangsfahrplan vor.
- Die Pufferzeiten sind exponentialverteilt.
- Die Einbruchsverspätungen unterliegen der Verspätungsverteilung (vgl. Kap. 3.3.1).

$$ET_W = ET_{VF} = \left(p_{VE} - \frac{p_{VE}^2}{2}\right) \cdot \frac{\bar{t}_{VE}^2}{\bar{t}_P + \bar{t}_{VE}\left(1 - e^{-\frac{\bar{z}}{\bar{t}_{VE}}}\right)}$$

$$\cdot \left[p_g \left(1 - e^{-\frac{\bar{z}_g}{\bar{t}_{VE}}}\right)^2 + (1 - p_g) \cdot \frac{\bar{z}_v}{\bar{t}_{VE}} \cdot \left(1 - e^{-\frac{2\bar{z}_V}{\bar{t}_{VE}}}\right) + \frac{\bar{z}}{\bar{t}_P} \cdot \left(1 - e^{-\frac{\bar{z}}{\bar{t}_{VE}}}\right)^2\right]$$

p_{VE}	Wahrscheinlichkeit des Auftretens einer Einbruchsverspätung
t_{VE}	Mittlere Einbruchsverspätung
p_g	Wahrscheinlichkeit für das Auftreten eines gleichrangigen Zugfolgefalls
$\bar{z}_g$	Mittlere Mindestzugfolgezeit der gleichrangigen Zugfolgefälle
$\bar{z}_v$	Mittlere Mindestzugfolgezeit der rangunterschiedlichen Zugfolgefälle

Die ersten beiden Summanden der hier dargestellten STRELE-Formel entsprechen hierbei sogenannten Verspätungen ersten Grades, d. h. Folgeverspätungen, die sich direkt aus Einbruchs- oder Erregerverspätungen von Zugfahrten ergeben, der dritte Summand Verspätungen höheren Grades aufgrund der Übertragung von Verspätungen von einer folgeverspäteten Zugfahrt, d. h. einer Zugfahrt, die nicht selbst Ursache der Betriebsunregelmäßigkeit ist, auf eine andere Zugfahrt.

Ermittlung der Wartezeiten aus Überholungen

Neben den Wartezeiten beim Einfädeln in eine Strecke können auch Wartezeiten infolge von Überholungen auf der Strecke selbst auftreten. Für eine Berechnung der planmäßigen Wartezeiten infolge von Überholungen wird auf Gast verwiesen (Gast 1986), für die außerplanmäßigen Wartezeiten auf Kogel (Kogel 2021).

Bestimmung der planmäßigen Wartezeiten für mehrkanalige Systeme –Gesamtfahrstraßenknoten

Jeder Bahnhofskopf besteht in der Regel aus mehreren TFK und bildet damit einen GFK. Der GFK stellt ein Warteschlangensystem dar, welches – zumindest zeitweise – mehrkanalig sein kann. Zur Berechnung der im GFK entstehenden Wartezeiten wird der GFK hilfsweise auf ein einkanaliges Ersatzsystem mit modifizierten Bedienzeiten reduziert. Hierfür wird die sogenannte Verkettungszahl

$$\varphi = \sum_i \sum_j p_{\varphi,ij}$$

eingeführt, welche die Wahrscheinlichkeit, dass sich zwei Zugfahrten im GFK ausschließen, beschreibt (Adler 1967). Der Kehrwert der Verkettungszahl entspricht in etwa der im Mittel innerhalb des GFK gleichzeitig tätigen Bedienstellen (Potthoff 1970). Es gilt:

$$p_{\varphi,ij} = \begin{cases} p_i \cdot p_j & \text{, Zugfahrt i und j schließen einander aus} \\ 0 & \text{, sonst} \end{cases}$$

Das erste und zweite Moment der Bedienzeit und die Ankunftsrate werden dabei für den GFK näherungsweise nach den folgenden Formeln berechnet:

$$ET_{B,GFK} \approx \sum_i \sum_j p_{\varphi,ij} \cdot (z_{ij} + t_{d,ij})$$

$$ET^2_{B,GFK} \approx \sum_i \sum_j p_{\varphi,ij} \cdot (z_{ij} + t_{d,ij})^2$$

$$\lambda_{GFK} = \frac{n_{Z,GFGK}}{t_U}$$

$n_{Z,GFK}$ Gesamtzahl der Züge im GFK innerhalb des Untersuchungszeitraums

Für das einkanalige Ersatzsystem wird in der Regel ein M/GI/1/∞Modell verwendet, d. h., es werden exponentialverteilte Zwischenankunftszeiten angenommen. In diesem Modell werden die planmäßigen Wartezeiten mit der Pollaczek-Chintchin-Formel bestimmt (Schwanhäußer 1978).

$$ET_{W,GFK} = \frac{\lambda_{GFK} \cdot ET^2_{B,GFK}}{2 \cdot (1 - \lambda_{GFK} \cdot ET_{B,GFK})}$$

Weitere, detaillierte Verfahren zur Bestimmung der planmäßigen Wartezeiten in GFKs werden von Nießen und Oetting beschrieben (Nießen 2008; Oetting 2005). Für die Bestimmung von außerplanmäßigen Wartezeiten in GFKs wird auf Nießen und Meirich verwiesen (Nießen 2008; Meirich 2017).

Bestimmung der planmäßigen Wartezeiten für mehrkanalige Systeme – Gleisgruppen

Für die Bemessung von Gleisgruppen existieren mit den Verfahren nach Potthoff sowie nach Hertel zwei Methoden. Während die Methode nach Potthoff ein „light traffic"-Modell für kleine Belegungsgrade darstellt, ist das Verfahren nach Hertel insbesondere für den „heavy traffic"-Bereich geeignet.

Verfahren nach Potthoff

Beim Verfahren nach Potthoff werden die planmäßigen Wartewahrscheinlichkeiten einer Gleisgruppe näherungsweise bestimmt. Zur Bemessung der Gleisgruppe mit n Gleisen wird ein Bedienungsmodell GI/D/n/0 mit folgenden Eingangsvoraussetzungen verwendet (Potthoff 1970):

- Ankunftsabstände sind Γ-verteilt. Die Gammaverteilung (Γ) ist eine Verallgemeinerung der Erlang-Verteilung.
- Bedienungszeiten sind konstant.
- Es ist keine Wartegruppe vorhanden (Verlustsystem).
- Alle n Gleise können sich gegenseitig vertreten.

Da vor einem Verlustsystem im Gegensatz zur realen Gleisgruppe kein Warten stattfinden kann, wird die Wartewahrscheinlichkeit p_w näherungsweise durch die Verlustwahrscheinlichkeit ersetzt. Diese Annahme ist für kleine Auslastungsgrade $\rho << n$ mit

$$\rho = \frac{n_Z \cdot ET_B}{t_U}$$

statthaft, wobei n_Z die Anzahl der Zugfahrten, welche innerhalb des Untersuchungszeitraums t_U die Gleisgruppe belegen, darstellt. Der Ansatz von Potthoff stellt ein sogenanntes „light-traffic"-Modell dar.

Unter der Annahme $p_v = p_w$ ergibt sich für die Verlustwahrscheinlichkeit

$$p_W = \int_0^{\rho \cdot k} \frac{x^{n \cdot k-1}}{\Gamma(n \cdot k)} \cdot e^{-x} dx.$$

Die Formel ist nur numerisch nach n auflösbar.

Für die Bestimmung der Gleisanzahl wird ein Nomogramm genutzt, bei dem die beiden Hilfsgrößen $\alpha := \rho \cdot k$ und $F(\alpha, p_W) := n \cdot k$ mit $k = 1/V_A^2$ in doppelt-logarithmischer Darstellung aufgetragen werden (siehe Abb. 3-75).

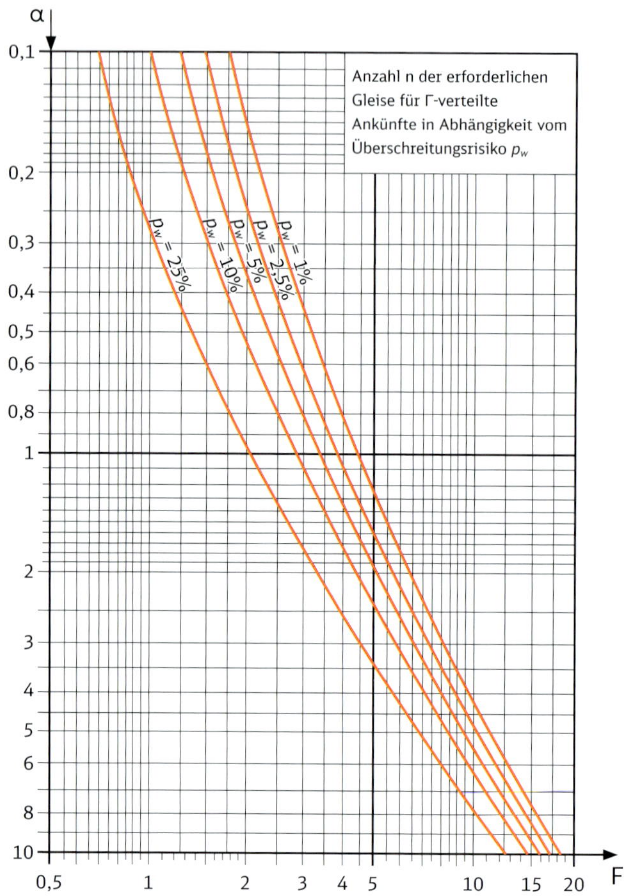

Abb. 3-75: Bemessungsdiagramm für Gleisgruppen nach Potthoff (Potthoff 1970)

Verfahren nach Hertel

Das Verfahren nach Hertel zur Berechnung der planmäßigen Wartezeiten einer Gleisgruppe basiert auf einem GI/GI/n/∞ Wartemodell. Das Verfahren nach Hertel ist nicht an die relativ engen Eingangsvoraussetzungen des Modells von Potthoff gebunden. Es ist ein „heavy-Traffic"-Modell, die Approximation ist also bei hohen Auslastungen besonders gut (Fischer, Hertel 1990).

Es wird ein System mit beliebigen, aber unabhängigen Zwischenankunfts- bzw. Bedienzeiten betrachtet. Eine analytische Lösung für dieses Modell existiert nicht, durch die Formel nach Hertel kann jedoch eine gute Näherung für die Wartezeiten gegeben werden. Der Erwartungswert der Wartezeiten berechnet sich nach

$$ET_W = p_0 \cdot \frac{\frac{\rho^n}{n!} \cdot \gamma \cdot \Phi}{\lambda \cdot (1 - \Phi)^2} \cdot ET_A$$

wobei n die Gleisanzahl darstellt, der Belegungsgrad $\rho = ET_B/ET_A$ bei mehrkanaligen Systemen auch größer eins werden kann und folgende Hilfsgrößen zu ermitteln sind:

- $c = \begin{cases} 1 & , v_A \geq 1 \\ \left(\frac{\rho}{n}\right)^{1-v_A^2} (1 + v_A^2) - v_A^2 & , \text{sonst} \end{cases}$

- $\gamma = \frac{2}{c \cdot v_B^2 + v_A^2}$

- $\phi = \left(\frac{\rho}{n}\right)^{\gamma} < 1$

- $p_0 = \left[\sum_{i=0}^{n} + \frac{\rho^i}{i!} + \frac{\rho^n \cdot \gamma \cdot \Phi}{n!(1-\Phi)} \right]^{-1}$ (Leerwahrscheinlichkeit)

Für $v_A = 1$ existiert folgende Näherung für die Wartewahrscheinlichkeit p_W:

$$p_W = p_0 \frac{\rho^n}{n!} \left(1 + \frac{\gamma \cdot \Phi}{1-\Phi}\right)$$

Für $v_A \neq 1$ muss auf folgende, gröbere Näherung ausgewichen werden:

$$p_W = p_0 \frac{\rho^{n-1}}{(n-1)!} \cdot \frac{\gamma \cdot \Phi}{1-\Phi}$$

Die beiden Näherungen für p_w liefern nur für Systeme der Form M/M/n/∞ identische Ergebnisse.

Für die analytische Berechnung von außerplanmäßigen Wartezeiten in Gleisgruppen liegen keine anerkannten Formeln vor.

Rahmenbedingungen bei der Anwendung und Einschränkungen

Analytische Verfahren weisen eine kurze Rechenzeit auf und werden insbesondere bei der Leistungsuntersuchung von Netzelementen (Strecken, Fahrstraßenknoten, Gleisgruppen) eingesetzt. Hierbei lassen sich direkte Kenngrößen zur Kapazität (zulässige Zugzahlen bei akzeptierten Wartezeiten) sowohl für die Fahrplanerstellung als auch die Betriebsdurchführung ermitteln. Außerdem können Engpässe der Infrastruktur detektiert sowie unterschiedliche Infrastrukturvarianten und Betriebsprogramme bewertet werden.

Analytische Verfahren kommen üblicherweise bei mittel- und langfristigen Planungshorizonten zur Anwendung, da diese fahrplanunabhängig agieren können. Als Eingangsgröße ist kein konkreter Fahrplan notwendig, lediglich Angaben über das (prognostizierte) Betriebsprogramm sind nötig. Durch die indirekte Abbildung einer Vielzahl von möglichen Fahrplanvarianten sind die Ergebnisse nicht nur von einem konkreten Fahrplan abhängig und somit allgemeingültiger. Damit kann die Methode insbesondere im frühen Planungsstadium, wenn noch kein Fahrplan vorhanden ist oder wenn potenziellen Fahrplanänderungen Rechnung getragen werden soll, eingesetzt werden. Gleichwohl wurden in letzter Zeit auch analytische Verfahren entwickelt, welche auf Basis eines konkreten Fahrplans arbeiten und für diesen Resultate liefern (Zieger et al. 2018; Gast, Steinborn 2018).

Aufgrund der analytischen Modellannahmen können nicht alle Details und Rahmenbedingungen betrachtet werden. So werden alternative Fahrwege nicht unmittelbar abgebildet, und betriebliche Randbedingungen wie Umläufe oder Anschlüsse finden keine Betrachtung. Als Ergebnis liegen die Erwartungswerte der Wartezeiten vor, von welchen nicht direkt auf Verspätungen oder Pünktlichkeitswerte geschlossen werden kann.

3.4.4 Qualitätsmaßstäbe

Aufgabe der eisenbahnbetrieblichen Verfahren ist oftmals die Bewertung der Infrastruktur oder des Fahrplans bzw. des Betriebsprogramms. Hierzu müssen zunächst die entsprechenden Kenngrößen ermittelt und dann anschließend auch bewertet werden. Dementsprechend werden hierfür entsprechende Qualitätsmaßstäbe benötigt (Bär et al. 2019).

Bei der Verkettung nach UIC Code 406 wird der verkettete Belegungsgrad (siehe Abb. 3-57) als Qualitätsmaßstab für eine zulässige Zuganzahl herangezogen. Hiermit lassen sich demnach zumindest indirekt zulässige Zugzahlen bestimmen.

Bei Simulationen werden Verspätungen bzw. Verspätungsverläufe über den Laufweg sowie Pünktlichkeitswerte (Pünktlichkeitsgrad) ermittelt und häufig zulässigen Werten gegenübergestellt. So wird gemäß Richtlinie 405 der DB Netz AG für Simulationen eine wirtschaftlich optimale Betriebsqualität angenommen, wenn im Untersuchungsgebiet die Summe der Folgeverspätungen im Mittel kompensiert werden und somit die Gesamtsumme der Verspätungen sich nicht signifikant ändert (DB Netz AG 2009).

Ergänzend werden auch noch die Beförderungsgeschwindigkeiten und Beförderungszeitquotienten zur Bewertung herangezogen. Der Beförderungszeitquotient kann sowohl für den Fahrplan (planmäßige Beförderungszeit dividiert durch die Regelbeförderungszeit) als auch für den Betrieb (tatsächliche Beförderungszeit dividiert durch planmäßige Beförderungszeit) ermittelt werden. Der Beförderungszeitquotient Betrieb kann im Gegensatz zum Beförderungszeitquotienten Fahrplan auch Werte kleiner eins annehmen. In der Richtlinie 405 der DB Netz AG werden Empfehlungen für den Beförderungszeitquotienten Fahrplan für Strecken angegeben, welche von der Verkehrsart abhängig sind (DB Netz AG 2009).

Bei den analytischen Verfahren werden für die betrachteten Netzelemente (Strecke, Fahrstraßenknoten und Gleisgruppe) Wartezeiten oder Wartewahrscheinlichkeiten berechnet und zulässigen Werten, dem sogenannten Level of Service, gegenübergestellt. Dabei wird zwischen der theoretischen Leistungsfähigkeit und der praktischen Leistungsfähigkeit – der sogenannten Nennleistung – unterschieden.

Die theoretische Leistungsfähigkeit (n_{max}) ist die Anzahl von Zugfahrten, die unter Vorgabe des Betriebsprogramms bei einem unbegrenzten Stau (theoretisch unendliche Wartezeit der Züge, unendliche Verspätung) verarbeitet werden kann. Bei der theoretischen Leistungsfähigkeit stellt sich für einkanalige Bediensysteme ein Belegungsgrad von eins ein. Wegen der bei n_{max} über alle Grenzen anwachsenden Wartezeiten bzw. Verspätungen kann eine Strecke oder ein Knoten nur bei einer erheblich kleineren Zuganzahl, nämlich der Nennleistung n_{opt}, mit maximalem Erfolg betrieben werden. Die Nennleistung sollte jener Anzahl von Fahrplantrassen entsprechen, die für das Gesamtsystem, bestehend aus EIU und EVU, einen maximalen Gewinn erwarten lässt. Die Nennleistung unterstellt eine Begrenzung der Stauerscheinungen auf einen zulässigen bzw. marktgerechten Umfang, das sogenannte Level of Service (siehe Abb. 3-76). Einige wissenschaftliche Untersuchungen versuchen über die reinen Wartezeiten hinaus auch noch die Kosten und die Erlöse der Beteiligten in Form eine Gewinnlinse miteinzubeziehen (Schwanhäußer et al. 2007). In der praktischen Anwendung findet die Gewinnlinse jedoch aufgrund der vielen Eingabewerte keine Anwendung.

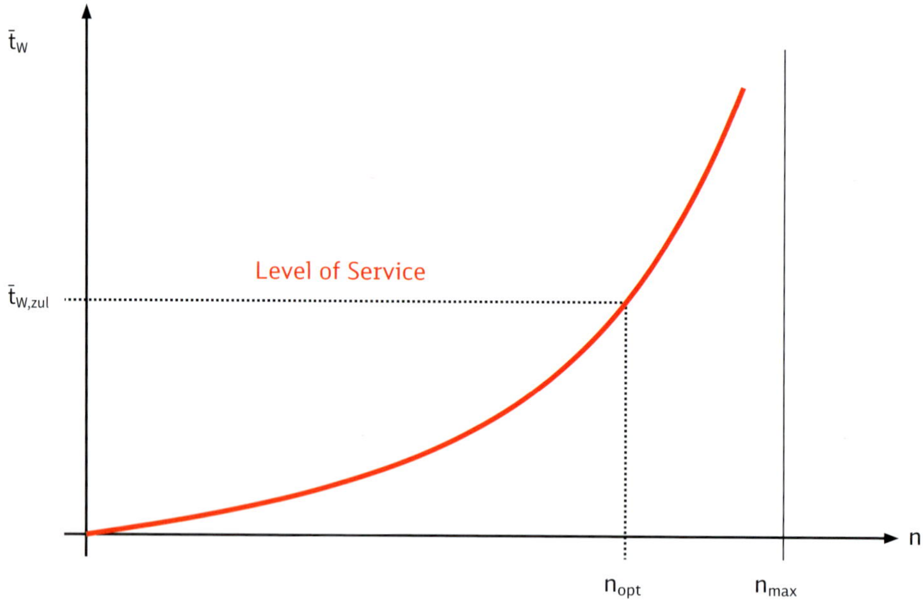

Abb. 3-76: Zusammenhang zwischen Zuganzahl und Wartezeit

Abbildung: BFV/Nießen

In Deutschland werden gemäß Richtlinie 405 der DB Netz AG (DB Netz AG 2009) für Strecken und Teilfahrstraßenknoten folgende zulässige Wartezeiten unterstellt.

Planmäßige Wartezeiten: $zul \sum t_{W_p} = q * 0{,}480 \cdot t_U \cdot e^{-1{,}3 * p_{Rz}}$

Außerplanmäßige Wartezeiten: $zul \sum t_{W_a} = q * 0{,}260 \cdot t_U \cdot e^{-1{,}3 * p_{Rz}}$

mit

t_U Untersuchungszeitraum
p_{RZ} Anteil Reisezüge
q Qualitätsfaktor (siehe Abb. 3-76)

Im Bereich der Nennleistung liegt der Qualitätsfaktor bei 1,0. Bei einer Halbierung dieses Wertes liegt q bei 0,5 und die Strecke bzw. der TFK ist vermutlich nicht ausreichend ausgelastet oder überdimensioniert. Bei einem Qualitätsfaktor von 1,5 liegt die Wartezeit um 50 Prozent über dem optimalen Wert, und die zu erwartende Betriebsqualität ist mangelhaft. Bei der Dimensionierung der Infrastruktur sollte ein Qualitätsfaktor im wirtschaftlich optimalen Bereich angestrebt werden.

premium	**optimal**	**risikobehaftet**	**mangelhaft**
< 0,5	0,5 ... 1,2	> 1,2 ... 1,5	> 1,5

Abb. 3-77: Qualitätsfaktor q

Abbildung: BFV/Nießen

Für GFK werden die hier aufgeführten Werte zur Bestimmung der planmäßigen und außerplanmäßigen Wartezeiten noch durch die Verkettungszahl ϕ dividiert.

Da für Gleisgruppen keine Wartezeiten, sondern Wartewahrscheinlichkeiten berechnet werden, sind in der Richtlinie 405 (DB Netz AG 2009) hierfür die in der folgenden Abbildung aufgeführten Qualitätsmaßstäbe für die zulässigen Wartewahrscheinlichkeiten p_w anzusetzen. Dabei wird zwischen Personen- und Güterbahnhöfen differenziert, da im Güterverkehr höhere Wartezeiten akzeptiert werden. Die Qualitätsstufe risikobehaftet ist nicht definiert.

	premium	**optimal**	**mangelhaft**
Personenbahnhöfe	< 1,0	2,5	> 5,0
Güterbahnhöfe	< 2,5	5,0	> 10,0

Abb. 3-78: Qualitätsmaßstäbe für die zulässige Wartewahrscheinlichkeit p_w für Gleisgruppen Abbildung: BFV/Nießen

Zusammenfassung und Ausblick

Eisenbahnbetriebswissenschaftliche Untersuchungen lassen sich je nach Aufgabenstellung mit unterschiedlichen Verfahren durchführen. Die Verkettung nach UIC Code 406 und Simulationen basieren auf einem konkreten Fahrplan und eignen sich insbesondere für kurz- und mittelfristige Untersuchungszeiträume. Mit fortschreitender Rechentechnik können zunehmend größere Teilnetze betrachtet und untersucht werden.

Für langfristige Prognosen kommen häufig analytische Verfahren zur Anwendung. Bei einer Weiterentwicklung dieser Verfahren sollten zukünftig Netzeffekte im Rahmen der Berechnung betrachtet werden, um Teilnetze gesamthaft analysieren zu können. Zudem erscheint es sinnvoll, zukünftig neben Mittelwerten auch die Wartezeiten für einzelne Zugfahrten zu ermitteln. Auf diese Weise nähern sich die Ergebnisse der analytischen Berechnung den mithilfe von Simulationen ermittelten Ergebnissen weiter an.

Bei steigenden Zugzahlen und einer bereits heute hohen Auslastung des Netzes kommt dem Kapazitätsmanagement und damit eisenbahnbetriebswissenschaftlichen Untersuchungen eine noch bedeutendere Rolle zu. Die sich ändernden Rahmenbedingungen (z. B. Einführung eines Deutschlandtakts) erfordern dabei eine Überprüfung der derzeitig gültigen Qualitätsmaßstäbe – sowohl für die Simulation als auch die Analytik. Im Idealfall ergibt sich für die unterschiedlichen Verfahren der Eisenbahnbetriebswissenschaft ein einheitlicher, abgestimmter Satz an Qualitätskenngrößen.

4 Rechtliche Grundlagen

Die wesentlichen rechtlichen Grundlagen des Eisenbahnbetriebs in Deutschland sind insbesondere im Allgemeinen Eisenbahngesetz (AEG) und in der Eisenbahn-Bau- und Betriebsordnung (EBO) geregelt. Ergänzt werden diese insbesondere durch „Anerkannte Regeln der Technik", wie z. B. dem Regelwerk der Eisenbahnen. Weitere eisenbahnspezifische Regelungen finden sich im übergeordneten EU-Recht.

4.1 Einführung/Definitionen

Das AEG erfasst gemäß § 1 Abs. 2 Satz 1 nur Schienenbahnen in Form der **Eisenbahnen**. Davon abzugrenzen sind andere Schienenbahnen: Magnetschwebebahnen, Straßenbahnen und der nach ihrer Bau- oder Betriebsweise ähnlichen Bahnen, Bergbahnen und sonstigen Bahnen besonderer Bauart sind keine Eisenbahnen (§ 1 Abs. 2 Satz 2 AEG). Für sie gilt daher nicht das AEG, sondern u. a. das Personenbeförderungsgesetz (PBefG). Innerhalb der Eisenbahnen sind dabei im Wesentlichen die EIU und die EVU zu unterscheiden.

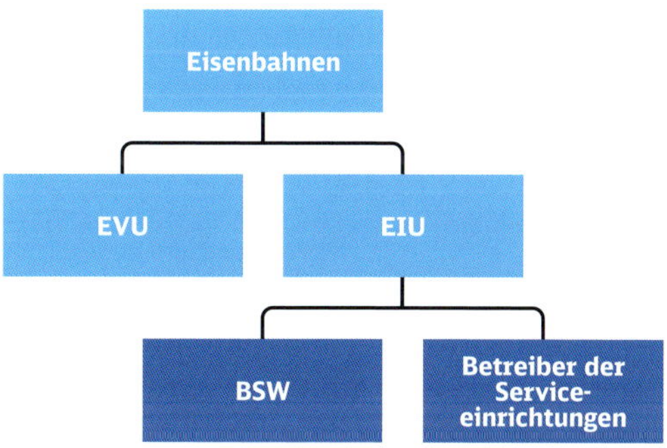

Abb. 4-1:
Struktur des Systems Eisenbahn
Abbildung: BFV/CRUFF

EVU sind öffentliche Einrichtungen oder privatrechtlich organisierte Unternehmen, die Eisenbahnverkehrsdienste erbringen (§ 2 Abs. 1, Abs. 2 und Abs. 3 AEG), das sind Schienenpersonenfernverkehr, Schienenpersonennahverkehr und Schienengüterverkehr (§ 2 Abs. 2 AEG). EVU müssen die Traktion sicherstellen (§ 2 Abs. 3 Satz 2 AEG), also über Triebfahrzeuge (Eigentum, Miete oder Leasing) verfügen.

EIU sind öffentliche Einrichtungen oder privatrechtlich organisierte Unternehmen, die Eisenbahninfrastruktur betreiben (§ 2 Abs. 1 AEG). Die Eisenbahninfrastruktur umfasst die „Betriebsanlagen der Eisenbahn" (Bahnanlagen) einschließlich der Bahnstromfernleitungen (§ 2 Abs. 6 AEG).

Betreiber der Schienenwege (BSW) ist jeder Betreiber von Eisenbahnanlagen, der für den Ausbau, den Betrieb, die Unterhaltung, die Instandhaltung und die Erneuerung der Schienenwege, einschließlich Verkehrsmanagement, Zugsteuerung, Zugsicherung und Signalgebung, zuständig ist, mit Ausnahme der Schienenwege in Serviceeinrichtungen (§ 2 Abs. 7a AEG). Der BSW muss auch den Betrieb der zugehörigen Steuerungs- und Sicherungssysteme sowie die zugehörigen Anlagen zur streckenbezogenen Versorgung mit Fahrstrom zum Gegenstand seines Unternehmens machen (§ 4 Abs. 7 AEG).

Solche Steuerungs- und Sicherheitssysteme sind z. B. die Linienzugbeeinflussung, die Induktive Zugsicherung oder die Signalsysteme.

BSW sind damit eine Teilmenge der EIU.

Serviceeinrichtungen sind die Anlagen, unter Einschluss von Grundstück, Gebäude und Ausrüstung, um eine oder mehrere der in Anlage 2 Nummer 2 bis 4 des ERegG (vgl. Kap. 4.6) genannten Serviceleistungen erbringen zu können (§ 2 Abs. 9 AEG). Also z. B. Personenbahnhöfe, deren Gebäude und Einrichtungen, Güterterminals, Rangierbahnhöfe, Zugbildungseinrichtungen, Abstellgleise, Wartungseinrichtungen, Serviceeinrichtungen in See- und Binnenhäfen sowie die Zusatz- und Nebenleistungen nach Nummer 3 und 4 der Anlage 2 zum ERegG. Wer für den Betrieb dieser Anlagen zuständig ist, ist „Betreiber der Serviceeinrichtungen" (§ 2 Abs. 11 AEG).

Bahnanlagen (bzw. gleichbedeutend: Betriebsanlagen einer Eisenbahn) sind gemäß § 4 Abs. 1 EBO „alle Grundstücke, Bauwerke und sonstigen Einrichtungen einer Eisenbahn, die unter Berücksichtigung der örtlichen Verhältnisse zur Abwicklung oder Sicherung des Reise- oder Güterverkehrs auf der Schiene erforderlich sind. Dazu gehören auch Nebenbetriebsanlagen sowie sonstige Anlagen einer Eisenbahn, die das Be- und Entladen sowie den Zu- und Abgang ermöglichen oder fördern. Es gibt Bahnanlagen der Bahnhöfe, der freien Strecke und sonstige Bahnanlagen. Fahrzeuge gehören nicht zu den Bahnanlagen".

4.2 Verwaltungsrecht

Eine Behörde kann aufgrund der ihr zustehenden hoheitlichen Befugnisse einseitige Anordnungen gegenüber einer Privatperson (z. B. einer Eisenbahn) treffen. Das wichtigste Mittel solchen hoheitlichen Handelns ist der sogenannte **Verwaltungsakt (VA).**

4.2.1 Der Verwaltungsakt

Ein VA ist nach § 35 Satz 1 Verwaltungsverfahrensgesetz (VwVfG) „jede Verfügung, Entscheidung oder andere hoheitliche Maßnahme, die eine Behörde zur Regelung eines Einzelfalls auf dem Gebiet des öffentlichen Rechts trifft und die auf unmittelbare Rechtswirkung nach außen gerichtet ist." Soweit eine Landesbehörde handelt, finden sich die entsprechend gefassten Regelungen im Verwaltungsverfahrensgesetz des jeweiligen Bundeslandes; soweit eine Bundesbehörde wie z. B. das EBA handelt, gilt insoweit das VwVfG des Bundes.

Beispiele für VA sind allgemein betrachtet etwa die Erteilung einer Fahrerlaubnis („Führerschein") oder die Baugenehmigung für ein Haus. Bezogen auf die Eisenbahn sind dies z. B. der **Planfeststellungsbeschluss** für den Bau einer Betriebsanlage der Eisenbahn oder die **Abnahme/Genehmigung zum Inverkehrbringen** für ein Schienenfahrzeug.

Der **VA** ist dadurch gekennzeichnet, dass er einen konkreten Einzelfall regelt und nach außen gerichtet ist (also nicht nur innerhalb der Behörde eine Regelung trifft). Er muss, um rechtmäßig zu sein, **hinreichend bestimmt** sein (§ 37 Abs. 1 VwVfG) und – sofern er schriftlich erlassen wird – grundsätzlich eine Begründung mit den wesentlichen tatsächlichen und rechtlichen Gründen enthalten, die die Behörde bei dessen Erlass berücksichtigt hat (§ 39 VwVfG). Aus dem Verwaltungsakt muss erkennbar sein, wer **Adressat** desselben ist, und er muss dabei so formuliert sein, dass der Adressat dessen Inhalt eindeutig erkennen kann.

Soweit der Verwaltungsakt seine Ermächtigungsgrundlage in einer sogenannten Ermessensvorschrift hat (erkennbar daran, dass die betreffende Ermächtigungsgrundlage z. B. von „kann“ oder „soll“ spricht), muss aus dem Verwaltungsakt erkennbar sein, dass die Behörde das ihr **eingeräumte Ermessen erkannt** und abgewogen hat.

Beispiele für Verwaltungsakte	■ Planfeststellungsbeschluss für Betriebsanlagen der Eisenbahn ■ Genehmigung zum Inverkehrbringen von Schienenfahrzeugen
Wirksamkeitsvoraussetzungen	■ Bestimmtheit ■ Begründung enthalten ■ Ermessen ausgeübt ■ Zustellung an den richtigen Adressaten
Rechtsschutz	■ formlose Rechtsbehelfe (Remonstration, Dienstaufsichtsbeschwerde) ■ förmliche Rechtsmittel (Widerspruch/Klage)

Abb. 4-2: Der Verwaltungsakt — Abbildung: BFV/CRUFF

Der VA wird gemäß § 43 VwVfG in dem **Zeitpunkt** wirksam, in dem er dem betreffenden Adressaten **bekannt gegeben** wird. Die Wirksamkeit des Verwaltungsakts bleibt bestehen, wenn er nicht später von der Behörde widerrufen/zurückgenommen, anderweitig aufgehoben (z. B. durch gerichtliche Entscheidung) oder durch Zeitablauf oder auf andere Weise erledigt ist (materielle Bestandskraft).

4.2.2 Rechtsschutz im Verwaltungsrecht

Nach Art. 19 Abs. 4 des Grundgesetzes ist der Rechtsschutz gegen – u. a. – VA verfassungsmäßig gewährleistet („Rechtsschutzgarantie“).

Neben den sogenannten **formlosen Rechtsbehelfen**, z. B. Gegenvorstellung (Remonstration) und Dienstaufsichtsbeschwerde, kommen dabei in erster Linie die **förmlichen Rechtsmittel** (Widerspruch und Klage) in Betracht.

Soweit der Adressat einen Verwaltungsakt für rechtswidrig hält, hat er dabei die Möglichkeit, diesen innerhalb der jeweiligen Rechtsmittelfrist mit dem zulässigen Rechtsbehelf anzufechten. Die Anfechtung erfolgt dabei nach den §§ 68 ff. Verwaltungsgerichtsordnung (VwGO) im Regelfall durch **Widerspruch**, soweit nicht direkt eine verwaltungsgerichtliche Klage zulässig ist.

Eine Klageerhebung vor dem Verwaltungsgericht ist in diesen Fällen erst zulässig, wenn vorher ein Widerspruchsverfahren durchlaufen wurde.

Eine **unmittelbare Klageerhebung** – ohne vorheriges Widerspruchsverfahren – ist nur in den Fällen zulässig, die der Gesetzgeber ausdrücklich geregelt hat, so z. B. im Falle der eisenbahnrechtlichen Planfeststellung durch das EBA.

Widerspruch und Klage haben dabei grundsätzlich aufschiebende Wirkung, d. h., der Adressat muss die im VA getroffene Anordnung nach Einlegung des betreffenden Rechtsbehelfs (Widerspruch/Klage) insoweit erst einmal nicht umsetzen. Unabhängig davon hat der Adressat aber stets zu prüfen, ob er nicht ohnehin aufgrund seiner Verantwortung für den sicheren Eisenbahnbetrieb – losgelöst von der angefochtenen behördlichen Entscheidung – tätig werden muss.

Diese aufschiebende Wirkung besteht nicht, soweit nach Maßgabe des § 80 VwGO in den dort näher bezeichneten Fällen kraft Gesetzes **„Sofortvollzug"** besteht oder dieser auf Antrag eines Beteiligten von der Behörde, die den Verwaltungsakt zu erlassen hat, im Einzelfall angeordnet wurde. So haben beispielsweise Klagen Dritter gegen Verwaltungsakte, die die Zulassung von Vorhaben betreffend Bundesverkehrswege zum Gegenstand haben (also Planfeststellungsbeschlüsse oder Plangenehmigungen für den Bau oder die Änderung von Betriebsanlagen der Eisenbahnen des Bundes) gemäß § 80 Abs. 2 Satz 1 Nr. 3a VwGO keine aufschiebende Wirkung.

Soweit ein vom Sofortvollzug negativ betroffener Adressat diesen Sofortvollzug (gerichtlich) aufheben lassen möchte, muss er neben dem jeweiligen Rechtsbehelf (Widerspruch/Klage) zusätzlich einen Antrag auf Aussetzung der Vollziehung bzw. einen Antrag auf Wiederherstellung der aufschiebenden Wirkung des Widerspruchs bzw. der Klage (auch „einstweiliger Rechtsschutz" bzw. „Eilantrag" genannt) bei Gericht stellen (vgl. § 80 Abs. 3 ff. VwGO).

Widerspruch (vgl. § 70 Abs. 1 VwGO) und **Klage** (vgl. § 74 Abs. 1 VwGO) sind grundsätzlich **innerhalb eines Monats ab Bekanntgabe** der anzufechtenden Entscheidung (VA) schriftlich bzw. zur Niederschrift (Letzteres bei Klagen nur bei Verwaltungsgerichten, nicht in höheren Instanzen) zu erheben.

Die Verwaltungsgerichtsbarkeit wird ausgeübt von den **Verwaltungsgerichten** (VG), den **Oberverwaltungsgerichten/Verwaltungsgerichtshöfen** (OVG bzw. VGH) und dem Bundesverwaltungsgericht (BVerwG).

4.2.3 Verwaltungsvollstreckung

Soweit der Betroffene/Adressat eines VA den dort getroffenen Anordnungen nicht „freiwillig" nachkommt, hat die Behörde die rechtliche Möglichkeit, dies mit den Mitteln des **Verwaltungszwangs** zu erzwingen, soweit dies im Einzelfall und nach Prüfung des der Behörde zustehenden pflichtgemäßen Ermessens angemessen und nicht von sachfremden Erwägungen geleitet ist.

Mögliche Zwangsmittel nach den Verwaltungsvollstreckungsgesetzen des Bundes bzw. der Länder sind dabei insbesondere die **Ersatzvornahme** (Behörde handelt anstelle des Pflichtigen und stellt ihm die Kosten hierfür in Rechnung), das **Zwangsgeld** (auferlegte Geldzahlung, die den Pflichtigen zur Erfüllung der Anordnungen aus dem zugrunde liegenden VA „bewegen" soll) oder die Zwangshaft (Inhaftierung des Pflichtigen) als Ultima Ratio.

4.3 Das Baurecht für Bahnanlagen: die Planfeststellung, Plangenehmigung oder der Entfall von beidem

4.3.1 Allgemeines zur Planfeststellung (§ 17 ff. AEG, §§ 73 ff. VwVfG)

Das **Zulassungsverfahren für Betriebsanlagen einer Eisenbahn** – „Bahnanlagen" (vgl. Kap. 4.1) – ist in den §§ 17 bis 22 AEG in Verbindung mit den §§ 73 ff. VwVfG geregelt. Die Zulassung erfolgt im Wege der **Planfeststellung, Plangenehmigung oder des Verzichts („Entfalls")** hierauf.

Die Vorschriften der §§ 17 ff. AEG gelten für alle Eisenbahnen, auch solche nach den Landeseisenbahngesetzen.[1]

Beispiele für Bahnanlagen sind insbesondere in den Planfeststellungsrichtlinien des EBA aufgeführt[2]. Außerdem enthält nunmehr § 2 Abs. 6a AEG einen Verweis hinsichtlich der „Eisenbahnanlagen" auf die in Anlage 1 des ERegG aufgeführten Eisenbahninfrastrukturen.

Das Planfeststellungsverfahren ist ein **Zulassungsverfahren**, in dem das betreffende Vorhaben unter allen rechtlichen Gesichtspunkten geprüft wird und bei dem alle von dem Vorhaben berührten öffentlichen und privaten Belange gegeneinander und untereinander abgewogen werden.

Der Planfeststellung (oder Plangenehmigung) unterliegen nur der **Neubau oder die Änderung von Betriebsanlagen**, nicht aber die bloße Unterhaltung bzw. Instandhaltung und Instandsetzung.

Planfeststellungs-/Plangenehmigungsverfahren	
Ja	**Nein**
▮ Neubau	▮ Unterhaltung
▮ (Wesentliche) Änderung von Betriebsanlagen	▮ Instandsetzung

Abb. 4-3: Übersicht zur Notwendigkeit der Durchführung eines Planfeststellungs-/Plangenehmigungsverfahrens Quelle: BFV/CRUFF

1 Vgl. OVG Koblenz, Urteil vom 2. März 2001, Az 1 A 11447/00 = NVwZ-RR 2001, S. 714

2 Vgl. die „Richtlinien über den Erlass von Planrechtsentscheidungen für Betriebsanlagen der Eisenbahnen des Bundes nach § 18 Abs. 1 AEG sowie der Magnetschwebebahnen nach § 1 MBPlG (Planfeststellungsrichtlinien)" in der jeweils gültigen Fassung

Grundsätzlich ist es möglich, dass auch eine Anpassung an den derzeitigen Stand der Technik im Rahmen der Instandsetzung (ggf. in Form der vollständigen Erneuerung einer Anlage) keine Maßnahme nach den §§ 18 ff. AEG darstellt. Die Grenzen zwischen bloßer Anpassung an den derzeitigen Stand der Technik und die darüber hinausgehende Änderung, die einer Entscheidung nach § 18 AEG bedarf, sind jedoch nicht immer zweifelsfrei zu ziehen. Eine Auslegungshilfe bietet hierfür § 18 Abs. 1 S. 4 AEG in der seit dem 13.03.2020 geltenden Fassung[3]: Demnach liegt bei einer Erneuerung einer bestehenden Betriebsanlage nur dann eine „Änderung" vor, wenn der Grundriss oder der Aufriss der Betriebsanlage „wesentlich" geändert wird.

Bestimmte Einzelmaßnahmen, die den Bau oder die Änderung von Betriebsanlagen einer Eisenbahn vorsehen, bedürfen nach Maßgabe des § 18 Abs. 1a AEG keiner vorherigen Planfeststellung oder Plangenehmigung, sofern keine Pflicht zur Durchführung einer Umweltverträglichkeitsprüfung besteht. Eine weitere Auslegungshilfe zur Frage, ob eine Entscheidung nach den §§ 18 ff. AEG erforderlich ist, enthält darüber hinaus für die Eisenbahnen des Bundes die „Regelliste" des EBA.[4]

Im Rahmen der Planfeststellung oder Plangenehmigung nach § 18 AEG kann auch über die Änderung bzw. Anpassung von Anlagen Dritter (etwa Straßen) mitentschieden werden, soweit diese Anpassung als notwendige Folgemaßnahme anzusehen ist. Dies ergibt sich aus § 75 Abs. 1 Satz 1 VwVfG.

Im Rahmen der Planfeststellung erfolgt auch eine ggf. erforderliche **Umweltverträglichkeitsprüfung** (UVP) nach Maßgabe des Gesetzes über die Umweltverträglichkeitsprüfung (UVPG). Diese umfasst insbesondere die Ermittlung, Beschreibung und Bewertung der unmittelbaren und mittelbaren Auswirkungen eines Vorhabens auf

1. Menschen, insbesondere die menschliche Gesundheit,

2. Tiere, Pflanzen und die biologische Vielfalt,

3. Fläche, Boden, Wasser, Luft, Klima und Landschaft,

4. kulturelles Erbe und sonstige Sachgüter sowie

5. die Wechselwirkung zwischen den vorgenannten Schutzgütern (§ 2 Abs. 1 UVPG).

Eine UVP nach dem UVPG ist in jedem Falle erforderlich für den (Neu-)Bau eines Schienenwegs von Eisenbahnen mit den dazugehörigen Betriebsanlagen sowie Bahnstromfernleitungen auf dem Gelände der Betriebsanlage oder entlang des Schienenwegs (vgl. Anlage 1 Nr. 14.7 zum UVPG). Zu den übrigen Fällen siehe bitte die Regelungen im UVPG.

Die Planfeststellung hat **Konzentrationswirkung**, d. h., daneben sind grundsätzlich keine sonstigen behördlichen Genehmigungen mehr erforderlich. Grundvoraussetzung hierfür

3 § 18 Abs. 1 S. 4 eingefügt durch das Gesetz zur weiteren Beschleunigung von Planungs- und Genehmigungsverfahren im Verkehrsbereich vom 3.März.2020, BGBl. I S. 433

4 Vgl. https://www.eba.bund.de/SharedDocs/Downloads/DE/PF/Planfeststellung/51_Regelliste.pdf;jsessionid=28A1C35A3F331FFAB2CE180481EB827E.live21324?_blob=publicationFile&v=4

ist aber, dass die betreffende Planfeststellung den jeweiligen Sachverhalt auch tatsächlich erfasst und regelt.

Zuständig für die Planfeststellung für Schienenwege von Eisenbahnen des Bundes ist das EBA (§ 3 Abs. 1 Satz 1 Nr. 1 des Gesetzes über die Eisenbahnverkehrsverwaltung des Bundes – Bundeseisenbahnverkehrsverwaltungsgesetz, BEVVG). Für nichtbundeseigene Eisenbahnen ist die nach Landesrecht zuständige Behörde zuständig.

4.3.2 Die Plangenehmigung sowie der Entfall von Planfeststellung und Plangenehmigung

An die Stelle eines Planfeststellungsbeschlusses kann gemäß § 18 b AEG in Verbindung mit § 74 Abs. 6 VwVfG eine **Plangenehmigung** erteilt werden, wenn:

- mit den Trägern öffentlicher Belange, deren Aufgabenbereich durch das Vorhaben berührt wird, das „Benehmen" hergestellt wurde („Benehmen" bedeutet dabei Gelegenheit zur Stellungnahme, es muss kein Einvernehmen [„Einigung"] erzielt werden) und

- Rechte anderer entweder gar nicht oder nur unwesentlich beeinträchtigt werden oder sich diese Dritten mit der Inanspruchnahme ihres Eigentums oder eines anderen Rechts schriftlich einverstanden erklärt haben.

Achtung: Die bis 30.11.2018 geltende Regelung, wonach – stark vereinfacht – eine Plangenehmigung nicht möglich war, wenn z. B. eine Öffentlichkeitsbeteiligung nach dem UVPG erforderlich war, ist mit dem Gesetz zur Beschleunigung von Planungs- und Genehmigungsverfahren im Verkehrsbereich vom 29.11.2018 entfallen. Demnach ist seither eine Plangenehmigung auch möglich, wenn nach dem UVPG eine Umweltverträglichkeitsprüfung durchzuführen ist.

Sowohl Planfeststellung als auch Plangenehmigung können gem. § 18 Abs. 1 Satz 3 AEG in Verbindung mit § 74 Abs. 7 VwVfG (ganz) in „Fällen von unwesentlicher Bedeutung" entfallen: **Entfall/Verzicht auf Planfeststellung und Plangenehmigung**.

Dies ist nach § 18 in Verbindung mit § 74 Abs. 7 VwVfG insbesondere dann der Fall, wenn:

- nicht andere Rechtsvorschriften eine Öffentlichkeitsbeteiligung vorschreiben, die den Anforderungen des § 73 Absatz 3 Satz 1 und Absatz 4 bis 7 entsprechen muss (also insbesondere es sich bei dem Vorhaben nicht um ein solches handelt, für das nach dem UVPG eine Umweltverträglichkeitsprüfung durchzuführen ist),

- andere öffentliche Belange entweder gar nicht berührt sind oder die erforderlichen behördlichen Entscheidungen vorliegen und sie dem Plan nicht entgegenstehen und

- Rechte anderer entweder gar nicht beeinflusst werden oder mit den vom Plan Betroffenen entsprechende Vereinbarungen getroffen werden.

Die wesentlichen **Unterschiede zwischen den Voraussetzungen für die Erteilung einer Plangenehmigung und dem Entfall von Planfeststellung und Plangenehmigung** liegen darin, dass beim Entfall keine entgegenstehenden privaten Belange Dritter betroffen sein dürfen (entweder weil solche nicht vorliegen oder weil die Betroffenen sich schriftlich einverstanden erklärt haben) und auch noch die entsprechenden Entscheidungen der betroffenen Behörden vorliegen, die dem Plan zumindest nicht entgegenstehen, sowie darin, dass eine Plangenehmigung auch bei einer UVP-Pflicht möglich ist, nicht aber ein Entfall.

4.3.3 Enteignung/Besitzeinweisung

Zur Ausführung eines planfestgestellten bzw. plangenehmigten Vorhabens nach § 18 AEG ist gemäß § 22 AEG die **Enteignung** zulässig. Diese wird auf entsprechenden Antrag des Vorhabensträgers durch die nach Landesrecht zuständige Enteignungsbehörde ausgesprochen. Unter den Voraussetzungen des § 21 AEG ist auch eine vorzeitige Besitzeinweisung möglich. Der festgestellte oder genehmigte Plan ist dem Enteignungsverfahren zugrunde zu legen. Er ist für die Enteignungsbehörde bindend (§ 22 Abs. 2 AEG).

4.3.4 Weitere Zulassungserfordernisse

Neben der Zulassung nach den §§ 18 ff. AEG sind im Bereich der Eisenbahnen des Bundes auch die Verwaltungsvorschriften des EBA (insbesondere VV BAU, VV BAU-STE) zu beachten.

Zudem bedarf das regelspurige Eisenbahnsystem im Zuständigkeitsbereich des EBA einer Inbetriebnahmegenehmigung nach Maßgabe der „Verordnung über die Erteilung von Inbetriebnahmegenehmigungen für das Eisenbahnsystem“ (EIGV), vgl. § 1 EIGV. Die EIGV ist am 11. August 2018 in Kraft getreten ist und hat die bis dato geltende TEIV abgelöst. Dabei sind grundsätzlich alle einschlägigen Technischen Spezifikationen für die Interoperabilität (TSI) zu beachten, soweit nicht eine der Ausnahmen nach den §§ 4 ff. EIGV vorliegt.

4.4 Betriebssicherheit aus rechtlicher Sicht

Gesetzliche Instrumente für einen sicheren Eisenbahnbetrieb:

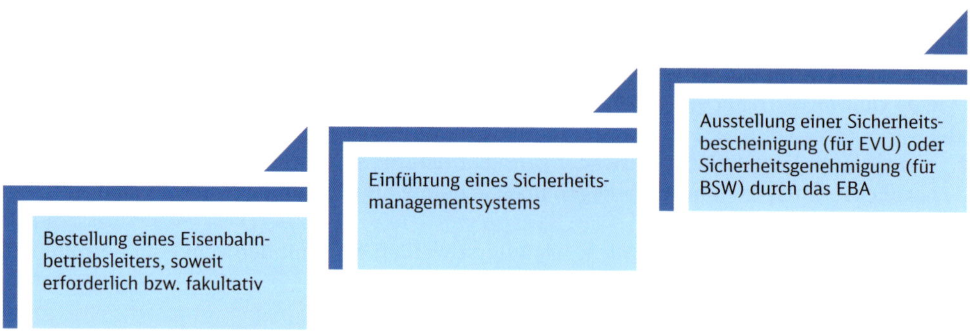

Abb. 4-4: Schritte zur Sicherheit bei den Eisenbahnen Abbildung: BFV/CRUFF

4.4.1 Allgemeines zur Betriebssicherheit

Nach § 4 Abs. 1 AEG müssen Eisenbahninfrastrukturen und Fahrzeuge den Anforderungen der öffentlichen Sicherheit an den Bau zum Zeitpunkt der Inbetriebnahme (oder zum Zeitpunkt des Inverkehrbringens) und an den Betrieb genügen.

Nach § 4 Abs. 3 AEG sind die Eisenbahnen und Halter von Eisenbahnfahrzeugen verpflichtet, ihren Betrieb sicher zu führen und an Maßnahmen des Brandschutzes und der Technischen Hilfeleistung mitzuwirken. Eisenbahnen (gemeint hier: EIU) sind zudem verpflichtet, die Eisenbahninfrastruktur sicher zu bauen und in betriebssicherem Zustand zu halten.

Eine ähnliche Verpflichtung enthält § 2 Abs. 1 EBO. Hiernach müssen Bahnanlagen und Fahrzeuge so beschaffen sein, dass sie den Anforderungen der Sicherheit und Ordnung genügen. Diese Anforderungen gelten als erfüllt, wenn die Bahnanlagen und Fahrzeuge den Vorschriften der EBO und, soweit diese keine ausdrücklichen Vorschriften enthält, den anerkannten Regeln der Technik entsprechen. Unter **„Anerkannten Regeln der Technik“** sind alle auf Erkenntnissen und Erfahrungen beruhenden technischen Regeln zu verstehen, deren Befolgung notwendig ist, um Gefahren auszuschließen, und die in den betreffenden Fachkreisen bekannt und mehrheitlich als richtig anerkannt sind und sich in der Praxis bewährt haben.[5]

Solche „Anerkannten Regeln der Technik“ finden sich z. B. in EN- bzw. DIN-Normen oder dem Regelwerk der Eisenbahnen.

Von den „Anerkannten Regeln der Technik“ darf nach § 2 Abs. 2 EBO abgewichen werden, wenn mindestens die gleiche Sicherheit wie bei Beachtung dieser Regeln nachgewiesen ist.

Im Übrigen ist auf die Rechtsprechung zur „Allgemeinen Verkehrssicherungspflicht“ zurückzugreifen:

Die Rechtsprechung hat in einer Vielzahl von Entscheidungen den Grundsatz entwickelt, dass derjenige, der in seinem Verantwortungsbereich eine Gefahrenquelle schafft – wie z. B. der Eisenbahnbetrieb –, geeignete und zumutbare Maßnahmen treffen muss, damit Dritte durch diese Gefahrenquelle nicht zu Schaden kommen. Diese Verpflichtungen zu Sicherungsmaßnahmen werden als Verkehrssicherungspflicht bezeichnet. Unterlässt der Verkehrssicherungspflichtige die ihm möglichen und zumutbaren notwendigen Sicherheitsvorkehrungen schuldhaft, so macht er sich im Falle eines Unfalls gegenüber dem Geschädigten schadenersatzpflichtig.

Für den Bereich der Eisenbahnen sei hier beispielhaft auf zwei wichtige Entscheidungen hingewiesen:

Der Bundesgerichtshof (BGH) hat die Problematik der Eisenbahnsicherheit in einer richtungsweisenden Entscheidung 1978[6] umfassend abgehandelt und insbesondere ausgeführt, dass die DB (bzw. allgemein eine Eisenbahn) durch ihren Eisenbahnbetrieb ganz erhebliche Gefahren schafft. Daraus ergebe sich die Verpflichtung, diesen Gefahren mit allen technisch möglichen und zumutbaren Mitteln zu begegnen. Dabei sei aber offensichtlich, dass nicht

5 Vgl. Reichsgericht (RG), Urteil vom 11. Oktober 1910 = RGSt 44, 79
6 Vgl. BGH, Urteil vom 10. Oktober 1978, Az. ZR 98/77

jedes Risiko ausgeschlossen werden könne. Verkehrssicherheit, die jede Gefahr ausschließt, sei nicht erreichbar. Je größer die Gefahren für die Sicherheit seien, umso höher müssten die Anforderungen an die Verkehrssicherungspflichten sein. Die Organe der DB (bzw. allgemein einer Eisenbahn) hätten diejenigen Sicherheitsvorkehrungen zu treffen, die sie nach dem jeweiligen Stand der Technik als verständige, umsichtige, vorsichtige und gewissenhafte Fachleute für das Eisenbahnwesen – erstens – für ausreichend halten dürften, um Personen vor Schäden zu bewahren, und die – zweitens – den Umständen nach zumutbar sind.

In einer ebenfalls wegweisenden Entscheidung hat das OLG Hamm festgestellt, dass Bahnanlagen grundsätzlich nicht eingefriedet werden müssen.[7] Weder nach der EBO noch nach der Lehre von der allgemeinen Verkehrssicherungspflicht besteht eine allgemeine Verpflichtung, Bahnanlagen einzufrieden. Eine solche Verpflichtung kann nur in besonderen Ausnahmefällen, etwa aufgrund einer Auflage in der Planfeststellung, aufgrund eines Vertrags (z. B. mit einem Anlieger) oder dann bestehen, wenn an Bahnübergängen verhindert werden soll, dass geschlossene Schranken umgangen werden, oder auf Bahnhöfen, wenn mit Fehlverhalten von Kindern zu rechnen ist und unbefugtes Betreten nur durch eine Absperrung verhindert werden kann.

Diese Sichtweise wurde auch vom BGH bestätigt.[8]

4.4.2 Sicherheitsbescheinigung und Sicherheitsgenehmigung

Gemäß **§ 7a Abs. 1 AEG** dürfen **EVU** ohne Sicherheitsbescheinigung (SiBe) nicht am Eisenbahnbetrieb auf dem übergeordneten Netz (= im Sinne des § 2b AEG) teilnehmen. Einer SiBe bedürfen damit alle öffentlichen und nichtöffentlichen EVU sowie auch Halter, die selbstständig am Eisenbahnbetrieb teilnehmen, wenn sie das „übergeordnete Netz“ im Sinne des § 2b AEG benutzen.

Sie müssen dafür nachweisen, dass sie ein SMS eingerichtet haben, welches den EU-rechtlichen Anforderungen und denen der Verordnung über die Sicherheit des Eisenbahnsystems (Eisenbahn-Sicherheitsverordnung – ESiV) genügt. Außerdem ist nachzuweisen, dass sie die nationalen Anforderungen für den sicheren Verkehrsbetrieb auf dem Eisenbahnnetz erfüllen.

Bei den **Betreibern der Schienenwege** spricht das Gesetz nicht von einer SiBE, sondern einer **Sicherheitsgenehmigung** (SiGe; § 7c AEG): Betreiber der Schienenwege bedürfen einer SiGe, soweit sie Eisenbahninfrastruktur im übergeordneten Netz (§ 2b AEG) betreiben. Übrige EIU (also z. B. Betreiber von Serviceeinrichtungen) benötigen damit keine SiGe.

Sie müssen dafür nachweisen, dass sie ein SMS eingerichtet haben, welches den EU-rechtlichen Anforderungen genügt. Außerdem ist nachzuweisen, dass sie die nationalen Anforderungen für eine sichere Auslegung, Instandhaltung und einen sicheren Betrieb der Schienenwege einschließlich der Steuerungs- und Sicherungssysteme erfüllen.

SiBe und SiGe werden auf Antrag erteilt (vgl. § 7a Abs. 2 und § 7c Abs. 2 AEG). Zuständige Behörde hierfür ist entweder die ERA/OSS bzw. das EBA (§ 5 Abs. 1e Nr. 2 AEG).

7 OLG Hamm, Urteil vom 7. Juni 1977, Az.: 9 U 5/77
8 BGH, Urteil vom 14. März 1995, Az.: VI ZR 34/94

4.4.3 Sicherheitsmanagementsystem

Das Sicherheitsmanagement (vgl. Kap. 2.2) dient insbesondere dazu, die Entwicklung und Verbesserung der Sicherheit des Eisenbahnsystems der Europäischen Union und einen besseren Marktzugang für Dienstleistungen auf dem Schienenweg durch die Harmonisierung der Regulierungsstruktur in den Mitgliedstaaten, die Bestimmung der Zuständigkeiten der einzelnen Akteure des Eisenbahnsystems der Europäischen Union und die Entwicklung gemeinsamer Sicherheitsziele zu schaffen.

Grundlage für das SMS ist die Richtlinie (EU) 2016/798 des Europäischen Parlaments und des Rates vom 11. Mai 2016 über Eisenbahnsicherheit (Amtsblatt der Europäischen Union 2016). Diese Richtlinie (nachfolgend „Ril") hat die Richtlinie 2004/49/EG abgelöst (auf die jedoch nach wie vor in § 7a AEG Bezug genommen wird).

Das SMS ist das anerkannte Instrument zur Risikokontrolle. Es dient der sicheren Steuerung der Betriebsabläufe der betroffenen Eisenbahnen. Dafür haben diese eine entsprechende Organisation sowie Vorkehrungen und Verfahren zu schaffen, die die sichere Steuerung der Betriebsabläufe gewährleisten (vgl. Art. 3 Nr. 9 der Richtlinie).

Es ist von den betroffenen Unternehmen nach Art. 9 Abs. 2 der Ril in allen wichtigen Elementen zu dokumentieren. Insbesondere ist die Zuständigkeitsverteilung innerhalb der Organisation der betroffenen Eisenbahn zu beschreiben. Es zeigt, auf welche Weise die Geschäftsleitung die Kontrolle in den verschiedenen Bereichen sicherstellt, dass Personal und seine Vertreter auf allen Ebenen einbezogen werden und die fortlaufende Verbesserung des SMS gewährleistet wird.

Das SMS dient dazu, mindestens die „Gemeinsamen Sicherheitsziele" („Common safety targets" – CST) zu erreichen, die Sicherheitsanforderungen der TSI zu erfüllen und die Anwendung der „Gemeinsamen Sicherheitsmethoden" („Common safety methods" – CSM) sowie der notifizierten nationalen Vorschriften zu gewährleisten.

„CST" legen gemäß Art. 7 Abs. 1 der Ril die Mindestsicherheitsniveaus fest, die das Gesamtsystem und, soweit möglich, die einzelnen Bereiche des Eisenbahnsystems in jedem Mitgliedstaat und in der Union erreichen müssen.

Eine **„TSI"** ist nach Art. 3 Nr. 4 der Ril eine gemäß der Richtlinie (EU) 2016/797 festgelegte Spezifikation, die für jedes Teilsystem oder Teile davon im Hinblick auf die Erfüllung der grundlegenden Anforderungen gilt und die Interoperabilität des Eisenbahnsystems gewährleistet. TSI sind damit europarechtliche Vorgaben an die Beschaffenheit und den Betrieb von Eisenbahninfrastruktur und Fahrzeugen.

In den **„CSM"** wird gemäß Art. 6 Abs. 1 der Ril beschrieben, wie die Sicherheitsniveaus, die Erreichung der Sicherheitsziele und die Einhaltung der anderen Sicherheitsanforderungen beurteilt werden.

Grundsätze des SMS	CST = Sicherheitsziele (Mindestsicherheitsniveau)
	CSM = Sicherheitsmethoden (Beurteilung)

Abb. 4-5: Übersicht über die Grundsätze des Sicherheitsmanagementsystems

SMS dienen auch dazu, die Notfallverfahren des Infrastrukturbetreibers mit allen Eisenbahnunternehmen, die seine Infrastruktur nutzen, und mit den Notfalldiensten zu koordinieren, um ein schnelles Eingreifen der Rettungsdienste zu erleichtern, sowie mit allen sonstigen Akteuren, die in einer Notsituation hinzugezogen werden könnten.

Schließlich haben alle Infrastrukturbetreiber und Eisenbahnunternehmen nach Art. 9 Abs. 6 der Ril (EU) 2016/798 der nationalen Sicherheitsbehörde jedes Jahr vor dem 31. Mai einen jährlichen **Sicherheitsbericht** vorzulegen, der sich auf das vorangegangene Kalenderjahr bezieht.

4.4.4 Unternehmensgenehmigung

Nach § 6 AEG ist unter den dort genannten Voraussetzungen für die Erbringung von **Eisenbahnverkehrsdiensten**, für die **selbstständige Teilnahme** am Eisenbahnbetrieb als **Halter** eines Eisenbahnfahrzeugs und für das **Betreiben von Schienenwegen, Steuerungs- und Sicherungssystemen oder Bahnsteigen** (also bestimmter Eisenbahninfrastruktur) eine **Genehmigung**, die sogenannte Unternehmensgenehmigung, erforderlich. Ausnahmen hierzu regelt der § 6 Abs. 1 Satz 2.

Der Genehmigungspflicht unterliegen hiernach:

- alle **EVU**, auch nichtöffentliche EVU (Ausnahme: EVU, die ausschließlich Eisenbahninfrastruktur einer Werksbahn benutzen),
- alle **EIU für das Betreiben von Schienenwegen, Steuerungs- und Sicherungssystemen oder Bahnsteigen** (Ausnahme: EIU für das ausschließliche Betreiben von Serviceeinrichtungen und von Werksbahnen)
- alle **Halter**, die selbstständig am Eisenbahnbetrieb teilnehmen, z. B. als Hersteller eines Triebfahrzeugs bei Probefahrten (Ausnahme: Halter, die ausschließlich Eisenbahninfrastruktur einer Werksbahn benutzen).

Die Genehmigung wird für bundeseigene Eisenbahnen durch das EBA, für nichtbundeseigene Eisenbahnen mit Sitz in der Bundesrepublik durch die im Landesrecht bestimmte Behörde (in der Regel das Landesverkehrsministerium) erteilt.

Die **Voraussetzungen für die Genehmigung** sind nach § 6 Abs. 2 in Verbindung mit den §§ 6a bis 6e AEG – neben einem entsprechenden Antrag – die Zuverlässigkeit des Unternehmens und der für die Führung der Geschäfte bestellten Personen (§ 6b AEG), die finanzielle Leistungsfähigkeit des Antragstellers als Unternehmer (§ 6c AEG) und die fachliche Eignung/ Fachkunde des Antragstellers und der für die Führung der Geschäfte bestellten Personen sowie eine entsprechende Betriebsorganisation.

4.4.5 Besondere Anforderungen an Mitarbeiter im Eisenbahnbetrieb

In den §§ 47 ff. EBO sind die besonderen Anforderungen an Mitarbeiter im Eisenbahnbetrieb (die sogenannten **Betriebsbeamten** im Sinne von § 47 Abs. 1 EBO) geregelt. Davon erfasst werden nicht nur „Beamte" im beamtenrechtlichen Sinne, sondern auch Angestellte und Arbeiter (vgl. von Lüpke, Zwanziger 2020).

Von Bedeutung sind hier insbesondere die gesundheitlichen Anforderungen nach § 48 EBO sowie die fachlichen Anforderungen nach § 54 EBO. Demnach müssen die Betriebsbeamten körperlich tauglich und frei von solchen Krankheiten und Krankheitsanlagen sein, die eine Gefahr für die Betriebssicherheit bilden können. Hierzu gehören auch ein ausreichendes Sehvermögen, ein ausreichendes Hörvermögen und – bei Betriebsbeamten, deren Dienst das Erkennen farbiger Signale erfordert – Farbentüchtigkeit.

4.5 Eisenbahnspezifisches Umweltrecht

4.5.1 Das eisenbahnspezifische Immissionsschutzrecht

Nach **§ 38 Bundes-Immissionsschutzgesetz (BImSchG)** müssen **Schienenfahrzeuge** insbesondere so betrieben werden, dass vermeidbare Emissionen verhindert und unvermeidbare Emissionen auf ein Mindestmaß beschränkt werden.

Nach **§ 41 BImSchG** ist bei dem **Bau oder der wesentlichen Änderung** (u. a.) von **Eisenbahnen** sicherzustellen, dass durch diese keine schädlichen Umwelteinwirkungen durch Verkehrsgeräusche hervorgerufen werden können, die nach dem Stand der Technik vermeidbar sind, soweit die Kosten der Schutzmaßnahmen nicht außer Verhältnis zu dem angestrebten Schutzzweck stehen würden.

Nach § 41 Abs. 2 in Verbindung mit § 42 BImSchG haben die betroffenen Anlieger bei Überschreitung der in der **Verkehrslärmschutzverordnung (16. BImSchV)** genannten Grenzwerte einen Anspruch auf die Errichtung **aktiver Schallschutzmaßnahmen** durch den Vorhabenträger bzw. auf Leistung einer Geldentschädigung für von ihnen (den Anliegern) selbst – im Wege der Vorleistung – zu erbringende Maßnahmen des passiven Schallschutzes.

Die 16. BImSchV fordert hierzu, dass der Vorhabenträger im Wege der **Lärmvorsorge** sicherzustellen hat, dass beim Neubau oder der „wesentlichen Änderung" eines Schienenwegs die in § 2 der 16. BImSchV genannten, vom jeweiligen Gebietscharakter abhängenden Immissionsgrenzwerte eingehalten werden.

Nach § 1 Abs. 2 Satz 2 der 16. BImSchV ist eine Änderung im Sinne der 16. BImSchV wesentlich, wenn und soweit „ein Schienenweg" in dem dort genannten Sinne baulich geändert wird oder der „von dem zu ändernden Verkehrsweg" ausgehende Verkehrslärm in dem dort genannten Sinne erhöht wird.

Soweit eine Eisenbahn daneben auch **„nicht genehmigungsbedürftige Anlagen"** betreibt (wie z. B. Baustellen), sind diese nach § 22 BImSchG so zu errichten und zu betreiben, dass

1. schädliche Umwelteinwirkungen verhindert werden, die nach dem Stand der Technik vermeidbar sind,

2. nach dem Stand der Technik unvermeidbare schädliche Umwelteinwirkungen auf ein Mindestmaß beschränkt werden und

3. die bei dem Betrieb der Anlage entstehenden Abfälle ordnungsgemäß beseitigt werden können.

Die Vorschriften des BImSchG werden durch eine Vielzahl weiterer Verordnungen konkretisiert. Dabei sind für die Eisenbahnen insbesondere noch die Verkehrswege-Schallschutzmaßnahmenverordnung (24. BImSchV), die Verordnung über elektromagnetische Felder (26. BImSchV) und die Geräte- und Maschinenlärmschutzverordnung (32. BImSchV) von besonderer Bedeutung.

4.5.2 Das eisenbahnspezifische Naturschutzrecht

Das Naturschutzrecht dient insbesondere dem Schutz der **Leistungs- und Funktionsfähigkeit des Naturhaushalts**, hierzu gehören neben dem Schutz im engeren Sinne insbesondere die Pflege, die Entwicklung und, soweit erforderlich, die Wiederherstellung (§ 1 Abs. 1 BNatSchG) sowie die dauerhafte Sicherung der biologischen Vielfalt durch Erhalt der lebensfähigen Populationen wild lebender Tiere und Pflanzen.

Hierzu dienen – bezogen auf den Bau einer Bahnanlage – insbesondere eine sparsame Nutzung der Naturgüter, eine Vermeidung vor Zerschneidung, soweit möglich die vorrangige Nutzung von bereits versiegelten Flächen sowie die landschaftsgerechte Führung von Verkehrswegen (Bündelungsgebot) (§ 1 Abs. 4 und 5 BNatSchG).

Für die Eisenbahnen ist im Rahmen eines Verfahrens nach den §§ 18 ff. AEG insbesondere zu prüfen, ob und inwieweit durch die Maßnahme in „Natur und Landschaft" im Sinne der §§ 14 ff. BNatSchG eingegriffen wird und ob ein solcher **Eingriff** vermeidbar ist, im Übrigen inwieweit er zu minimieren ist oder – falls der Eingriff nicht vermeidbar ist – welcher **Ausgleich oder Ersatz** für den Eingriff durchzuführen ist (§§ 15 ff. NatSchG) oder ob ggf. ein Geldausgleich in Betracht kommt.

Die Erstellung eines Ausgleichs- und Ersatzkonzepts ist daher grundsätzlich Bestandteil des Planfeststellungsverfahrens.

Die Frage eines potenziellen Eingriffs mit der Verpflichtung, hierfür Ausgleichs- oder Ersatzmaßnahmen durchzuführen, stellt sich allerdings nicht nur bei Maßnahmen, die einer Zulassungsentscheidung nach den §§ 18 ff. AEG bedürfen, sondern auch z. B. bei reinen Instandhaltungs-/Unterhaltungsmaßnahmen.

Unabhängig von dem allgemeinen Schutz der Natur ist auf **besonders geschützte Bestandteile der Natur** zu achten. Dies können neben gesetzlich geschützten Biotopen insbesondere „Natura 2000"-Gebiete (Fauna-Flora-Habitat-Schutzgebiete und Vogelschutzgebiete), Naturschutzgebiete, Nationalparke, Biosphärenreservate, Landschaftsschutzgebiete oder Naturdenkmäler sein.

Besondere Bedeutung kommt zudem bei eisenbahnrechtlichen Vorhaben dem **Artenschutz** zu:

- Nach den §§ 37 ff. BNatSchG stehen alle **wild lebenden Tiere und Pflanzen** mindestens unter einfachem Artenschutz, soweit sie nicht besonders bzw. streng geschützt sind.
- Bei Verstößen gegen Vorschriften des Natur- und Artenschutzes kann es sich um **Ordnungswidrigkeiten** nach § 69 BNatSchG und bei Betroffenheiten von streng geschützten Arten oder europäischen Vogelarten ggf. sogar um **Straftaten** nach §§ 71, 71a BNatSchG handeln.

4.6 Eisenbahnregulierungsgesetz

4.6.1 Einführung/Anwendungsbereich

Die Eisenbahn als sogenanntes natürliches Monopol unterliegt der Regulierung (vgl. Hermes 1998, 316 ff.). Dies bedeutet, dass durch Vorschriften zum einen der Zugang Dritter zur Eisenbahninfrastruktur und zum anderen die Erhebung der Entgelte für die Inanspruchnahme der Eisenbahninfrastruktur geregelt werden. Den rechtlichen Regulierungsrahmen für den Bereich der Eisenbahn bildet seit dem 02.09.2016 das **ERegG**. Dieses Gesetz dient der Umsetzung der Richtlinie 2012/34/EU[9] des Europäischen Parlaments und des Rates vom 21.11.2012 zur Schaffung eines einheitlichen europäischen Eisenbahnraums.

Das ERegG regelt gemäß § 1 Nr. 1 für Eisenbahnen nach dem AEG (vgl. Kap. 4.1) die **Struktur** der Eisenbahnen (Nr. 1), den **Zugang** zu Eisenbahnanlagen und Serviceeinrichtungen (Nr. 2 und Nr. 3), den Zugang zu Werksbahnen (Nr. 4) und die **Erhebung von Entgelten** für den Zugang zu Eisenbahnanlagen, Serviceeinrichtungen und Werksbahnen (Nr. 5).

Die Begriffe „Eisenbahnanlagen" und „Serviceeinrichtungen" sind für den Anwendungsbereich des ERegG von zentraler Bedeutung. Zu den **Eisenbahnanlagen** zählen die in der Anlage 1 Nr. 1 bis 10 des ERegG abschließend genannten Anlagen. **Serviceeinrichtungen** sind die Anlagen, unter Einschluss von Grundstück, Gebäude und Ausrüstung, um eine oder mehrere der in Anlage 2 Nr. 2 bis 4 des ERegG genannten Serviceleistungen erbringen zu können (§ 2 Abs. 9 AEG).[10] Werksbahnen werden in § 2 Abs. 8 Satz 1 AEG als Eisenbahninfrastrukturen definiert, die ausschließlich zur Nutzung für den eigenen Güterverkehr betrieben werden. Davon umfasst ist eine Eisenbahninfrastruktur, die dem innerbetrieblichen Transport oder der An- und Ablieferung von Gütern über die Schiene für das Unternehmen, das die Eisenbahninfrastruktur betreibt, oder für die mit ihm gesellschaftsrechtlich verbundenen Unternehmen dient (§ 2 Abs. 8 Satz 2 AEG). Dem Vorliegen der Voraussetzungen nach Satz 1 steht nicht entgegen, wenn über die Eisenbahninfrastruktur auch Transporte für den eigenen Güterverkehr angeschlossener Eisenbahnen oder an der Infrastruktur ansässiger Unternehmen durchgeführt werden oder sonstige Nutzungen gelegentlich oder in geringem Umfang gestattet werden (§ 2 Abs. 8 Satz 3 AEG).

---

9 ABl. L 343 vom 14.12.2012, S. 32.

10 Zum Begriff der Serviceeinrichtung siehe Zwanziger, Ziffer 4.1.

4.6.2 Ziele der Eisenbahnregulierung

Mit Einführung des ERegG hat der Gesetzgeber seine Ziele im Rahmen der Regulierung in § 3 ERegG beschrieben.

Abb. 4-6: Was zur Eisenbahnregulierung gehört — Abbildung: BFV nach Vorlage der Autoren

Die Ziele stehen nach dem Willen des Gesetzgebers grundsätzlich gleichwertig zueinander, d. h., die Nummerierung der Regulierungsziele in § 3 ERegG stellt keine Reihenfolge der Bedeutung zueinander dar. Herauszuheben ist jedoch das fünfte Ziel nach § 3 Ziffer 5 ERegG die Gewährleistung eines sicheren, leistungsfähigen und zuverlässigen Betriebs der Eisenbahninfrastruktur.[11] Denn die Einhaltung eines hohen Sicherheitsniveaus soll nach dem Willen des Gesetzgebers Aufgabe aller Unternehmen und Behörden sein.[12] D. h., die Erreichung der fünf sonstigen Ziele darf nicht dazu führen, dass der sichere, leistungsfähige und zuverlässige Betrieb der Eisenbahninfrastruktur infrage gestellt wird.

Wesentliche Bedeutung haben die Regulierungsziele bei der Prüfung des Kriteriums der Angemessenheit in Bezug auf den Zugang und die Entgelte.[13] Hier erfolgt eine Abwägung der verschiedenen Ziele zueinander.

4.6.3 Recht auf Zugang zur Eisenbahninfrastruktur

Der Anspruch auf Zugang zu Eisenbahnanlagen ist in § 10 ERegG geregelt, wobei in den Absätzen 1 und 2 zwischen Schienengüter- und Personenverkehrsdiensten unterschieden wird.

11 BT-Drs. 18/8334, S. 174.
12 BT-Drs. 18/8334, S. 174.
13 VG Köln, Urteil vom 18.03.2022 – Az.: 18 K 8277/18, Rn. 203 – justiz.nrw.de.

In Abs. 1 ist geregelt, dass der Zugangsberechtigte das **Recht auf Zugang zu Eisenbahnanlagen** für alle Arten von **Schienengüterverkehrsdiensten** zu angemessenen, nichtdiskriminierenden und transparenten Bedingungen hat. Gemäß § 1 Abs. 12 ERegG Ziffer 1 ist ein Zugangsberechtigter ein:

- **Eisenbahnverkehrsunternehmen** oder
- eine **internationale Gruppierung von Eisenbahnverkehrsunternehmen** oder
- nach Ziffer 2 eine andere natürliche oder juristische Personen, insbesondere
  - a) **zuständige Behörde** im Rahmen der **Verordnung (EG) Nr. 1370/2007** des Europäischen Parlaments und des Rates vom 23. Oktober 2007 über öffentliche Personenverkehrsdienste auf Schiene und Straße und zur Aufhebung der Verordnungen (EWG) Nr. 1191/69 und (EWG) Nr. 1107/70 des Rates (ABl. L 315 vom 3.12.2007, S. 1), oder
  - b) **Verlader, Spediteure** und **Unternehmen des kombinierten Verkehrs**, die ein gemeinwirtschaftliches oder einzelwirtschaftliches Interesse am Erwerb von Schienenwegkapazität oder Kapazitäten in Serviceeinrichtungen haben; dazu gehören insbesondere Unternehmen, die Güter durch ein Eisenbahnverkehrsunternehmen befördern lassen wollen, sowie
  - c) die nach § 1 Absatz 2 des Regionalisierungsgesetzes durch Landesrecht bestimmte Stellen.

Eine vergleichbare Regelung findet sich in Abs. 2 zu **Schienenpersonenverkehrsdiensten**, indem dort geregelt ist, dass unbeschadet der Verordnung (EG) Nr. 1370/2007 Zugangsberechtigte für Schienenpersonenverkehrsdienste das Recht auf Zugang zu Eisenbahnanlagen für alle Arten von Personenverkehrsdiensten zu angemessenen, nichtdiskriminierenden und transparenten Bedingungen haben. Die EVU haben das Recht, Fahrgäste an jedem beliebigen Bahnhof aufzunehmen und abzusetzen. Dieses Recht schließt den Zugang zu Infrastrukturen ein, durch die Serviceeinrichtungen nach Nummer 2 der Anlage 2 angebunden werden.

Der Anspruch der Zugangsberechtigten auf Zugang zu Eisenbahnanlagen im Sinne des § 10 Abs. 1 und 2 ERegG spiegelt sich auf der Seite des Betreibers der Schienenwege als Verpflichtung, allen Zugangsberechtigten die Leistungen des Mindestzugangspakets nach Anlage 2 Nummer 1 zu angemessenen, nichtdiskriminierenden und transparenten Bedingungen zu erbringen (§ 11 Abs. 1 ERegG). In dieser Vorschrift wird folglich geregelt, welche zwingenden Leistungen zum Zugangsrecht gehören. Das **Mindestzugangspaket** umfasst folgende Leistungen:

a) die Bearbeitung von Anträgen auf Zuweisung von Schienenwegkapazität der Eisenbahn;

b) das Recht zur Nutzung zugewiesener Schienenwegkapazität;

c) die Nutzung der Eisenbahnanlagen einschließlich Weichen und Abzweigungen;

d) die Zugsteuerung einschließlich der Signalisierung, Regelung, Abfertigung und der Übermittlung und Bereitstellung von Informationen über Zugbewegungen;

e) die Nutzung von Anlagen zur streckenbezogenen Versorgung mit Fahrstrom, sofern vorhanden;

f) alle anderen Informationen, die zur Durchführung oder zum Betrieb des Verkehrsdienstes, für den Kapazität zugewiesen wurde, erforderlich sind.

Der Zugang ist vom Betreiber der Schienenwege zu angemessenen, nichtdiskriminierenden und transparenten Bedingungen zu gewähren.[14] Diese konkreten Bedingungen werden in den Nutzungsbedingungen und den dazugehörigen Anlagen im Sinne des § 19 ERegG vorgegeben.

Das **Recht auf Zugang zu Serviceeinrichtungen** besteht für jeden Zugangsberechtigten einschließlich des Schienenzugangs zu den in Anlage 2 Nummer 2 genannten Einrichtungen zu angemessenen, nichtdiskriminierenden und transparenten Bedingungen (§ 10 Abs. 3 ERegG).

4.6.4 Aufstellen von Nutzungsbedingungen

§ 19 ERegG verpflichtet die Betreiber der Schienenwege zur Aufstellung der Nutzungsbedingungen betreffend die Schienenwege. Dabei werden an die Aufstellung sowohl verfahrensrechtliche als auch inhaltliche Anforderungen gestellt. Art. 4 der Durchführungsverordnung (EU) 2017/2177 verpflichtet Betreiber der Serviceeinrichtungen zur Aufstellung von Nutzungsbedingungen.

4.6.4.1 Rechtliche Einordnung und Funktionen der Nutzungsbedingungen

Bei den Nutzungsbedingungen handelt es sich in ihrer Gesamtheit um **allgemeine Geschäftsbedingungen** gemäß § 305 BGB, folglich um eine Vielzahl von Verträgen, vorformulierten Vertragsbedingungen, die eine Vertragspartei (Verwender) der anderen Vertragspartei bei Abschluss eines Vertrags stellt.[15]

Die Nutzungsbedingungen erfüllen verschiedene Funktionen. Ihnen wird zunächst die **Vereinheitlichungsfunktion** zugesprochen, die der Gleichbehandlung der Zugangsberechtigten dient. Die Vereinheitlichungsfunktion bedeutet, dass die Regelungen der Nutzungsbedingungen einer individuellen Vereinbarung zwischen den Zugangsberechtigten und den Infrastrukturinhabern entzogen werden und sie mit gleichem Inhalt und im gleichen Umfang gegenüber allen Zugangsberechtigten gelten.[16] Eine weitere Funktion ist die **Rechtsgewährleistungsfunktion**: Durch das Vorabprüfungsverfahren durch die Regulierungsbehörde wird die Vereinbarkeit der Nutzungsbedingungen mit Eisenbahnrecht sichergestellt.[17] Den Nutzungsbedingungen kommt ebenfalls eine **Informations- bzw. Transparenzfunktion** zu. Sie müssen derart ausgestaltet sein, dass sie die wesentlichen Voraussetzungen für den Zugang und die angebotenen Leistungen enthalten, sodass „sich die Zugangsberechtigten ein vollständiges, verlässliches Bild darüber machen und eine sinnvolle Entscheidung über die

14 Zu den inhaltlichen Anforderungen an die Bedingungen siehe unter Punkt 4.6.4.2.

15 BVerwG, Urteil vom 29.09.2011, Az.: 6 C 17/10 Rn. 28.

16 BVerwG, Beschluss vom 11.11.2014, Az.: 6 C 50/14 Rn. 7.

17 BVerwG, Beschluss vom 11.11.2014, Az.: 6 C 50/14 Rn. 7.

Wirtschaftlichkeit einer Nutzung treffen können".[18] Die Nutzungsbedingungen sichern den Zugangsberechtigten Transparenz, Planbarkeit und Kalkulationssicherheit.[19]

4.6.4.2 Nutzungsbedingungen für Schienenwege

Verfahrensrechtliche Vorgaben

Nutzungsbedingungen für Schienenwege werden im § 19 ERegG als Schienennetz-Nutzungsbedingungen bezeichnet. Sie dienen als Grundlage für das Zuweisungsverfahren und den Vertragsschluss für die Trassen der folgenden Fahrplanperiode und sind vor dem Netzfahrplanwechsel, mindestens jedoch vier Monate vor Ablauf der Frist für die Stellung von Anträgen auf Zuteilung der Schienenwegkapazität im Netzfahrplan zu veröffentlichen (§ 19 Abs. 5 Satz 1 und 2 ERegG). Die Frist für die Stellung von Anträgen auf Zuweisung von Schienenwegkapazität im Netzfahrplan endet am zweiten Montag im April um 24:00 Uhr. Das ganze Verfahren zur Aufstellung oder Änderung der Nutzungsbedingungen hat folglich sicherzustellen, dass die Nutzungsbedingungen rechtzeitig zur Verfügung stehen. § 19 Abs. 6 ERegG gibt die Möglichkeit, Nutzungsbedingungen unterjährig sofort vorläufig in Kraft zu setzen und parallel ein Stellungnahmeverfahren durchzuführen, um die Ziele der Regulierung aus § 3 ERegG sicherzustellen.

Der Gesetzgeber hat eine Mitwirkung der Zugangsberechtigten am Verfahren zur Neufassung oder Änderung der Nutzungsbedingungen im § 19 Abs. 2 ERegG vorgesehen. So hat der Betreiber der Schienenwege mindestens sieben Monate vor Ablauf der Frist für einen Antrag auf Zuteilung von Schienenwegkapazität einen Entwurf der beabsichtigten Änderungen auf seiner Internetseite zu veröffentlichen. Dabei hat eine Darstellung der Änderungen vor allem in synoptischer Form zu erfolgen. Die Zugangsberechtigten haben einen Monat Zeit, zu den beabsichtigten Neufassungen und Änderungen Stellung zu nehmen. Es ist gesetzlich vorgeschrieben, dass der Betreiber der Schienenwege die Zugangsberechtigten auf die Möglichkeit zur Stellungnahme hinweist und angibt, in welcher Form die Stellungnahmen eingereicht werden können.

Anschließend hat der Betreiber der Schienenwege die Regulierungsbehörde gemäß § 72 Satz 1 Nr. 5 ERegG über die beabsichtigten Neufassungen bzw. Änderungen zu unterrichten. Der Regulierungsbehörde steht ein Widerspruchsrecht zu. Die Behörde kann innerhalb von sechs Wochen die beabsichtigten Regelungen ablehnen und die Ablehnung mit Vorgaben verbinden, soweit die beabsichtigten Neufassungen oder Änderungen nicht den gesetzlichen Voraussetzungen genügen (§ 73 Abs. 1 Nr. 4 ERegG). In diesem Fall treten die von der Regulierungsbehörde abgelehnten Neufassungen bzw. Änderungen nicht in Kraft und kommen auch nicht zur Anwendung.

18 BVerwG, Urteil vom 13.06.2012, Az.: 6 C 42/10 Rn. 22; BVerwG, Urteil vom 29.09.2011, Az.: 6 C 17/10 Rn. 29.

19 BVerwG, Beschluss vom 11.11.2014, Az.: 6 C 50/14 Rn. 8.

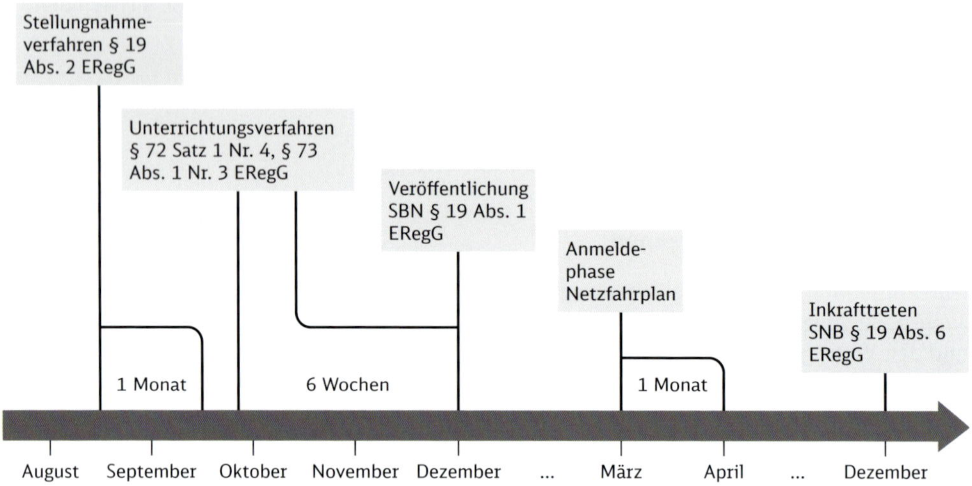

Abb. 4-7: Zeitstrahl Nutzungsbedingungen

Abbildung: BFV/Autoren

Die Nutzungsbedingungen für Schienenwege sind in Deutsch und mindestens einer weiteren Amtssprache der Europäischen Union zu veröffentlichen. Der Inhalt der Nutzungsbedingungen ist unentgeltlich in elektronischer Form auf der Internetseite des Betreibers der Schienenwege bereitzustellen. Es ist auch möglich, die Nutzungsbedingungen in Papierform vom Betreiber der Schienenwege zu erhalten, dies allerdings gegen ein Entgelt, das nicht höher sein darf als die Kosten für die Veröffentlichung dieser Unterlagen.

Inhaltliche Vorgaben

Die Nutzungsbedingungen müssen Angaben zum Schienenweg, der den EVU zur Verfügung steht, und zu den Zugangsbedingungen für den betreffenden Schienenweg enthalten, auf eine Internetseite verweisen, auf der die Nutzungsbedingungen für Serviceeinrichtungen, die an das Netz des Betreibers der Schienenwege angeschlossen sind, unentgeltlich in elektronischer Form zur Verfügung gestellt werden (§ 19 Abs. 3 Satz 1 ERegG). Die inhaltlichen Anforderungen werden in der Anlage 3 ERegG konkretisiert und werden in folgende Abschnitte unterteilt:

- Angaben zur Art des Schienenwegs, der den EVU zur Verfügung steht, sowie zu den Zugangsbedingungen für den betreffenden Schienenweg (Nr. 1),
- Darlegung der Entgeltgrundsätze und der Entgelte (Nr. 2),
- Grundsätze und die Kriterien für die Zuweisung von Schienenwegkapazität (Nr. 3),
- Informationen bezüglich der Beantragung von Unternehmensgenehmigungen und Sicherheitsbescheinigungen (Nr. 4),

- Angaben zu den Streitbeilegungs- und Beschwerdeverfahren bezüglich des Zugangs zu Schieneninfrastruktur und Diensten sowie der leistungsabhängigen Entgeltregelung nach § 39 (Nr. 5),

- Informationen über den Zugang zu den Serviceeinrichtungen nach Anlage 2 und die dafür erhobenen Entgelte (Nr. 6)

- und einen Mustervertrag für den Abschluss von Rahmenverträgen (Nr. 7).

Aus dem Zusammenspiel des § 19 ERegG und den §§ 10 und 11 ERegG, die den Zugang zu **angemessenen**, **nichtdiskriminierenden** und **transparenten** Bedingungen vorschreiben, ergeben sich inhaltliche Vorgaben für jede Regelung in den Nutzungsbedingungen.

„Eine **Diskriminierung** liegt vor, wenn innerhalb einer Vergleichsgruppe ohne sachlich gerechtfertigten Grund eine unterschiedliche Behandlung erfolgt oder wenn unterschiedliche Vergleichsgruppen ohne sachlich gerechtfertigten Grund gleichbehandelt werden“.[20] Folglich ist eine Ungleichbehandlung erforderlich, die nicht durch einen sachlichen Grund gerechtfertigt werden kann. Die Bildung von Vergleichsgruppen hat nach Maßgabe zu erfolgen, diejenigen Zugangsberechtigten zu vergleichen, die – unter gleichen Bedingungen – um den Erwerb von Infrastrukturkapazitäten konkurrieren und die letztlich die entsprechende Kapazität im Wege des Abschlusses eines Infrastrukturnutzungsvertrags erhalten.[21] Eine unterschiedliche Behandlung zwischen dem SPV und dem SGV verbietet sich, da das Recht auf Zugang zur Eisenbahninfrastruktur allen Zugangsberechtigten grundsätzlich in gleichem Umfang zusteht.[22]

Eine Diskriminierung kann auch versteckt bzw. mittelbar erfolgen, wenn zwar die relevanten Bedingungen von allen Zugangsberechtigten theoretisch zu erfüllen sind, sie jedoch faktisch aufgrund der Intransparenz einen Zugangsberechtigten beim Netzzugang unzumutbar behindern und andere Zugangsberechtigte nicht.[23]

Sofern der Begriff der **Transparenz** als eigenständiger Prüfungsmaßstab gemäß §§ 10, 10 ERegG heranzuziehen ist, sind nach Auffassung des VG Köln für transparente Zugangsbedingungen sowohl die Form als auch der Inhalt entscheidend. Den §§ 10, 11 und 20 Abs. 2 ERegG könne nur dann Rechnung getragen werden, wenn die einzelnen Inhalte der Nutzungsbedingungen klar und verständlich formuliert sind. Eine Regelung in den Nutzungsbedingungen muss folglich aus sich heraus für den Zugangsberechtigten verständlich sein.[24] Mit dem Begriff der Transparenz ist es vereinbar, in den Nutzungsbedingungen unbestimmte Rechtsbegriffe zu verwenden, die der Auslegung bedürfen wie z. B. „wesentliche Vertragspflichten“.[25]

Eine **angemessene SNB-Klausel** ist nach Auffassung des VG Köln dann gegeben, wenn sie sich vor dem Hintergrund der Regulierungsziele und einer möglichst guten Gewährleistung des Zugangsrechts als gerecht und billig erweist.[26] Bei der Frage, ob ein Verstoß gegen das

20 VG Köln, Urteil vom 08.03.2013, Az.: 18 K 116/12.
21 VG Köln, Urteil vom 19.07.2013 – 18 K 4277/12.
22 VG Köln, Urteil vom 19.07.2013 – 18 K 4277/12.
23 VG Köln, Urteil vom 08.03.2013, Az.: 18 K 116/12.
24 VG Köln, Urteil vom 22.02.2019, Az.: 18 K 11831/16 Rn. 63 ff.; OVG Münster, Urteil vom 17.11.2020, Az.: 13 A 1319/19, Rn. 37 ff.
25 VG Köln, Urteil vom 22.02.2019, Az.: 18 K 11831/16 Rn. 63 ff.; OVG Münster, Urteil vom 17.11.2020, Az.: 13 A 1319/19, Rn. 37 ff.
26 VG Köln, Urteil vom 22.02.2019, Az.: 18 K 11831/16 Rn. 74 ff.

Gebot der Angemessenheit vorliegt, ist zu klären, ob eine Klausel eine Vertragspartei unbillig benachteiligt.[27] Maßgeblich ist hierbei insbesondere, ob die Klausel den Regulierungszielen entspricht.[28]

4.6.4.3 Nutzungsbedingungen für Serviceeinrichtungen

Verfahrensrechtliche Vorgaben

Die Durchführungsverordnung (EU) 2017/2177 ist das zentrale Regelwerk zur Aufstellung oder Änderungen der Nutzungsbedingungen für Serviceeinrichtungen, die unmittelbar Anwendung findet. Ihr sind keine Vorgaben zur Mitwirkung des Marktes – vergleichbar zum Stellungnahmeverfahren bei Schienenwegen – und zu den Fristen zu entnehmen. Die Nutzungsbedingungen für Serviceeinrichtungen können folglich jederzeit geändert werden.

Die Veröffentlichung der Nutzungsbedingungen für Serviceeinrichtungen ist an die Veröffentlichung der Nutzungsbedingungen für Schienenwege geknüpft. Gemäß Anlage 3 Nr. 6 Satz 1 ERegG ist in den Nutzungsbedingungen für Schienenwege ein Verweis auf Informationen über den Zugang zu den Serviceeinrichtungen nach Anlage 2 und die dafür erhobenen Entgelte aufzunehmen. Die Betreiber einer Serviceeinrichtung stellen Informationen über die Entgelte, die für den Zugang zu den Einrichtungen und die erbrachten Leistungen erhoben werden, sowie über die technischen Zugangsbedingungen bereit und geben eine Webseite an, auf der diese Informationen unentgeltlich in elektronischer Form zur Verfügung gestellt werden (Anlage 3 Nr. 6 Satz 2 ERegG). Die auf der Webseite angegebenen Inhalte sind nicht Bestandteil der Schienennetz-Nutzungsbedingungen (Anlage 3 Nr. 6 Satz 3 ERegG).

Inhaltliche Vorgaben

Der Mindestgehalt der Nutzungsbedingungen für Serviceeinrichtungen ist in Art. 4 Abs. 2 der Durchführungsverordnung (EU) 2017/2177 geregelt. Dort ist die Pflicht zu entnehmen, unter anderem folgende Themen zu regeln:

- die Liste aller Anlagen, in denen schienenverkehrsbezogene Leistungen erbracht werden, einschließlich Angaben über ihre Standorte und Öffnungszeiten,
- die wichtigsten Kontaktangaben des Betreibers der Serviceeinrichtung,
- eine Beschreibung der technischen Merkmale der Serviceeinrichtung,
- eine Beschreibung aller in der Einrichtung erbrachten schienenverkehrsbezogenen Leistungen und ihrer Art (grundlegende Leistung, Zusatzleistung oder Nebenleistung),
- die Möglichkeit der Eigenerbringung von schienenverkehrsbezogenen Leistungen und die dafür geltenden Bedingungen,

27 VG Köln, Urteil vom 22.02.2019, Az.: 18 K 11831/16 Rn. 74 ff.

28 VG Köln, Urteil vom 18.03.2022 – Az.: 18 K 8277/18, Rn. 203 – justiz.nrw.de.

- Informationen zum Antragsverfahren, zum Koordinierungsverfahrens und zu den Vorrangkriterien für die Zuweisung bei nicht einvernehmlich gelösten Konflikten zwischen Anträgen,

- ggf. Informationen über die Bedingungen für die Nutzung der IT-Systeme des Betreibers, sofern die Antragsteller solche Systeme nutzen müssen, sowie die Regeln für den Schutz von sensiblen Daten und Geschäftsdaten,

- Informationen über Änderungen der technischen Merkmale und vorübergehende Kapazitätsbeschränkungen der Serviceeinrichtung, einschließlich planmäßiger Arbeiten, die den Betrieb der Serviceeinrichtung erheblich beeinflussen könnten,

- Informationen über Entgelte für den Zugang zu Serviceeinrichtungen und die einzelnen dort erbrachten schienenverkehrsbezogenen Leistungen,

- Informationen über die Grundsätze, nach denen Antragstellern Preisnachlässe gewährt werden, wobei die Anforderungen an die Wahrung von Geschäftsgeheimnissen zu erfüllen sind.

Weitere thematische Pflichten ergeben sich aus § 13 Abs. 5 ERegG. Danach sind unter anderem Leistungen, die in Serviceeinrichtungen erbracht werden, die dem Personenverkehr dienen, in den Nutzungsbedingungen für diese Serviceeinrichtungen mindestens hinsichtlich der zugesicherten Ausstattung, Qualität und zeitlichen Verfügbarkeit verbindlich zu beschreiben (§ 13 Abs. 6 ERegG). Auch Regelungen zur Betriebssicherheit, zur leistungsabhängigen Entgeltregelung und Regelungen betreffend die Zusammenarbeit zwischen den Betreibern der Schienenwege und Betreibern der Serviceeinrichtungen sind in die Nutzungsbedingungen aufzunehmen.

4.6.5 Vorgaben für Fahrplanerstellung

Die zentrale Rolle des Betreibers der Schienenwege ist in § 1 Abs. 4b ERegG zum Ausdruck gebracht. Dort sind zwei wesentliche Funktionen des Betriebs der Schienenwege aufgeführt: Entscheidungen über die Zugtrassenzuweisung, einschließlich sowohl der Bestimmung als auch der Beurteilung der Verfügbarkeit und der Zuweisung von einzelnen Zugtrassen, (Nr. 1) und Entscheidungen über die Wegeentgelte, einschließlich ihrer Festlegung und Erhebung, (Nr. 2). Die Vorgaben für die Fahrplanerstellung betreffen die Zuweisung von Trassen und unterscheiden dabei grundlegend zwischen dem Netzfahrplan und dem Gelegenheitsverkehr.

Unter dem Netzfahrplan ist der gesetzlich vorgegebene Jahresfahrplan zu verstehen, der innerhalb eines bestimmten Zeitrahmens zu erstellen ist und für ein Jahr gilt. Der Netzfahrplan wird einmal im Kalenderjahr erstellt, und der Wechsel des Netzfahrplans erfolgt am zweiten Samstag im Dezember um 24:00 Uhr (Nummer 2 Satz 1 des delegierten Beschlusses [EU] 2017/2075 der Kommission zur Ersetzung des Anhangs VII der 2012/34/EU [sogenannter Annex VII]). Beim Gelegenheitsverkehr werden Trassen im Rahmen der Restkapazitäten zugewiesen, nachdem der Netzfahrplan feststeht.

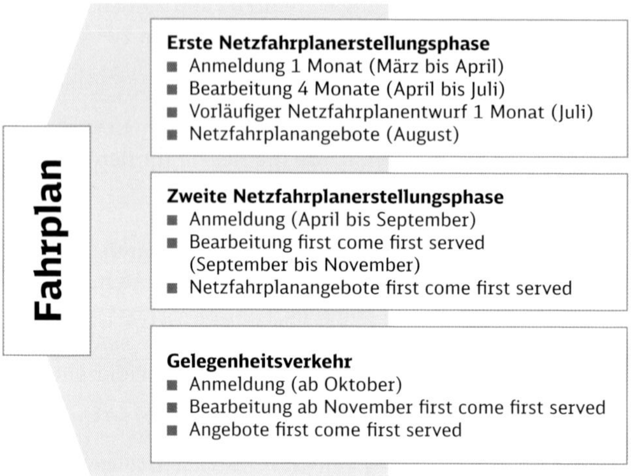

Abb. 4-8: Unterschiedliche Phasen des Fahrplans Abbildung: BFV/ Autoren

4.6.5.1 Netzfahrplan

Die Erstellung des Netzfahrplans erfolgt unter der Maßgabe, dass der Betreiber der Schienenwege, soweit ihm dies möglich ist, allen Anträgen auf Zuweisung von Schienenwegkapazität, einschließlich der Anträge auf netzübergreifende Zugtrassen, stattgeben muss (§ 52 Abs. 1 ERegG).

Phasen der Netzfahrplanerstellung

Der Beginn der Netzfahrplanerstellung kann als **Antragsphase** bezeichnet werden. Um eine Trasse zu erhalten, muss ein Zugangsberechtigter einen Antrag beim Betreiber der Schienenwege, dessen Netz genutzt werden soll, stellen. § 51 Abs. 1 Satz 1 ERegG fordert damit das Stellen eines Antrags auf Zuweisung von Schienenwegkapazität für jede Netzfahrplanperiode.

Im Rahmen der **ersten Netzfahrplanerstellungsphase** räumt die DB Netz AG den Zugangsberechtigten einen Zeitraum von einem Monat zur Einreichung von Trassenanträgen ein. Diese Frist endet zwingend am zweiten Montag im April um 24:00 Uhr, da der Gesetzgeber das Ende dieser Frist in § 51 Abs. 1 Satz 2 ERegG vorgegeben hat. Danach richtet sich folglich der Beginn der Antragsfrist. Annex VII, der als Durchführungsverordnung unmittelbares Recht für die Mitgliedstaaten der Europäischen Union setzt, und sieht in der Ziffer 3 und Ziffer 6 vor, dass auch Anträge, die nach der Antragsfrist von einem Monat für die erste Netzfahrplanerstellungsphase eingehen, auch im Netzfahrplan Berücksichtigung finden. Aufgrund dieser Vorgaben aus dem Annex VII kam es zur Unterteilung in die erste und die **zweite Netzfahrplanerstellungsphase**.

Sofern Anträge weder in den Fristen der ersten noch der zweiten Netzfahrplanerstellungsphase fristgerecht eingehen, werden sie als Anmeldungen zum Gelegenheitsverkehr behandelt.

Der Zugangsberechtigte ist dafür verantwortlich, dass der Antrag auf Trassenzuweisung alle erforderlichen Angaben enthält, die durch die Nutzungsbedingungen vorgegeben werden (§ 51 Abs. 4 Satz 2 ERegG). Andernfalls hat der Betreiber der Schienenwege die fehlenden Angaben unverzüglich nachzufordern (§ 51 Abs. 4 Satz 3 ERegG). In den Nutzungsbedingungen der DB Netz AG haben die Zugangsberechtigten nach Aufforderung drei Arbeitstage Zeit, die fehlenden bzw. widersprüchlichen Angaben zu plausibilisieren. Beim Verstreichenlassen dieser Frist erhalten sie eine weitere Frist von einem Arbeitstag zur Plausibilisierung, andernfalls wird die Trassenanmeldung zurückgewiesen.

An die Antragsphase folgt die **Konstruktionsphase** der Anträge auf Zuweisung von Schienenwegkapazität der ersten Phase der Netzfahrplanerstellung. Der Gesetzgeber hat in § 52 Abs. 4 ERegG den Betreibern der Schienenwege das Recht eingeräumt, innerhalb vertretbarer Grenzen Schienenwegkapazität anzubieten, die von der beantragten Kapazität abweicht. Die DB Netz AG hat von dieser Möglichkeit dahingehend Gebrauch gemacht, dass in ihren Nutzungsbedingungen grundsätzlich Konstruktionsspielräume von +/- 3 Minuten im Schienenpersonenverkehr und +/- 30 Minuten im Schienengüterverkehr vorgesehen sind. Sollte auch unter Anwendung dieser Konstruktionsspielräume keine konfliktfreie Konstruktion möglich sein, ist das Koordinierungsverfahren einzuleiten, und alle weiteren Abweichungen in der Konstruktion stehen unter dem Vorbehalt der Zustimmung durch den betroffenen Zugangsberechtigten (vgl. § 52 Abs. 3 ERegG).

Im Rahmen des **Koordinierungsverfahrens** hat der Betreiber der Schienenwege durch Verhandlungen mit den Zugangsberechtigten auf einvernehmliche Lösungen hinzuwirken (§ 52 Abs. 5 Satz 1 ERegG). So können in konkreten Konflikten beispielsweise durch Haltausfälle, alternative Laufwege oder Einkürzungen der Laufwege Konflikte gelöst werden. Die Grundsätze des Koordinierungsverfahrens sind in den Nutzungsbedingungen aufzunehmen (§ 52 Abs. 6 Satz 1 ERegG), folglich die einzelnen Schritte des Verfahrens. Sofern eine Lösung nicht einvernehmlich erzielt werden kann und der Konflikt weiterhin besteht, ist die Entscheidung über den Konflikt und damit die obsiegende Trassenanmeldung im **Streitbeilegungsverfahren** herbeizuführen.

In diesem Fall ist gemäß § 52 Abs. 7 ERegG vorzugehen. Nach dieser Vorschrift soll der Betreiber der Schienenwege – sofern kein Rahmenvertrag gemäß § 49 ERegG vorliegt oder keine besonderen Vorschriften für überlastet erklärte Schienenwege (§ 55 ERegG; siehe hierzu unter 4.6.5.3) oder besondere Schienenwege (§ 57 ERegG) greifen – nach folgender Reihenfolge den Konflikt entscheiden: 1. vertakteter oder ins Netz eingebundener Verkehr, 2. grenzüberschreitende Zugtrassen, 3. Zugtrassen für den Güterverkehr. Diese Reihenfolge ist zwingend einzuhalten und derart anzuwenden, dass wenn beide Konflikttrassen weder vertaktet noch ins Netz eingebunden sind, die Entscheidung im nächsten Schritt auf der zweiten Stufe und anschließend, sofern keiner der beiden Konfliktparteien grenzüberschreitend ist, auf der dritten Stufe zu suchen ist.[29] Sofern beide der Konflikttrassen keine Kriterien der Reihenfolge erfüllen, ist die Entscheidung im Regelentgeltverfahren zu suchen. Ebenso sofern beide Konflikttrassen die gleiche Stufe erfüllen, z. B. vertaktet oder ins Netz eingebunden

29 BVerwG, Beschluss vom 21.07.2021, Az.: 6 C 5.19.

sind und damit auf einer der Stufen gleichrangig sind, kommt das **Regelentgeltverfahren** für die Entscheidungsfindung zur Anwendung.[30] Das Regelentgeltverfahren funktioniert nach dem Grundsatz, dass bei einem Konflikt zwischen zwei Zugtrassen der Zugtrasse der Vorrang einzuräumen ist, bei der das höchste Regelentgelt zu erzielen ist (§ 52 Abs. 8 Satz 1 Nr. 1 ERegG). Sofern mehrere Zugtrassen sich im Konflikt befinden, ist den Zugtrassen der Vorrang einzuräumen, bei denen in der Summe das höchste Regelentgelt zu erzielen ist (§ 52 Abs. 8 Satz 1 Nr. 2 ERegG). Mit dem Begriff des Regelentgelts wird zum Ausdruck gebracht, dass das Entgelt auf der Grundlage der in den Nutzungsbedingungen festgelegten und durch die Regulierungsbehörde nicht widersprochenen Entgeltgrundsätzen und -höhen bestimmt wird. Sofern auch dieses Verfahren nicht zu einer Entscheidung des Konflikts führt, kommt das **Höchstpreisverfahren** als letzter Schritt zur Anwendung.

Im Rahmen des Höchstpreisverfahrens ist demjenigen Zugangsberechtigten für seine Trassenanmeldung der Vorrang zu gewähren, der bereit ist, das höhere Entgelt für die gewünschte Trasse zu zahlen und entsprechend anzubieten. Das konkrete Verfahren, an dem auch die Regulierungsbehörde beteiligt ist, wird in § 52 Abs. 8 Satz 3 bis 7 ERegG geregelt.

Wenn alle Konflikte gelöst sind und alle Anträge auf Zuweisung der Schienenwegkapazität konstruiert und damit bearbeitet sind, steht der **vorläufige Netzfahrplanentwurf**. Dieser muss spätestens vier Monate nach Ablauf der Frist für die Trassenanmeldungen gemäß § 51 Abs. 1 Satz 2 ERegG – folglich der zweite Montag im August – erstellt werden (§ 53 Abs. 1 Satz 1 ERegG). Gemäß § 53 Satz 2 ERegG sind die Beteiligten zum vorläufigen Netzfahrplanentwurf anzuhören und ihnen ist die Möglichkeit einzuräumen, mindestens einen Monat lang zum vorläufigen Netzfahrplanentwurf **Stellung nehmen** zu können. Der Betreiber der Schienenwege hat daraufhin innerhalb einer Frist, die in den Nutzungsbedingungen festzulegen ist, den berechtigten Beanstandungen zum vorläufigen Netzfahrplanentwurf Rechnung zu tragen. So ist es beispielsweise möglich, dass ein Zugangsberechtigter geltend macht, dass im Rahmen der Trassenkonstruktion größere Spielräume verwendet wurden, denen er nicht zugestimmt hatte.

Nach Ablauf der Frist zur Beachtung der berechtigten Beanstandungen steht der endgültige **Netzfahrplanentwurf bezüglich der ersten Phase der Netzfahrplanerstellung**. Sofern Konflikte nicht einvernehmlich gelöst werden konnten und deshalb als Ergebnis des Entscheidungsverfahrens Trassenanträge abzulehnen sind, ist der Betreiber der Schienenwege von Gesetzes wegen verpflichtet, die Regulierungsbehörde über beabsichtigte Ablehnungen zu unterrichten, § 72 Satz 1 Nr. 1 ERegG. Die Regulierungsbehörde hat zehn Arbeitstage Zeit, um die beabsichtigte Entscheidung des Betreibers der Schienenwege zu prüfen und abzulehnen und die Ablehnung mit weiteren Vorgaben zu verbinden (§ 73 Abs. 1 Nr. 1 ERegG). In diesem Fall steht der endgültige Netzfahrplanentwurf der ersten Phase der Netzfahrplanerstellung mit der Entscheidung der Regulierungsbehörde über die beabsichtigten Ablehnungen zum Netzfahrplan.

Der Betreiber der Schienenwege unterbreitet dem Zugangsberechtigten ein Angebot zum Abschluss eines Vertrags über die angemeldete Trasse, welches der Zugangsberechtigte innerhalb der fünf Arbeitstage annehmen kann. Mit der Annahme der Vertragsangebote steht der **Netzfahrplan der ersten Netzfahrplanerstellungsphase** fest.

30 BVerwG, Beschluss vom 21.07.2021, Az.: 6 C 5.19.

Anschließend beginnt die **Konstruktion** der Trassenanmeldungen zur **zweiten Netzfahrplanerstellungsphase**. Im delegierten Beschluss der Kommission – sogenannter Annex VII und dort Nr. 6 – finden sich nur zwei Vorgaben, die bei der Ausgestaltung des Verfahrens der zweiten Phase der Netzfahrplanerstellung zu beachten sind: Zum einen kann der Betreiber der Schienenwege nur dann Änderungen hinsichtlich zugewiesener Zugtrassen vornehmen, wenn dies erforderlich ist, um alle Trassenanträge bestmöglich in Einklang zu bringen, und wenn der Zugangsberechtigte, dem die Trasse zugewiesen worden war, zustimmt. Zum anderen ist der Entwurf des Netzfahrplans spätestens einen Monat vor dem Netzfahrplanwechsel um die zugewiesenen Trassen aus der zweiten Phase der Netzfahrplanerstellung zu aktualisieren. Die Betreiber der Schienenwege sind darüber hinaus in ihrer Entscheidung frei, ob sie das Eingehen aller Trassenanmeldungen abwarten und alle gleichzeitig abarbeiten oder ob sie die Bearbeitung der Trassenanträge nach dem Zeitpunkt des Eingangs vornehmen. Sie müssen jedoch in ihren Verfahren bei Ablehnungen auch die Unterrichtungspflichten nach § 72 Nr. 1 ERegG und auch die Frist für die Annahme des Angebots beachten.

4.6.5.2 Gelegenheitsverkehr

Der Gelegenheitsverkehr betrifft Anträge auf Zuweisung von Schienenwegkapazität nach den Fristen für die erste und zweite Netzfahrplanerstellungsphase. Die ursprüngliche gesetzliche Unterscheidung des § 56 Abs. 1 ERegG der Bearbeitung in besonders aufwendige Bearbeitung und normaler Bearbeitung ist von der Bundesnetzagentur und vom Verwaltungsgericht Köln als nicht mit Art. 48 Richtlinie 2012/34/EU vereinbar und somit europarechtswidrig bewertet worden, sodass grundsätzlich die Frist von fünf Arbeitstagen gilt.[31]

Die Zugangsberechtigten können das Angebot nur innerhalb von einem Arbeitstag annehmen (§ 56 Abs. 1 Satz 2 ERegG).

Der Gesetzgeber hat beim Gelegenheitsverkehr keine Vorgaben zur Ausgestaltung der Koordinierungs- und Entscheidungsverfahren bei Konflikten vorgegeben. Die Betreiber der Schienenwege können folglich auch den Weg gehen, dass sie demjenigen Zugangsberechtigten den Vorrang einräumen, der zuerst den Antrag auf Zuweisung der Schienenwegkapazität gestellt hat.

Die Konstruktion der Trassenanträge im Gelegenheitsverkehr erfolgt innerhalb der Restkapazitäten, also der Kapazitäten, die nicht durch den Netzfahrplan belegt werden. Der Gesetzgeber hat in § 56 Abs. 3 ERegG die Verpflichtung aufgestellt, dass der Betreiber der Schienenwege zu prüfen hat, ob es erforderlich ist, Kapazitätsreserven innerhalb des fertig erstellten Netzfahrplans vorzuhalten, um auf vorhersehbare Trassenanträge im Gelegenheitsverkehr schnell reagieren zu können.[32] Ebenso hat der Gesetzgeber Informationspflichten zu Reservekapazitäten in § 56 Abs. 2 ERegG vorgesehen.

31 VG Köln, Beschluss vom 08.06.2022 – Az.: 18 L 2262/21; Bundesnetzagentur, Beschluss vom 22. Oktober 2021, Az.: BK 10-21-0046_Z.

32 Hierzu VG Köln, Urteil vom 17.05.2022 – Az.: 18 K 259/22.

4.6.5.3 Überlastete Schienenwege

Der Begriff des überlasteten Schienenwegs ist in § 1 Abs. 13 ERegG legaldefiniert: „Ein überlasteter Schienenweg ist ein Schienenwegabschnitt, auf dem der Nachfrage nach Zugtrassen auch nach Koordinierung der verschiedenen Anträge auf Zuweisung von Zugtrassen während bestimmter Zeitabschnitte nicht in angemessenem Umfang entsprochen werden kann." Wenn die Voraussetzungen einer Überlastung vorliegen, wird ein Schienenweg nicht automatisch zu einem überlasteten Schienenweg. Vielmehr bedarf es für diese Einstufung einer Erklärung durch den Betreiber der Schienenwege. Eine solche Erklärung kann auch für die Zukunft bei Schienenwegen erfolgen, bei denen abzusehen ist, dass ihre Kapazität in naher Zukunft nicht ausreichen wird (§ 55 Abs. 1 Satz 2 ERegG). Wenn der Betreiber der Schienenwege diese Erklärung getätigt hat, hat er eine Kapazitätsanalyse nach § 58 ERegG durchzuführen, sofern nicht bereits ein Plan zur Erhöhung der Kapazität nach § 59 ERegG umgesetzt wird (§ 55 Abs. 2 ERegG).

Der Betreiber der Schienenwege kann für den überlasteten Schienenweg im Rahmen des Plans für Erhöhung der Kapazität Nutzungsbedingungen aufstellen, die zu einer Erhöhung der Kapazitäten führen und in die Schienennetz-Nutzungsbedingungen Eingang finden, sodass sie bei Trassenanträgen zu beachten sind.

4.6.6 Vorgaben für Entgelte

Mit Einführung des ERegG wurde die Entgeltregulierung wesentlich neugefasst. Für die Schienenwege wurde erstmals eine Anreizregulierung eingeführt (Ludwigs 2016, S. 1665). Nach § 23 Abs. 1 ERegG hat ein Betreiber der Schienenwege zu gewährleisten, dass die Entgeltregelung in seinem gesamten Netz auf denselben Grundsätzen beruht. Dabei soll nach § 23 Abs. 2 ERegG die Anwendung der Entgeltregelung zu gleichwertigen und nichtdiskriminierenden Entgelten für unterschiedliche EVU führen, die Verkehrsdienste gleichwertiger Art in vergleichbaren Teilen des Marktes erbringen. D. h., grundsätzlich besteht eine Verpflichtung, die Entgeltregelung bundesweit einheitlich anzuwenden. Ausgenommen hiervon sind die Entgelte aufgrund durch die öffentliche Hand bestellter Verkehrsdienste, die nach § 37 ERegG bundeslandspezifisch sind.

Anreizregulierung (= Anreizsetzung in § 25 ERegG)

- **Anreizregulierung** (ARR) für Trassenentgelte durch BNetzA
- **ARR baut** auf **genehmigter Kostenbasis** auf, **Anreizsetzung** über **Produktivitätsfaktor** (zzgl. **Inflationierung**)
- **ARR setzt** an **spez. Kosten** (d. h. EUR/Leistungseinheit) an: Mengenchance/-risiko

Entgeltbildung

- **Grundsatz der Diskriminierungsfreiheit**: Entgelt muss im gesamten Schienennetz auf denselben Grundsätzen beruhen § 23
- **Ermittlung Entgelt** -Ausweisung je Trassenkilometer für Mindestzugangspaket § 31
- **Entgeltgrundsätze** § 34
- **Besondere Bedingungen**, z.B. Differenzierung Entgelte nach Auswirkungen Lärm §35
- **Entgeltnachlässe** § 38
- **Anreizsystem** § 39

Entgeltgenehmigung

- **Genehmigung** für **Trassenentgelte** durch BNetzA
- **Genehmigte Entgelte** sind billige Entgelte nach **§ 315 BGB**

Abb. 4-9: Übersicht zu den Vorgaben der Entgelte

Abbildung: BFV/Autoren

4.6.7 Behördliche Verfahren

Das ERegG fällt in die behördliche Zuständigkeit der Bundesnetzagentur als Regulierungsbehörde.

4.6.7.1 Unterrichtungsverfahren

Wie bereits im Rahmen der Ausführungen zum Fahrplan geschildert, enthält § 72 Satz 1 ERegG eine abschließende Aufzählung von Entscheidungen von Infrastrukturunternehmen, über die die Regulierungsbehörde zu unterrichten ist. Hierzu zählen unter anderem:

- beabsichtigte Ablehnungen im Netzfahrplan und Gelegenheitsverkehr sowie bei Rahmenverträgen und
- beabsichtigte Neufassungen oder Änderungen von Nutzungsbedingungen.

Innerhalb der in § 73 ERegG genannten Frist prüft die Regulierungsbehörde die unterrichteten beabsichtigten Entscheidungen, und ihr steht das Recht zu, die beabsichtigte Entscheidung abzulehnen.

4.6.7.2 Genehmigungsverfahren

Abweichend vom Unterrichtungsverfahren werden die Trassenentgelte des Betreibers der Schienenwege nach § 45 ERegG genehmigt. Hierzu muss der Betreiber der Schienenwege einen Entgeltantrag bei der Regulierungsbehörde stellen. Für das Genehmigungsverfahren gilt nach § 46 Abs. 5 ERegG eine zweimonatige Frist, die einmalig durch die Regulierungsbehörde verlängert werden kann.

Die Genehmigung ist insoweit wichtig, weil nach § 45 Abs. 2 ERegG der Betreiber der Schienenwege für das Erbringen des Mindestzugangspakets keine anderen als die genehmigten Entgelte vereinbaren darf. D. h. andere Entgelte wären unwirksam, und an ihre Stelle treten die genehmigten Entgelte. Dabei gilt das genehmigte Entgelt als billiges Entgelt im Sinne des § 315 des Bürgerlichen Gesetzbuchs, sodass eine zusätzliche zivilrechtliche Billigkeitsprüfung ausgeschlossen ist.

Neben der Entgeltgenehmigung hat der Gesetzgeber auch die Genehmigung von Rahmenverträgen nach § 49 Abs. 2 in Verbindung mit § 49a ERegG vorgesehen.

4.6.7.3 Beschwerdeverfahren

Das Beschwerdeverfahren kann von einem Zugangsberechtigten oder von einem Verband eingeleitet werden. Ist ein Zugangsberechtigter der Auffassung, durch Entscheidungen eines EIU diskriminiert oder auf andere Weise in seinen Rechten verletzt worden zu sein, so hat er das Recht, die Regulierungsbehörde anzurufen (vgl. § 66 Abs. 1 ERegG). Das Verfahren der Beschwerde ist in § 68 Abs. 1 ERegG geregelt. Dort ist bestimmt, dass innerhalb eines Monats ab Erhalt der Beschwerde die Regulierungsbehörde die Beschwerde prüft. Spätestens innerhalb von sechs Wochen nach Erhalt der für die Entscheidung erforderlichen Informationen entscheidet die Regulierungsbehörde über die Beschwerde, trifft Abhilfemaßnahmen und setzt die Betroffenen von ihrer Entscheidung in Kenntnis.

Die Regulierungsbehörde kann ihre Entscheidung zu Beschwerdeverfahren von Amts wegen oder auf Antrag insbesondere auf der Grundlage des speziellen § 68 Abs. 3 in Verbindung mit § 66 Abs. 4 ERegG stützen. Daneben kommt immer § 67 Abs. 1 als generelle Ermächtigungsgrundlage in Betracht.[33]

4.6.7.4 Verfahren von Amts wegen

Bei Verfahren von Amts wegen wird die Regulierungsbehörde aus eigener Initiative tätig. Die zentrale Norm stellt § 67 Abs. 1 ERegG dar, indem dort geregelt wird, dass die Regulierungsbehörde gegenüber Eisenbahnen und den übrigen nach diesem Gesetz Verpflichteten die Maßnahmen treffen kann, die erforderlich sind, um Verstöße gegen dieses Gesetz oder unmittelbar geltende Rechtsakte der Europäischen Union im Anwendungsbereich dieses

33 Zum Verhältnis der einzelnen Ermächtigungsgrundlagen §§ 73 Abs. 1 Nr. 4, § 68 Abs. 3 i. V. m. § 66 Abs. 4 und § 67 Abs. 1 ERegG siehe: VG Köln, Urteil vom 17.05.2022 – Az.: 18 K 259/22.

Gesetzes zu beseitigen oder zu verhüten. Diese Vorschrift ist allgemein gefasst, sodass sie eine Vielzahl an Sachverhalten erfasst. Weitere speziellere Ermächtigungen finden sich in § 66 Abs. 2 und 3 ERegG. Die Regulierungsbehörde kann gemäß § 67 Abs. 4 ERegG auch verdachtsunabhängig verlangen, Auskünfte über wirtschaftliche Verhältnisse zu erhalten, vor Ort Unterlagen einzusehen, Hilfsmittel zu erbringen, Hilfsdienste zu leisten. Im Rahmen des ERegG hat die Regulierungsbehörde eine Vielzahl an Handlungsmöglichkeiten erhalten, um ihrer Aufgabe als Hüterin des ERegG entsprechen zu können. Auch hier kommt der spezielle § 68 Abs. 3 in Verbindung mit § 66 Abs. 4 ERegG als Ermächtigungsgrundlage in Betracht.

Wiederholungsfragen

Kapitel 2.1 – Angebotsplanung

Frage 1: Welches sind die Vor- und welches die Nachteile angebotsorientierter Systeme im Vergleich zu nachfrageorientierten Systemen?

Frage 2: Was versteht man unter einem integralen Taktfahrplan (ITF)?

Frage 3: Welche Besonderheiten weist die Nachfragestruktur im Güterverkehr gegenüber jener im Personenverkehr auf?

Frage 4: Welche Ressourcen werden im Rahmen der Produktionsplanung betrachtet?

Frage 5: Warum weisen integrale Taktfahrpläne einen höheren Ressourcenbedarf als ressourcenoptimierte Fahrpläne auf?

Frage 6: Welche Elemente der Produktionsplanung können in langfristigen Planungen vernachlässigt werden?

Frage 7: Welche Abfolge von Zugfahrten (Güter-/Nah-/Fernverkehr) wählt man idealerweise auf einer Strecke mit Mischverkehren?

Frage 8: Welche Konstruktionselemente, die innerhalb der Trassenplanung eingesetzt werden, sollen die Stabilität des Gesamtsystems erhöhen?

Kapitel 2.2 – Betriebliche Anforderungen

Frage 9: Was unterscheidet das System Eisenbahn grundsätzlich von anderen Verkehrssystemen?

Frage 10: Nennen und beschreiben Sie die sechs grundlegenden Schutzziele des Eisenbahnbetriebs.

Frage 11: Vergleichen Sie die Aufgaben des Triebfahrzeugführers mit den Aufgaben des Fahrdienstleiters hinsichtlich der Sicherheitsrelevanz.

Frage 12: Beschreiben Sie die wichtigsten Punkte eines Sicherheitsmanagementsystems für Eisenbahnverkehrs- oder infrastrukturunternehmen.

Frage 13: Eisenbahninfrastrukturunternehmen mit Sitz in Deutschland benötigen weiterhin einen Eisenbahnbetriebsleiter, Eisenbahnverkehrsunternehmen nicht. Wie erklären Sie sich das?

Frage 14: Was sind die Aufgaben des Notfallmanagers, was die Aufgaben des Notdienstes am Ereignisort?

Kapitel 2.3 – Betriebsmanagement

Frage 15: Welche Prognosephasen werden im Störungsfall unterschieden?

Frage 16: Wie lautet das oberste Ziel der Betriebsdisposition?

Frage 17: Welche Kernaufgaben sind der betrieblichen Disposition zugeordnet?

Frage 18: Skizzieren Sie die Prozessroutine der Disposition!

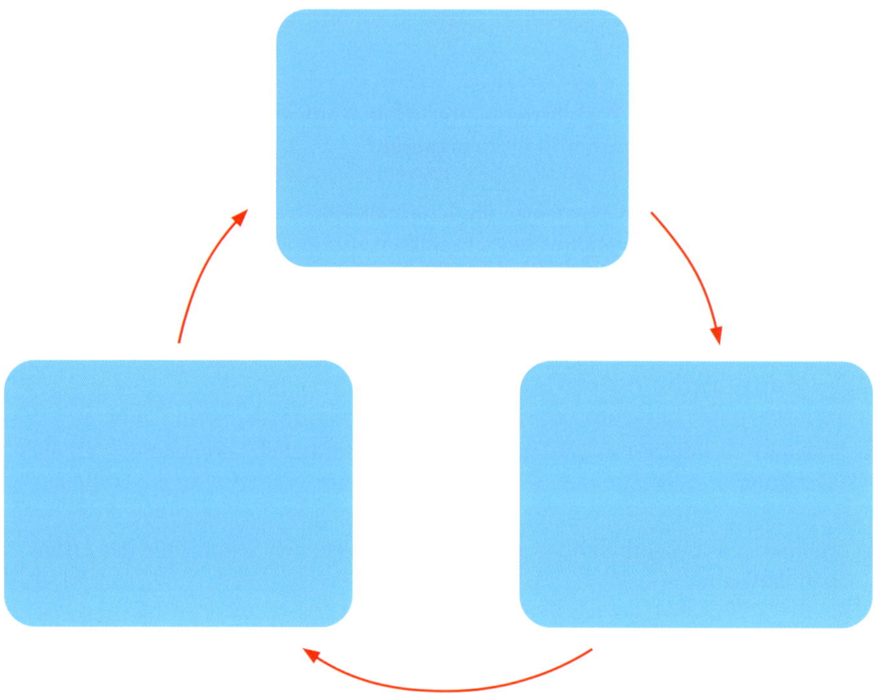

Frage 19: Bitte erläutern Sie, in welche Gruppen sich die im Bahnbetrieb erfassten Betriebsdaten aufteilen und geben Sie jeweils ein Datenbeispiel dazu.

Frage 20: Wie unterscheiden sich Delta-t/Absolutverspätungen von Zusatzverspätungen?

Frage 21: Erläutern Sie den Unterschied zwischen Planmäßigkeit und Pünktlichkeit.

Frage 22: Was versteht man unter Haltepünktlichkeit?

Kapitel 2.4 – Fahren und Bauen

Frage 23: Welche Arten von Infrastrukturmaßnahmen werden unterschieden?

Frage 24: Nennen Sie vier Aspekte, die bei der gesamtwirtschaftlichen Betrachtung einer Infrastrukturmaßnahme zu berücksichtigen sind.

Frage 25: Welche Betriebsweisen können für die Durchführung von Bauarbeiten gewählt werden und wie wirken sich diese auf den Zugverkehr aus?

Frage 26: Welchem Zweck dienen Bauzuschläge?

Frage 27: Skizzieren Sie die Elemente der Regelfahrzeit bis hin zum Bauzuschlag.

Frage 28: In welchen Prozessphasen wird das Kapazitätsmanagement Fahren und Bauen realisiert?

Frage 29: Welche Konfliktarten sind Bestandteil der baubetrieblichen Koordination und welche Lösungsmöglichkeiten stehen für diese zur Verfügung?

Frage 30: Benennen Sie mindestens sechs Kriterien einer A-Maßnahme sowie die Kriterien für B-,C- und F-Maßnahmen.

Frage 31: Wann erfolgen bei A-,B-, C- und F-Maßnahmen jeweils Anmeldung und Genehmigung?

Frage 32: Beschreiben Sie Zweck und Inhalt einer Betriebs- und Bauanordnung.

Frage 33: Was versteht man unter der „Zusammenstellung der vorübergehenden Langsamfahrstellen und anderen Besonderheiten“?

Frage 34: Welche Zielsetzung verfolgt die Baubetriebskoordination?

Kapitel 2.5 – Eisenbahnbetriebswissenschaftliche Untersuchungen

Frage 35: In welchem Gesetz steht, dass für die Bestimmung der Schienenwegkapazität die praktische Leistungsfähigkeit zugrunde zu legen ist?

Frage 36: In welcher Phase der HOAI sind EBWU Bestandteil des öffentlichen Planrechtsverfahrens?

Frage 37: Ordnen Sie Fahrwegkapazitätsbetrachtungen und Fahrplanrobustheitsprüfungen in eine Zeitschiene nach kurz-, mittel- und langfristig ein.

Frage 38: Was sind typische Methoden für Fahrplanrobustheitsprüfungen?

Frage 39: Beschreiben Sie die zwei Arten an Störungen und Abweichungen aus dem realen Betrieb in Fahrplanrobustheitsprüfungen.

Frage 40: Welche Arten von Simulationen gibt es und wie sind diese charakterisiert?

Frage 41: Charakterisieren Sie die beiden Schritte Fahrplansimulation und Betriebssimulation.

Frage 42: Was sind Deadlocks und warum müssen diese vermieden werden?

Frage 43: Was sind die direkten Ergebnisse von Betriebssimulationen?

Frage 44: Nennen Sie die zwei Methoden zur Bestimmung der Fahrwegkapazität.

Frage 45: Warum ist bei der fahrplanunabhängigen Analytik ein stochastischer Ansatz vorteilhaft?

Frage 46: Nennen Sie die vier (Unter-)Methoden der fahrplanunabhängigen Analytik.

Frage 47: Welche zwei Komponenten werden in der fahrplanunabhängigen Analytik zur Abbildung von Störungen und Abweichungen genutzt?

Frage 48: Wie wird in der fahrplanunabhängigen Analytik eine zweigleisige Strecke als Modell abgebildet?

Frage 49: Wie wird die Nennleistung definiert?

Frage 50: Welche Betriebsqualität ist als Ergebnis einer EBWU für den Aus- und Neubau akzeptabel?

Frage 51: Wie werden beim Verfahren der fahrplanabhängigen Analytik die Mindestzugfolgezeiten prinzipiell bestimmt?

Frage 52: Was sind die Ergebnisse der fahrplanabhängigen Analytik?

Frage 53: Nennen Sie betriebliche Kenngrößen zur Beurteilung der Qualität von Ergebnissen eisenbahnbetriebswissenschaftlicher Untersuchungen.

Frage 54: Welche Verfahren sind im Hinblick auf einen einheitlichen Qualitätsmaßstab aufgrund ihrer Randbedingungen eher vergleichbar?

Kapitel 3.1 – Modellierung von Infrastruktur und Zugfahrten

Frage 55: Was ist ein Infrastrukturgraph?

Frage 56: Was sind typische Anwendungsgebiete einer makroskopischen bzw. einer mikroskopischen Infrastrukturmodellierung?

Frage 57: Welche Problematik kann bei der Modellierung von Weichen in einem ungerichteten Infrastrukturgraphen auftreten?

Frage 58: Worin unterscheiden sich kanten- und knotenbewertete Graphen und welche Vor- und Nachteile ergeben sich für ihre Verwendung in der Eisenbahninfrastrukturdatenhaltung?

Frage 59: Welche technischen und betrieblichen Eigenschaften von Zugfahrten werden für das Betriebsprogramm benötigt?

Frage 60: Was wird unter einem Modellzug verstanden und wieso werden Modellzüge verwendet?

Frage 61: Nach welchen Kriterien können Einzelzüge Modellzügen zugeordnet werden?

Kapitel 3.2 – Trassenkonstruktion

Frage 62: Welche Inputgrößen für die Berechnung der Sperrzeit haben großen Einfluss auf die Höhe der Sperrzeit?

Frage 63: Wie ändert sich die Sperrzeit mit der Geschwindigkeit des Zuges

a. bei punktförmiger Zugbeeinflussung

b. bei linienförmiger Zugbeeinflussung?

Frage 64: Wie lässt sich die Kapazität des bestehenden Netzes ohne Vergrößerung der Gleis-km steigern?

Frage 65: Welche Vorteile hat die Verwendung von Mindestzugfolgezeiten und welche Nachteile?

Frage 66: Welche Anwendungsgebiete ergeben sich daraus?

Frage 67: Welche verspätungsmindernde Wirkung haben Zuschläge im Unterschied zu Pufferzeiten?

Frage 68: Wie verändert sich die Sperrzeit mit zunehmendem Regelzuschlag?

Frage 69: Warum sind bei S-Bahnen niedrigere Pufferzeiten zulässig?

Frage 70: Welche Vorteile hat es, insbesondere im Fernverkehr nach einem veröffentlichten Halt eines Reisezugs die Pufferzeit in voller Höhe der Fahrzeit bis zum nächsten Knoten zuzuschlagen?

Frage 71: Überlegen Sie anhand der Eingangsgrößen für die Berechnung der Mindestzugfolgezeiten, wie die Kapazität bestehender Strecken und Knoten gesteigert werden kann.

Frage 72: Warum ist die Matrix der Mindestzugfolgezeiten nicht symmetrisch?

Frage 73: Wie ändert sich die mittlere Mindestzugfolgezeit, wenn auf einer Strecke, die für 160 km/h ausgelegt sei, zusätzlich zum Güterverkehr neu auch Fernverkehrszüge verkehren?

Frage 74: Wie ändert sich die mittlere Mindestzugfolgezeit auf einer Strecke mit Mischverkehr, wenn die Einfahrweiche für das Überholgleis mit Bahnsteig am Ende der Strecke neu mit 60 km/h statt mit 40 km/h befahrbar ist?

Frage 75: Zugkraftdiagramm: Was passiert, wenn im Bereich der Reibungsgrenze eine höhere Zugkraft aufgeschaltet wird, als sich mit der Reibung auf die Schiene übertragen lässt?

Frage 76: Warum ergibt sich für das Ausrollen im v-s-Diagramm annähernd eine Gerade?

Kapitel 3.3 – Kapazitätsmanagement

Frage 77: Welche weiteren zeitlichen Konfliktlösungsalternativen existieren für den Konflikt in Abbildung 3-54? Bewerten Sie diese und wählen Sie eine Lösung aus.

Frage 78: Wie lässt sich ein Stau vor einer hoch ausgelasteten und infolge einer Störung nicht verfügbaren Infrastruktur schnell auflösen? Legen Sie die wichtigsten Elementarlösungen fest und schlagen Kombinationen mit anderen Elementarlösungen vor.

Kapitel 3.4 – Methoden für eisenbahnbetriebswissenschaftliche Untersuchungen

Frage 79: Grundsätzlich können im Rahmen eisenbahnbetriebswissenschaftlicher Untersuchungen verschiedene Methoden zur Anwendung kommen. Welche Methoden werden dabei unterschieden?

Frage 80: Wie sind Auswerte- und Betrachtungsraum bei eisenbahnbetriebswissenschaftlichen Untersuchungen definiert?

Frage 81: Warum sollte der Betrachtungsraum nicht zu groß, aber auch nicht zu klein gewählt werden?

Frage 82: Wie wird der Kapazitätsverbrauch bei der Kompressionsmethode bestimmt?

Frage 83: Wie werden planmäßig vorgesehene Haltezeiten bei der Kompressionsmethode behandelt?

Frage 84: Für welche Fragestellungen bieten sich insbesondere Simulationen an?

Frage 85: Welche Prozesse werden im Eisenbahnwesen mithilfe der Simulation nachgebildet?

Frage 86: Was wird unter asynchroner und synchroner Simulation verstanden?

Frage 87: Lassen sich die Simulationsergebnisse eines konkreten Fahrplans auf andere Fahrpläne übertragen?

Frage 88: Aus welchen Komponenten besteht ein Bediensystem?

Frage 89: Bis zu welchem Belegungsgrad kann ein Bediensystem als stabil eingestuft werden?

Frage 90: In welche Bestandteile lässt sich die Infrastruktur eines Eisenbahnknotens aufteilen?

Frage 91: Wie ist ein Teilfahrstraßenknoten definiert?

Frage 92: Welche Wartezeiten werden mithilfe analytischer Verfahren für die Prozesse der Fahrplanerstellung und der Betriebsdurchführung bestimmt?

Frage 93: Welche Eingangsbedingungen werden bei Anwendung der STRELE-Formel vorausgesetzt?

Frage 94: Welche Voraussetzungen werden bei Anwendung des Verfahrens nach Potthoff zur Bemessung der Gleisgruppe vorausgesetzt?

Frage 95: Wann bietet sich insbesondere das Verfahren nach Hertel zur Bemessung der Gleisgruppe an?

Frage 96: Wie lässt sich die optimale Zuganzahl n_{opt} von der maximalen Zuganzahl n_{max} abgrenzen?

Frage 97: Für welchen Qualitätsfaktor wird die Nennleistung ermittelt?

Kapitel 4.1 bis 4.5 – Rechtliche Grundlagen

Frage 98: Was können Sie gegen eine behördliche Anordnung, einen „Verwaltungsakt" unternehmen? Welche Frist gilt dafür im Regelfall?

Frage 99: Was sind „Bahnanlagen" bzw. „Betriebsanlagen der Eisenbahn"? Wo ist der Begriff definiert?

Frage 100: Welche Zulassungsverfahren für den Bau oder die Änderung von Bahnanlagen gibt es? Wo sind diese geregelt?

Frage 101: Wann kann eine „Plangenehmigung" ergehen?

Frage 102: Besteht eine generelle Verpflichtung, Bahnanlagen einzuzäunen?

Frage 103: Welche Eisenbahnunternehmen benötigen eine Sicherheitsbescheinigung (SiBe), welche eine Sicherheitsgenehmigung (SiGe)?

Frage 104: Was ist ein „Sicherheitsmanagementsystem" (SMS)?

Frage 105: Wann können betroffene Anwohner an einer Eisenbahnstrecke grundsätzlich Anspruch auf die Errichtung von Schallschutzmaßnahmen haben?

Frage 106: Was ist z. B. beim Bau einer Bahnanlage aus dem Bereich des Naturschutzrechts besonders zu beachten?

Kapitel 4.6 – Eisenbahnregulierungsgesetz

Frage 107: Welchen Zwecken dient das Eisenbahnregulierungsgesetz und wo sind sie geregelt?

Frage 108: Welches zentrale Recht räumt das Eisenbahnregulierungsrecht den Zugangsberechtigten ein?

Frage 109: Wie sind Nutzungsbedingungen rechtlich einzuordnen und welche Funktionen erfüllen sie?

Frage 110: Welche Vorschrift des ERegG enthält zentrale Vorgaben und Verweise bezüglich der Nutzungsbedingungen für Schienenwege? Wo sind die inhaltlichen Vorgaben dieser Nutzungsbedingungen aufgeführt?

Frage 111: Wann liegt eine Diskriminierung im Eisenbahnbereich vor?

Frage 112: Welche zwei Funktionen erfüllt der Betreiber der Schienenwege und wo ist dies im Eisenbahnregulierungsgesetz geregelt?

Frage 113: Was versteht man unter dem Netzfahrplan und aus welchen Phasen und Unterphasen setzt sich die Erstellung des Netzfahrplans zusammen?

Frage 114: Was ist unter dem Begriff des Gelegenheitsverkehrs zu verstehen?

Frage 115: Welche Behörde ist für das Eisenbahnregulierungsgesetz zuständig?

Frage 116: Zwischen welchen verschiedenen Regulierungsverfahren im Rahmen des Eisenbahnregulierungsgesetzes kann unterschieden werden?

Abkürzungen

AEG	Allgemeines Eisenbahngesetz
BbEI	Baubedingte Einschränkungen der Infrastruktur
BBK	Baubetriebskoordinator
Betra	Betriebs- und Bauanweisung
BImSchG	Bundes-Immissionsschutzgesetz
BNatSchG	Bundes-Naturschutzgesetz
BSW	Betreiber der Schienenwege
BZ	Betriebszentrale
EBA	Eisenbahn-Bundesamt
EBL	Eisenbahnbetriebsleiter
EBO	Eisenbahn-Bau- und Betriebsordnung
EBPV	Eisenbahnbetriebsleiterprüfungsverordnung
EBV	Eisenbahnbetriebsleiterverordnung
EBWU	Eisenbahnbetriebswissenschaftliche Untersuchungen
EIGV	Verordnung über die Erteilung von Inbetriebnahmegenehmigungen für das Eisenbahnsystem
EIU	Eisenbahninfrastrukturunternehmen
ERegG	Eisenbahnregulierungsgesetz
ETCS	European Train Control System
EVU	Eisenbahnverkehrsunternehmen
Fdl	Fahrdienstleiter
FfZ	Fahrplan für Zugmeldestellen
FV NE	Fahrdienstvorschrift für nicht bundeseigene Eisenbahnen
FZmst	Fahrplan für Zugmeldestellen
GG	Gleisgruppen
GFK	Gesamtfahrstraßenknoten
GWB	Gleiswechselbetrieb
GV	Güterverkehr
HVZ	Hauptverkehrszeit
ITF	Integraler Taktfahrplan
KiGbau	Kundeninformation Großbaumaßnahmen
Koril	Konzernrichtlinie
kV	kombinierter Verkehr
La	Langsamfahrstellen
LST	Leit- und Sicherungstechnik
LZB	Linienförmige Zugbeeinflussung
NBÜ	Notbremsüberbrückung
NLZ	Netzleitzentrale
PBefG	Personenbeförderungsgesetz
PZB	Punktförmige Zugbeeinflussung
RBL	Rechnergestützte Betriebsleitsysteme
RG	Reichsgericht
RGSt	Reichsgericht für Strafsachen
Ril	Richtlinie
RUT	Rechnerunterstützte Trassenkonstruktion
SFP	Störfallprogramm
SGV	Schienengüterverkehr
SiBe	Sicherheitsbescheinigung
SiGe	Sicherheitsgenehmigung
SMS	Sicherheitsmanagementsystem
SPFV	Schienenpersonenfernverkehr
SPNV	Schienenpersonennahverkehr
SPV	Schienenpersonenverkehr
Tf	Triebfahrzeugführer
TfV	Triebfahrzeugführerscheinverordnung
TFK	Teilfahrstraßenknoten
TSI	Technische Spezifikationen für die Interoperabilität
UVP	Umweltverträglichkeitsprüfung
UVPG	Gesetz über die Umweltverträglichkeitsprüfung

ÜZ	Übergangszeit

VA	Verwaltungsakt
VDE	Verkehrsprojekt Deutsche Einheit
VV	Verwaltungsverordnung
VV BAU	Verwaltungsvorschrift Bau
VV BAU-STE	Verwaltungsvorschrift für die Bauaufsicht über Signal-, Telekommunikations- und Elektrotechnische Anlagen
VwVfG	Verwaltungsverfahrensgesetz

Zf	Zugführer
ZvF	Zusammenstellung der vertrieblichen Folgen
ZWL	Zeit-Wege-Linien

Glossar

A

Abbringer
Ein Zug, der Reisende aus einem anderen Zug aufnimmt

Abfahrts-/ Ankunftspünktlichkeit
→ Pünktlichkeit der Abfahrten/Ankünfte an einer Betriebsstelle oder an mehreren Betriebsstellen in einem festzulegenden Zeitraum

Abfahrts-/Ankunftsverspätung
→ Verspätung bezogen auf die Abfahrt/Ankunft eines Zuges

Angebotsplanung
Planung eines Verkehrsangebots auf einem Verkehrsnetz unter Berücksichtigung von benutzerorientierten und betriebsorientierten sowie ggf. volkswirtschaftlichen und ökologischen Zielsetzungen. Ergebnis der Angebotsplanung ist das Angebotskonzept

Annäherungsfahrzeit
Fahrzeit eines Zuges zwischen dem Ort, an dem spätestens die Erlaubnis für die Einfahrt in den Fahrwegabschnitt vorliegen muss, um eine Bremsung vor dem Fahrwegabschnitt zu vermeiden und der Einfahrt in den Fahrwegabschnitt

Anschlusskonflikt
Der Zubringerzug ist verspätet und verursacht dadurch eine Verspätung des aufnehmenden Zuges (siehe auch → „Abbringer")

Ausbruchsverspätung
→ Verspätung, mit welcher eine Zugfahrt den Untersuchungsraum verlässt

B

Bahnanlagen
Dazu zählen alle Grundstücke, Bauwerke und sonstigen Einrichtungen, die zur Abwicklung des Reise- oder Güterverkehrs auf der Schiene erforderlich sind

Bahnhof
Betriebsstelle mit mindestens einer Weiche, an der Züge beginnen, enden, wenden oder überholen können

Bautakte
Jahresübergreifende Zusammenfassung aller Infrastrukturmaßnahmen für eine → Strecke oder für einen → Knoten

Beginn-/Start- bzw. End-/Zielpünktlichkeit
→ Pünktlichkeit aller beginnenden bzw. endenden Zugfahrten an einer Betriebsstelle oder an mehreren Betriebsstellen in einem festzulegenden Zeitraum

Belegungsgrad
zeitlicher Anteil, an dem ein Fahrwegabschnitt oder Netzelement durch Zugtrassen innerhalb des Untersuchungszeitraumes oder Auswertezeitraumes belegt ist (im Sinne einer betrieblichen Beanspruchung)

Belegungskonflikt
Ein Belegungskonflikt entsteht, wenn sich die → Belegungszeiten von mindestens zwei Zügen auf einem Infrastrukturelement überlappen

Belegungszeit
entspricht inhaltlich der → Sperrzeit (Definition a), lässt sich jedoch auch auf Netzelemente mit mehreren getrennt freizumeldenden Abschnitten beziehen

Betriebsprogramm
Das Betriebsprogramm beschreibt die zu betrachtenden Zugfahrten mit ihren technischen und betrieblichen Eigenschaften

D

Disposition
Disposition ist das Erkennen und Lösen von Konfliktfällen im Betriebsablauf auf der Grundlage eingetretener oder zu erwartender Ereignisse unter Einschluss aller einwirkenden Randbedingungen und Einflüsse

E

Einbruchsverspätung
→ Verspätung, mit welcher eine Zugfahrt in den Untersuchungsraum einbricht

Einzelwagenverkehr
Angebotssystem des Schienengüterverkehrs, in dem Güterzüge aus einzelnen Wagen oder Wagengruppen mit verschiedenen Destinationen im Rangierbahnhof gebildet und über große Entfernungen gemeinsam befördert werden

Eisenbahnbetrieb
Eisenbahnbetrieb ist das Bewegen von Fahrzeugen. Zum Eisenbahnbetrieb gehören das Fahren von Zügen und das Rangieren

F

Fahrdynamik
Bezeichnet die zeitliche Abhängigkeit der Bewegungsgrößen Beschleunigung a, Geschwindigkeit v und Weg s

Fahrplanrobustheit
Ein Fahrplan ist robust, wenn er Anteile von Störungen und daraus resultierende → Wartezeiten kompensieren kann

Fahrstraßenauflösezeit
Zeit zwischen dem Freifahren der Zugschlussstelle bis zum Herstellen der Grundstellung des betreffenden Fahrwegabschnitts

Fahrstraßenbildezeit
Zeit zum Herstellen des gesicherten Status eines Fahrwegabschnitts einschließlich der Erteilung der Zustimmung zum Befahren dieses Abschnitts

Fahrwegkapazität
Siehe → Schienenwegkapazität

Folgeverspätung
Verspätung einer Zugfahrt, welche von anderen Zügen übertragen wird

G

Ganzzugverkehr
Angebotssystem des Schienengüterverkehrs, in dem der Transport großer Gütermengen in kompletten Zügen ohne Unterwegsbehandlung vom Versender zum Empfänger erfolgt

Gesamtfahrstraßenknoten
Netzelement, das die Gesamtheit aller Infrastrukturelemente an einem Bahnhofskopf oder einer Abzweigstelle umfasst, in denen sich jede Fahrt einer → Strecke mit mindestens einer Fahrt einer anderen → Strecke oder einer Fahrt der Gegenrichtung ausschließt. Ein Gesamtfahrstraßenknoten besteht aus einem oder mehreren → Teilfahrstraßenknoten

Graph
Ein abstraktes mathematisches Objekt, zusammengesetzt aus einer Menge von Knoten sowie einer Menge von Kanten zwischen diesen Knoten

H

Haltezeit
Zeit, in der sich ein Zug aus betrieblichen oder verkehrlichen Gründen nicht bewegt

I

Infrastrukturverfügbarkeitskonflikt
Ein Infrastrukturverfügbarkeitskonflikt entsteht, wenn sich die → Belegungszeit einer Zugfahrt und die → Sperrzeit (Definition b), eines Infrastrukturelements überlappen

K

Knoten
Bahnhöfe, in denen mindestens zwei → Strecken verknüpft sind und Abzweigstellen. Ist der Knoten ein Bahnhof, so besteht er aus einer Folge von Bahnhofsköpfen (mit → Gesamtfahrstraßenknoten) und Wartepositionen. Ist der Knoten eine Abzweigstelle, besteht er nur aus → Gesamtfahrstraßenknoten

Kombinierter Verkehr
auch „intermodaler Verkehr"; Transportkette des Güterverkehrs, die mehrere Transportmittel integriert. Der Transport über die Langstrecke erfolgt mit der Bahn (oder dem Schiff), während der Lkw die flexible Zustellung und Abholung im Vor- und Nachlauf ermöglicht

L

Linie
Trassen mit gleichen oder ähnlichen Abgangs-, Zielbahnhöfen, Laufwegen und Zwischenhalten werden in einer Linie, die durch eine Liniennummer gekennzeichnet ist, zusammengefasst

M

Maximalverspätung
Entspricht der größten Verspätung des gesamten Zuglaufs

Mindestfahrzeit
Summe aus → reiner Fahrzeit und Regelzuschlägen

Mindestzugfolgezeit
Zeit, in der bei technisch bedingter dichtest möglicher Zugfolge ein nachfolgender Zug einem vorausfahrenden auf dem gemeinsam benutzten Fahrweg behinderungsfrei folgen kann

Messpunkt
Ort zum Messen tatsächlicher Kenngrößen in der Betriebsprozessanalyse oder Ort für die Auswertung für mit Hilfe von Simulation gewonnener Ergebnisse

Mindestübergangszeit
Vorgabe für den Zeitbedarf für Reisendenwechsel bei Anschlussbeziehungen als verbindliche Untergrenze, die im Rahmen der Trassenerstellung nicht unterschritten werden darf

N

Nachbelegungszeit
Zusammenfassung der → Räumfahrzeit und → Fahrstraßenauflösezeit

Nennleistung
Kennzahl des Kapazitätsmanagements; beschreibt die Anzahl an Zugfahrten, bei welcher sich voraussichtlich eine optimalen Betriebsqualität einstellen wird

P

Planmäßigkeit
Anteil aller Zugfahrten, deren Abweichung vom Fahrplan an einer oder an mehreren Betriebsstellen in einem festzulegenden Zeitraum bei der Ankunft, Abfahrt oder Durchfahrt einer Zugfahrt größer gleich Null bis kleiner als eine Minute (also 0 bis 59 Sekunden) ist

(Zugfolge-)Pufferzeit
Geringster zeitlicher Abstand auf einem Überholungsabschnitt zwischen zwei Sperrzeitentreppen. Dient dazu, Verspätungsübertragungen zu dämpfen und den Betrieb robuster zu machen

Pünktlichkeit
Anteil aller Zugfahrten, deren Abweichung vom Fahrplan an einer Betriebsstelle oder an mehreren Betriebsstellen in einem festzulegenden Zeitraum bei der Ankunft, Abfahrt oder Durchfahrt einer Zugfahrt kleiner ist als ein je nach Verkehrsart oder Produkt definierter Schwellenwert (= Pünktlichkeitsgrenze)

R

Räumfahrzeit
Fahrzeit eines Zuges zwischen dem Ende des Fahrwegabschnitts und der relevanten Zugschlussstelle zuzüglich der Zuglänge

Regelfahrzeit
Summe aus → Mindestfahrzeit und Bauzuschlägen

reine Fahrzeit
fahrdynamisch kürzest mögliche Fahrzeit einer Zugfahrt entsprechend der infrastrukturellen Randbedingungen

Reservezeiten
Überbegriff für Fahr- und Haltezeitzuschläge sowie → Pufferzeiten. Zeitzuschläge können die Verspätung des einzelnen Zuges reduzieren, Pufferzeiten reduzieren die Verspätungsübertragung zwischen Zügen

S

Schienenwegkapazität
Ist die ermittelte fahrbare Zahl an Zügen auf einer → Strecke oder in einem Bahnhof

Sichtzeit/ (System-)Reaktionszeit
a) Zeitbedarf für den Teil der Abfertigung eines Zuges, der erst beginnen kann, sobald das Hauptsignal „Fahrt“ zeigt (Reisezüge)

b) Reaktionszeit zur Signalaufnahme bzw. bei automatischer Fahr- und Bremssteuerung technisch bedingte Systemreaktionszeit

Sperrzeit
a) Zeit, in der ein Blockdurch eine Zugfahrt belegt ist und dieser für andere Fahrzeuge gesperrt ist.

b) Dauer der Sperrung eines Streckenabschnitts oder Gleises

Strecke
Fahrweg zwischen zwei Knoten einschließlich der dazwischen liegenden Bahnhöfe

Streckenspiegel
Schematisches Gleisbild; dient der Erkennung von Gleisabschnittsbelegungen von Zügen sowie deren Fahrstraßen, die der Fdl einstellt

Synchronisationszeit
Zeitbedarf für die verkehrliche Abstimmung einer Zugfahrt mit anderen Zügen, z.B. zum Herstellen von Anschlüssen, zur Takteinhaltung oder zum betrieblichen Übergang (Wenden)

Systemtrasse
Nach genormter Struktur und vorgegebenen Eigenschaften festgelegte Trasse

T

Teilfahrstraßenknoten
Ein TFK stellt jeweils einen größten zusammenhängenden Gleisbereich dar, in dem sich alle Fahrten gegenseitig ausschließen

U

Übergabepünktlichkeit
Anteil aller Zugfahrten an einer oder an mehreren Betriebsstellen in einem festzulegenden Zeitraum, deren Abweichung vom Fahrplan die Pünktlichkeitsgrenze zum Zeitpunkt der Ab- oder Durchfahrt an definierten Übergabebetriebsstellen nicht überschreitet

Übergabeverspätung
→ Ausbruchsverspätung

Übergangspufferzeit
Differenz zwischen der geplanten Übergangszeit und der → Mindestübergangszeit. Sie ist die Zeitdauer, um die ein Zubringerzug verspätet sein darf, ohne den Abbringerzug zu verspäten. Damit dient sie der zeitlichen „Pufferung" des Überganges von Reisenden, Gütern, Fahrzeugen und Personalen.

Übernahmepünktlichkeit
Anteil aller Zugfahrten an einer oder an mehreren Betriebsstellen in einem festzulegenden Zeitraum, deren Abweichung vom Fahrplan die Pünktlichkeitsgrenze zum Zeitpunkt der Ab- oder Durchfahrt an definierten Übernahmebetriebsstellen nicht überschreitet

Übernahmeverspätung
→ Einbruchsverspätung

Umlauf
Abfolge von Fahrten, für die ein Fahrzeug hintereinander eingesetzt wird

Umlaufkonflikt
Entsteht, wenn aufgrund zu kurzer → Wendezeiten des Zuges die nächste Fahrt mit einer Verspätung beginnt

Urverspätung
Verspätung, die eine Zugfahrt im Untersuchungsraum selbst erleidet und nicht von anderen Zügen übertragen wird

V

Verspätung
Verspätung an einer Betriebsstelle; Differenz zwischen Ist- und Sollzeit einer Zugfahrt in einer Betriebsstelle, sofern die Differenz positiv ist. Bezieht sich auf die Ankunfts-, Durchfahrts- oder Abfahrtszeit

Vorbelegungszeit
Zusammenfassung der → Fahrstraßenbildezeit, → Sichtzeit/ (System-)Reaktionszeit und → Annäherungsfahrzeit

W

Wartezeit
Infolge der Abhängigkeit zu anderen Zügen behinderungsbedingt entstehende Fahr- und Haltezeitverlängerung

Wendepufferzeit
Differenz aus der → Wendezeit und der Mindestwendezeit

Wendezeit
Zeit, die ein Zug am Endbahnhof zwischen der Hin- und Rückfahrt steht

Z

Zusatzverspätung
Summe aller (positiven) Verspätungszuwächse an Ur- und Folgeverspätungen, die ein Zug im betrachteten Teilnetz, zwischen zwei benachbarten Messpunkten oder zwischen Ankunft und Abfahrt im selben Messpunkt erhält, ohne Berücksichtigung eines evtl. Verspätungsabbaus

Zuschläge
Sind Differenzen zwischen → reiner Fahrzeit und Fahrzeit im Fahrplan. Diese Zeitdifferenz ist eine Reserve zur Verbesserung der erreichbaren Betriebsqualität

Zuwachsverspätung
Differenz aus der Endverspätung und der Einbruchs- bzw. Anfangsverspätung eines Zuges im zu untersuchenden Teilnetz

Index

Autoren

Herausgeber

Kapitel 3.1

Prof. Dr. Nils Nießen mit Dr. Norman Weik
TU Aachen, Verkehrswissenschaftliches Institut

Kapitel 3.4

Prof. Dr. Nils Nießen

Kapitel 3.2 und 3.3

Prof. Dr. Andreas Oetting mit Arturo Crespo
TU Darmstadt, Institute für Verkehr

Autoren

Kapitel 2.1

Dr. Wolfgang Weinhold
DB Netz AG, Programmleiter Generalsanierung Hochleistungsnetz

Kapitel 2.2

Dirk Menne
DB Netz AG, Leiter Eisenbahnbetriebsverfahren, Digitalisierung Betrieb und Notfallmanagement

Kapitel 2.3

Achim Wolters
DB Netz AG, Leiter Betriebsmanagement

Kapitel 2.4

Jasmin Schüttler
DB Netz AG, Leiterin Zentrale Baubetriebsplanung

Kapitel 2.5

Dr. Uwe Steinborn
DB Netz AG, Senior-Referent, Fahrwegkapazität und EBWU

Kapitel 4.1 – 4.5

Prof. Frank Zwanziger
Syndikus Deutsche Bahn AG, Principal Expert Regelwerk, Professor für Eisenbahnrecht an der FH Erfurt, Lehrbeauftragter an der HTW Dresden

Kapitel 4.6

Ana Cosovic
DB Netz AG, Netzzugangsrecht

Dr. Ruben Diemo Etzold
DB Netz AG, Leiter Netzzugangsrecht

Quellen und verwendete Dokumente

Bücher

Adler 1967
G. Adler: Die Verkettung der Streckenbelegungen und der Belegungsgrad einer Gesamtstrecke, Dissertation. Dresden: Hochschule für Verkehrswesen, 1967.

Brauner 2023
A. Brauner: Algorithmen zur (teil-) automatisierten betrieblichen und verkehrlichen Bewertung von Störfallprogrammen, Dissertation. Darmstadt: TU Darmstadt, 2023 (im Druck).

Crespo Materna 2020
A. Crespo Materna: Dynamic and Intermodal Disruption-Management for Commuter Railway Networks, Dissertation. Darmstadt: TU Darmstadt, 2020.

Chu 2014
F. Chu: Beurteilung von Störfallprogrammen anhand ihres Einschwingverhaltens - am Beispiel des Schienenpersonennahverkehrs. Darmstadt: TU Darmstadt, 2014. [Online-Edition: https://tuprints.ulb.tu-darmstadt.de/4146/1/FB13_FChu_Disser...],

Fischer, Hertel 1990
K. Fischer, G. Hertel: Bedienungsprozesse im Transportwesen: Grundlagen und Anwendungen der Bedienungstheorie. Berlin: Transpress, 1990.

Gast 1986
I. Gast: Wartezeiten infolge stehender Überholungen auf Eisenbahnstrecken, Dissertation. Aachen: RWTH Aachen, 1986.

Gohlisch 1992
G. Gohlisch: Erarbeitung eines effizienten Verfahrens der Ermittlung energieoptimaler Zugsteuerungen als Beitrag zur Senkung des Traktionsenergiebedarfs in spurgebundenen Verkehrssystemen, Dissertation. Dresden: Hochschule für Verkehrswesen "Friedrich List", 1992.

Gudehus 2005
T. Gudehus: Dynamische Disposition. 2. Aufl., Heidelberg, New York: Springer, 2005.

Hansen, Pachl 2014
I. Hansen, J. Pachl: Railway Timetabling & Operations. 2. Auflage, Eurail Press, 2014.

Heinz 2003
W. Heinz: Passenger Service Times on Trains. Theory, Measurements and Models. In: TRITA-INFRA-FMS 03-62, Stockholm: Kungliga Tekniska högskolan Stockholm, 2003.

Hertel 1986
G. Hertel: Analytische Modellierung und formelmäßige Behandlung von Standard-Bedienungssystemen mit störanfälligen Kanälen, Dissertation B. Dresden: Hochschule für Verkehrswesen, 1986.

Jacobs 2003
J. Jacobs: Rechnerunterstützte Konfliktermittlung und Entscheidungsunterstützung bei der Disposition des Zuglaufs. Aachen: RWTH Aachen, 2003.

Janicki, Reinhard 2008
J. Janicki, H. Reinhard: Schienenfahrzeugtechnik. Mainz: Bahn Fachverlag, 2008.

Jochim 1999
H. E. Jochim: Verkehrswirtschaftliche Ermittlung von Qualitätsmaßstäben im Eisenbahnbetrieb, Dissertation. Aachen: RWTH Aachen, 1999.

Kogel 2021
B. Kogel: Leistungsfähigkeit von Eisenbahnstrecken unter Berücksichtigung der Anzahl an Überholungsgleisen und von Mindestabständen für betriebliche Kreuzungen, Dissertation. Aachen: RWTH Aachen, 2021.

Lehmann 2012
H. Lehmann: Fahrdynamik der Zugfahrt – Theorie und Anwendung. 3. Auflage. Düren: Shaker Verlag, 2012.

Meirich 2017
C. Meirich: Berechnung und Bewertung der Gesamtleistungsfähigkeit von Eisenbahnnetzen, Dissertation. Aachen: RWTH Aachen, 2017.

Nießen 2008
N. Nießen: Leistungskenngrößen für Gesamtfahrstraßenknoten, Dissertation. Aachen: RWTH Aachen, 2008.

Pachl 2008
J. Pachl: Systemtechnik des Schienenverkehrs: Bahnbetrieb planen, steuern und sichern. 5., bearbeitete und erweiterte Auflage. Wiesbaden: Vieweg+Teubner/GWV, 2008.

Pachl 2016
J. Pachl: Systemtechnik des Schienenverkehrs. Bahnbetrieb planen, steuern und sichern. 8. Auflage. Wiesbaden: Springer Vieweg, 2016.

Pachl 2018
J. Pachl: Systemtechnik des Schienenverkehrs. 9. Auflage. Wiesbaden: Springer Vieweg, 2018.

Pfeifer 2019
A. Pfeifer: Netzweite Ermittlung von Kapazitätskennwerten zur bedarfsgerechten Infrastruktur-dimensionierung und Netzentwicklung im Eisenbahnwesen. Aachen: Dissertation, RWTH Aachen, 2019.

Pöhle 2016
D. Pöhle: Strategische Planung und Optimierung der Kapazität in Eisenbahnnetzen unter Nutzung von automatischer Taktfahrplanung. Hamburg: disserta Verlag, 2016.

Potthoff 1962
G. Potthoff: Verkehrsströmungslehre, Band 1: Die Zugfolge auf Strecken und in Bahnhöfen. 1. Auflage Berlin: Transpress, 1962.

Potthoff 1970
G. Potthoff: Verkehrsströmungslehre, Band 1. 2. Auflage. Berlin: Transpress, 1970.

Potthoff 1980
G. Potthoff: Verkehrsströmungslehre, Band 1: Die Zugfolge auf Strecken und in Bahnhöfen. 3.bearbeitete und ergänzte Auflage. Berlin: Verlag für Verkehrswesen, 1980.

Schmidt 2009
C. Schmidt: Beitrag zur experimentellen Bestimmung der Wartezeitfunktion bei Leistungsuntersuchungen im spurgeführten Verkehr, Dissertation. Stuttgart: Institut für Eisenbahn- und Verkehrswesen der Universität Stuttgart, 2009.

Schwanhäußer 1974
W. Schwanhäußer: Die Bemessung der Pufferzeiten im Fahrplangefüge der Eisenbahn, Dissertation. Aachen: Verkehrswissenschaftliches Institut der Rheinisch-Westfälischen Technischen Hochschule Aachen, 1974.

Stelzer 2016
A. Stelzer: Automatisierte Konfliktbewertung und -lösung für die Anschlussdisposition im (Schienen-) Personenverkehr, Dissertation. Darmstadt: TU Darmstadt, 2016.

Tittmann 2019
P. Tittmann: Graphentheorie. München: Carl Hanser Verlag, 2019.

Vakhtel 2002
S. Vakhtel: Rechnerunterstützte analytische Ermittlung der Kapazität von Eisenbahnnetzen, Dissertation. Aachen: Verkehrswissenschaftliches Institut der RWTH Aachen, 2002.

Wakob 1985
H. Wakob: Ableitung eines generellen Wartemodells zur Ermittlung der planmäßigen Wartezeiten im Eisenbahnbetrieb unter besonderer Berücksichtigung der Aspekte Leistungsfähigkeit und Anlagenbelastung, Dissertation. Aachen: RWTH Aachen, 1985.

Weik 2020
N. Weik: Long-Term Capacity Planning of Railway Infrastructure – A Stochastic Approach Capturing Infrastructure Unavailability, Dissertation. Aachen: RWTH Aachen, 2020.

Wende 2003
D. Wende: Fahrdynamik des Schienenverkehrs. Wiesbaden: Vieweg+Teubner Verlag, 2003.

Wendler 1999
E. Wendler: Analytische Berechnung der planmäßigen Wartezeiten bei asynchroner Fahrplankonstruktion, Dissertation. Aachen: RWTH Aachen, 1999.

Beiträge

Abril, Barber, Ingolotti et al. 2008
M. Abril, F. Barber, L. Ingolotti, M. A. Salido, P. Tormos und A. Lova: An assessment of railway capacity. In: Transportation Research Part E: Logistics and Transportation Review 44 (2008), 774-806.

Bär, Lenze, Eisold, Nießen 2019
M. Bär, W. Lenze, J. Eisold, N. Nießen: Benchmark von Qualitätsmaßstäben für Kapazitätsermittlungen. In: R.W. de Doncker, N. Nießen, C. Schindler (Hrsg.), Proceedings: 2nd International Railway Symposium Aachen, 26-28 November 2019. Aachen: RWTH Aachen, 2020. [online: http://publications.rwth-aachen.de/record/775086]

Bendfeldt, Mohr, Müller 2000
J.-P. Bendfeldt, U. Mohr und L. Müller: RailSys, a system to plan future railway needs. In: Computers in Railways VII (2000). [Online: https://www.witpress.com/elibrary/wit-transactions-on-the-built-environment/50/4111]

Beulen, Scherp, Santos 2020
M. Beulen, L. Scherp, B.F. Santos: Dynamic Evaluation of Airline Crew's Flight Requests Using a Neural Network. In: EURO Journal on Transportation and Logistics, Vol 9. 4 (2020). [online: https://doi.org/10.1016/j.ejtl.2020.100018]

Bissantz, Güttler, Jacobs et al. 2005
N. Bissantz, S. Güttler, J. Jacobs, S. Kurby, T. Schaer, A. Schöbel S. Scholl: Disposition und Konfliktlösungsmanagement für die beste Bahn, 2005. [Online: https://goedoc.uni-goettingen.de/bitstream/handle/1/5716/05-Bissantz-al-ETR.pdf?sequence=1&isAllowed=y]

Brauner, Oetting 2019
A. K. Brauner, A. Oetting: Pre-planned Disruption Management in Commuter Railway Transportation: Algorithms for (partial) Automation of passenger-oriented Design and Evaluation. In: RailNorrköping 2019. 8th International Conference on Railway Operations Modelling and Analysis (ICROMA), Norrköping, Sweden, June 17th – 20th, 2019, 182-200. [Online: https://ep.liu.se/en/conference-issue.aspx?issue=69]

Budai et al. 2010
G. Budai, G. Maróti, R. Dekker, D. Huisman, L. Kroon: Rescheduling in passenger railways: the rolling stock rebalancing problem, Journal of Scheduling, 13.3 (2010), 281-297.

Chu, Oetting 2013
F. Chu, A. Oetting: Quantifying Infrastructure Capacity Consumption While Transitioning to Steady Operations During Disruptions in Passenger Rail Transport. In: Tagungsband des 5th International Seminar on Railway Operations Modeling and Analysis – RailCopenhagen, IAROR2013, May 2013, Kopenhagen, Dänemark, 2013.

Crespo, Oetting, Üyümez 2021
A. Crespo, A. Oetting, B. Üyümez: Potenziale unterschiedlicher ETCS L3 Umsetzungvarianten für den zukünftigen Bahnbetrieb. In: Scientific Railway Signalling Symposium (SRSS) 2021, 23. Juni 2021 in Darmstadt, Deutschland.

Crespo, Steinbach, Chai, Speh 2022
A. Crespo, C. Steinbach, S. Chai, H. Speh: Real-time Traffic Management Based on a CDCR Approach - London's Elizabeth Line. In: INFORMS 2022 Annual Meeting - RAS Cluster, 16th-19th October of 2022 in Indianapolis, Indiana, USA.

Crespo, Steinbach, Chai, Oetting 2023
A. Crespo, C. Steinbach, S. Chai, A. Oetting: Towards a Generic Heuristic Approach for the Real-Time and Automatic Schedule Adjustment. In: RailBelgrade 2023: 10th ICROMA, 25th -28th April of 2023 in Belgrade, Serbia.

Curtius, Kniffler 1950
E. W. Curtius, A. Kniffler: Neue Erkenntnisse über die Haftung zwischen Treibrad und Schiene. In: Elektrische Bahnen, 21, 9 (1950), 201-210.

Dijkstra 1959
E. Dijkstra: A Note on Two Problems in Connexion with graphs. In: Numerische Mathematik 1 (1959), 269-271.

Dilli 1952
G. Dilli: Ihre Majestät, die Toleranz: Ein Vorstoß in das Grenzgebiet der Leistungsfähigkeit der Eisenbahnen. In: ETR - Eisenbahntechnische Rundschau 1 (1952), 21–28.

Fechner 2014
C. Fechner: Fahrplanrobustheitsprüfung zur Beratung von Aufgabenträgern. In: Deine Bahn 11 (2014), 44-48.

Fechner, Rothe 2012
C. Fechner, I. Rothe: Betrachtung der Fahrwegkapazität und Prüfung der Fahrplanrobustheit in der Praxis. In: ETR 10 (2012), 20-28.

Gast 2015
I. Gast: Leistungsuntersuchungen von Eisenbahnanlagen. In: Deine Bahn 12 (2015), 46-51.

Gast, Steinborn 2018
I. Gast; U. Steinborn: Vermarktungskapazität – wie viel Qualität verträgt der Markt? In: Deine Bahn, 8 (2018), 44-51.

Gudehus 1976
T. Gudehus: Grenzleistung bei absoluter Vorfahrt. In: Zeitschrift für Operations Research 20 (1976), B127-B160.

Happel 1959
O. Happel: Sperrzeiten als Grundlage für die Fahrplankonstruktion. In: ETR 2 (1959), 79-90.

Janecek, Weymann, Schaer 2010
D. Janecek, F. Weymann, T. Schaer: LUKS – integriertes Werkzeug zur Leistungsuntersuchung von Eisenbahnknoten und -strecken. In: ETR, 1+2 (2010), S. 25-32.

Jensen, Landex, Nielsen et al. 2017
L. Jensen, A. Landex, O. Nielsen, L. Kroon, M. Schmidt: Strategic assessment of capacity consumption in railway networks: Framework and model. In: Transportation Research Part C-emerging Technologies 74 (2017), 126-149.

Kroon et al. 2009
L. Kroon et al.: The New Dutch Timetable: The OR Revolution, In: Interfaces 39.1 (2009), 6-17.

Kuckelberg, Nießen, Wendler 2010
A. Kuckelberg, N. Nießen, E. Wendler: Experiences with infrastructure capacity evaluation following UIC 406. In: Proceedings of the 18th International Symposium EURO-Žel, Žilina, 26-27 May 2010, 83-90.

Kuckelberg, Gröger, Wendler 2011
A. Kuckelberg, T. Gröger, E. Wendler: A UIC-compliant, practically, relevant capacity-consumption evaluation algorithm. In: Proc. of the 4th International Seminar on Railway Operations Modelling and Analysis, Rome, 16-18 February 2011.

Kuckelberg, Janecek, Nießen 2013
A. Kuckelberg, D. Janecek, N. Nießen: Grundlagen zur Simulation der Fahrplanerstellung und Betriebsabwicklung. In: ETR 7+8 (2013), 50-55.

Landex, Schlittenhelm, Kaas et al. 2008
A. Landex, B. Schlittenhelm, A. H. Kaas, J. Schneider-Tilli: Capacity measurement with the UIC 406 capacity method. In: Computers in Railways XI (2008), 55-64.

Landex 2009
A. Landex: Evaluation of Railway Networks with Single Track Operation Using the UIC 406 Capacity Method. In: Networks and Spatial Economics 9 (2009), 7-23.

Lenze, Bär, Eisold, Nießen, Steinborn 2022
W. Lenze, M. Bär, J. Eisold, N. Nießen, U. Steinborn: Qualitätsbewertung von Eisenbahnstrecken; EI 1 (2022), 11 – 13.

Lin, Wilson 1992
T. Lin, N. H. M. Wilson: Dwell Time Relationships for Light Rail Systems. in: Transportation Research Record 1361, TRB, Washington, D.C., (1992), 287-295.

Nash, Huerlimann 2004
A. Nash, D. Huerlimann: Railroad Simulation Using OpenTrack. 2004. [https://www.witpress.com/elibrary/wit-transactions-on-the-built-environment/74/12035]

Oetting 2005
A. Oetting: Analytische Berechnung der planmäßigen Wartezeiten im Gesamtfahrstraßenknoten. Vortrag anlässlich der 20. Verkehrswissenschaftlichen Tage der TU Dresden und Veröffentlichung im Tagungsband, 2005.

Oetting 2007
A. Oetting: Infrastrukturseitige Weiterentwicklung von Prozessen und Informationstechnik zur weiteren Energieoptimierung im Eisenbahnverkehr. 21. Verkehrswissenschaftliche Tage, TU Dresden. 2007.

Oetting 2008
A. Oetting: Zuglaufregelung - Optimierte Steuerung der Züge im Betrieb. In: ETR 10 (2008), 654-659.

Oetting, Weidner, Glienicke 2011
A. Oetting, T. Weidner, J. Glienicke: Automatic Rescheduling for Planning Processes. In: Tagungsband des „4th international seminar on railway operations modelling and analysis", Rom, 2011.

Oetting, Rittner, Fey 2013
A. Oetting, M. Rittner, S. Fey: Synchronal algorithms for determination and evaluation of conflict resolution scenarios for real-time rescheduling. In: Tagungsband des „5th international seminar on railway operations modelling and analysis", RailCopenhagen, IAROR2013, May 2013, Kopenhagen, Dänemark, 2013.

Oetting, Kaufmann, Weidner 2013
A. Oetting, R. Kaufmann, T. Weidner: Entwicklung eines Konfliktassistenzsystems für die Disposition bei der DB Netz AG. In: Tagungsband der IT13.rail „A new railway age – future challenges and opportunities in quality and capacity optimisation", Zürich, 2013.

Oetting, Brake, Böttcher 2014
A. Oetting, M. Brake, U. Böttcher: Urverspätungsbestimmung für Zuglaufprognosen. In: 24. Verkehrswissenschaftlichen Tage 2014 der TU Dresden, 2014.

Oetting, Welter 2014
Oetting, A.; Welter, K. Exakte Modellierung von Fahrempfehlungen zur Geschwindigkeitsoptimierung eines Zuges auf Basis der aktuellen Betriebssituation. 24. Verkehrswissenschaftliche Tage, TU Dresden, 2014.

Oetting, Griese 2016
A. Oetting, S. Griese: Entwicklung von Algorithmen für die Fahr- und Mindestzugfolgezeitenrechnung für Strecken. In: 25. VWT - Verkehrswissenschaftliche Tage 2016, Dresden, 2016.

Oetting, Griese, Fidansoy 2017
A. Oetting, S. Griese, Y. Fidansoy: Konsistente Infrastruktur- und Zugmodellierung für makroskopische Untersuchungen. In: Deine Bahn 5 (2017), 20-25.

Pellegrini, Marlière, Rodriguez 2013
P. Pellegrini, G. Marlière, J. Rodriguez: Optimal train routing and scheduling for managing traffic perturbations in complex junctions. In: Transportation Research Part B: Methodological 59 (2014), 58–80.

Pfeifer, Kogel, Kurby et al. 2018
A. Pfeifer, B. Kogel, S. Kurby, N. Nießen, U. Steinborn: Zielgerichtete Infrastrukturdimensionierung durch eine netzweite Ermittlung der Kapazität. In: ETR 10 (2018), 29-33.

Pferdmenges, Schaefer 1995
S. Pferdmenges, K. Schaefer: Automatische Konflikterkennung und wissensbasierte Konfliktlösung in der Streckendisposition. In: Signal und Draht 87.5 (1995), 174-177.

Puong 2000
A. Puong, A.: Dwell Time Model and Analysis for the MBTA Red Line. in: Massachusetts Institute of Technology Research Memo, Cambridge (MA), 2000.

Radtke 2014
A. Radtke: Infrastructure Modelling. In: I. Hansen, J. Pachl (eds.): Railway Timetabling and Operations. Hamburg: Eurailpress, 2014.

Renzel, Brüning 2021
C. Renzel, L. Brüning: Verbesserung der Reisendenlenkung an Bahnsteigen. In: ETR 4 (2021).

Sauthoff 1961
F. Sauthoff: Über die Möglichkeiten zur Berechnung der Bremswege von Eisenbahnzügen. in: Glasers Annalen 85.2. (1961), 48-61.

Schaer 2012
T. Schaer: Beitrag der Eisenbahnbetriebswissenschaft zur Bemessung und optimalen Nutzung der Infrastruktur. In: ETR 10 (2012), 12-18.

Schaer 2015
T. Schaer: Masterplan strategisches Kapazitätsmanagement. In: Deine Bahn 12 (2015), 38-42.

Schüttert, Kogel, Kurby et al. 2017
A. Schüttert, B. Kogel, S. Kurby, N. Nießen: Deutschlandweite Kapazitätsermittlung von Strecken und Knoten. In: R. W. de Doncker, N. Nießen, C. Schindler (eds), IRSA Tagungsband, Proceedings: 1st International Railway Symposium Aachen, Aachen, Germany, 28-30 November 2017, 2017. Aachen: RWTH Aachen, 2017, 599-614.

Schwanhäußer 1978
W. Schwanhäußer: Die Ermittlung der Leistungsfähigkeit von großen Fahrstraßenknoten und von Teilen des Eisenbahnnetzes. In: Archiv für Eisenbahntechnik 33 (1978), 7-18.

Schwanhäußer 2017
W. Schwanhäußer: Der zusätzliche Luftwiderstand der Eisenbahn im Tunnel. R. W. de Doncker, N. Nießen, C. Schindler (eds), IRSA Tagungsband, Proceedings: 1st International Railway Symposium Aachen, Aachen, Germany, 28-30 November 2017, 2017. Aachen: RWTH Aachen, 2017, 204-217.

Steinbach, Crespo 2021a
C. Steinbach, A. Crespo: A Reinforcement Learning Approach for Railway Scheduling. In: 31st European Conference on Operational Research, 11th-14th July of 2021 in Athens, Greece.

Steinbach, Crespo 2021b
C. Steinbach, A. Crespo: Integrated Approach for the Adjustment of Disruption Programs to the Actual Infrastructural Availability. In: RailBeijing 2021: 9th ICROMA, 3rd -7 th November of 2021 in Beijing, China.

Stelzer, Oetting 2015
A. Stelzer, A. Oetting: Conflict resolution measures for connection dispatching. In: Journal of Rail Transport Planning & Management 5.2 (2015), 64-77.

Streitzig, Oetting, Martin et al. 2016
C. Streitzig, A. Oetting, U. Martin, K. Nachtigall: Anforderungsgerechte Algorithmen zur effizienten marktgeeigneten Trassenbelegung. In: ETR 7-8 (2016), 24-29.

Uhl, Martin 2021
J. Uhl, U. Martin: Verteilung der Einsteiger auf Bahnsteigen – Prognosemodell (Teil 3 von 3). ETR 70.3 (2021), 33-38.

Warninghoff, Ferchland 2004
C. R. Warninghoff, C. Ferchland: Nutzung von Simulationen zur Unterstützung der betrieblichen Infrastrukturplanung. In: ETR 7+8 (2004), 490-498.

Warninghoff, Bendfeldt 2004
C.-R. Warninghoff, J.-P. Bendfeldt: Infrastrukturbezogene Auswertung von Betriebssimulationen in der Eisenbahnbetriebswissenschaft. In: ETR 6 (2004), 363-370.

Weidmann 1995
U. Weidmann: U. Grundlagen zur Berechnung der Fahrgastwechselzeit. IVT Schriftenreihe, Bd. 106, 1995. [https://doi.org/10.3929/ethz-a-001539958]

Weik, Warg, Johansson et al. 2020
N. Weik, J. Warg, I. Johansson, M. Bohlin, N. Nießen: Extending UIC 406-based capacity analysis – New approaches for railway nodes and network effects. Journal of Rail Transport Planning & Management 15 (2020) [Online: https://www.sciencedirect.com/science/article/abs/pii/S2210970619300897]

Weinhold 2004
W. Weinhold: Wirtschaftliche Einsatzplanung für das Bordpersonal im Eisenbahnwesen. In: ETR 53.4 (2004), 214-217.

Weiß, Nachtigall, Martin et al. 2018
R. Weiß, K. Nachtigall, U. Martin, A. Oetting: Bewertung einer effizienten marktgeeigneten Trassenbelegung im spurgeführten Verkehr. In: ETR 67.1+2 (2018), 24-29.

Wendler, Naehring 2004
E. Wendler, M. Naehring: Statistische Auswertung von Verspätungsdaten. In: Eisenbahn Ingenieur Kalender. Hamburg: Tetzlaff-Verlag, 2004, 321-331.

Wendler, Gröger, Nießen 2012
E. Wendler, T. Gröger, N. Nießen: Kapazitätsverbrauch rahmenvertraglich gebundener Zugfahrten. In: ETR 61.1+2 (2012), 15-21.

Zieger, Weik, Nießen 2018
S. Zieger, N. Weik, N. Nießen: Der Einfluss von Pufferzeitverteilungen im Fahrplan auf die Modellierung der Folgeverspätungen im Eisenbahnwesen. In: Tagungsband 26. Verkehrswissenschaftliche Tage, Dresden, 2018, 731-745.

Quellen

Richtlinien der DB Netz AG

VIA Consulting & Development GmbH: LUKS Handbuch Version 2.16 (unveröffentlicht). 2019

VDI-Fachbereich Fabrikplanung und -betrieb: VDI 3633 – Simulation von Logistik-, Materialfluss- und Produktionssystemen – Begriffe, 2018.

Gesetze und Beschlüsse

Allgemeines Eisenbahngesetz (AEG); 27.12.1993. Bundesministerium der Justiz und für Verbraucherschutz

Bundesverkehrswegeplan 2030 [https://www.bmvi.de/SharedDocs/DE/Publikationen/G/bundesverkehrswegeplan-2030-gesamtplan.pdf (abgerufen am 29.03.2020). Bundesministerium für Verkehr und digitale Infrastruktur

Eisenbahnregulierungsgesetz (ERegG); 29.08.2016. Bundesministerium der Justiz und für Verbraucherschutz

Verordnung über die Honorare für Architekten- und Ingenieurleistungen (HOAI) – in der Fassung von 2021; 12.11.2020. Bundesrat der Bundesrepublik Deutschland

Unveröffentlichte Dokumente: Vorträge, Studien und Gutachten

Kolonko 2007
M. Kolonko: Modellierung und Simulation von Verspätungen für die Fahrplanoptimierung, presentation at "Automatic Timetable Generation colloquium", Dresden, 2007.

Schwanhäußer et al. 2007
W. Schwanhäußer, E. Wendler, B. Dickenbrok und N. Nießen: Qualitätsmaßstäbe zum Leistungsverhalten von Eisenbahnstrecken optimieren. Eisenbahnbetriebliches Gutachten im Auftrag der DB Netz AG (unveröffentlicht). Aachen, 2007.

Spiess 2004/2005
P. Spiess: Fahrdynamik des Schienenverkehrs, Vorlesung Uni Hannover, Wintersemester 2004/2005.

Wendler, Nießen, Schröter 2002
E. Wendler, N. Nießen, E. Schröter: Empirical analysis of capacity consumption for the new capacity leaflet of UIC. Gutachten im Auftrag des Internationalen Eisenbahnverbandes UIC, Aachen, 2002.

Inserenten

Unternehmen	**Seite**
Powerlines Group GmbH	U2
IVU Traffic Technologies AG	91
Weco Bahnüberwege und Auffangwannenbau GmbH	105
PPlasser & Theurer, Export von Bahnbaumaschinen, Gesellschaft m.b.H.	111
Sekisui Chemical GmbH	169